四川省重点图书出版规划项目，四川省重点出版项目专项补助资金

超宽带电磁学
及应用

CHAOKUANDAI DIANCIXUE
JI YINGYONG

杨宏春／编　著
崔海娟　李　杨　姜宝钧／编　委

电子科技大学出版社
University of Electronic Science and Technology of China Press
·成都·

图书在版编目（CIP）数据

超宽带电磁学及应用 / 杨宏春编著. — 成都 :电子科技大学出版社, 2021.9

ISBN 978-7-5647-7639-8

Ⅰ. ①超… Ⅱ. ①杨… Ⅲ. ①超宽带技术—电磁学—研究 Ⅳ. ①O441

中国版本图书馆 CIP 数据核字(2020)第 015524 号

超宽带电磁学及应用

杨宏春　编著

策划编辑　罗　雅
责任编辑　唐祖琴
校　　对　刘亚莉

出版发行　电子科技大学出版社
　　　　　成都市一环路东一段 159 号电子信息产业大厦九楼　邮编 610051
主　　页　www.uestcp.com.cn
服务电话　028-83203399
邮购电话　028-83201495

印　　刷　成都市火炬印务有限公司
成品尺寸　185 mm×260 mm
印　　张　19.5
字　　数　530 千字
版　　次　2021 年 9 月第 1 版
印　　次　2021 年 9 月第 1 次印刷
书　　号　ISBN 978-7-5647-7639-8
定　　价　88.00 元

目 录

CONTENTS

第一章　绪　论

1.1　超宽带电磁学的研究对象

无线电技术是研究电磁波以能量方式在发射机与接收机之间的信号传输技术，而超宽带电磁学主要是研究以超带宽电磁信号在发射机与接收机之间的信号传输。超宽带电磁学研究内容包括超宽带信号的产生、信号辐射与传输、信号接收与数据处理，以及基于超宽带信号的系统应用等。

1.2　超宽带电磁学发展概述

自 19 世纪以来，无线通信理论与技术经历了由宽带到窄带，再由窄带到宽带及至超宽带的发展历程[1]。1887 年，赫兹实现了第一个无线电收发系统，之后 20 多年时间中，无线通信技术建立在以火花放电产生的冲激信号时域信息载体基础之上；直到 20 世纪初高频正弦发电机、滤波器、信号调制技术发明后，基于正弦电磁波信息载体的窄带无线通信技术才逐步占据统治地位[2]。20 世纪中叶，窄带通信技术的不断发展使得电磁波频谱资源日渐枯竭的困局日益凸显，而在窄带通信技术下发展起来的调频通信、数字编码等技术，使得频谱资源共享通信技术发展成为可能。宽带技术的进一步发展，促使人们又回到以利用电磁波时间资源为特征的无线通信技术——时域电磁学（或狭义的超宽带电磁学，或瞬态电磁学，或脉冲无线电）。1990 年 3 月，在美国新墨西哥州的 Los Alamos 国家实验室召开的超宽带雷达会议上提出了“超宽带”的概念[3]，2002 年 2 月 14 日，FCC（Federal Communications Commission）规范了超宽带信号的定义[4]。

目前，人们普遍认为时域电磁学的研究对象包括：时域信号产生、辐射与接收，时域信号采集与处理，时域通信系统设计及应用等几个领域。近 40 年来，人们在时域电磁学各主要研究领域及关键技术方面都取得快速进展，一些研究成果已经得到工程应用，一些系统反映超宽带电磁学及应用进展的专著已经出版。1983 年，Brittingham 给出麦克斯韦方程的瞬态电磁波解，并在此基础上建立了聚焦波模（Focus Wave Modes）理论[5]；1980 年，Harmuth 出版了《非正弦电磁波的传播》《非正弦波雷达》等著作[6]；1993 年，Oliver E. Allen 等人建立了一套描述时域微波器件的指标体系[7]；2005 年，葛利嘉教授等出版了专著《超宽带无线通信》；1994 年和 2006 年，阮成礼教授先后出版了专著《电磁导弹概论》《超宽带天线理论与技术》；2010 年，费元春教授出版了专著《超宽带雷达理论与技术》；2013 年，V. Jain 和 P. Heydari 等人提出了一套计算冲激雷达指标的理论体系[8]。这些研究成果为时域电磁学及系统应用奠定了应用基础理论和关键技术基础。

1.3 时域电磁学的应用基础研究及功能优势

1.3.1 时域电磁学的应用基础研究

以纳秒或亚纳秒冲激信号时间资源为信息载体的时域电磁学，面临至少以下几个方面的应用基础问题。

（1）高峰值功率、低触发抖动、长工作寿命的脉冲信号源设计与研制。传统的火花放电技术可以获得 500 kV 峰值电压的冲激信号，但信号的触发抖动在 ns 量级，对脉冲宽度仅为 ns 量级的冲激信号而言，很难实现阵列辐射元在靶区的场分量时间同步合成。快速固态开关器件可以产生触发抖动为亚 ns 量级的冲激信号，但其峰值电压最多为 10^3 V 量级，很难实现高峰值功率输出。同步辐射系统可以产生高峰值功率、低触发抖动信号，但系统昂贵、庞大，不利于工程应用。1972 年，Maryland 大学的 S. Jayaraman 和 C. H. Lee 等人发明了光导开关（PCSS），即利用激光脉冲激励半导体材料以产生 ns 量级或 ps 量级的电脉冲[9]，但至今还存在寿命短等原因导致的不能进行工程应用的技术难题。电真空器件可产生高峰值功率的冲激信号源，但触发抖动仍在 ns 量级，且价格昂贵。

（2）宽带器件的设计与研制。时域系统的典型特征之一就是信息载体的宽带和宽带信号低频点频率低（1ns 一阶高斯信号相对带宽约 130%，低频点频率约 130 MHz）。这一方面要求系统内部所有传输线和微波器件在很宽的频带内，其关键参数都必须保持良好的一致性；另一方面要求所有微波器件能在频谱低端正常工作的同时，器件还必须具有小型化特征。

（3）冲激信号的传输与散射特性问题。包括：冲激信号在传输线和传输媒质中的色散、损耗、传输模式特征；冲激信号是否在均匀介质中呈现“三段式”传输规律，是否遵守“聚焦波模理论”；冲激信号的目标探测距离与冲激信号的峰值功率成正比还是与平均功率成正比；冲激信号与目标物相互作用所表现的响应弛豫、共振等新特征，冲激信号的目标散射特征；等等。

（4）时域系统的电磁兼容问题。一方面，时域系统的宽带特征使得系统各组件、各模块、各子系统间的电磁匹配问题变得较为突出，且不易解决；另一方面，有源器件的电磁辐射对系统内部其他器件的干扰或对环境的污染成为不易解决的应用基础问题。

1.3.2 时域系统应用的功能优势

时域系统应用的信息载体的特征决定了它具有以下几方面的功能优势。

（1）宽带和低频点频率低的特征。第一，纳秒或亚纳秒冲激信号具有很宽的电磁频谱分布，窄带频谱的功率密度畸变（电磁攻击或隐身材料吸收）并不会严重影响冲激信号的时域波形，使得建立在冲激信号相关接收基础上的冲激雷达具有很强的抗电磁干扰能力和反隐身能力。第二，低频点较低的频率使得冲激雷达系统具有较强的穿透能力，适合研制穿墙、探地或丛林雷达。第三，从频域电磁学角度，系统的宽带宽意味着它具有较高的分辨率；从时域电磁学角度，冲激系统的分辨率取决于对两个冲激信号时间差的精确测量，目前商业级时间差测量已经达到皮秒量级，对纳秒脉宽冲激信号，其距离分辨率可达到 10^1 cm 量级。

（2）很高的峰值功率和较低的平均功率。一方面，冲激信号源可以输出 10^2 kV 的峰值电压，可在 50 Ω负载上输出 GW 量级的峰值功率，如果实现阵列冲激信号源的时间同步合成，可获得更高的峰值功率输出，使得冲激雷达系统对集成芯片或控制电路系统具有很强的场致毁伤效应，因而具备较强的电磁攻击能力；另一方面，时域信号持续时间一般为纳秒或亚纳秒量级，因而，其平均功率相较于连续波雷达而言又很低，通常在 10^1 W 量级，使之具备较低的截获概率，不易被敌方发现。

（3）电控扫描与多目标跟踪。随着高峰值功率、高重频、低触发抖动脉冲信号源技术的发展，冲激信号系统不难实现对辐射阵元的馈电延时控制，使得经延时的冲激信号在目标靶区实现时间同步合成。一方面使辐射能量几乎无副瓣地集中于目标靶区，且探测范围大；另一方面程序控制的高重频发射系统可快速实现对多目标的实时跟踪。

（4）结构简单、成本低廉。无载波的冲激信号系统，不需要混频和相位控制系统，因而具有结构简单和成本低廉优势。

当前，时域电磁学应用基础及应用研究是无线通信领域的热点课题和制高点技术。就应用基础理论研究而言：一方面，时域电磁学的应用基础理论原则上可以通过傅里叶变换回到频域电磁学应用基础理论中；另一方面，时域系统的系列基本特征带来了无线通信各子系统更高的技术指标要求和更基础的应用基础问题，这些新现象和新问题已经成为近几十年来电子信息学科的热点课题。如上所述，因为时域系统具备了成熟频域系统不具备的反隐身、电磁攻击和抗电磁攻击、低截获概率、高分辨和高穿透能力、结构简单、成本低廉等功能优势，时域系统工程应用研究成为 21 世纪电子信息领域军用和民用制高点技术。事实上，时域电磁学正是西方发达国家在研制具有特殊功能的军用雷达实践中提出并发展起来的，军用时域雷达技术也被西方发达国家称为“21 世纪军用雷达的制高点技术之一”。

1.4 超宽带系统的应用前景

1.4.1 超宽带雷达系统

因为冲激雷达具有很多优点，所以它在军用及民用领域均有着广泛的应用前景。在军用领域，冲激雷达可以用在反隐身、隐藏目标探测、地雷探测、近炸引信等方面；在民用领域，冲激雷达则可以应用于汽车防撞、安防监测、生物医学成像、地质探测等方面。

如图 1.4-1 所示的是 Lawrence Livermore 国家实验室的 Thomas E. McEwan 研制的微功率冲激雷达系统。发射机与接收机集成在一块电路板上，天线采用鞭状单极子天线，使用一节电压为 9 V 的层叠电池供电[10]。

图 1.4-1 微功率冲激雷达（Micropower Impulse Radar）系统

图 1.4-2 是工作人员使用美国地球物理探测公司（GSSI）生产的 Utility Scan DF 便携式小型探地雷达对浅地层目标进行探测的场景。探地雷达主机体积为 33.5 cm×31 cm×15 cm，重量 5 kg，探测范围为 0.5～5 m，最大扫描速度为 10 km/h。其最大特点是具有 300 MHz 和 800 MHz 两个工作频段，可同时工作。低频电磁波穿透能力强，高频电磁波分辨率高，因此可以兼顾分辨率和穿透能力。

Utility Scan DF 探地雷达成像结果如图 1.4-3 所示：图像分为上、下两部分，分别是 800 MHz 和 300 MHz 两个频段的结果，可以看到 800 MHz 频段的结果具有更精细的分辨率，300 MHz 频段的结果具有更深的探测深度。

图 1.4-2 GSSI 公司 Utility Scan DF 探地雷达

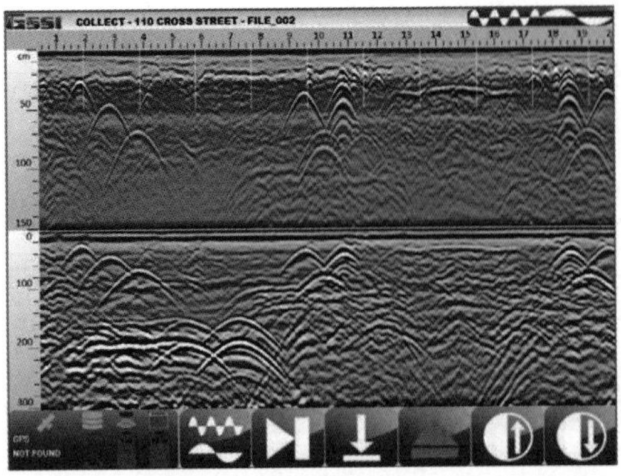

图 1.4-3 Utility Scan DF 探地雷达的成像结果

近年来，Novelda 公司研制的纳米级冲激雷达芯片[11]如图 1.4-4 所示，把所有的雷达子系统都封装在一个芯片里，芯片封装尺寸仅为 5 mm × 5 mm，通过外接天线和电路可以用来监测人的活动，在 60 m 的监测范围内分辨率可达到 4 mm。

图 1.4-4 纳米级冲激雷达芯片

图 1.4-5 MARIA M4 超宽带雷达检测仪

2016 年，英国的 Preece 等人研制成功了 MARIA M4 超宽带雷达检测仪[12]，如图 1.4-5 所示，由 60 个天线阵列和开关组成的阵列冲激雷达用来检测腺癌，与超声波以及 X 射线照片相比成像效果要好很多，灵敏度高达 74%。与其他检测手段相比，不仅价格便宜，而且检测过程舒适、成像效果清晰，只需要 2 分钟时间就可以得到清晰的三维高对比度图像。

瑞典马拉的钻孔雷达系统，针对不同的探测深度和探测分辨率可以在 30 MHz～2.3 GHz 提供相应的天线及配置。图 1.4-6 为 100 MHz 使用的钻孔天线，图 1.4-7 为用户交互界面。

图 1.4-6 100 MHz 使用的钻孔天线

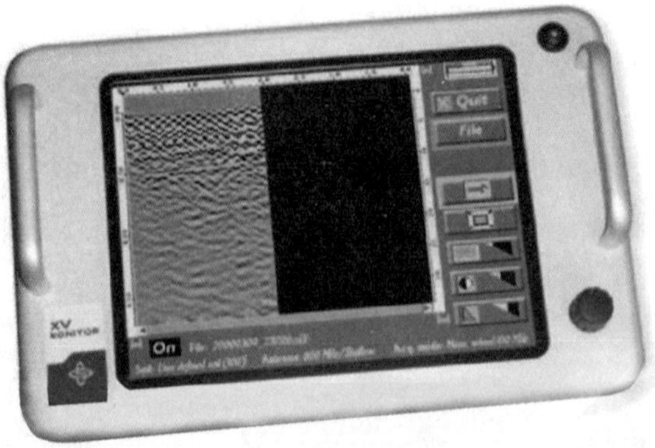

图 1.4-7　用户交互界面

1.4.2　超宽带无线通信

传统的通信技术是把信号从基带调制到载波上，而超宽带无线通信是利用超快上升沿和下降沿的冲激脉冲对数据进行直接调制，从而具有 GHz 量级别的频带带宽。超宽带无线通信是短距离无线通信领域的研究热点，能够以较低的成本和功耗，提供更高的数据传输率。因此，超宽带无线通信具有隐蔽性好、处理增益高、多径分辨能力强、传输速率高、空间容量大、穿透能力强、便于多功能一体化等特点。民用超宽带无线通信的研究主要是建立短距离的高速连接和高速无线个域网，适用于室内等人员密集场所及高径场所的高速率无线通信接入。

1.4.3　超宽带无线传感器网络

无线传感器网络的组网方式有两种：第一种是有网络中心的集中控制型，需预先布设网络设施；第二种是能临时快速组网的网络，可应用在无法预先进行布设的特殊场合。

超宽带无线传感器网络和其他传感器网络类似，但由于超宽带相较于传统载波通信的优势，超宽带无线传感器网络更适用于临时快速组网的网络。

1.5　超宽带时域雷达系统设计概述

各种超宽带时域雷达，如穿墙雷达、钻孔雷达、探地雷达等对各部件的要求不尽相同，但各雷达原理样机结构都可用图 1.5-1 进行描述，主要由时序信号控制系统、电磁脉冲信号产生系统、接收机系统以及数据处理系统四个部分组成。时序信号控制系统发出三路触发信号控制雷达系统的工作状态。其中，第一路信号输出给编码器，经编码具有不同时间延迟的触发信号触发脉冲信号源，以控制阵列天线电磁波束方位；第二路信号控制采样保持电路的工作状态，以对经限幅、滤波、放大后的接收天线（天线阵）接收信号进行采样及采样保持；采样信号经 A/D 转换、解码与纠错后，被输入数据处理模块，并结合时序信号控制系统发出的第三路信号一起进行目标回波信号的数据处理，给出目标的关键参数并成像。

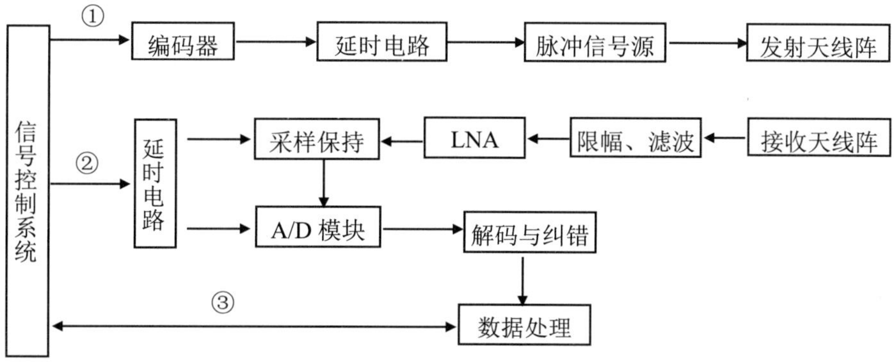

图 1.5-1 阵列冲激雷达工作原理框图

原理样机各子系统设计与研制的核心任务是突破各子系统研制的关键技术，包括如下几方面的内容。

（1）突破快速响应、较高峰值功率和低触发抖动、低电磁辐射污染的冲激信号源研制技术。在实际应用中，需要重点解决信号源的触发抖动技术，因为它直接决定各阵元辐射电磁脉冲在靶区的时间同步合成特性和波束扫描特性验证。

（2）突破宽带宽、较高辐射效率、小型化的时域收发天线设计与研制技术。在实际应用中需重点使其与冲激信号源带宽尽可能匹配，又尽可能使收发天线小型化，因为这直接决定系统的波形保真系数、辐射效率、电磁匹配和几何尺寸。

（3）突破宽带滤波器、放大器，以及等效采样电路的设计与研制技术。在实际应用中，重点解决各宽带器件的电磁匹配问题和提高多通道等效采样电路的采样率。

（4）突破时域信号噪声抑制、有效目标信号提取、成像算法等数据处理关键技术。在实际应用中重点解决有效目标信号提取和时差定位方法的有效性问题。

○ 参考文献

[1] 阮成礼. 超宽带天线理论与技术[M]. 哈尔滨: 哈尔滨工业大学出版社, 2006.

[2] 李振帮. 窄带数字通信[J]. 通信技术, 1981(3): 1-16.

[3] C. Fowler, J. Entzminger, J. Corum. Assessment of ultra-wideband (UWB) technology[J]. IEEE Aerospace & Electronic Systems Magazine, 1990, 5(11): 45-49.

[4] T. K. K. Tsang, M. N. El-Gamal. Ultra-Wideband (UWB) Communications Systems: An Overview[C]. IEEE the 3rd International IEEE-NEWCAS Conference, Quebec City, 2005: 381-386.

[5] J.N. Brittingham. Focus wave modes in homogeneous Maxwell's equations: Transverse electric mode[J]. Journal of Applied Physics, 1983, 54, 3(3): 1179-1189.

[6] H.F. Harmuth. Synthetic-Aperture Radar Based on Nonsinusoidal Functions: VII-Thumbtack Ambiguity Functions[J]. IEEE Transactions on Electromagnetic Compatibility, 1980, 22(3): 181-190.

[7] O.E. Allen, D.A. Hill, A.R. Ondrejka. Time-domain antenna characterizations[J]. IEEE Transactions on Electromagnetic Compatibility, 1993, 35(3): 339-346.

[8] V. Jain, P. Heydari. A BiCMOS Dual-Band Millimeter-Wave Frequency Synthesizer[J]. Springer New York, 2013, 44(8): 37-64.

[9] S. Jayaraman, C.H.Lee. Observation of Two - Photon Conductivity in GaAs with Nanosecond and Picosecond Light Pulses[J]. Applied Physics Letters, 1972, 20(10): 392-395.

[10] D. T. Gavel, J. E. Mast, J. Warhus, et al. An Impulse Radar Array for Detecting Land Mines[J]. Proceedings of the Autonomous Vehicles in Mine Countermeasures Symposium, Monterey, CA, 1995: 112-120.

[11] XETHRU X4 UWB RADAR SOC. Snesing even the smallest movement[EB/OL]. https://www.xethru.com/, 2016.

[12] A. W. Preece, I. Craddock, M. Shere, et al. MARIA M4: clinical evaluation of a prototype ultrawideband radar scanner for breast cancer detection[J]. Journal of Medical Imaging, 2016, 3(3):033502(1) - 033502(4).

第二章　超宽带信号源

超宽带脉冲产生电路是超宽带通信与雷达系统中的关键组成部分之一。脉冲信号源设计与研制的关键技术包括三个方面：其一，提高冲激信号源的峰值功率，同时保证脉冲信号源的使用寿命；其二，降低冲激信号源触发抖动；其三，减小冲激信号源工作时对外的辐射。因此，如何设计并研制高峰值功率、低触发抖动、使用寿命长、环境适应能力强、电磁辐射污染低、小型化的窄脉冲信号源，是构成冲激雷达信号源的关键技术。

冲激信号源的作用不仅是为天线提供激励信号，而且在采样接收机部分也有重要用途。因此，脉冲发生器的性能将直接决定整个系统的性能。

2.1　超宽带信号

在这一节，介绍超宽带信号的定义及典型时域信号的频谱分析。

2.1.1　超宽带信号的定义

定义 1　1990 年，美国军方以相对带宽（Fractional Bandwidth）为标准，将相对带宽不小于 25%的任何波形，称为超宽带信号。即

$$B_{\mathrm{w}}=\frac{2(f_{\mathrm{h}}-f_l)}{f_{\mathrm{h}}+f_l}=\frac{f_{\mathrm{h}}-f_l}{f_{\mathrm{c}}}\geqslant 0.25 \tag{2.1-1}$$

其中，B_{w}表示信号相对带宽，f_{h}、f_l、f_{c}分别表示高频端频率、低频端频率和中心频率。

定义 2　2002 年，FCC（Federal Communications Commission）以带宽和功率谱密度为标准给出的超宽带信号定义。如图 2.1-1(a)所示，如果信号同时满足：（1）大电平的－10 dB 带宽不小于 500 MHz；（2）最大电平的－20 dB 带宽为 3.1～10.6 GHz；（3）最大电平允许的功率密度不大于－41.3 dBm/MHz，则称为超宽带信号。

不同的国家和地区根据功率谱密度标准不同，在定义 2 的基础上，给出了当地超宽带信号的定义。如新加坡规定最大功率谱密度为－35.3 dBm/MHz；而在欧洲，这个值被规定为－61.3 dBm/MHz。目前，超宽带信号通常是指满足定义 2 的信号；但在一些文献中仍称满足定义 1 的信号为超宽带信号。

由于超宽带信号是从带宽和功率谱密度角度定义的，只要满足定义 2 的信号，如无载波的冲激信号、加载波的冲激信号[如图 2.1-1(b)所示]和其他波形的电磁信号，都可以称

为超宽带信号。近年来，文献把无载波无线电称为冲激无线电（IR，Impulse Radio）或脉冲无线电（Pulse Radio）或超宽带冲激无线电（Ultra Wideband Impulse Radio）或时域无线电（Time-Domain Radio）。而狭义的超宽带电磁学，通常是指时域无线电或时域电磁学。

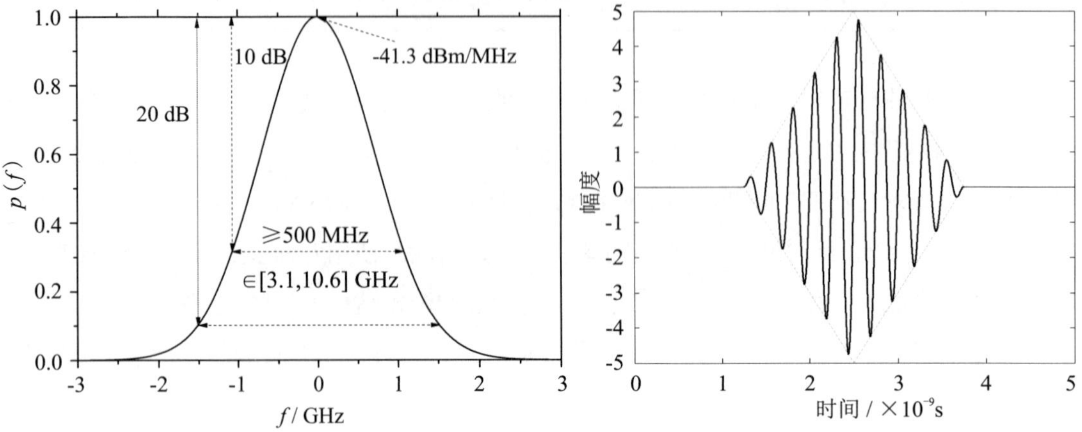

(a) 超宽带信号的 FCC 定义图解　　(b) 三角调制的超宽带信号

图 2.1-1　超宽带信号 FCC 定义图解及典型调制超宽带信号

2.1.2　冲激信号波形及频谱

1. 理想冲激信号波形函数

不同冲激信号的波形函数对应不同的频谱分布。对冲激雷达系统而言，冲激信号源产生的信号必须有利于天线辐射。讨论典型时域波形的频谱分布有利于设计冲激信号源产生信号的波形函数。

有利于天线辐射的冲激信号 $f(t)$，其直流分量应当很小甚至为零，即满足

$$\int_{-\infty}^{+\infty} f(t)\mathrm{d}t = 0 \tag{2.1-2}$$

2. 典型冲激信号频谱分析

（1）各阶高斯信号频谱分析

冲激信号源产生的冲激信号通常可以用各阶高斯函数进行解析描述，用 U_0 表示各阶高斯信号最大幅值，T_0 为高斯脉冲的半峰值宽度，T_1 为一阶高斯脉冲的峰－峰值宽度，T_2 为二阶高斯脉冲的对称极值点宽度的一半，T_3 为三阶高斯脉冲的峰－峰值宽度，T_4 为四阶高斯脉冲的峰－峰值的半脉宽，则归一化 $U_i(t)$ 表示为

$$\begin{cases} U_0(t)=U_0\exp(-\alpha_0 t^2) & \alpha_0=\dfrac{4\ln 2}{T_0^2} \\ U_1(t)=-\sqrt{2\alpha_1}\mathrm{e}^{1/2}U_0\left[t\cdot\exp(-\alpha_1 t^2)\right] & \alpha_1=\dfrac{2}{T_1^2} \\ U_2(t)=-\left(1-2\alpha_2 t^2\right)U_0\exp(-\alpha_2 t^2) & \alpha_2=\dfrac{6}{T_2^2} \\ U_3(t)=\sqrt{\dfrac{\alpha_3}{9-3\sqrt{6}}}\cdot\exp\left(\dfrac{3-\sqrt{6}}{2}\right)U_0\cdot t\cdot(3-2\alpha_3 t^2)\cdot\exp(-\alpha_3 t^2) & \alpha_3=\dfrac{6-2\sqrt{6}}{T_3^2} \\ U_4(t)=-\dfrac{1}{3}U_0(3-12\alpha_4 t^2+4\alpha_4{}^2 t^4)\cdot\exp(-\alpha_4 t^2) & \alpha_4=\dfrac{10-2\sqrt{10}}{T_4^2} \end{cases} \tag{2.1-3}$$

若取 $T=T_1=T_2=T_3=T_4=1$ ns，或$\alpha_0=2.77$、$\alpha_1=2$、$\alpha_2=6$、$\alpha_3=1.1$、$\alpha_4=3.68$，得到$U_i(t)$的时域波形如图 2.1-2(a)所示。

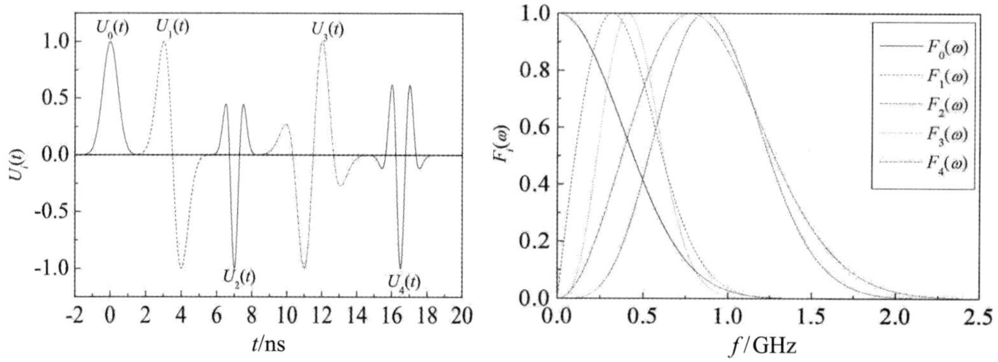

(a) $U_i(t)$时域波形　　　　(b) $U_i(t)$频谱分布

图 2.1-2　各阶高斯脉冲的时域波形及频谱分布

对式（2.1-3）作傅里叶频谱分析，可得各阶高斯脉冲的频谱分布函数

$$\begin{cases} F_0(\omega)=U_0\exp\left(\dfrac{-\omega^2}{4\alpha_0}\right) & \\ F_1(\omega)=U_0\dfrac{\mathrm{e}^{1/2}}{\sqrt{2\alpha_1}}\omega\cdot\exp\left(\dfrac{-\omega^2}{4\alpha_1}\right)\cdot\exp\left[\mathrm{i}\dfrac{(2k+1)\pi}{2}\right],k=0,1,2 & \omega_1=\dfrac{2}{T_1} \\ F_2(\omega)=-U_0\dfrac{\mathrm{e}}{4\alpha_2}\cdot\omega^2\cdot\exp\left(\dfrac{-\omega^2}{4\alpha_2}\right) & \omega_2=\dfrac{2\sqrt{6}}{T_2} \\ F_3(\omega)=U_0\dfrac{1}{6\alpha\sqrt{6\alpha_3}\cdot\mathrm{e}^{-3/2}}\omega^3\cdot\exp\left(\dfrac{-\omega^2}{4\alpha_3}\right)\cdot\exp\left[\mathrm{i}\dfrac{(2k+1)\pi}{2}\right],k=0,1,2 & \omega_3=\dfrac{2\sqrt{9-3\sqrt{6}}}{T_3} \\ F_4(\omega)=U_0\dfrac{\mathrm{e}^2}{64\cdot\alpha_4{}^2}\omega^4\cdot\exp\left(\dfrac{-\omega^2}{4\alpha_4}\right) & \omega_4=\dfrac{4\sqrt{5-\sqrt{10}}}{T_4} \end{cases} \tag{2.1-4}$$

其中，$\omega_i=2\pi f$为$F_i(\omega)$的中心频率，$F_i(\omega)$的频谱如图 2.1-2(b)所示，图中频谱曲线从左到右依次对应式（2.1-4）中的$F_0(\omega)$、$F_1(\omega)$、$F_3(\omega)$、$F_2(\omega)$和$F_4(\omega)$。

依据式（2.1-4）可得各阶高斯脉冲的功率谱。如果用B_{hi}表示半峰值功率谱带宽，用

B_{ei}表示 e^{-1} 倍峰值功率谱带宽，则

$$\begin{cases} B_{h_0} \in \left[0,\ 2\sqrt{2}\ln(2)/T_0\right] & B_{e_0} \in \left[0,\ 2\sqrt{2\ln(2)}/T_0\right] \\ B_{h_1} \in \left[0.96/T_1,\ 3.27/T_1\right] & B_{e_1} \in \left[0.8/T_1,\ 3.55/T_1\right] \\ B_{h_2} \in \left[3.02/T_2,\ 7.06/T_2\right] & B_{e_2} \in \left[2.69/T_2,\ 7.52/T_2\right] \\ B_{h_3} \in \left[1.75/T_3,\ 3.49/T_3\right] & B_{e_3} \in \left[1.6/T_3,\ 3.68/T_3\right] \\ B_{h_4} \in \left[3.91/T_4,\ 7.09/T_4\right] & B_{e_4} \in \left[3.63/T_4,\ 7.44/T_4\right] \end{cases} \tag{2.1-5}$$

图 2.1-3 给出与式（2.1-5）相对应的 B_{hi}和 B_{ei} 随冲激信号脉宽的变化曲线。图 2.1-3(a)中各曲线从左到右依次对应式 2.1-5 中的 B_{h3}、B_{h0}、B_{h1}、B_{h4}、B_{h2}，图 2.1-3(b)从左到右依次对应式 2.1-5 中的 B_{e0}、B_{e3}、B_{e1}、B_{e4}、B_{e2}。

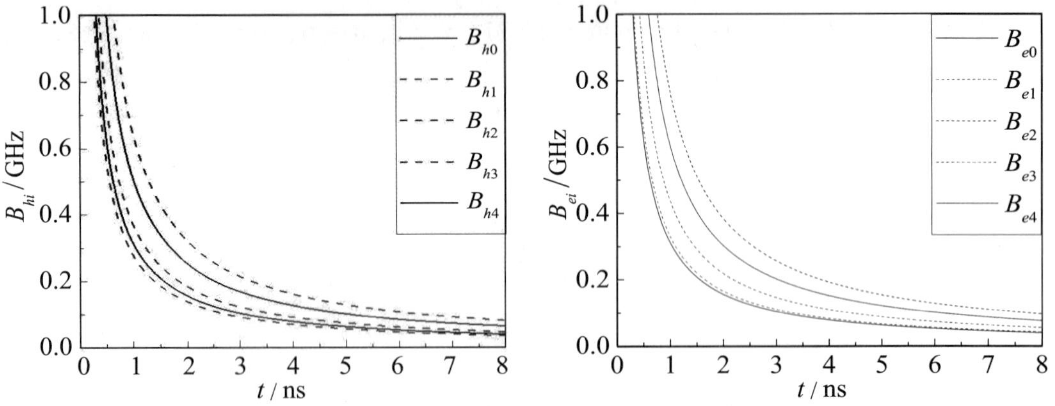

(a) B_{hi}随冲激信号脉宽的变化　　(b) B_{ei}随冲激信号脉宽的变化

图 2.1-3　$U_i(t)$带宽随冲激信号脉宽的变化

图 2.1-2 表明，对 $T = T_1 = T_2 = T_3 = T_4$的各阶高斯冲激信号，阶次愈高，低频成分丰度愈低，频带向高频端移动，更有利于时域天线的高效率辐射，这也是文献经常采用一阶或二阶高斯信号作为时域天线馈电信号的原因。图 2.1-3 表明，对 1 ns 脉宽左右的各阶高斯信号，其带宽变化显著，在研制冲激信号源时，应控制冲激信号脉宽变化。

（2）高斯上升沿、指数下降沿冲激信号频谱分析

通常，冲激信号上升沿由开关器件导通过程确定，而下降沿由 RC 放电电路的放电时间决定，因此，实验测试到的冲激信号波形函数通常由高斯上升沿和指数下降沿的分段函数描述。

高斯上升沿、指数下降沿时域波形函数可写为

$$f(t) = \exp(-\alpha t^2)H(-t) + \exp(-\beta t)H(t) \tag{2.1-6}$$

阶跃函数 $H(t)$被定义为

$$H(t) = \begin{cases} 1 & t > 0 \\ 0 & t < 0 \end{cases} \tag{2.1-7}$$

记高斯上升沿、指数下降沿的半峰值脉宽分别为 T_g、T_e，时域脉冲脉宽为 T_{ge}，即

$$T_{ge}=T_g+T_e=\sqrt{\frac{\ln 2}{\alpha}}+\frac{\ln 2}{\beta} \tag{2.1-8}$$

令

$$\frac{\ln 2}{\beta}=\kappa\sqrt{\frac{\ln 2}{\alpha}}\Rightarrow\beta=\frac{1}{\kappa}\sqrt{\alpha\cdot\ln 2} \tag{2.1-9}$$

对式（2.1-6）作傅里叶变换，可得对应的幅度谱函数为

$$F(\omega)=\frac{2\beta\sqrt{\alpha}}{\beta\sqrt{\pi}+2\sqrt{\alpha}}\left[\frac{\sqrt{\pi}}{2\sqrt{\alpha}}\exp(\frac{-\omega^2}{4\alpha})+\frac{1}{\sqrt{\beta^2+\omega^2}}\right] \tag{2.1-10}$$

将式（2.1-9）代入式（2.1-10）可得

$$F(\omega)=\frac{2\sqrt{\alpha\cdot\ln 2}}{\sqrt{\pi\cdot\ln 2}+2\kappa}\left[\frac{\sqrt{\pi}}{2\sqrt{\alpha}}\exp(\frac{-\omega^2}{4\alpha})+\frac{\kappa}{\sqrt{\alpha\cdot\ln 2+\kappa^2\omega^2}}\right] \tag{2.1-11}$$

用式（2.1-3）中的α_0定义式替换式（2.1-11）中的α，可得

$$F(\omega)=\frac{4\cdot\ln 2}{T_0\left(\sqrt{\pi\cdot\ln 2}+2\kappa\right)}\left[\frac{T_0\sqrt{\pi}}{4\sqrt{\ln 2}}\exp(\frac{-\omega^2T_0^2}{16\cdot\ln 2})+\frac{\kappa T_0}{\sqrt{4\cdot(\ln 2)^2+T_0^2\kappa^2\omega^2}}\right] \tag{2.1-12}$$

图 2.1-4(a)给出了当$\kappa=0.1$、1、2 时，式（2.1-6）的时域波形；图 2.1-4(b)给出了相应κ 值下，由式（2.1-12）计算得到的幅度谱曲线。可见，随着κ 值增大，时域脉冲幅度谱的中心频点附近的高频成分下降；但与高斯脉冲相比，远离中心频点的高频端、高频成分丰度更大，分布频率范围更宽。

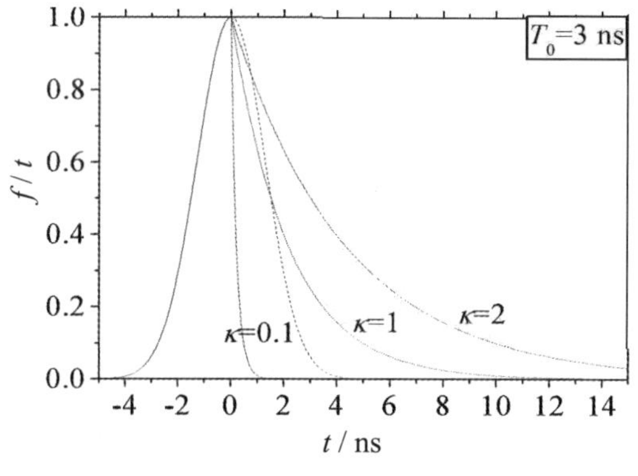

(a) 时域脉冲波形

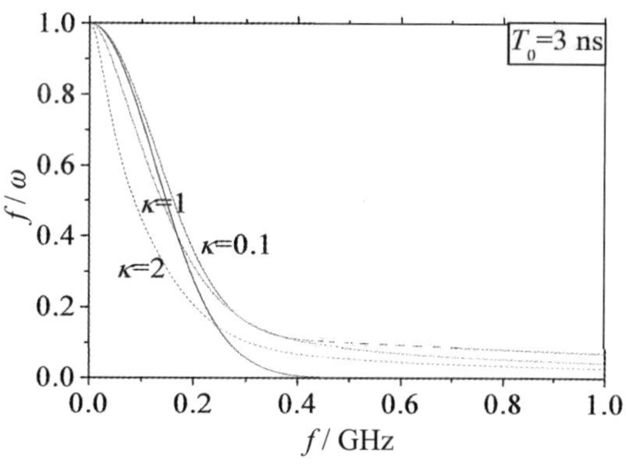

(b) 时域脉冲幅度谱

图 2.1-4　高斯上升沿、指数下降沿时域脉冲波形及幅度谱

2.2　冲激信号源

超宽带脉冲发生器的核心是快速开关，冲激信号源技术指标的高低取决于高性能的开关器件。理想的脉冲功率器件，应当具有如下理想的静态和动态特性：在截止状态时能承

受高电压；在导通状态时，具有大电流和很低的电压降；在开关转换时，具有短的开关时间，能承受高的 $\mathrm{d}i/\mathrm{d}t$ 和 $\mathrm{d}V/\mathrm{d}t$，以及具有全控功能。

目前，常用的能够产生纳秒量级和亚纳秒量级脉冲的开关器件主要有隧道二极管、阶跃恢复二极管、漂移阶跃恢复二极管、雪崩晶体管、光导开关、火花隙开关、水银开关等。不同的开关器性能差别很大，产生的脉冲幅度在几百毫伏到上千伏范围内，转换时间在几十皮秒到几十纳秒范围内变化。因此，脉冲源的设计首先应根据需求选择合适的开关器件。表 2.2-1 所列的是几种常见的开关器件及文献报道的相关性能[1]。

表 2.2-1 常见的几种开关器件及性能

开关类型	脉冲上升沿 / ps	脉冲幅度 / V	备注
水银开关	70	300	重频小于 200 Hz
雪崩晶体管	300	4000	需要进行器件筛选
隧道二极管	25	0.25	上升沿极快，但幅度低，抖动大
	100	1	
阶跃恢复二极管	60	20	器件成熟，商用时间长
	100	50	
	200	200	
漂移阶跃恢复二极管	130	6000	幅度高，上升沿快，抖动小，但器件不成熟
火花隙开关	100	1000	重频低，寿命短
	7300	28000	
光导开关	10	0.45	性能最好，但重频低，寿命短，成本高
	130	1600	
	2000	20000	

2.2.1 基于光控光电导开关的冲激信号源

光控光电导半导体开关器件（PCSS）是一种在半导体衬底（如 Si、GaAs、InP、SiC、GaN 等）基片上研制一对耐高温、高压欧姆电极（如图 2.2-1 所示），静态下，PCSS 可承受 10^1～10^2 kV 量级电压；工作时，激励激光光束照射电极间的半导体衬底缝隙，瞬间产生光生载流子或雪崩载流子使 PCSS 导通，形成瞬态强电流、高电压冲激信号。图 2.2-2 给出 PCSS 和传统功率器件性能指标的比较[2]。

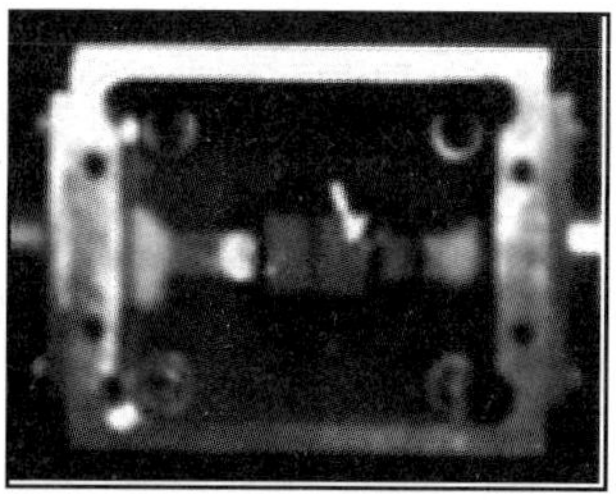

图 2.2-1　光导开关实物照片图

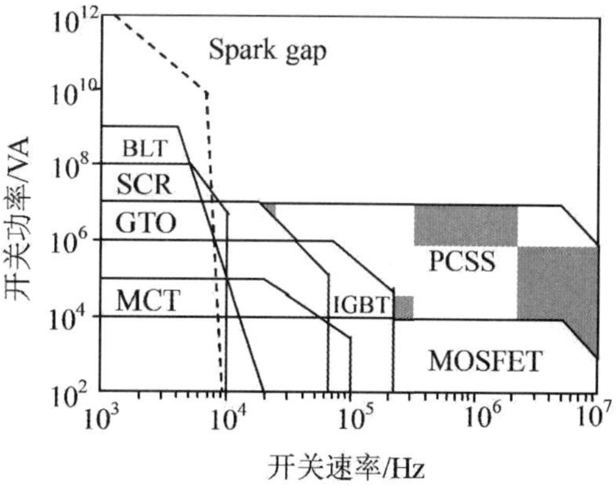

图 2.2-2　常见功率开关器件速率、功率参数比较

对以Ⅲ-Ⅴ族半导体衬底材料研制的 PCSS，存在分别以光生载流子和雪崩载流子为主要放电模式的线性工作模式和非线性工作模式。线性工作模式下输出电脉冲信号幅度取决于光强和偏置电压，通常需要 mJ 量级的激励光能（光脉冲脉宽为 ns 量级），且输出幅度较低（<3.5～11.2 kV/cm），但具有触发抖动小（ps 量级）、使用寿命长（>500 h）、响应速度快（ps 量级）、抗电磁干扰能力强（光电隔离）等优点，通常适用于高精密同步系统、瞬态测试系统；非线性工作模式下输出电脉冲信号幅度取决于偏置电压，光脉冲仅起触发控制作用，通常仅需要 nJ 量级的激励光能（光脉冲脉宽为 ns 量级），且输出幅度较高（10^2～10^3 kV/cm），具有触发抖动小（ps 量级）、响应速度快（ps 量级）等优点，通常适用于高功率微波系统、冲激雷达信号源、拒止武器、大电流点火装置、高功率微波储能或加速系统等。但其致命的弱点是使用寿命短（10^6 次量级）、高温下（>100 °C）工作性能不稳定、微观工作机理有待进一步深入研究等。尽管如此，由于 PCSS 可能是高峰值功率、低触发抖动的冲激信号源最有潜力的研制方案之一，因此它仍是目前研究的热点领域。

2005 年，美国 Los Alamos 国家实验室采用 24 倍压的 Blumlein 网络，成功在 50 Ω负载上获得脉宽为 ns 量级、峰值功率约 3 GW 的冲激信号。2008 年，西安理工大学施卫教授报道了以 PCSS 自身导通电阻为负载，峰值功率达到 95 MW、使用寿命超过 20 次的大电流 PCSS。2008 年，电子科技大学报道了在 50 Ω负载上，产生峰值功率 6 MW、重频 1 kHz、使用寿命超过 3.6×10^6 次、触发抖动控制在 30 ps 左右的高功率窄脉冲 PCSS，并将其应用于高功率微波系统。2010 年，电子科技大学报道了利用激光二极管激励 PCSS 以产生高峰值功率冲激信号源的小型化、便携式系统，为克服冲激信号源需要的庞大激光器系统奠定了技术基础。随着 GaN、SiC 等第四代宽禁带半导体材料研制工艺的日益成熟，以及基于第四代宽禁带半导体衬底材料的 PCSS 研制技术的不断发展，学界普遍认为，可以研制出使用寿命长、触发抖动小、峰值功率高的冲激信号源。

2.2.2 基于固态快速开关器件的冲激信号源

采用固态快速开关器件，如 SRD (Secret Restricted Data)、MOSFET (Metal-Oxide-Semiconductor Field-Effect Transistor)、DSRD (Drift Step Recovery Diode) 等，以及相应典型超快电路，如 Marx 电路等，设计并研制冲激信号源是目前文献报道的主流方法。如图 2.2-3 所示，其主要思想是在静态下，直流电源给各级电容器并联充电，充电完成后，由控制电路发出的触发信号依次导通各级固态快速开关器件，形成串联放电，并最终在负载上输出高压冲激信号。

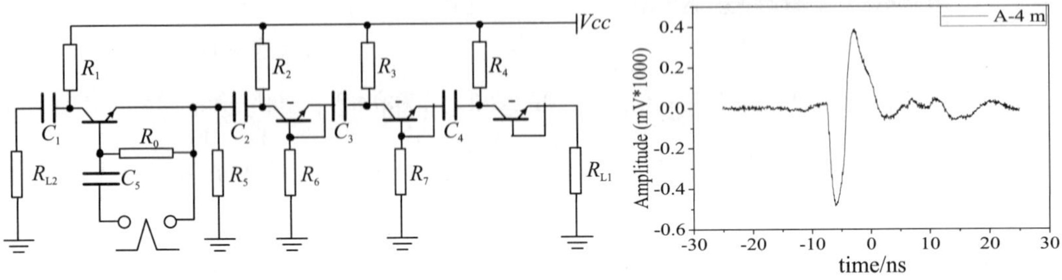

(a) 基于固态快速开关器件和 Marx 电路 (b) Marx 冲激信号源输出脉冲波形

图 2.2-3 基于固态快速开关器件和 Marx 电路冲激信号源原理电路及输出信号波形

该类冲激信号源具有响应速度快（ps 量级）、触发抖动小（10 ps 量级）、使用寿命长（> 500 h）、体积小、温度适应范围大、抗振能力强等优点，但存在峰值功率较低(10^1 kW)、电磁辐射污染较大、抗电磁干扰能力较弱等局限；主要用于诸如测距、穿墙、近炸引信等低功率、少阵元数冲激雷达原理样机研制等系统。目前，国内研制的 Marx 信号源输出功率一般为 10^1～10^2 kW 量级，德国报道了 MW 量级的该类冲激信号源，但价格昂贵。

2.2.3 基于其他开关器件的冲激信号源

采用火花放电方法研制的冲激信号源，可获得很高峰值功率的冲激信号，图 2.2-4(a) 给出成都光大电子电力研究所研制的 400 kV、50～500 ns 脉宽、重量 130 kg、用于汽车迫停技术的冲激信号源，该类信号源的局限包括触发抖动大（10 ns 量级）、重复频率低（10 Hz 量级）体积和重量大、成本高等，不适合需要阵列信号合成的微波功率系统设计。电真空器件和同步辐射系统通过电磁场控制电子运动、辐射连续或冲激信号，以实现信号源设计。这类设计方法技术成熟，但仍然存在体积和重量大[如图 2.2-4(b)所示]、成本高等局限，同样不太适合脉宽在 ns 量级的大阵元数的冲激系统设计。

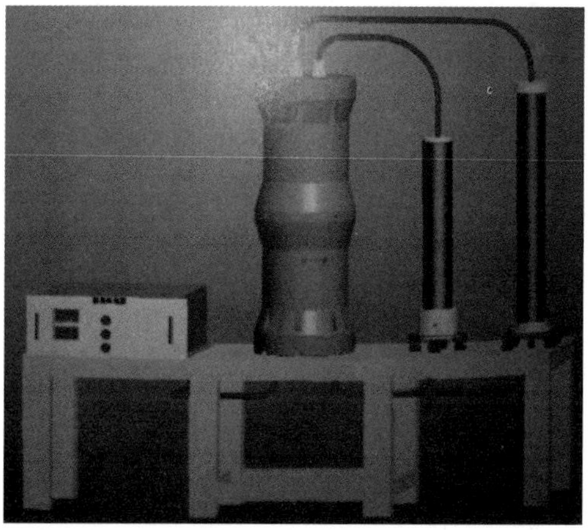

(a) 火花放电脉冲信号源

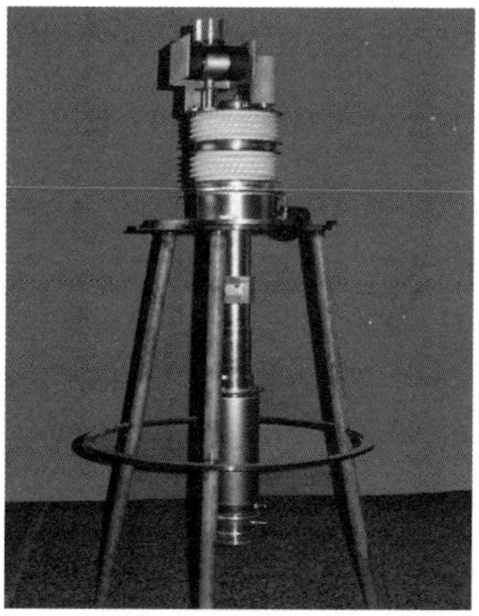

(b) 回旋行波管

图 2.2-4　基于典型器件、方法研制的冲激信号源

2.3　光导开关

1972 年，Maryland 大学的 S. Jayaraman 和 C. H. Lee 等人利用 ps 脉宽的激光脉冲激励半导体材料，产生了 ps 量级的电脉冲[3]；1975 年，美国贝尔实验室 D. H. Auston 等人首次使用硅作为基片材料，成功研制了光控光导半导体开关[4]，如图 2.3-1 所示，为小型化高功率冲激电脉冲源的研制开辟了新的道路。

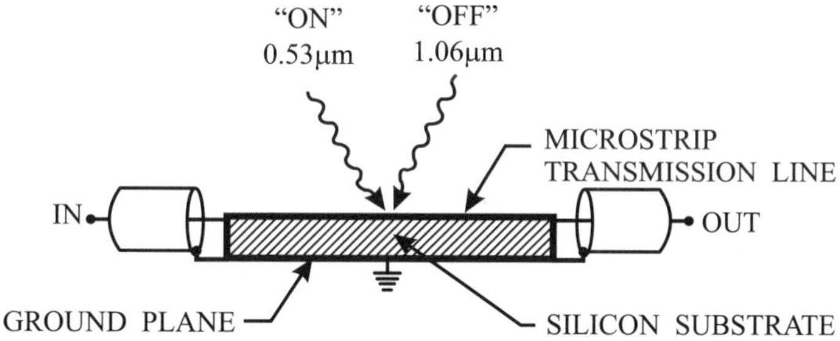

图 2.3-1　Si 光导开关示意图

常温下研制高功率光导开关常用的材料有 Si、Ge、GaAs、InP，以及第三代半导体材料 SiC、GaN。Si 和 Ge 的本征暗电阻率和电子迁移率都比较低，载流子寿命长，对常见的激光的吸收效率低，不适合制备高功率、高速的光导开关。SiC 和 GaN 的禁带宽度比较宽，并且暗电阻和击穿电场都比较高，是制作光导开关的理想材料；但是与 GaAs、InP 相比，其电子迁移率低、载流子寿命比较长、材料成本比较高，仅适用于长脉冲宽度、大电流的高功率脉冲。而半绝缘 GaAs 光导开关相对来说能较好满足上述研制高功率光导开

关的条件。书中所研究的光导开关，都是基于半绝缘 GaAs 材料的光导开关，对 GaN 光导开关的进一步研究具有一定的参考意义。

2.3.1 PCSS 实验与理论研究现状

1. PCSS 理论研究现状

PCSS 的理论研究分为线性与非线性工作模式下的物理机理研究。所谓线性工作模式，是指 PCSS 完全依靠光生载流子而导通的工作模式。在线性工作模式下，PCSS 通常需要μJ 以上的激励光能才能导通；输出电脉冲幅度与激励光能强度成线性关系；输出电脉冲波形与激励光脉冲波形几乎相同。所谓非线性机制，是指 PCSS 主要依靠光生载流子倍增效应而导通的工作模式。对Ⅲ-Ⅴ族半导体材料，通常认为非线性机制包括 lock-on 模式和雪崩模式。所谓 lock-on 模式，是指当偏置电场与激励光能处于特定工作范围内时，由于负微分效应和一些目前尚未完全了解的原因，使得输出电脉冲强度保持不变(输出“锁定脉冲”)的工作模式。所谓雪崩工作模式，是指在高偏置电场下，因雪崩载流子而使 PCSS 导通的工作模式。在 PCSS 的非线性工作模式下，激励光能只起触发作用（与触发光强无关），导通 PCSS 所需的光强通常仅需要 nJ 量级。工作在线性模式下的 PCSS，通常具有响应速度快、触发抖动小、使用寿命长和重复频率高等优点，通常用于瞬态检测、精密同步、时域通信等领域；而工作在非线性模式下的 PCSS，其响应速度、触发抖动、重复频率、使用寿命等参数对偏置电场敏感，只有在适当偏置电场下，才能获得较好的高功率电脉冲输出，通常用于高功率微波、高能量的储能系统、大电流点火装置、远距离超宽带雷达等领域。

对 PCSS 线性工作模式物理机制的研究，国内外研究主要采用连续性方程，在均匀偏置电场假设下，考虑光生载流子的产生、扩散、漂移与复合，可以得到 PCSS 线性工作模式下的物理机理，因为以此为基础的理论模型基本可以解释实验结果，通常认为，PCSS 线性工作模式的物理机理问题已经得到初步解决。PCSS 非线性工作模式的物理机理问题，目前没有得到统一解释，国内外提出了许多模型及相应理论，如：陷阱填充和电荷注入模型、高场区雪崩双注入模型、Brinkmann 等人提出的有两个施主能级起重要作用的非线性模型、Hudgins 等人提出的流注入理论模型、Dougal 等人的光学活性模型、施卫教授提出的光激发电荷畴模型等，此外，还有 PCSS 非线性机制的若干理论模型。总体来说，各种模型都能解释不同侧面或不同阶段的实验现象或特征，但也都存在比较明显的局限。例如，P. A. Fork、K. Kambour 等人利用红外荧光摄像技术观察到丝状电流，F. J. Z Zutavern 等人利用一种基于 Franz-Keldysh 效应的新光学诊断技术测量到 PCSS 雪崩模式下电流丝的传播速度为（2±1）$\times10^9$ cm/s，这个数值比 GaAs 半导体中载流子在高场下极限速度大 200 倍，仅比光在该半导体中传播速度小一些。同样，实验表明，非线性机制下阈值光能比线性机制小 3～5 个数量级，而 lock-on 非线性工作模式又比雪崩工作模式的阈值电场小近 1 个数量级。所有这些实验现象最终都没有得到一致、合理的解释。

对 PCSS 物理机制的研究存在以下缺陷。第一，在光大量注入情况下，载流子已经处于简并甚至强简并状态，此时仍然沿用玻尔兹曼统计方法存在严重缺陷，必须改由费米统计理论来处理半导体材料参数和光生载流子浓度问题。第二，在高场强或高载流子浓度条件下，载流子已经处于严重非平衡状态，此时仍沿用平衡态下的玻尔兹曼方程存在严重缺陷，必须考虑马提生定则及麦克斯韦位移分布定律对载流子参量分布的约束。第三，并没有深入研究半导体材料对光的吸收规律，至今也没有很好解释 1 064 nm 激励光脉冲导通 GaAs PCSS 的原因。第四，对造成 PCSS 非线性的工作模式缺乏分类研究。实验表明，lock-on 效应和雪崩工作模式都可以获得非线性电脉冲输出，但是，PCSS 进入这两种工作模式的阈值条件和输出电脉冲参数相差很大，如对 GaAs PCSS，lock-on 模式的偏置电场阈值为 3.5～12 kV/cm，输出电脉冲宽度为 10^2 ns～10^1 μs；而雪崩模式的阈值电场需要大于 20 kV/mm，输出电脉冲宽度一般在 ns 量级。可见，尽管都是 PCSS 高倍增的非线性模式，但它们的物理机制可能是不同的，应该分别加以研究。第五，各种非线性解释方案中，大多数采用唯象研究方法，研究结果多处于定性说明或半定量分析的某阶段或某局部实验现象，很少深入载流子微观运动规律层次，研究结果也很难计算阈值条件或预期输出电脉冲波形参数。第六，数字模拟计算中并未考虑电路方程，储能电容充放电特性直接影响输出瞬态电脉冲波形，这使得线性机制的计算结果只能与实验结果定性符合。

2. PCSS 实验研究现状

PCSS 的实验研究主要从以下几个方向进行。（1）较低功率、快响应速度、高稳定性、高输出、高输入电压比（简称电压转换效率）的光导开关研制。该研究方向并不追求 PCSS 的高功率，但对光导开关的响应速度、稳定性与电压转换效率要求较高。近些年，在快响应速度方面，美国已经获得上升沿在亚 ps 到 ps 量级、脉冲宽度在 ps 到 10^2 ps 量级的瞬态电脉冲，电子科技大学 2004 年测到了上升沿约 40 ps（取样测量）、脉冲宽度约 150 ps 的瞬态电脉冲；在稳定性方面，国内外都可以在 PCSS 线性工作模式下获得性能稳定的瞬态电脉冲，但在非线性工作模式下则比较困难；在转换效率方面，国内光导开关的最高电压转换效率可以达到 80%左右。（2）高功率、长脉宽光导开关研制。该研究方向主要追求很高的峰值功率和电流，而并不要求上升沿与脉冲宽度很窄，通常采用宽禁带半导体材料的联体开关来实现。1990 年，Nunnally 等人利用 864 单元构成的 PCSS 阵列，产生了功率达 250 MW～1 GW、脉冲宽度为 100 ns 的电脉冲，该类 PCSS 主要应用于大电流的点火装置或储能系统。(3) 快速、高功率、窄脉冲光导开关研制。该研究方向通常要求电脉冲宽度在 ns 或亚 ns 量级，而输出峰值功率大于 MW 量级并尽可能高。1994 年，Loubriel 等人研制出上升时间为 430 ps、脉冲宽度为 3 ns、功率为 43 MW 的 PCSS；2004 年，电子科技大学测得了单开关功率大于 2.25 MW、脉冲宽度约为 1 ns 的短电脉冲，并已用于阵列高功率微波辐射系统。

PCSS 的实验研究存在的问题有如下几点。其一，对研制 PCSS 的若干工艺研究没有系统深入。事实上，良好性能的 PCSS 研制，在很大程度上取决于耐高压与高温的电极加工工艺、半导体材料表面处理加工工艺、PCSS 的绝缘封装工艺等关键技术的突破，但是，由于这些工艺涉及面广、成本花费高，使国内 PCSS 研制陷入无系统和低水平重复的局面。其二，国内对 PCSS 的机械结构设计研究不够深入。目前，PCSS 普遍采用同面电极结构，电极形状也未仔细设计，这就在相当程度上限制了 PCSS 的耐压能力。其三，在实验测试电路对超宽带电磁波的色散与衰减、实验测试电路的电磁兼容等方面研究不够深入。其四，实验手段存在局限，如国内 PCSS 实验测试通常采用直流偏压而不是脉冲偏压，瞬态脉冲波形测试也多采用示波器直接测试而不是取样测试。这些使国内 PCSS 的实验研究中存在无法给 PCSS 加高偏压，导致脉冲宽度与上升沿时间偏长，实验测试结果误差大，脉冲波形混乱、不够稳定等问题。

2.3.2 半导体的光吸收机理

2.3.2.1 半导体材料光吸收规律概述

1. 半导体材料的光吸收条件

按量子理论，半导体材料对光的吸收必须满足能量守恒（玻尔频率定则）和角动量守恒条件，即

$$\begin{cases} h\nu \geqslant E_2 - E_1 = E_g \\ \hbar \boldsymbol{k}_2 - \hbar \boldsymbol{k}_1 = \hbar \boldsymbol{k}_l \end{cases} \tag{2.3-1}$$

其中，E_g 表示禁带宽度，k_l 表示光子波矢，下标“1”“2”分别表示各参量的初态与末态。GaAs 属于直接带隙半导体材料，发生本征吸收时，不需要吸收声子而使式（2.3-1）中的角动量守恒得到满足，因此，制约 GaAs 对光吸收的根本条件是玻尔频率定则。为了讨论方便，表 2.3-1 列出常见波长的激光对应的光子能量或典型能带间隔对应吸收限的波长。

表 2.3–1　GaAs、InP 主要能级间隔对应的频率下限

λ/nm	532	552.18	872.48	927.19	963.11	1064	1242.4	4284.2
ν_{min}/($\times10^{15}$Hz)	0.5639	0.5423	0.3439	0.3236	0.3115	0.2820	0.2415	0.07
ω_{min}/($\times10^{15}$rad/s)	3.5413	3.4056	2.1597	2.0322	1.9525	1.7710	1.5135	0.3496
ΔE/eV	2.3353	2.25	1.424	1.34	1.29	1.168	1.00	0.29

2. 半导体材料的光吸收机理及影响因素

半导体材料对光的吸收机制包括本征吸收、激子吸收、自由载流子吸收、声子吸收、杂质吸收、自旋波量子吸收、回旋共振吸收等，各机制吸收光子能量的大致谱图如图 2.3-2 所示。影响 GaAs 光吸收的因素包括偏置电场、杂质浓度、激光波长、EL2 能级、温度和压强。

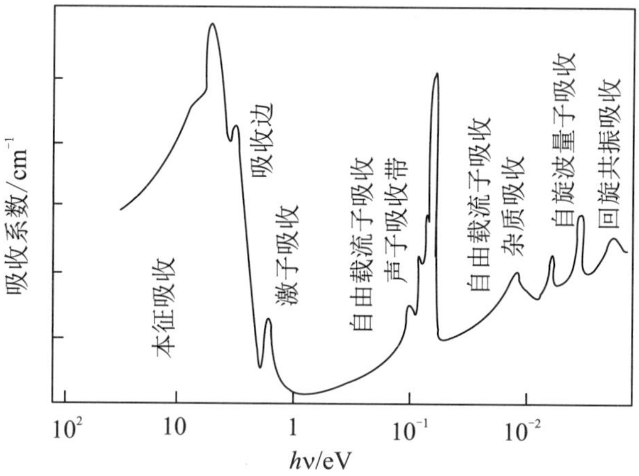

图 2.3-2　半导体吸收光谱示意图

3. GaAs 材料的光吸收规律概述

当 $h\nu < E_g$ 时，吸收系数随光子能量的降低呈现几乎指数规律的下降（如图 2.3-3 所示）；当 $h\nu > E_g$ 时，吸收系数随光子能量增加而几乎线性增加。温度改变时，吸收限光子能量与相应禁带宽相等；较低温度下，吸收限附近出现尖峰，这是激子吸收的结果。室温下不考虑激子吸收，按量子力学计算 Franz-Keldysh 效应，得到吸收限附近的吸收系数变化满足

$$\alpha = \frac{2\pi^2 \mu_0 c q^2 \hbar}{n_r m_0} f_{cV} \left(\frac{2m_r}{h^2}\right)^{3/2} (\hbar\omega - E_g)^{1/2} \propto (\hbar\omega - E_g)^{1/2} \tag{2.3-2}$$

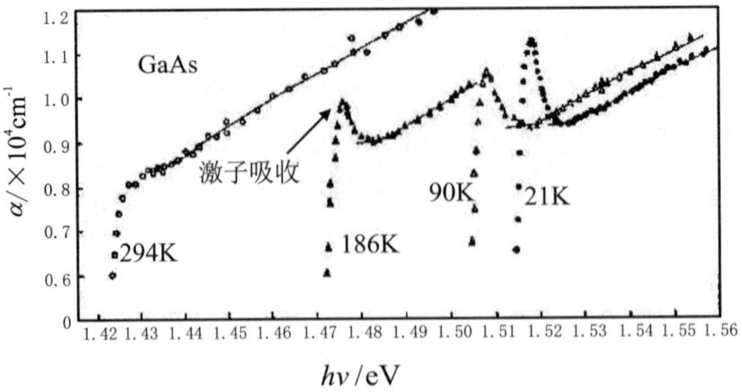

图 2.3-3　不同温度下 GaAs 的吸收边

理论计算和实验测试结果较好符合（如图 2.3-4 所示）。式（2.3-2）中，n_r为 GaAs 的折射率，m_r为电子、空穴有效质量的折合质量，f_{cV}具有 1 的数量级。

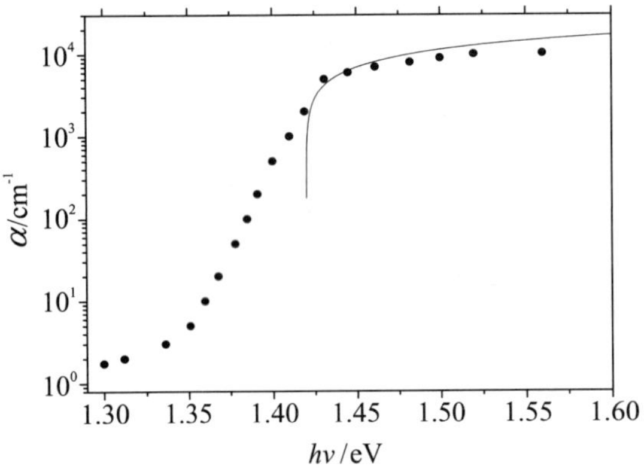

图 2.3-4　GaAs 的吸收光谱

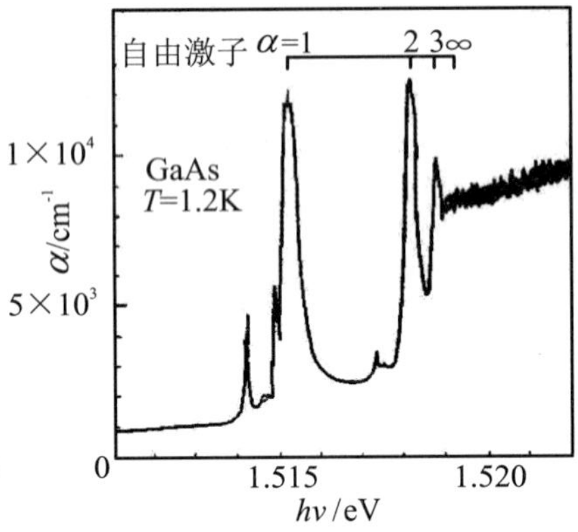

图 2.3-5　1.2 K 下 GaAs 激子吸收

当存在外加电场时，如果 $h\nu< E_g$，吸收系数随电场的变化满足

$$\Delta\alpha = \frac{1}{h}\left[(qE)^2\frac{h^2}{m_r}\right]^{\frac{1}{3}} \tag{2.3-3}$$

且随光子能量的降低呈现几乎指数规律的下降，这可以由 Franz-Keldysh 效应得以解释；如果 $h\nu> E_g$，电场对吸收系数的影响表现为吸收光谱有衰减的振荡（如图 2.3-5 所示），这可以用激子吸收和电场破坏激子吸收的激励来解释。

4. 朗伯光吸收定律与激励光脉冲描述

大量实验测试表明，半导体对光的吸收规律满足朗伯定律，即

$$I(z) = I_0\exp(-\alpha z) \tag{2.3-4}$$

其中，α表示光吸收系数，I_0表示 $z = 0$ 处的光强。

如图 2.3-6 所示，在 $t\sim t+\mathrm{d}t$、$z\sim z+\mathrm{d}z$、光照面积为 $\mathrm{d}s$ 微元内，半导体基片吸收的光能为

$$\mathrm{d}\varepsilon_{op}=-\alpha I_0\exp(-\alpha z)\mathrm{d}s\mathrm{d}z\mathrm{d}t=-\alpha I(z)\mathrm{d}s\mathrm{d}z\mathrm{d}t \tag{2.3-5}$$

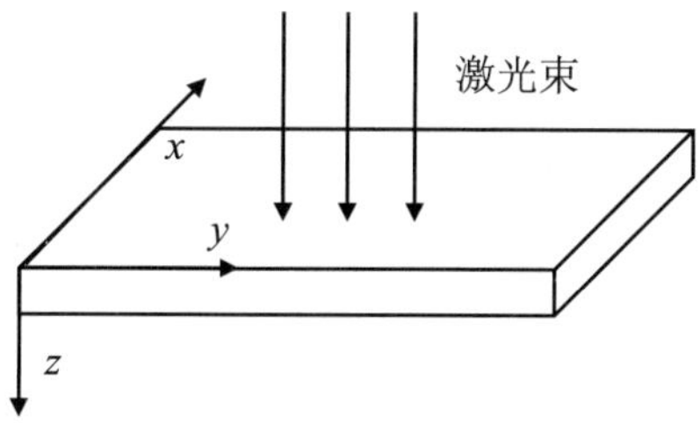

图 2.3-6　朗伯光吸收定律

如果激励半导体材料的激光脉冲为时间和空间上的高斯脉冲

$$I(r,z,t)=I_0\exp\left[-\frac{\ln(2)}{r_{op}^2}r^2-\frac{4\ln(2)}{T_{op}^2}t^2-\alpha z\right] \tag{2.3-6}$$

其中，$r^2=x^2+y^2$，I_0 表示 $z=0$、$r=0$、$t=0$ 时的光强，r_{op} 表示任意时刻高斯光斑半峰值空间半径，T_{op} 表示高斯光斑半峰值的时间宽度。

为了把式（2.3-6）中光强换算为激励光脉冲的能量（实验可测），利用光强与光能的关系可得

$$\begin{aligned}\varepsilon_{op}&=\int I(r,t)\mathrm{d}s\mathrm{d}t=2\pi I_0\int_0^{\infty}\exp\left(-\frac{\ln(2)}{r_{op}^2}r^2\right)r\mathrm{d}r\cdot\int_{-\infty}^{\infty}\exp\left(-\frac{4\ln(2)}{T_0^2}t^2\right)\mathrm{d}t\\&=\left(\frac{\pi}{\ln 2}\right)^{3/2}\frac{I_0r_{op}^2T_{op}}{2}\end{aligned} \tag{2.3-7}$$

将式（2.3-7）代入式（2.3-6）可得

$$I(r,z,t)=\frac{2\varepsilon_{op}}{r_{op}^2T_{op}}\left(\frac{\ln 2}{\pi}\right)^{3/2}\exp\left(-\frac{\ln 2}{r_{op}^2}r^2-\frac{4\ln 2}{T_{op}^2}t^2-\alpha z\right) \tag{2.3-8}$$

如果激励光脉冲经光匀化器后，在空间各 r 处形成均匀光斑（如图 2.3-7 所示），则式（2.3-8）写为

$$I(r,z,t)=I_0\exp\left[-\frac{4\ln(2)}{T_{op}^2}t^2-\alpha z\right] \tag{2.3-9}$$

将式（2.3-9）代入式（2.3-7）重新计算得

$$\varepsilon_{op}=\left(\frac{\pi}{\ln 2}\right)^{1/2}\frac{\pi I_0r^2T_{op}}{2} \tag{2.3-10}$$

其中，$r^2=x^2+y^2$，但小于匀化光斑的最大半径。

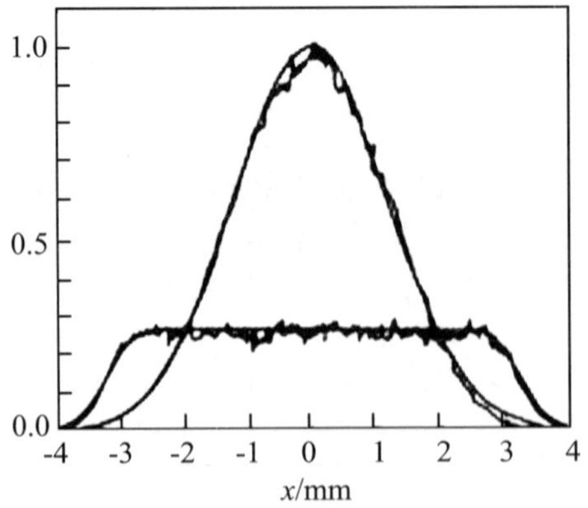

图 2.3-7 经光匀化器后空间均匀分布光斑

5.光生载流子浓度

由式（2.3-5）和式（2.3-8），激励脉冲去激励半导体衬底基片时所产生的光生载流子浓度为

$$n_{op}(r,z,t)=\frac{\mathrm{d}\varepsilon_{op}}{\mathrm{d}s\mathrm{d}z\cdot h\nu}=\frac{-\alpha I(r,z,t)\mathrm{d}t}{h\nu} \tag{2.3-11}$$

2.3.2.2 GaAs 对 1 064 nm 激光的吸收机理

在室温下，GaAs 吸收 1 064 nm 激光并使 PCSS 导电有两种可能性：其一，在外加偏置电场或激励光脉冲的高频电场中，GaAs 内部电子获得电场能量，这些能量加上电子因吸收 1 064 nm 激光的光子能量，有可能达到或接近 GaAs 禁带宽度对应的能量 E_g，从而实现（或通过隧道效应实现）电子由价带到导带的跃迁；其二，如果由于某种至今还不完全清楚的原因，在 GaAs 的禁带中存在某种深能级（EL2 能级），且在该能级上有相当的电子浓度，那么，GaAs 对 1 064 nm 激光的吸收，就可以理解为激光从深能级向导带实现电子抽运的过程，而不是从价带向导带的抽运过程，这样，GaAs PCSS 可以在 1 064 nm 激光激励下实现导通就可以理解了。

1. 偏置电场对 GaAs 光吸收的影响

如图 2.3-8 所示，如果在 GaAs 基片上沿 x 方向施加偏置电场ξ，则 GaAs 能带将发生倾斜，使得价带电子能量在$\varepsilon_e < E_g$的情况下，可以通过隧道效应穿越图中的三角形势垒到达导带，并实现导电。在吸收能量为 $h\nu$ 的光子后，三角形势垒宽度 d 为

$$d=\frac{E_g-\hbar\omega}{q\xi}\equiv\frac{E}{q\xi} \tag{2.3-12}$$

电子在三角形势垒中的势函数为

$$U(x)=-qx\xi \tag{2.3-13}$$

其中，q 为电子电量的绝对值。

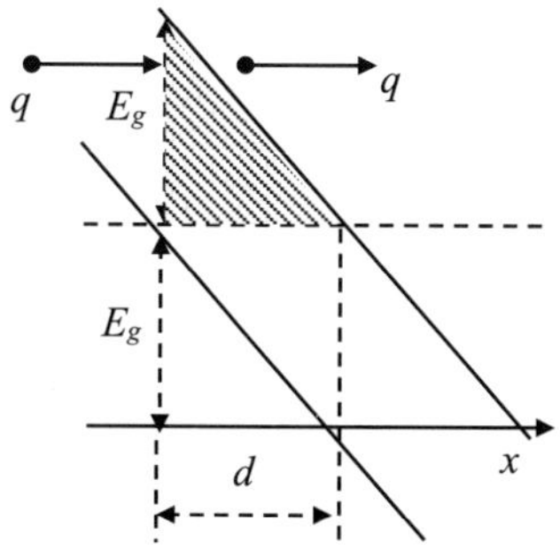

图 2.3-8　Franz-Keldysh 效应

将式（2.3-13）代入定态薛定谔方程，可得

$$-\frac{\hbar^2}{2m_n^*}\frac{d^2\phi}{dx^2}-qx\xi\phi=E\phi \tag{2.3-14}$$

其中，m_n^*为电子的有效质量，令

$$\beta=\left(\frac{\hbar^2}{2m_n^* qE}\right)^{1/3},\quad y=-\left(x+\frac{E}{q\xi}\right)\cdot\frac{1}{\beta} \tag{2.3-15}$$

由式（2.3-15）和式（2.3-14），通过对艾里函数（Airy function）解取近似并做繁杂的计算可求得式（2.3-14）的近似解为

$$\phi=y^{-1/4}\exp\left(-\frac{2}{3}y^{3/2}\right) \tag{2.3-16}$$

按量子力学观点，电子实现势垒贯穿的概率应正比于波函数模的平方，于是，吸收系数应为

$$\alpha\propto\exp\left[-\frac{4\sqrt{2m_n^*}(E_g-\hbar\omega)^{3/2}}{3\hbar q\xi}\right] \tag{2.3-17}$$

由式（2.3-17），如果让吸收限向能量较小方向移动 0.01 eV，则需要的偏置电场达到约 6×10^4 V/cm，这与文献报道的实验测试结果在数量级上是一致的[5]。考虑式（2.3-17）可以很好解释图 2.3-3 所得到的实验曲线，因此可以判断上述分析方法是合理的。

在 $E_g-\hbar\omega<0$ 的条件下，如果$\xi\to\infty$，按式（2.3-17），$\alpha\to1$；从物理意义上，此时吸收系数应当等于 GaAs 吸收限的吸收系数(α_0)，即$\alpha\to\alpha_0$。这样，可将式（2.3-17）写为

$$\alpha=\alpha_0\exp\left[-\frac{4\sqrt{2m_n^*}(E_g-\hbar\omega)^{3/2}}{3\hbar q\xi}\right] \tag{2.3-18}$$

如果取大量文献测试的实验数据：$\alpha_0=5\times10^3$ cm^{-1}，那么，根据式（2.3-18）可得到如图 2.3-9 所示的 GaAs 吸收系数随电场变化的函数曲线。

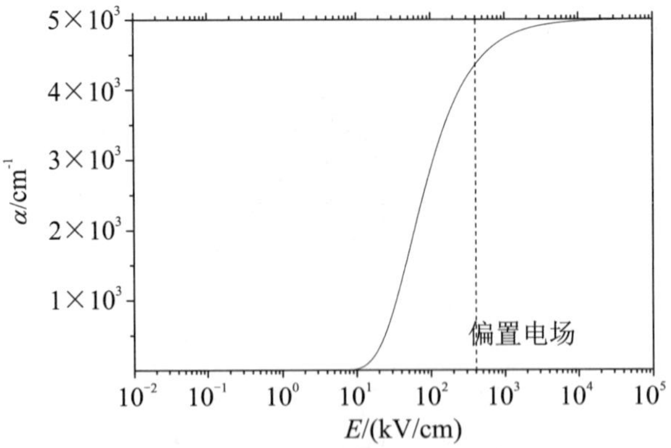

图 2.3-9　GaAs 吸收系数随偏置电场的变化

◎ **讨论：**

在偏置电场 $E < 10^4$ V/cm 时，GaAs PCSS 在 1 064 nm 的光激励下导通的实验事实，不能由 Franz-Keldysh 效应得到解释，因为此时光吸收系数基本没有改变。

当 $E > 10^4$ V/cm 时，GaAs 对 1 064 nm 的光吸收系数呈指数规律上升，并迅速逼近α_0，在击穿电场附近，吸收系数已超过 4×10^3 cm^{-1}，较低偏置电场下 0.4 cm^{-1} 的吸收系数增加了 4 个量级，这可能是 lock-on 模式下激励光强比线性模式下 PCSS 导通光强小 3～5 个量级实验事实有效解释方案之一。

在 1 064 nm 光脉冲点触发 PCSS 的前提下，如果将 GaAs PCSS 激励光能的降低理解为光吸收系数随电场增大迅速升高，那么，光脉冲在 GaAs 衬底基片的透射深度将迅速下降。这就容易理解 lock-on 模式阈值条件不仅与偏置电场有关，而且与触发光能有关，以及 PCSS 触发延迟时间、触发抖动时间会随偏置电场的升高而快速减小等实验现象了，也为载流子高倍增偶极畴模型及相关分析提供了理论依据。

2. EL2 能级对 GaAs 光吸收的影响

用 EL2 能级来解释 GaAs 在弱场下对 1 064 nm 的光吸收，以及 GaAs 在一定高偏置电场下发生低频振荡等现象，是目前文献普遍采用的方案之一[6]。一般认为，EL2 能级是由 GaAs 中出现替位、缺陷、位错以及其他一些原因造成的；其能级位置在距导带 0.78 eV 左右（如图 2.3-10 所示），态密度约 10^{16} cm^{-3}，对室温下弱 N 型 GaAs，其 EL2 能级上的电子浓度大约为 10^{15} cm^{-3}。

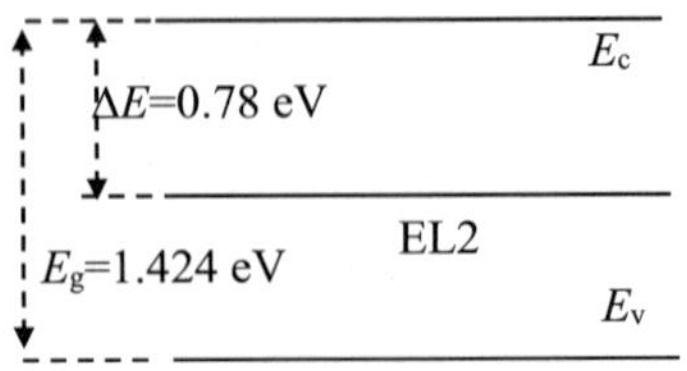

图 2.3-10　GaAs 中的 EL2 能级

利用 GaAs 禁带中的 EL2 能级，就很容易理解低偏置电场下对 1 064 nm 的光吸收现象，甚至 1 590 nm 的激光都能够导通 GaAs PCSS。

如果 EL2 能级是造成 GaAs PCSS 在 1 064 nm 光激励下导通的原因，且假设激光将电子由 EL2 能级抽运到导带的最大浓度为 10^{15} cm^{-3} 量级，那么，电流横截面为 4 mm×0.6 mm 的线性 PCSS（PCSS 研制的常用尺寸）能够输出的最大电流数量级为

$$I_{\max}=\int j_{\max}\mathrm{d}s=nq\mu Es \tag{2.3-19}$$

其中，取 $n=10^{15}$ cm^{-3}，$\mu=0.5$ m^2/Vs，$E=3.5$ kV/cm，$s=2.4$ mm^2，由式（2.3-19）可得，$I_{\max}=67$ A，这个计算结果与实验测试结果 20～40 A 在数量级上是一致的。但这不可能解释高偏置电场下，非线性 PCSS 输出超过 3 kA 电流的实验结果。

类似地，如果我们采用空间均匀分布、时间高斯分布的激光脉冲激励线性 GaAs PCSS，该高斯脉冲的能量由式（2.3-22）表示，而产生的载流子浓度由式（2.3-11）计算，则

$$n_{op}=\frac{-\alpha\int I(0,0,t)\mathrm{d}t}{h\nu}=\frac{\alpha}{h\nu}\frac{I_0T_{op}}{2}\sqrt{\frac{\pi}{\ln 2}} \tag{2.3-20}$$

联立求解式（2.3-20）与式（2.3-10）可得

$$\varepsilon_{op}=\frac{\pi r^2h\nu}{\alpha}n_{op} \tag{2.3-21}$$

在式（2.3-21）中，取常见的实验参数$\alpha=0.45$ mm^{-1}，$r=1.5$ mm，$h\nu=1.17$ eV，$n_{op}=10^{15}$ cm^{-3}，则可计算出导通光能为 290 μJ，这与实验测试得到的 300 μJ 导通光能很符合。表明在低偏置电场下，GaAs 对 1 064 nm 激光的吸收的确源自于将电子由 EL2 能级向导带抽运的过程。

2.3.2.3 杂质浓度对 GaAs 光吸收的影响

对高掺杂的半导体材料，在一定温度或光能激励下，大量电离的载流子可能在导带或价带中形成简并甚至强简并状态，使得费米能级进入导带或价带。在这种情况下，按费米统计理论，处于费米能级之下的能级已经被载流子完全占据，之后在光激励下再产生的光生载流子必须获得更大的能量，才有可能发生本征跃迁，这种现象被称为 Burstein-Moss 效应。Burstein-Moss 效应会导致两方面的结果：其一，出现本征吸收限移动，或确定频率的激励光脉冲吸收系数显著降低，出现所谓饱和吸收；其二，光生载流子因简并或强简并而远离导带或价带底，使 GaAs 抛物性能带假设不再成立，或电子有效质量发生改变，建立在此基础上的理论计算不再精确。

如果把光激励下存在光生载流子的 GaAs 基片等效地看作高掺杂的半导体材料，那么，对于高光能、长脉宽激励下的 GaAs PCSS，Burstein-Moss 效应可能会对其光吸收起到重

要的约束作用。

考虑 Burstein-Moss 效应后，GaAs 禁带宽度的位移量为

$$\Delta E_g = (E_F - E_c - \gamma k_0 T)\left(1 + \frac{m_n^*}{m_p^*}\right) \tag{2.3-22}$$

其中，系数γ表达式为

$$\gamma = \ln\left(\frac{\alpha_0 - \alpha}{\alpha}\right) \tag{2.3-23}$$

式（2.3-23）中，α_0表示导带为空带时 GaAs 的吸收系数。

对 GaAs 而言，$m_n^* \ll m_p^*$，如果在考虑高偏置电场下的热电子效应，式（2.3-22）可以推广为

$$\Delta E_g = (\xi - \gamma) k_0 T_e \tag{2.3-24}$$

其中，T_e表示热电子温度，ξ 的表达式为

$$\xi = \frac{\varepsilon_F - \varepsilon_c}{k_0 T} \tag{2.3-25}$$

2.3.3 高偏置电场下，载流子分布规律的实验结论

在弱场情况下，载流子从电场中获得能量，并通过各种散射机制与晶格交换能量，载流子和晶格达到热平衡，它们具有相同的温度。载流子分布函数满足玻尔兹曼输运方程。

在强场情况下，载流子分布函数取决于两方面因素：一方面，载流子从电场中获得能量并通过载流子之间的散射将能量在它们之间重新分配；另一方面，载流子从电场获得能量的同时又将与晶格不断发生散射，将所获得的能量在载流子和晶格中重新分配。两方面因素对载流子分布状况的影响取决于各自能量交换的速率，能量交换的速率依赖于载流子浓度。通常，按载流子不同浓度，两方面能量交换速率分为三种情况[7]。（1）低载流子浓度（通常认为 $n<10^{16}\ \mathrm{cm^{-3}}$）。载流子分布函数不满足平衡态分布函数，需要求解包含载流子散射项的玻尔兹曼方程，这一般难以做到。（2）中等载流子浓度（通常认为 $n \geqslant 10^{16}\ \mathrm{cm^{-3}}$）。载流子之间的速率交换远大于它与晶格之间的能量交换，载流子的分布函数满足平衡态分布函数，但它的温度（T_e）比晶格温度（T）高，或它与晶格不处于平衡态（$T_e > T$），称这种电子为热电子。（3）高载流子浓度。载流子将从电场中获得的能量首先在载流子内部交换，载流子体系作为一个整体形成一个相对独立的系统，整个系统以一定的速度 v 漂移，而在载流子内部则遵守如下麦克斯韦 – 玻尔兹曼分布

$$f = \exp\left[-\frac{\hbar^2(\boldsymbol{k}' - \boldsymbol{k})^2}{2m_n^* k_0 T_e}\right] = \exp\left[-\frac{\hbar^2(\boldsymbol{v}' - \boldsymbol{v})^2}{2m_n^* k_0 T_e}\right] \tag{2.3-26}$$

其中，漂移速度 v 的大小取决于载流子之间及载流子与晶格之间两种散射的动量平衡。记平均动量驰豫时间为τ_p，则 v 满足

$$\left\langle -\frac{\mathrm{d}(\hbar k_E)}{\mathrm{d}t} \right\rangle_{碰撞} = \frac{m_n^* v}{\tau_p} \tag{2.3-27}$$

其中，k_E表示在电场方向上的波矢分量。

在强场、高载流子浓度情况下：一方面，载流子体系作为一个整体以一定的漂移速度 v 运动，满足麦克斯韦－玻尔兹曼分布；另一方面，麦克斯韦－玻尔兹曼分布是在仅考虑光学波散射情况下得到的，然而，在高载流子浓度条件下，电离杂质散射会使载流子实际分布偏离式（2.3-26）的分布，或即便采用这个分布，计算得到半导体材料的宏观参数也只能在数量级上与实验结果保持一致。这个结果，与直接采用中等载流子浓度的计算模型——热载流子平衡态假设相比并没有取得预期的重大改进，对半导体材料参数更接近实际的描述需要借助于 Monte Carlo 模拟计算。

2.3.4　高偏置电场下，载流子散射机制

2.3.4.1　材料宏观参数统计计算公式

依据统计物理方法，容易得到 GaAs 半导体材料宏观电参量与载流子微观运动参量之间的统计方程。

散射概率 P 与载流子平均自由时间τ之间的关系为

$$\tau = \frac{1}{n_0}\int_0^{\infty} n_0 P \exp(-Pt) t \mathrm{d}t = \frac{1}{P} = \frac{1}{\sum_i P_i} \tag{2.3-28}$$

其中，P_i表示各种散射机制的散射概率。

多种散射机制下，载流子的平均自由时间为

$$\frac{1}{\tau} = \frac{1}{\tau_1} + \frac{1}{\tau_2} + \cdots + \frac{1}{\tau_n} = \sum_i \frac{1}{\tau_i} \tag{2.3-29}$$

根据普适的玻尔兹曼方程，载流子浓度可表示为

$$n = \int_{-\infty}^{\infty} 2 f_0 \mathrm{d}\boldsymbol{k} = -2\int_{-\infty}^{\infty} \frac{h^2 k^2}{3m_n^*} \frac{\partial f_0}{\partial \varepsilon} 4\pi^2 k^2 \mathrm{d}k = -\frac{2m_n^*}{3}\int_{-\infty}^{\infty} v^2 \frac{\partial f_0}{\partial \varepsilon} \mathrm{d}\boldsymbol{k} \tag{2.3-30}$$

利用玻尔兹曼方程及 $\boldsymbol{J} = -q\int v \mathrm{d}n = \sigma \boldsymbol{E}$，可以求得 GaAs 的电导率为

$$\sigma = -\frac{2q^2}{3}\int \frac{\partial f_0}{\partial \varepsilon} \tau v^2 \mathrm{d}\boldsymbol{k} \tag{2.3-31}$$

由式（2.3-30）、式（2.3-31），电子迁移率μ与平均自由时间τ的关系为

$$\mu = \frac{q}{m_{\mathrm{n}}^{*}} < \tau > \tag{2.3-32}$$

其中，< τ >是载流子平均自由时间的统计平均

$$< \tau > = \frac{< \tau v^2 >}{< v^2 >} \equiv \frac{\int \tau v^2 \mathrm{d}n \Big/ \int \mathrm{d}n}{\int v^2 \mathrm{d}n \Big/ \int \mathrm{d}n} = \frac{\int \tau v^2 \mathrm{d}n}{\int v^2 \mathrm{d}n} = \frac{\int_0^{\infty} \varepsilon^{3/2} \tau (\partial f_0 / \partial \varepsilon) \mathrm{d}\varepsilon}{\int_0^{\infty} \varepsilon^{3/2} (\partial f_0 / \partial \varepsilon) \mathrm{d}\varepsilon} \tag{2.3-33}$$

由式（2.3-29）、式（2.3-32），得到多种散射机制下半导体材料的迁移率为

$$\frac{1}{\mu} = \frac{1}{\mu_1} + \frac{1}{\mu_2} + \cdots + \frac{1}{\mu_n} = \sum_i \frac{1}{\mu_i} \tag{2.3-34}$$

电子平均速度与平均自由时间< τ >的关系

$$v = -\frac{q|E|}{m_{\mathrm{n}}^{*}} < \tau > \tag{2.3-35}$$

半导体材料电导率σ与平均自由时间< τ >的关系

$$\sigma = \frac{n_{\mathrm{e}} q^2}{m_{\mathrm{n}}^{*}} < \tau_{\mathrm{n}} > + \frac{n_{\mathrm{p}} q^2}{m_{\mathrm{p}}^{*}} < \tau_{\mathrm{p}} > \tag{2.3-36}$$

式中，带“n”下标的参量表示电子参量，带“p”下标的参量表示空穴参量。

利用式（2.3-28）至式（2.3-36），就可以计算半导体材料的所有宏观参量。在这些参量的计算中，最关键的是确定各种散射机制下载流子的平均自由时间。

2.3.4.2 载流子散射概率的计算方法

计算载流子散射概率的基本理论是量子力学的微扰理论，具体地说，通过求解定态或含时薛定谔方程可求得载流子各种散射机制的散射概率。考虑到典型微扰势场下薛定谔方程的求解已是十分成熟的理论[8]，在下面的讨论中，不再给出微扰薛定谔方程的详细求解过程，只引用已有的计算结论。

对定态微扰情况（微扰算符 $\hat{H}'$ 不含时间参量），载流子由初态 k 跃迁到末态 k' 的概率 W 为

$$W = \frac{2\pi}{\hbar} |H_{kk'}|^2 \delta(\varepsilon_{k'} - \varepsilon_k) \tag{2.3-37}$$

其中，$\varepsilon_{k'}$、ε_k 分别表示末态和初态时载流子能量；δ（…）函数表示跃迁过程满足频率定则或能量守恒；$H_{kk'}$为微扰算符的矩阵元，设初、末状态载流子本征波函数分别为ϕ_k、$\phi_{k'}$，则 $H_{kk'}$的计算公式为

$$H_{kk'} = \int_{-\infty}^{\infty} \phi_{k'}^{*} \hat{H}' \phi_k \mathrm{d}\tau \tag{2.3-38}$$

其中，积分区域为载流子可能存在的全空间。由于定态情况下 $\hat{H}'$ 不含时间参量，可将其展开为傅里叶级数

$$\hat{H}'(\boldsymbol{x}) = \sum_{q}\left[A(\boldsymbol{q})\exp(\mathrm{i}\boldsymbol{q}\cdot\boldsymbol{x})\right] \tag{2.3-39}$$

其中，$q = k'\text{-}k$，表示载流子始、末状态的波矢改变量；傅里叶系数 A（q）为

$$A(q) = \frac{1}{V}\int \hat{H}'(x)\exp(-\mathrm{i}q\cdot x)\mathrm{d}x \tag{2.3-40}$$

按半导体理论中的布洛赫定理，半导体中载流子波函数满足

$$\psi_k(x) = \mathrm{e}^{\mathrm{i}k\cdot x}u_k(x) \tag{2.3-41}$$

将式（2.3-39）、式（2.3-41）代入式（2.3-38），可得

$$\begin{aligned} H'_{k''k} &= \sum_{q} A(k'-k)\int u_{k'}^{*}(x)\cdot u_{k}^{*}(x)\,\mathrm{e}^{\mathrm{i}(k+q-k')\cdot x}\mathrm{d}x \\ &= A(\boldsymbol{k}'-\boldsymbol{k})\int u_{\boldsymbol{k}'}^{*}(\boldsymbol{x})\cdot u_{\boldsymbol{k}}^{*}(\boldsymbol{x})\mathrm{d}x \end{aligned} \tag{2.3-42}$$

对于抛物性能带，在能带底附近通常 $u_{k'}$、u_k 相差很小，且它们可近似由平面波函数 $u_{k'} \approx u_k \approx 1/V^{1/2}$ 表示，V 表示半导体材料的体积。这样，式（2.3-42）可简化为

$$H'_{k'k} = A(\boldsymbol{k}'-\boldsymbol{k}) = A(\boldsymbol{q}) \tag{2.3-43}$$

类似地，对于含时微扰，设微扰算符为周期性的简谐势场，且满足

$$\begin{cases} H'(x,t) = A_{+}(q)\mathrm{e}^{\mathrm{i}(q\cdot x-\omega_q t)} + A_{-}(q)\,\mathrm{e}^{-\mathrm{i}(q\cdot x-\omega_q t)} \\ A_{+} = A_{-}^{*} \end{cases} \tag{2.3-44}$$

则可得到如下计算公式

$$\begin{cases} W = \dfrac{2\pi}{\hbar}\left|H_{kk'}\right|^2\delta(\varepsilon_{k'}-\varepsilon_k \pm \hbar\omega_q) \\ \left|H_{kk'}\right| = \left|A(\boldsymbol{k}\pm\boldsymbol{q}-\boldsymbol{k})\right| \equiv \left|A_{\pm}(\boldsymbol{k}'-\boldsymbol{k})\right| \end{cases} \tag{2.3-45}$$

利用式（2.3-37）、式（2.3-40）、式（2.3-43）和式（2.3-45），原则上就可以求得各种不同的散射机制下载流子的散射概率。应当强调，这些简洁计算公式成立的条件是半导体能带具有抛物性能带，且在能带底附近可近似用平面波函数代替载流子波函数；否则，微扰矩阵元的计算就必须依赖载流子始、末状态波函数的具体函数形式，使计算变得十分复杂。课题研究的 GaAs 半导体材料满足这样的近似条件。即便如此，利用这些计算公式计算散射概率、电导率、迁移率等物理参量时，仍需采用各种理想模型，使得理论计算与实验测试结果之间存在偏差。因此，在一般半导体物理或固体物理理论中，各种散射机制的散射概率一方面由这些计算公式计算得到；另一方面，又在不同适用范围内结合实验测试数据，衍生各种各样的半经验公式。

2.3.4.3 典型散射机制下的散射概率

1. 电离杂质散射概率

考虑到高功率 PCSS 大多工作在高载流子浓度条件下，电离杂质散射在弱场和强场两种情况下对半导体材料参数都有影响，这一点与通常的 Si 衬底半导体器件物理机制分析时，电离杂质散射所起的作用不一样。这一节分别讨论文献经验公式、裸核近似模型和汤川屏蔽势模型三种情形下，电离杂质散射概率的计算方法。

（1）电离杂质散射概率的经验公式与讨论

对通常的 Si 衬底半导体器件而言，半导体材料多为低掺杂材料，且一般工作在非简并和常温环境，在这种条件下，电离杂质散射对器件性能参数影响比较小，甚至可以被忽略。尽管如此，还是有大量文献研究了各种半导体材料的电离杂质散射问题。文献[9]给出严格的计算公式

$$\mu_1 = \frac{3.2\times10^{15}(m_0/m_{\rm n}^*)^{1/2}\varepsilon_{\rm r}^2 T^{3/2}/(N_D+N_A)}{\lg\left[1.3\times10^{14}T^2\varepsilon_{\rm r}m_{\rm n}^*/(m_0\cdot n)\right]} \quad (\mathrm{cm^2/V\cdot s}) \tag{2.3-46}$$

其中，$m_{\rm n}^*$为电子的有效质量，m_0为电子的静止质量，$\varepsilon_{\rm r}$是半导体材料的相对介电常数，n为载流子浓度，T为温度，N_D、N_A分别表示施主、受主杂质浓度。

公式中带有明显的经验常数，且采用玻尔兹曼统计方法直接给出最后结果，很难在必要时对这些公式做一步的修正。在式（2.3-46）中，如果分母中[...]内因子的值小于或等于 1（对 GaAs，当 T=300 K 时，对应 n=1.0332×10^{19} cm^{-3} 的情况），则μ_1为负值或无限大，这从物理上是错误的。因此，计算公式的适用范围存在局限。

在 T 一定、大光能注入的情况下，$n\approx N_D$，由式（2.3-46），$\mu_1\propto 1/N_D$。一方面，散射概率的增加限制了载流子运动速度的增大；另一方面，n 增加会因为载流子的屏蔽效应减小散射概率，使载流子运动速度增加；再一方面，杂质电离散射使载流子动量发生重新分布（改变波矢 k），使载流子迁移率下降。实验表明，三种效应综合作用的结果，在大光能注入的条件下，载流子迁移率会下降约 70%。图 2.3-11 给出 T=300 K 时，由式（2.3-46）计算得到的迁移率随载流子浓度的变化曲线。可见，在常温、弱简并或简并情况下，杂质电离是 GaAs 的主要散射机制之一，而在常温、非简并情况下，杂质电离散射对 GaAs 参数的影响较小，可以忽略。

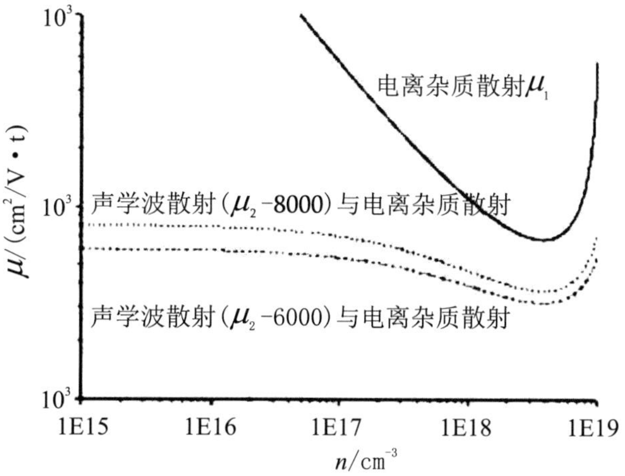

图 2.3-11 电离杂质散射对电子迁移率的影响

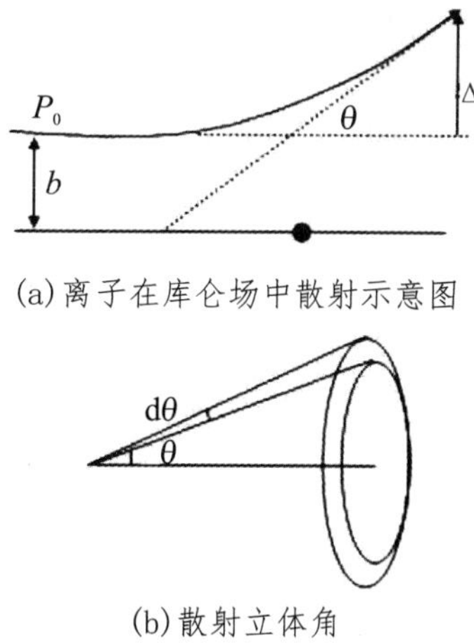

图 2.3-12 离子在库仑场中散射示意图

（2）裸核近似模型下，电离杂质散射概率的计算公式推导与讨论

如图 2.3-12 所示，采用卢瑟福α散射公式的结论[10]，以瞄准距 b、初始动量 P_0 入射的载流子经杂质离子散射后的偏转角θ为

$$\tan\frac{\theta}{2}=\frac{1}{4\pi\varepsilon_0\varepsilon_{\mathrm{r}}}\frac{\mathrm{e}^2}{m_{\mathrm{m}}^* v^2 b}\equiv\frac{\mathrm{e}_{\mathrm{s}}^2}{\varepsilon_{\mathrm{r}} m_{\mathrm{m}}^* v^2 b} \tag{2.3-47}$$

出射离子的微分散射截面 dσ满足（对应θ~θ+dθ或立体角 dΩ）

$$\mathrm{d}\sigma\mathrm{d}\Omega=\left(\frac{\mathrm{e}_{\mathrm{s}}^2}{2\varepsilon_{\mathrm{r}} m_{\mathrm{n}}^* v}\right)^2\frac{\mathrm{d}\Omega}{\sin^4(\theta/2)} \tag{2.3-48}$$

设各向同性散射时载流子平均自由时间为τ_c，考虑角度散射后的载流子平均自由时间为τ，按平均自由时间的定义，并结合图 2.3-11，有

$$-\frac{\mathrm{d}P}{\mathrm{d}t}=-\frac{\Delta P}{\tau_c}=-\frac{P_0(1-\cos\theta)}{\tau_c}=-\frac{P_0}{\tau}\Rightarrow\tau=\frac{\tau_c}{1-\cos\theta} \tag{2.3-49}$$

设载流子浓度为 n，施主杂质浓度 n_D，由微分散射截面的概率意义可得离子被散射到θ~θ+dθ的概率为

$$\frac{1}{\tau(\theta)}=n_D v(1-\cos\theta)\mathrm{d}\sigma \tag{2.3-50}$$

设杂质离子的平均间距为 a_D，则瞄准距 b 满足 $0<b<a_D/2=n_D^{-1/3}/2$，那么，粒子被散射到各种可能角度的概率为

$$\frac{1}{\tau}=\int_{\theta_0}^{\pi}n_D v(1-\cos\theta)\mathrm{d}\sigma\mathrm{d}\Omega=2\pi n_D v\left(\frac{\mathrm{e}_{\mathrm{s}}^2}{2\varepsilon_{\mathrm{r}} m_{\mathrm{n}}^* v^2}\right)\int_{\theta_0}^{\pi}\frac{(1-\cos\theta)\sin\theta}{\sin^4\theta/2}\mathrm{d}\theta$$

$$=8\pi n_D v\left(\frac{\mathrm{e}_{\mathrm{s}}^2}{2\varepsilon_{\mathrm{r}} m_{\mathrm{n}}^* v^2}\right)^2\ln\left[1+\left(\frac{\varepsilon_{\mathrm{r}} m_{\mathrm{n}}^* v^2}{2\,\mathrm{e}_{\mathrm{s}}^2\, n_D^{1/3}}\right)^2\right] \tag{2.3-51}$$

其中，θ_0 由式（2.3-47）确定（取 $b=n_D^{-1/3}/2$）。

式（2.3-51）表明，$\tau\propto n_D$，T 一定时，随着 n_D 的增大，τ 单调增加，避免了式（2.3-46）存在的经验参数及适用范围问题。但是，由于采用裸核近似模型过于理想化，其计算结果和文献[9]给出的实验结果在非简并和弱简并情况下有一定偏差，并不优于由式（2.3-46）所得的与实验符合的结果。

（3）汤川屏蔽势模型下，电离杂质散射概率的计算公式推导与讨论

当载流子浓度较高时，由于载流子之间的屏蔽效应，它们感受到电离杂质的库仑势不再是杂质电离电荷产生的库仑势，而是载流子屏蔽后的库仑势。在固体物理中，通常采用汤川屏蔽势函数来描述这类屏蔽效应，其函数形式为

$$V(r)=-\frac{Ze}{4\pi\varepsilon_0\varepsilon_{\rm r}r}{\rm e}^{-r/L_D} \tag{2.3-52}$$

其中，L_D 为屏蔽长度，标志电离电荷产生库仑势的有效作用长度，表达式为

$$L_D=\sqrt{\frac{\varepsilon_0\varepsilon_{\rm r}k_0T}{n_0e^2}} \tag{2.3-53}$$

其中，n_0 为杂质浓度，e 为电子电量。

由式（2.3-40），可计算汤川势的傅里叶展开系数为

$$\begin{aligned}A(q)&=-\frac{e}{V}\int V(\boldsymbol{r})\exp(-{\rm i}q\cdot x){\rm d}x=-\frac{e}{V}\int_0^{\infty}V(\boldsymbol{r})r^2{\rm d}r\int_0^{\pi}\exp(-{\rm i}qx\cos\theta')\sin\theta'{\rm d}\theta'\int_0^{2\pi}{\rm d}\phi'\\&=-\frac{e}{V}4\pi\int_0^{\infty}V(\boldsymbol{r})r\frac{\sin qr}{q}{\rm d}r\end{aligned} \tag{2.3-54}$$

假设电离杂质之间间距很大，屏蔽势能之间无相对耦合（对 GaAs 而言，晶格间距远大于由式（2.3-53）在常温下计算得到的 L_D，因此，这个假设是合理的）。将式（2.3-52）代入式（2.3-54）可得

$$A(q)=-\frac{Ze^2}{V\varepsilon_0\varepsilon_{\rm r}q}\int_0^{\infty}\exp(-\frac{r}{L_D})\sin(qr){\rm d}r=-\frac{Ze^2}{V\varepsilon_0\varepsilon_{\rm r}}\frac{1}{q^2+L_D^{-2}} \tag{2.3-55}$$

将式（2.3-55）代入式（2.3-45），计算微扰矩阵元

$$\left|H_{k,k'}\right|^2=\left(\frac{Ze^2}{V\varepsilon_0\varepsilon_{\rm r}}\right)^2\frac{1}{\left(\left|\boldsymbol{k}'-\boldsymbol{k}\right|^2+L_D^{-2}\right)^2}=\frac{Z^2{\rm e}^4}{16V^2\varepsilon_0^2\varepsilon_{\rm r}^2k^4}\frac{1}{\left(\sin^2\dfrac{\theta}{2}+(2kL_D)^{-2}\right)^2} \tag{2.3-56}$$

上式第二步应用了近似 $\left|\boldsymbol{k}'-\boldsymbol{k}\right|=2k\sin(\theta/2)$。由式（2.3-49）、式（2.3-51）及式（2.3-56），可求得电离杂质散射的载流子平均自由时间为

$$\frac{1}{\tau}=\int\left[\frac{2\pi V}{\hbar}\int_0^{\infty}\left|H_{k',k}\right|^2\delta(\hbar\omega_{k'}-\hbar\omega_k)k'^2{\rm d}k'\right]\cdot(1-\cos\theta){\rm d}\Omega \tag{2.3-57}$$

于是 $$\tau = \frac{8\pi\left(\varepsilon_0 \varepsilon_{\mathrm{r}} m_{\mathrm{n}}^*\right)^2 v^3}{\mathrm{e}^4 Z^2 n_D} \frac{1}{\ln\left(1+\beta^2\right)-\beta^2/(1+\beta^2)} \tag{2.3-58}$$

其中 $$\beta = 4\pi k L_D \tag{2.3-59}$$

在式（2.3-58）中，应用了体积 V 中只有一个电离中心的假设，即 $n_D=1/V$。比较式（2.3-51）与式（2.3-58），发现它们前边的系数因子都相同，只是在含对数的乘积因子有差异，这正是考虑汤川屏蔽势的结果。至于分别采用这两个散射概率公式求得的半导体材料宏观参数的差异，见后面章节的相关讨论。

需要说明，尽管式（2.3-58）已经考虑了高载流子浓度下载流子的屏蔽效应，但是，还存在如下缺陷：①在高载流子浓度情形下，载流子填充已经偏离了导带底，此时，导带呈抛物线形状的假设不再成立，使得载流子的动量、有效质量和态密度增加，屏蔽长度和末态载流子波函数也不同，这样，由式（2.3-58）计算的结果与实验结果比较，计算值比实验值偏低；②因为采用汤川屏蔽势，没有考虑不同掺杂元素形成的屏蔽势作用长度的区别；③如果仅采用式（2.3-58）解释常温下高掺杂半导体材料的宏观参数，不考虑声学波散射对材料宏观参数的影响，那么，计算值比实验值偏高。

2. 晶格振动散射概率

按晶格振动的格波理论，对含有 N 个原胞的 GaAs 半导体材料，共有 $6N$ 个格波，它们可分为 3 支频率较低的声学波和 3 支频率较高的光学波；声学波和光学波中各含 2 支横波和 1 支纵波，纵波频率比横波频率低。对中性半导体材料，起重要散射作用的是纵波；而对有极性的 GaAs 材料或离子性半导体材料，横波也有一定的作用。

长声学波和长光学波的振动机理不同，前者是 GaAs 原胞中，Ga 原子与 As 原子间距保持不变，它们的质心在晶格平衡位置附近振动；后者是原胞质心不动，Ga 原子与 As 原子各自围绕原胞质心的振动。长声学波的波长约为 10^{-8} m，声子能量约为 0.014 eV，比常温下电子能量（0.026 eV）小，电子与晶格散射时可看作弹性散射。长光学波的特征之一是其频率近似为一个常数，它与波数之间没有必然联系。GaAs 光学波的最高频率为 8.7×10^{12} s^{-1}，对应声子能量为 0.036 eV，它比常温下 GaAs 中电子能量高，或者说 GaAs 中的光学声子很少，电子吸收、发射这种声子的概率很低。但随着偏置电场增加，电子从电场中获得较多能量之后，光学声子与电子之间的散射就会起主要作用。为了后面方便估算载流子与晶格散射各种机制数量级，表 2.3-2 给出了各种散射声子频率、能量以及 GaAs 的一些重要实验参数。

表 2.3–2 半绝缘 GaAs 载流子与晶格散射的声子频率及一些重要参数

参数名称	取值量级	参数名称	取值量级	参数名称	取值量级
光学声子频率	8.7×10^{12} Hz	平均自由时间τ	~1 ps	杂质电离	~600 V/cm
光学声子能量	0.036 eV	平均自由程λ	$\sim10^{-7}$ m	弱场条件	<3.6 kV/cm
光学声子温度θ_l	417 K	电子平均速度	$\sim10^{7}$ cm/s	常温电子	0.026 eV
压电耦合系数κ	0.052	有效核电荷数	0.2 e	形变常数ε_c	12 eV
静态介电常数	13.18	高频介电常数	11.96	形变常数 c_l	14.5×10^{13}dyn·cm^{-2}

声学波和光学波散射通过两类机制来影响半导体材料的宏观参数：其一是长纵声学波、光学波在半导体内传递时，改变晶格原子的密度，进而引起导带边沿波动，引入微扰形变势函数；其二是对没有对称中心的极性半导体材料，晶格原子的振动带来极化电场，使载流子感受到微扰极化势函数。

（1）长声学波形变势下的散射概率

由形变势理论，声学波振动引起的微扰形变势函数为

$$H'(\boldsymbol{x},t)=\varepsilon_c\nabla\cdot\boldsymbol{u}(\boldsymbol{x},t) \tag{2.3-60}$$

其中，ε_c称为形变常数（对 GaAs，ε_c =12 eV），表示半导体材料单位体积性形变引起的导带变化量，即

$$\Delta E_c=\varepsilon_c\frac{\Delta V}{V_0} \tag{2.3-61}$$

$\boldsymbol{u}(\boldsymbol{x},t)$ 为声学波波函数，其表达式为

$$\boldsymbol{u}(\boldsymbol{x},t)=-\frac{\mathrm{i}}{2}A_q\boldsymbol{k}_c\left[\mathrm{e}^{\mathrm{i}(q\cdot x-\omega t+\phi)}-\mathrm{e}^{-\mathrm{i}(q\cdot x-\omega t+\phi)}\right] \tag{2.3-62}$$

其中，k_c为声学波振动方向，A_q为振幅。

将式（2.3-62）代入式（2.3-60）可得

$$H'(\boldsymbol{x},t)=\frac{\mathrm{i}}{2}A_q\varepsilon_c\boldsymbol{k}_c\cdot q\left[\mathrm{e}^{\mathrm{i}(q\cdot x-\omega t+\phi)}+\mathrm{e}^{-\mathrm{i}(q\cdot x-\omega t+\phi)}\right] \tag{2.3-63}$$

对声学横波，$\boldsymbol{k}_c\cdot\boldsymbol{q}=0$，因此，只有纵声学波引起形变散射。比较式（2.3-63）与式（2.3-40），可得微扰矩阵元

$$H'_{kk'}=\frac{A_q\varepsilon_c q}{2} \tag{2.3-64}$$

利用 $\rho V\omega^2 A_q^2/2=k_0T$ ，将式（2.3-64）代入式（2.3-45）并对所有声学波频率积分，那么，对单一极值、球形等能面的 GaAs 半导体，长声学波形变势下载流子平均自由时间为

$$\tau=\frac{\rho h^4 u^2}{16\pi^3\varepsilon_c^2 k_0 T(m_{\rm n}^*)^2 v}\equiv\frac{\lambda}{v} \tag{2.3-65}$$

其中，u 为声学纵波波速，v 为载流子速度，k_0 为玻尔兹曼常数，λ 称为载流子的平均自由程。

对多极值、旋转椭球面的等能面，只需要将电子的有效质量用电子态密度有效质量 $m_{\rm dn}$ 替换，则式（2.3-65）仍然适用。电子态密度有效质量计算公式为

$$m_{\rm dn}=s^{2/3}(m_l m_t^2)^{1/3} \tag{2.3-66}$$

其中，s 表示等能面支数，对 GaAs 类硅能谷，s=6，m_l、m_t 分别表示沿旋转椭球面纵向轴和横向轴的电子有效质量。

按能量均分定理，平衡态下载流子热运动速度 v 与 T 成正比，因此，式（2.3-65）的散射概率正比于 $T^{3/2}$；当 T 一定时，$\tau\propto v^{-1}$。

（2）长声学波极化势下的散射概率

GaAs 是典型的极性半导体材料，极化势引入的散射应该是重要的散射机制之一，在一般文献中称这种散射为声学波压电散射。

声学波压电散射下，如果忽略在极化电场作用下，载流子分布的变化（即假设电位移矢量 D=0），则载流子的平均自由时间为

$$\tau=\frac{2^{3/2}\pi\hbar^2\varepsilon_0\varepsilon_{\rm r}\varepsilon^{1/2}}{(m_{\rm n}^*)^{1/2}q^2\kappa^2 k_0 T} \tag{2.3-67}$$

其中，κ 是无量纲的压电耦合常数，对 GaAs，$\kappa=0.052$。需要指出的是，κ 实际应该为一个一阶张量，其数值大小与声学波传播方向有关，这里的 κ 取值只是一个平均值。

在高载流子浓度下，载流子对极化电场有屏蔽作用，如果仍采用汤川屏蔽势函数，那么式（2.3-67）被修改为

$$\tau=\frac{2^{3/2}\pi\hbar^2\varepsilon_0\varepsilon_r\varepsilon^{1/2}}{(m_{\rm n}^*)^{1/2}q^2\kappa^2 k_0 T}\left[1+\frac{1}{1+8m_{\rm n}^*\varepsilon L_D^2/\hbar^2}-\frac{\hbar^2}{4m_{\rm n}^*\varepsilon L_D^2}\ln\left(1+\frac{8m_{\rm n}^*\varepsilon L_D^2}{\hbar^2}\right)\right]^{-1} \tag{2.3-68}$$

计算表明，采用式（2.3-67）与采用式（2.3-68）得到的结果差别很小，因此，也可以直接采用式（2.3-67）做计算。

（3）光学波形变势下的散射概率

与声学波形变势所起的作用不同，光学波形变势对载流子散射的影响有以下特点：①对具有金刚石结构和闪锌矿结构的晶体，不会使位于 k=0 的简单能带带边发生正比于相对位移量的一级移动（即 ε_c=0）；②对于<100>型能谷，光学波只能使等能面发生畸变，但不引起极值位移；③对于<111>型能谷及具有对称性的零禁带半导体材料，光学

波形变散射可以有较强的作用；④光学波声子的能量与常温下电子的能量相当，它与电子的散射为非弹性散射。

由于 GaAs 是闪锌矿能带结构，光学波形变势对处于 k=0 简单能带中的载流子散射可以忽略，或者说在弱场情况下，该散射机制不会影响材料的宏观参数。但是，在强场、不等价谷间散射情况下，载流子被散射到<111>型的 L 卫星能谷中时，如果卫星谷中载流子在光学波形变势下发生散射，那么，该散射机制对材料参数的影响就明显了。

光学波形变势下载流子的平均自由时间为

$$\tau=\frac{\sqrt{2}\pi\rho\hbar^2 k_0\theta_l}{D^2(m_{\mathrm{n}}^*)^{3/2}n_q}\left[(\varepsilon+k_0\theta_l)^{1/2}+\mathrm{e}^{\theta_l/T}\ \mathrm{Re}\ (\varepsilon-k_0\theta_l)^{1/2}\right]^{-1} \tag{2.3-69}$$

其中，D 称为光学形变常数，对 GaAs 而言，D 为 10^9 eV/cm 数量级；Re（…）表示取括号内函数的实部，其物理意义是：如果载流子能量比光学波声子能量小，则该项值为零，载流子不发射光学波声子；θ_l 是一个类似于统计物理中德拜温度的物理量，用来标志光学波声子的能量大小，对 GaAs 而言，θ_l =417 K，其定义式为

$$\theta_l=\frac{\hbar\omega_l}{k_0} \tag{2.3-70}$$

式（2.3-69）中 n_q 为平均声子数，因声子为玻色子，满足玻色－爱因斯坦分布，故平均声子数

$$n_q=\frac{1}{\exp(\frac{\hbar\omega_l}{k_0T})-1}=\frac{1}{\exp(\frac{\theta_l}{T})-1} \tag{2.3-71}$$

（4）光学波极化势下的散射概率

对极性半导体而言，其重要光学波散射的机制是极性光学波散射。在光学波极化微扰势场作用下，载流子的平均自由时间可表示为

$$\tau=\frac{(2m_{\mathrm{n}}^*\varepsilon)^{1/2}\hbar^2}{2m_{\mathrm{n}}^*e_{\mathrm{s}}^2\hbar\omega}\left(\frac{1}{\varepsilon_{\mathrm{r}\infty}}-\frac{1}{\varepsilon_{\mathrm{r}0}}\right)^{-1}\left\{n_q\sinh^{-1}\left(\frac{\varepsilon}{\hbar\omega}\right)^{1/2}+(n_q+1)\sinh^{-1}\left(\frac{\varepsilon-\hbar\omega}{\hbar\omega}\right)^{1/2}\right\}^{-1} \tag{2.3-72}$$

其中，ε_{r0} 为零电场下半导体材料的相对介电常数，$\varepsilon_{r\infty}$ 为光学波频率下半导体的相对介电常数，对 GaAs，取 ε_{r0} =12.91 时，实验拟合结果为 $\varepsilon_{r\infty}$ =10.91；{…}中第一项对应载流子吸收一个声子的散射概率，第二项为载流子发射一个声子的散射概率。

依据反双曲函数的定义及式（2.3-72），也可将式（2.3-72）改写为

$$\tau=\frac{(2m_{\mathrm{n}}^*\varepsilon)^{1/2}\hbar^2}{m_{\mathrm{n}}^*e_{\mathrm{s}}^2\hbar\omega n_q}\left(\frac{1}{\varepsilon_{\mathrm{r}\infty}}-\frac{1}{\varepsilon_{\mathrm{r}0}}\right)^{-1}\left[\ln\frac{\sqrt{1+\hbar\omega/\varepsilon}+1}{\sqrt{1+\hbar\omega/\varepsilon}-1}+e^{\frac{\hbar\omega}{k_0T}}\ln\frac{1+Re\sqrt{1-\hbar\omega/\varepsilon}}{1-Re\sqrt{1-\hbar\omega/\varepsilon}}\right]^{-1} \tag{2.3-73}$$

文献[9]直接给出非简并情况下极性光学波散射迁移率的极限为

$$\mu_3 = 1.7\times10^{30}\left(\frac{q_c^*}{q}\right)^2\left(\frac{m_0}{m_n^*}\right)^{3/2} T^{1/2} Mv\frac{\omega_l}{2\pi} f\left(\frac{\theta_l}{T}\right)\left[\exp\left(\frac{\theta_l}{T}\right)-1\right] \quad (2.3\text{-}74)$$

其中，q_c^*为 Callen 有效电荷，对 GaAs，实验测得 $q_c^*/q=0.17$；M 为原子折合质量：$M=M_1M_2/(M_1+M_2)$；$f(\theta_l/T)$ 为缓变函数，在低温时（$T \ll \theta_l$），$f(\theta_l/T)=0.375(\pi\theta_l/T)^{1/2}$，随着$\theta_l/T$ 的增加，$f(\theta_l/T)$ 的值稳定增加，当$\theta_l = T$ 时，$f(\theta_l/T)=0.6$，当$\theta_l \gg T$ 时，$f(\theta_l/T)=1$。用式（2.3-74）作为数字计算，需要确定缓变函数，且该式给出的是玻尔兹曼统计下的最终结果，不好在简并情况下做修正，因此在之后的计算中并不采用该经验公式，只用来考查其他计算结果的数量级。

2.3.4.4　典型散射机制下材料宏观参数计算

当 PCSS 工作在常温、弱场情况下时，按半导体理论，影响 GaAs 电导率与迁移率的散射机制包括电离杂质散射和声学波散射。由于光学波散射必须在载流子可以吸收或发射光学声子时才出现，所以，似乎不必考虑光学波散射机制。但是，从统计物理的角度，尽管常温下晶格振动平均能量（0.026 eV）比光学波声子能量（0.035 eV）低，但毕竟晶格振动可以发射光学波声子，或者说载流子有机会从晶格振动中吸收光学波声子。因此，在弱场情况下，我们仍记入了光学波散射对 GaAs 迁移率和电导率的影响。

计算 GaAs 宏观电学参数不仅需要合理考虑散射机制的种类，还要考虑统计计算方法。由于高功率 PCSS 通常工作在高光生载流子浓度状态下，所以应采用费米统计计算材料的宏观电学参数，这一点与一般半导体器件采用玻尔兹曼统计计算材料参数的方法不同。为了比较采用玻尔兹曼统计和费米统计计算结果的区别，在相关计算中，同时给出两种统计计算结果。此外，在后面章节中，将对同一散射机制采用了不同的计算模型，因此，相关计算中还同时给出不同物理模型下的计算结果，以便比较。

1. 弱场下 GaAs 电导率、迁移率的一般计算公式

为了后面叙述方便，这里首先给出常温、弱场情况下，GaAs 电导率与迁移率的普遍计算公式。依据平衡态下载流子的分布函数

$$f_0 = \frac{1}{\exp\left(\dfrac{\varepsilon_k-\varepsilon_F}{k_0T}\right)+\delta} \quad (2.3\text{-}75)$$

结合式（2.3-31）和式（2.3-32），可得玻尔兹曼统计下，GaAs 电导率与迁移率的计算公式为

$$\sigma=\frac{4q^2N_c}{3\sqrt{\pi}m_{\mathrm{n}}^*}\exp(\xi)\int_0^\infty\exp(-x)\cdot\tau x^{3/2}\mathrm{d}x \tag{2.3-76}$$

$$\mu=\frac{4qN_c}{3\sqrt{\pi}m_{\mathrm{n}}^*}\frac{\exp(\xi)}{n_{MB}}\int_0^\infty\exp(-x)\cdot\tau x^{3/2}\mathrm{d}x \tag{2.3-77}$$

费米统计下，GaAs 电导率与迁移率的计算公式为

$$\sigma=\frac{4q^2N_c}{3m_{\mathrm{n}}^*\sqrt{\pi}}\left[\int_0^\infty\frac{\tau x^{3/2}}{\exp(x-\xi)+1}\mathrm{d}x-\int_0^\infty\frac{\tau x^{3/2}}{[\exp(x-\xi)+1]^2}\mathrm{d}x\right] \tag{2.3-78}$$

$$\mu=\frac{4qN_c}{3\sqrt{\pi}m_{\mathrm{n}}^*}\frac{1}{n_{FD}}\left[\int_0^\infty\frac{\tau x^{3/2}\mathrm{d}x}{\exp(x-\xi)+1}-\int_0^\infty\frac{\tau x^{3/2}\mathrm{d}x}{[\exp(x-\xi)+1]^2}\right] \tag{2.3-79}$$

载流子速度与能量的换算公式

$$v=\left(\frac{2k_0T}{m_{\mathrm{n}}^*}\right)^{1/2}x^{1/2} \tag{2.3-80}$$

2. 弱场下各种散射机制平均自由时间计算公式的化简

在前面章节给出了各种散射机制散射概率（载流子平均自由时间），为后面讨论数值计算时编程较方便，将式（2.3-80）代入各载流子平均自由时间计算公式，可得如下各种散射机制载流子平均自由时间计算公式的化简形式。

裸核近似下，电离杂质散射式（2.3-51）化简为

$$\tau=\frac{8\pi(\varepsilon_0\varepsilon_{\mathrm{r}})^2(m_{\mathrm{n}}^*)^{1/2}(2k_0T)^{3/2}x^{3/2}}{n_De^4}\left\{\ln\left[1+\left(\frac{4\pi\varepsilon_0\varepsilon_{\mathrm{r}}k_0T}{2e^2n_D^{1/3}}x\right)^2\right]\right\}^{-1} \tag{2.3-81}$$

汤川屏蔽势下，电离杂质散射式（2.3-58）化简为

$$\tau=\frac{8\pi(\varepsilon_0\varepsilon_{\mathrm{r}})^2(m_{\mathrm{n}}^*)^{1/2}(2k_0T)^{3/2}x^{3/2}}{n_De^4}\left[\ln(1+\beta^2)-\frac{\beta^2}{1+\beta^2}\right]^{-1} \tag{2.3-82}$$

在式（2.3-82）中，取β中载流子能量极大值为 $3k_0T$，则它可化简为

$$\beta^2=\frac{6\varepsilon_0\varepsilon_{\mathrm{r}}m_{\mathrm{n}}^*}{n_D}\left(\frac{4\pi k_0T}{he}\right)^2 \tag{2.3-82a}$$

声学波形变势下，载流子平均自由时间式（2.3-65）化简为

$$\tau=\frac{h^4c_l}{16\pi^3\varepsilon_c^2k_0T(m_{\mathrm{n}}^*)^2}\left(\frac{m_{\mathrm{n}}^*}{2k_0T}\right)x^{-1/2} \tag{2.3-83}$$

声学波极化势下，不考虑载流子屏蔽效应时，载流子平均自由时间式（2.3-67）化简为

$$\tau=\frac{2^{3/2}\pi\hbar^2\varepsilon_0\varepsilon_{\mathrm{r}}}{e^2\kappa^2}\left(\frac{x}{m_{\mathrm{n}}^*k_0T}\right)^{1/2} \tag{2.3-84}$$

声学波极化势下，考虑载流子屏蔽效应时，载流子平均自由时间式（2.3-68）化简为

$$\tau=\frac{2^{3/2}\pi\hbar^2\varepsilon_0\varepsilon_r}{e^2\kappa^2}\sqrt{\frac{x}{m_n^*k_0T}}\left[1+\frac{1}{1+8m_n^*k_0TxL_D^2/\hbar^2}-\frac{\hbar^2}{4m_n^*k_0TxL_D^2}\ln\left(1+\frac{8m_n^*k_0TxL_D^2}{\hbar^2}\right)\right]^{-1} \quad (2.3\text{-}85)$$

式（2.3-85）中，屏蔽长度由式（2.3-53）决定。

光学波形变势下，载流子平均自由时间式（2.3-69）化简为

$$\tau=\frac{\sqrt{2}\pi\rho\hbar^2k_0\theta_l}{D^2(m_n^*)^{3/2}n_q}\left[(xk_0T+k_0\theta_l)^{1/2}+e^{\theta_l/T}\ \mathrm{Re}\ (xk_0T-k_0\theta_l)^{1/2}\right]^{-1} \quad (2.3\text{-}86)$$

光学波极化势下，载流子平均自由时间式（2.3-73）化简为

$$\tau=\frac{\sqrt{2m_n^*k_0Tx\hbar^2}}{m_n^*e_s^2k_0\theta_ln_q}\left(\frac{1}{\varepsilon_{r\infty}}-\frac{1}{\varepsilon_{r0}}\right)^{-1}\left[\ln\frac{\sqrt{1+\theta_l/(Tx)}+1}{\sqrt{1+\theta_l/(Tx)}-1}+e^{\frac{\theta_l}{T}}\ln\frac{1+\mathrm{Re}\sqrt{1-\theta_l/(Tx)}}{1-\mathrm{Re}\sqrt{1-\theta_l/(Tx)}}\right]^{-1} \quad (2.3\text{-}87)$$

其中，光学波平均声子数由式（2.3-71）决定。

3. 弱场下 GaAs 电导率、迁移率的数值计算

将式（2.3-81）、式（2.3-83）代入式（2.3-76）～式（2.3-79），可以得到弱场下电离杂质散射对 GaAs 电导率、迁移率的影响曲线，如图 2.3-13 所示，采用玻尔兹曼统计方法的计算结果用 MB 记号标示，采用费米统计的计算结果用 FD 记号标示。在图 2.3-13 中，还给出了经验公式（2.3-46）的计算结果，数值计算中，实验参数在没有特别说明的情况下，按表 2.3-2 所给参数取值。在常温、弱场情况下，由图 2.3-13 得到以下结论。

（1）低载流子浓度下，采用玻尔兹曼统计、费米统计所计算的结果均与经验公式（2.3-24）所得的计算结果相同（图中曲线稍有区别是因为实验参数ε_r取值稍有差别），表明按式（2.3-71）、式（2.3-72）计算电离杂质散射对 GaAs 迁移率、电导率的影响是可行的。更进一步地讲，采用 2.3.4.3 节的方法讨论散射机制对 GaAs 电导率、迁移率影响的方法是可靠的。

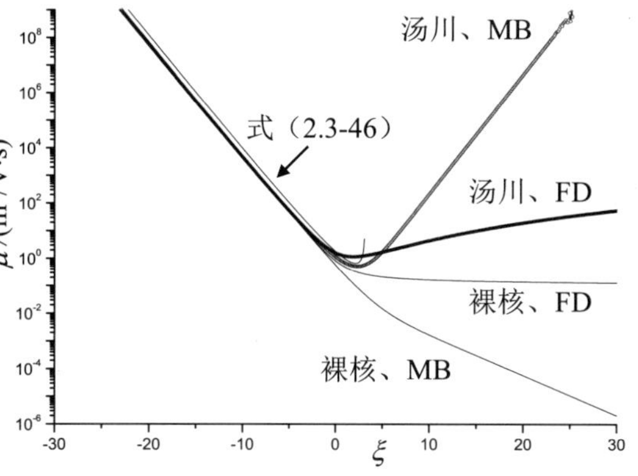

(a) 弱场下电离杂质散射对迁移率的影响

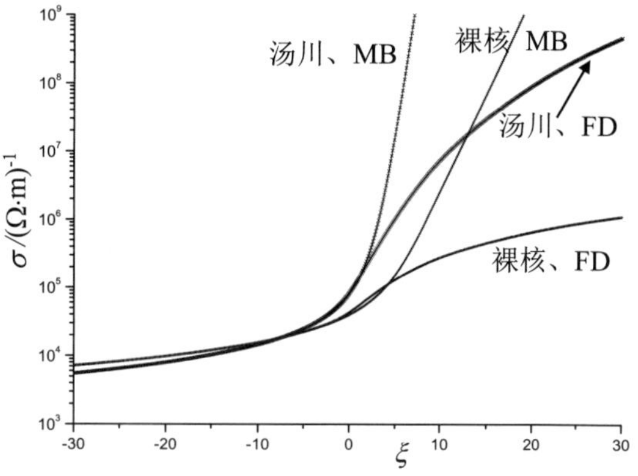

(b) 弱场下电离杂质散射对电导率的影响

图 2.3-13 弱场下电离杂质散射对迁移率、电导率的影响

（2）高载流子浓度下，无论采用裸核近似还是汤川屏蔽势模型，由玻尔兹曼统计和费米统计计算电导率、迁移率的结果差异是不可以被忽略的，此时，必须采用费米统计。

（3）高载流子浓度下，载流子之间的屏蔽效应是显著的，采用裸核近似和汤川屏蔽势计算电导率、迁移率的结果差异是不可以被忽略的，此时，应该考虑载流子之间的屏蔽效应。

（4）通常半绝缘 GaAs 材料在常温、弱场下的迁移率为 0.5～0.8 $m^2/(V\cdot s)$，由图 2.3-13(a) 可知，高载流子浓度下，电离杂质散射对材料迁移率、电导率的影响是不可以忽略的。

为了更进一步讨论弱场下各种散射机制对 GaAs 材料电导率和迁移率的影响，把式（2.3-83）～式（2.3-87）代入式（2.3-76）～式（2.3-79）做数值计算，得到如图 2.3-14 所示的计算结果。由图 2.3-14 可知，不仅可以进一步看到高载流子浓度下，采用玻尔兹曼统计、费米统计的同一散射机制的电导率、迁移率计算结果的显著差别，还可以看到对同一散射机制采用不同物理模型计算结果之间的显著差异。此外，参考 GaAs 迁移率的实验测试值范围以及式（2.3-34），还可以知道在常温下，声学波散射几乎对材料宏观电参数没有影响。

为得到各种散射机制对材料宏观参数影响更直观的曲线，图 2.3-15 给出不同散射机制共同作用下，材料宏观参数随费米能级变化的数值计算结果（各曲线都采用汤川屏蔽势模型）。依据计算结果，不难得到如下结论。

（1）去掉声学波散射机制（包括极性散射和形变散射），对材料宏观参数的影响可以忽略（图 2.3-15 中所有散射机制合成结果与去掉该机制后其他散射机制合成曲线几乎重合，只在低载流子浓度下略有区别）。

（2）去掉声学波散射后，再忽略光学波形变势散射（只考虑电离杂质散射和极性光学波散射），则在低载流子浓度和高载流子浓度极端条件下，材料迁移率明显增大，只在 $\xi=0$ 附近影响较小。

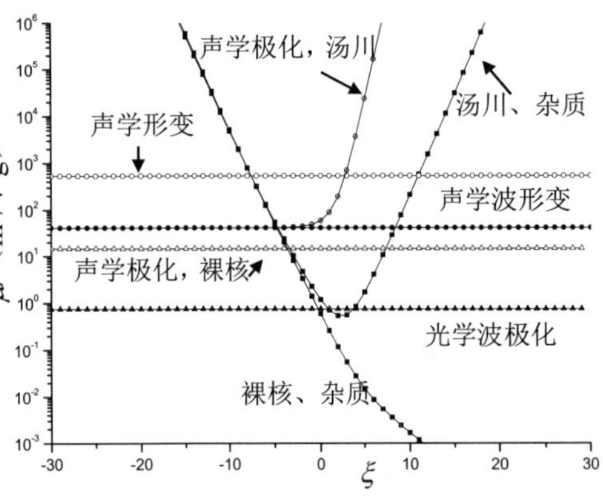

(a) 弱场下各种散射对迁移率的影响，MB 统计

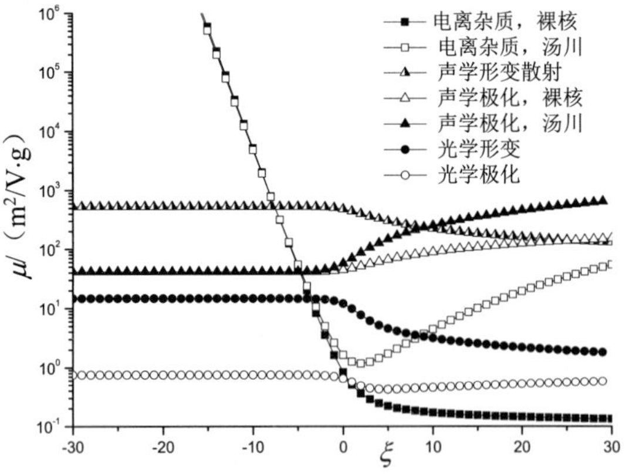

(b) 弱场下各种散射对迁移率的影响，FD 统计

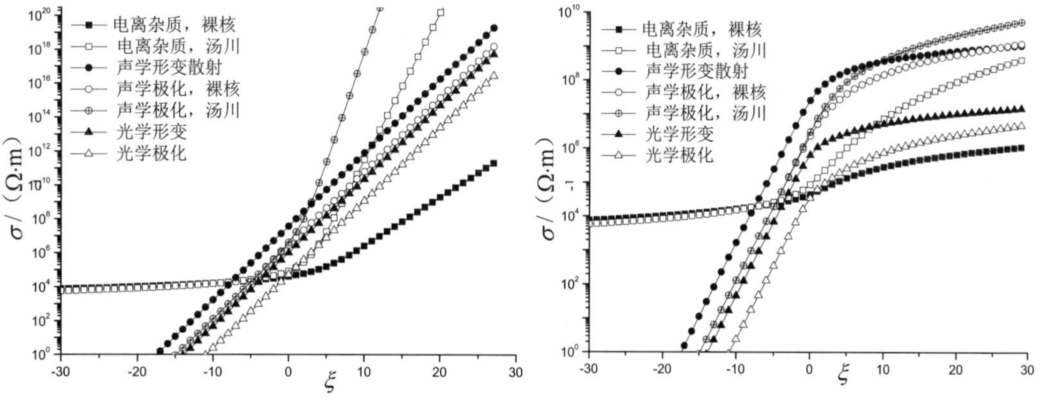

(c) 弱场下各种散射对电导率的影响，MB 统计　　(d) 弱场下各种散射对电导率的影响，FD 统计

图 2.3-14　弱场下各种散射机制对迁移率、电导率的影响

（3）同时去掉声学波散射、光学波形变势散射和电离杂质散射，仅存在极性光学波散射时，材料宏观参数变化趋势与考虑所有散射机制合成情况相同；在低载流子和高载流子浓度极端情况下，与考虑电离杂质散射与光学波极性散射合成的结果一致，但在$\xi=0$附近差别较大。这是因为在很低载流子浓度下，电离杂质散射被光学形变势掩盖；而在很高载流子浓度时，体系必须具备较高的费米能级，这就意味电子有较高的能量，此时极性光学波散射效应迅速加强，加之高载流子浓度下的屏蔽效应，使得杂质电离散射可以被忽略。

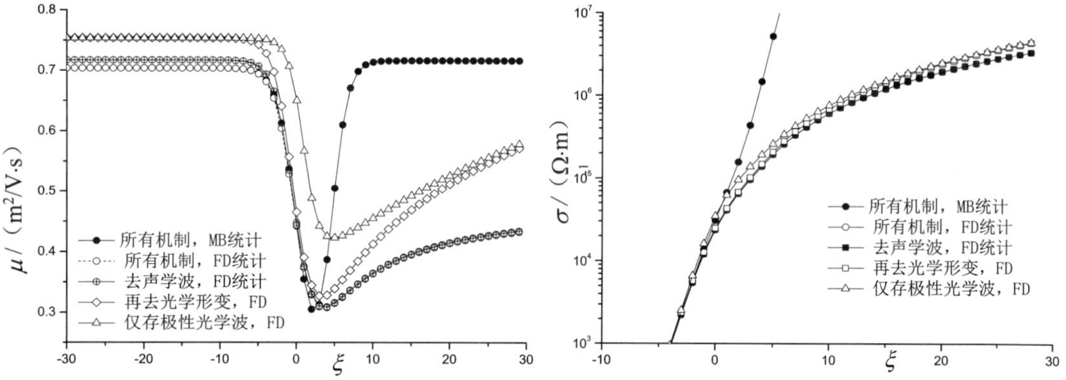

(a) 弱场下不同散射机制合成对迁移率的影响　　(b) 弱场下不同散射机制合成对电导率的影响

图 2.3-15　弱场下不同散射机制合成对迁移率、电导率的影响

（4）考虑各种散射机制后，采用玻尔兹曼统计和费米统计计算材料的宏观参数，即便在简并条件附近，两者所得结果符合得都很好[如图 2.3-15(a)所示]，直到载流子浓度$n\to10^{19}\ \text{cm}^{-3}$；只在更大的载流子浓度情况下，两种统计计算方法的区别才得以明显体现。这正是一般半导体物理采用玻尔兹曼统计方法（Brooks-Herring 理论）来计算材料参数的依据。

可见，在弱场、常温条件下，首先对材料参数影响最大的散射机制为极性光学波散射，其次是电离杂质散射，再次是光学波形变势散射，而声学波散射对材料宏观参数的影响可以被忽略。电离杂质散射只在简并条件成立的附近影响材料的宏观参数，而在低载流子浓度和强简并情况下，其影响是可以被忽略的。

4. 弱场下 GaAs 电导率、迁移率的理论与实验结果比较

由于影响半导体材料参数原因的复杂性，将上述理论计算结果与实验测试结果比较是十分必要的。

图 2.3-16 同时给出了理论计算（T=300 K）与实验测试结果（见文献[11]）。仔细比较理论与实验测试结果，除可以进一步验证前面章节关于各种机制对电导率、迁移率影响程度，费米统计与玻尔兹曼统计结果的差别等相关结论外，还可以得到如下结论：①总体上，采用费米统计方法、裸核近似模型，且同时考虑光学波散射与电离杂质散射时，理论计算结果与实验测试结果较好符合[图 2.3-16(a)最下方曲线与图 2.3-16(b)的实验点比较]。②在简并条件附近，理论计算结果比实验计算结果偏大，这可能与没有计算载流子散射、谷间散射等因素有关，这些散射机制在简并态附近可能对迁移率等宏观参数有较大影响。当然这也可能与马提生定则有关，尽管在理论计算中已经考虑到了该定则规定的约束条件，但在它的约束下，导致了式（2.3-79）在非强简并条件下不再严格成立。③考察 $n \to 10^{19}$ cm^{-3} 时 GaAs 的迁移率的理论值与实验测试结果，发现它们符合得很好，这为计算强简并下 GaAs 的迁移率提供了理论分析方法，因为这之前通用的 Brooks-Herring 公式只能计算 $n <$ 10^{19} cm^{-3} 情况下的迁移率。

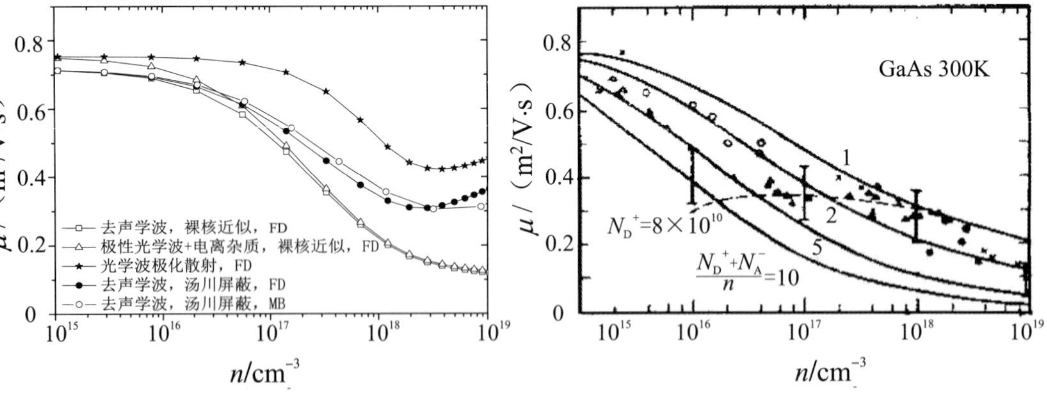

(a) 散射机制合成对迁移率影响的理论计算结果　(b) 散射机制合成对迁移率影响的实验测试结果

图 2.3-16　散射机制合成对迁移率影响理论计算与实验的比较

图 2.3-17 给出文献[11]更宽载流子浓度范围的理论与实验结果的比较（注意理论计算 GaAs 材料的迁移率在低载流子浓度下比实验测试材料值偏低），实验和理论计算都在 T=300 K 条件下得到，也可以得到在误差范围内，理论值与实验测试结果较好符合的结论。

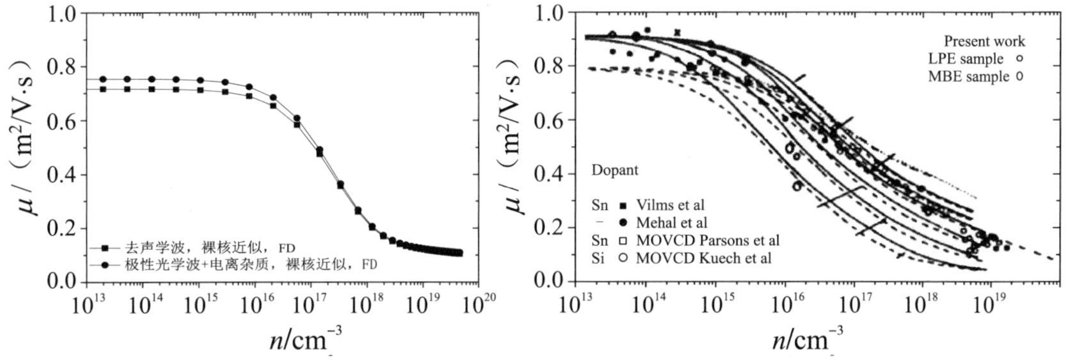

(a) 散射机制合成对迁移率影响的理论计算结果　(b) 散射机制合成对迁移率影响的实验测试结果

图 2.3-17　散射机制合成对迁移率影响理论计算与实验的比较

图 2.3-18 给出文献[12]、[13]具体实验测试值与理论计算结果的比较（理论计算结果都采用裸核近似模型、费米统计方法，且计算的光学波散射和电离杂质散射机制与图 2.3-16、图 2.3-17 相同），图中理论计算和实验测试温度均为 290 K，除特别说明外，所掺杂质均为 Se。从理论值与实验测试结果比较，说明在 $n=10^{17}$ cm^{-3} 附近，理论与实验有较大偏差，而在高载流子浓度或强简并条件下（$n\to10^{19}$ cm^{-3}），理论与实验结果很好符合。此外，半导体材料掺非金属性不同的杂质，实验测试与理论计算是有区别的。因为理论计算并没有考虑掺杂元素的具体性质，且采用裸核近似，所以，掺非金属性强一些的杂质，实验测试值应该和理论计算值符合更好。

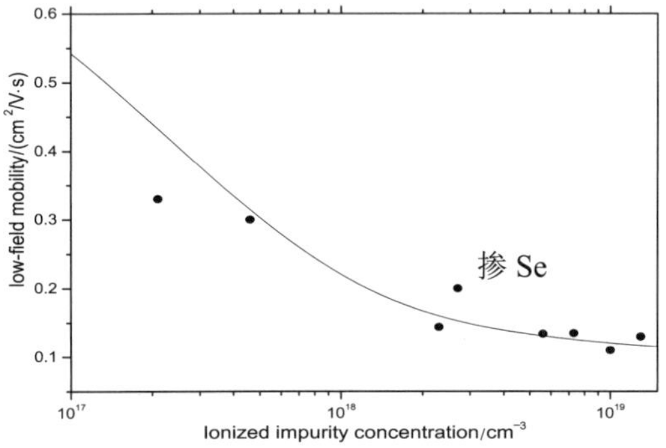

图 2.3-18　GaAs 迁移率理论计算与实验比较

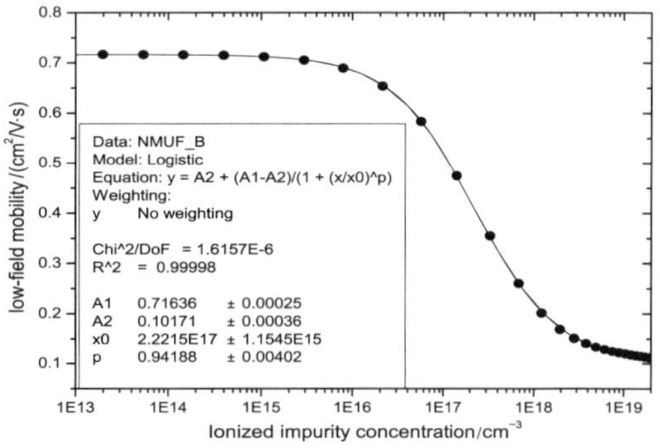

图 2.3-19　GaAs 迁移率的拟合计算公式

为什么采用裸核近似模型，理论计算结果才与实验结果一致，原因有以下几方面：

（1）在高载流子浓度下，电子填充至很高的费米能级上，此时能级已远离导带底，不再是抛物性能带，载流子有效质量迅速增加，使得杂质电离散射增强，甚至可能让汤川屏蔽势引起散射减弱的因素退居次要地位；

（2）研究表明，强简并态下，对迁移率、电导率有重要影响的不是自由载流子浓度，而是能量较大、超过费米能级之上的载流子，它们可以完成轨道贯穿（类似原子物理的轨道贯穿理论），至少使理论有效电离电荷数发生较大改变，使得汤川屏蔽势计算部分失效；

（3）在汤川屏蔽模型下，并没有计入特定杂质元素形成的电离电荷有效值，这也是实验测试结果与理论值有差距的原因；

（4）马提生定则引起的统计计算公式部分失效；

（5）理论计算依赖的若干常数（如$\varepsilon_{r\infty}$、ε_{r0}、D）理论上是张量或非常数值，不仅如此，引用这些参数的散射机制往往对这些参数极为敏感，这也是理论与实验存在偏差的重要原因之一。

如果对图 2.3-17(a)的计算结果作数值拟合，可以得到载流子浓度在大范围内都适用的迁移率拟合计算公式（如图 2.3-19 所示）。这个拟合公式不仅对 GaAs 材料适用，而且同样适用于 GaN、InP 等其他Ⅲ-Ⅴ族半导体材料[14]，这样，就从理论上给出了 III-V 族半导体材料迁移率、电导率在低电场下的普适计算公式。对不同材料参数的半导体材料，只需调整拟合公式中的拟合参数即可。图 2.3-19 中拟合函数为

$$\mu_0 = \mu_{\min} + \frac{\mu_{\max} - \mu_{\min}}{(n / n_{ref})^{\beta}} \tag{2.3-88}$$

其中，$\mu_{\min}$、$\mu_{\max}$、n_{ref}、β是拟合参数。由图 2.3-19 可知，在本节数值计算过程中各散射机制计算公式所取参数条件下，得到的拟合参数分别为：$\mu_{\min}$ =0.10171 m²/（V·s）、$\mu_{\max}$ =0.71636 m²/（V·s）、n_{ref} = 2.2215×10^{17} cm^{-3}、β=0.9419。

2.3.5 GaAs PCSS 线性物理机理分析

目前，普遍认为线性模式下 PCSS 的工作机理已经得到解释。从线性 PCSS 物理机理的解释方案层面而言，这种观点是正确的。因为从原则上总可以利用连续性方程给出工作在线性模式下 PCSS 输出电脉冲的所有参数，并给出一些实验现象的定性或半定量描述，所以，至今仍有大量学者致力于线性 PCSS 的数值计算。但从解释方案实施的技术路线而言，则还有很多工作要做，因为线性 PCSS 工作条件的一个典型特征就是高光能激励（载流子可处于简并甚至强简并状态），这一方面要求对载流子散射、漂移、光吸收规律、扩散与复合机制统统在费米统计理论下做修正，同时考虑简并载流子条件下的若干约束机制（如马提生定则、速度过冲等）；另一方面还必须研究大量唯象理论在简并载流子条件下应用的合理性（如讨论爱因斯坦关系、载流子的复合机制），严格的理论解释需要用量子理论和统计理论对所有这些唯象理论做重新讨论。因此，从物理机理解释的技术路线层面

上看，PCSS 的线性机制解释还值得开展大量研究，非但如此，要实现 PCSS 工作机理的统一描述（包括线性与非线性）可能是比较困难的，而且不能很好解释诸多实验现象。

在本节中，首先给出线性 PCSS 物理机制分析的物理模型及普适的定解问题，其次给出定解问题在一维（沿 z 方向）情况下的数值解，最后给出瞬态点触发条件下 PCSS 输出电脉冲参数的解析计算结果。

2.3.5.1 GaAs PCSS 线性物理机制的解析解

1. 物理模型与定解问题

（1）物理模型

如图 2.3-19 所示，偏置电场沿 y 方向加在 PCSS 电极两端，激励光束沿 z 方向激励 GaAs 衬底半导体材料，PCSS 沿 y、x、z 方向的长度分别为 l_1、l_2、l_3。

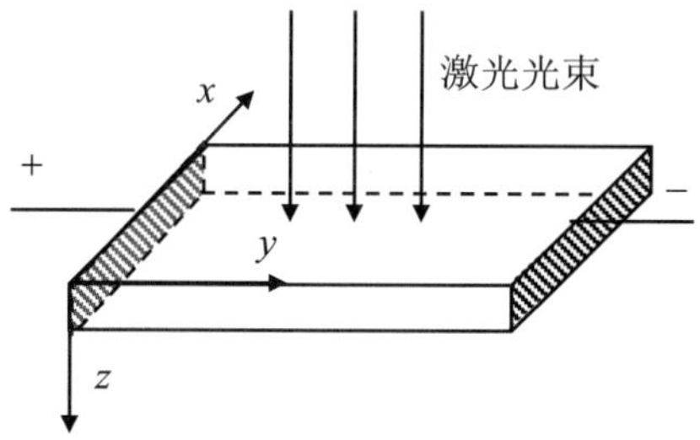

图 2.3-20 线性 PCSS 物理机制分析模型

（2）泛定方程

线性 PCSS 内载流子运动遵守连续性方程。设电子、空穴浓度分别为 n_e、n_p，电子、空穴电流密度分别为 j_n（x, y, z, t）、j_p（x, y, z, t）各种复合机制导致的载流子总复合速率为 R（x, y, z, t），光生载流子产生速率为 g（x, y, z, t），那么，电子和空穴的连续性方程（泛定方程）可表述为

$$\begin{cases}\dfrac{\partial n_e}{\partial t}=\dfrac{1}{q}\nabla\cdot\boldsymbol{j}_n-R(x,y,z,t)+g(x,y,z,t)\\ \dfrac{\partial n_p}{\partial t}=\dfrac{-1}{q}\nabla\cdot\boldsymbol{j}_p-R(x,y,z,t)+g(x,y,z,t)\end{cases}\tag{2.3-89}$$

其中，q 表示电子电量的绝对值，j_n、j_p 表示为

$$\begin{cases}\boldsymbol{j}_n=q(n_e\mu_n E+D_n\nabla n_{e\Delta})\\ \boldsymbol{j}_p=q(n_p\mu_p E-D_p\nabla n_{p\Delta})\end{cases}\tag{2.3-90}$$

其中，μ_n、μ_p 分别表示电子、空穴的迁移率，D_n、D_p 分别表示电子、空穴的扩散系数，$n_{e\Delta}$、$n_{p\Delta}$ 分别表示 GaAs 衬底基片中过剩电子、空穴的浓度。载流子扩散系数与迁移率由爱因斯坦关系确定，即

$$\begin{cases} D_{\rm n} = \dfrac{k_0 T\mu_{\rm n}}{q}\dfrac{F_{1/2}(\xi)}{F_{-1/2}(\xi)} \\ D_{\rm p} = \dfrac{k_0 T\mu_{\rm p}}{q}\dfrac{F_{1/2}(\xi)}{F_{-1/2}(\xi)} \end{cases} \tag{2.3-91}$$

载流子复合速率 R 等于各种复合机制下的复合速率之和，即

$$R = \sum_i R_i \tag{2.3-92}$$

其中，载流子主要复合机制下的复合速率根据复合方式不同会有所区别。

光生载流子的产生速率由式（2.3-11）决定，即

$$g(x,y,z,t) = \frac{{\rm d}\varepsilon_{op}}{{\rm d}s{\rm d}z \cdot h\nu \cdot {\rm d}t} = \frac{-\alpha I(x,y,z,t)}{h\nu} \tag{2.3-93}$$

衬底基片中某点载流子浓度及电场之间的关系由泊松方程决定

$$\nabla \cdot E = \frac{q(n_{\rm p\Delta} - n_{\rm e\Delta})}{\varepsilon_0 \varepsilon_{\rm r}} \tag{2.3-94}$$

其中，ε_0、$\varepsilon_{\rm r}$ 分别表示真空介电常数和 GaAs 衬底基片的相对介电常数。

（3）初始条件

在瞬态光脉冲激励条件下，线性 PCSS 的初始条件可以表示为

$$n_{\rm e}(x,y,z,0) = n_i,\quad n_{\rm p}(x,y,z,0) = n_i \tag{2.3-95}$$

其中，n_i 表示 GaAs 内部本征载流子浓度。

（4）边界条件

在如图 2.3-19 所示的物理模型中，如果衬底基片表面经吹沙、退火等工艺做表面处理，由于表面复合速率很高，可近似认为表面载流子浓度为本征载流子浓度；如果考虑实验用 532 nm 瞬态光脉冲激励，由于透射深度很浅，可认为衬底基片厚度为∞，背光面载流子浓度仍为本征载流子浓度。这样，边界条件可以写为

$$\begin{cases} n_{\rm e}(x,y,0,t) = n_{\rm e}(x,y,\infty,t) = n_i \\ n_{\rm p}(x,y,0,t) = n_{\rm p}(x,y,\infty,t) = n_i \end{cases} \tag{2.3-96}$$

（5）自然条件

考虑到 z 方向电流为 0，于是有

$$j_{\rm nz} + j_{\rm pz} = 0 \tag{2.3-97}$$

2. 定解问题的一维数值解

采用有限时域差分方法，可以给出前面定解问题的数值解。在计算过程中，考虑了迁移率随光生载流子浓度变化的式（2.3-88）。

在数值求解中，各实验参数取值如下：光脉冲能量ε_{op}=50 μJ，光脉冲宽度 T_{op}=100 ps，激光波长λ_{op}=532 nm；PCSS 尺寸 l_1=3 mm，l_2=6 mm，l_3=0.6 mm；GaAs 吸收系数α=0.067 μm^{-1}；各复合机制的复合系数 $k_d=1.4\times10^{-9}$ cm^{-3}，$c_p=c_n=10^{-33}$ cm^6/s，μ_n=8 000 cm^2/（V · s），μ_p= 400 cm^2/（V · s）。

图 2.3-21 给出光生载流子浓度的时空分布。可以看出：随着时间的变化，电子浓度下降速率远大于空穴，这主要是电子比空穴有大得多的复合系数造成的；载流子浓度的极大值都不出现在表面，这是由表面复合或者定解问题给定的边界条件决定的。

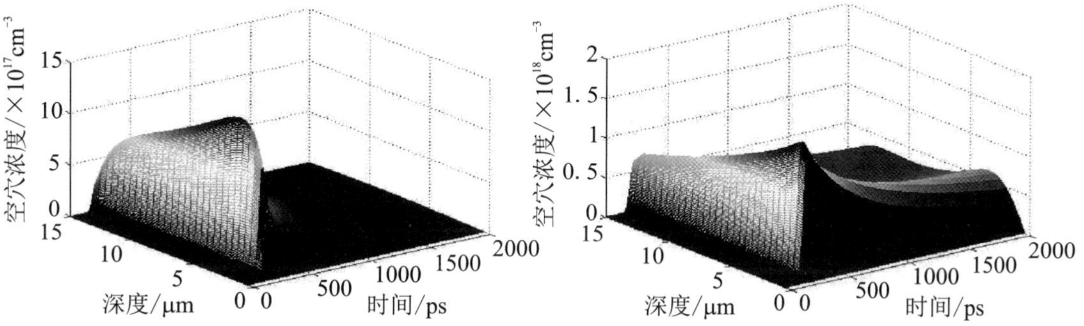

(a) 电子浓度的时空分布　　(b) 空穴浓度的时空分布

图 2.3-21　光生载流子浓度的时空分布

图 2.3-22 给出 PCSS 在 50 Ω负载上的输出电脉冲波形（微带线测试电路）。可以看出，输出电脉冲的上升沿与激励光脉冲几乎相同，而下降沿取决于载流子寿命，由于数值计算给出各复合机制的复合速率都只有数量级的参考意义，所以数值计算结果得到下降沿很长的电脉冲波形。

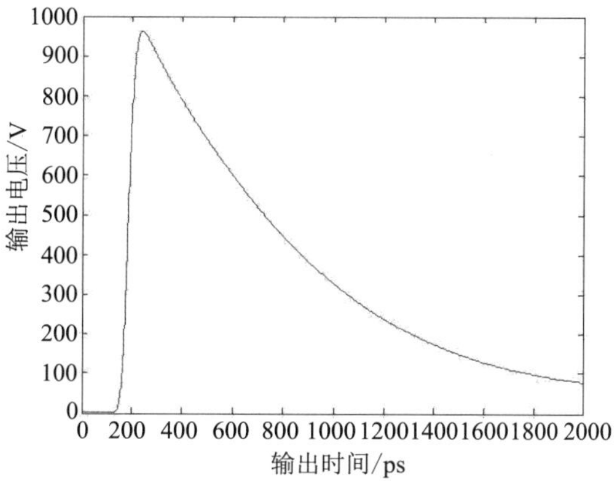

图 2.3-22　PCSS 输出电脉冲波形

图 2.3-23 给出 PCSS 内部沿 z 方向的电场、电势分布。计算表明，随着时间的变化，在 z 方向的不同深度，出现两个高场区，对应电子、空穴浓度的极大值区域，正是这两个

高场区，形成了该方向的 Dember 电场。如果计算 Dember 电场随时间的变化规律，可以得到与图 2.3-22 类似的高斯曲线（这里不再给出计算曲线）。由图 2.3-23 的计算结果，不难设想，如果计算光生载流子沿 y 方向的时空分布，应该能够得到 y 方向不同位置点的两个高场区，这为雪崩倍增偶极畴模型提供了理论依据。

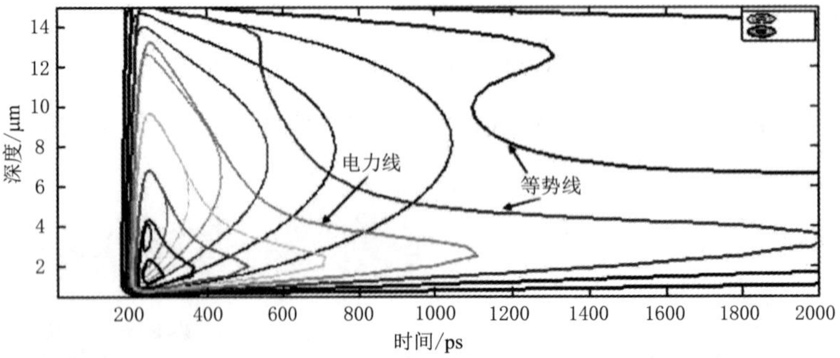

图 2.3-23　PCSS 沿 z 方向电场、电势的时空分布

考虑到做一般情况下的数值计算比较繁杂，而且目前有大量学者采用 Monte Carlo 等计算方法正开展大量的数值计算工作，因此，我们没有做更进一步的数值计算工作。

3. 瞬态点触发条件下，PCSS 输出电脉冲参数的解析计算

点触发与面触发条件下 PCSS 输出电脉冲参数的区别是 PCSS 实验研究的主要内容之一。因为点触发一方面可形成局部高光强激励，便于减小激光系统输出能量和体积，使采用激光二极管激励替代激光器成为可能；另一方面可以通过同一激光器经光纤分束，实现阵列精准同步控制系统。

为了计算简便，我们给出一些理想条件：①认为光脉冲为瞬态激励，即光生载流子浓度函数为δ 函数（如在 fs 激光下工作的线性 PCSS），并在 PCSS 内部某点形成光生过剩载流子；②认为光生载流子浓度并没有形成简并载流子，即不需要用费米统计去修正玻尔兹曼统计或唯象理论得到的相关结论；③认为 GaAs 衬底为高阻材料，即光生载流子浓度（过剩载流子）满足 $n_{p\Delta}-n_{e\Delta}\ll n_{p\Delta}=n_{e\Delta}$。

（1）泛定方程化简

由理想条件①及 $R=n_{p\Delta}/\tau=n_{e\Delta}/\tau$，泛定方程式（2.3-89）可化简为

$$\begin{cases}\dfrac{\partial n_{e\Delta}}{\partial t}=\dfrac{1}{q}\dfrac{\partial j_n}{\partial y}-\dfrac{n_{e\Delta}}{\tau}\\[2ex]\dfrac{\partial n_{p\Delta}}{\partial t}=-\dfrac{1}{q}\dfrac{\partial j_p}{\partial y}-\dfrac{n_{p\Delta}}{\tau}\end{cases}\tag{2.3-98}$$

其中，τ为载流子寿命。

考虑沿 y 方向的偏置电场、光生载流子空间分布不均匀形成的附加电场以及理想条件②，

式（2.3-90）对 y 求导可得

$$\begin{cases}\dfrac{\partial j_{\mathrm{e}}}{\partial y}=qD_{\mathrm{n}}\dfrac{\partial^2 n_{\mathrm{e}\Delta}}{\partial y^2}+q\mu_{\mathrm{n}}\left(\dfrac{\partial n_{\mathrm{e}}}{\partial y}E_y+n_{\mathrm{e}}\dfrac{\partial E_y}{\partial y}\right)-\dfrac{n_{\mathrm{e}\Delta}}{\tau}\\ \dfrac{\partial j_{\mathrm{p}}}{\partial y}=-qD_{\mathrm{n}}\dfrac{\partial^2 n_{\mathrm{p}\Delta}}{\partial y^2}+q\mu_{\mathrm{p}}\left(\dfrac{\partial n_{\mathrm{p}}}{\partial y}E_y+n_{\mathrm{p}}\dfrac{\partial E_y}{\partial y}\right)-\dfrac{n_{\mathrm{p}\Delta}}{\tau}\end{cases} \tag{2.3-99}$$

将式（2.3-84）、式（2.3-99）代入式（2.3-98）可得

$$\begin{cases}\dfrac{\partial n_{\mathrm{e}\Delta}}{\partial t}=D_{\mathrm{n}}\dfrac{\partial^2 n_{\mathrm{e}\Delta}}{\partial y^2}+\mu_{\mathrm{n}}E_y\dfrac{\partial n_{\mathrm{e}}}{\partial y}+q\mu_{\mathrm{n}}n_{\mathrm{e}}\dfrac{n_{\mathrm{p}\Delta}-n_{\mathrm{e}\Delta}}{\varepsilon_0\varepsilon_{\mathrm{r}}}-\dfrac{n_{\mathrm{e}\Delta}}{\tau}\\ \dfrac{\partial n_{\mathrm{p}\Delta}}{\partial t}=D_{\mathrm{p}}\dfrac{\partial^2 n_{\mathrm{p}\Delta}}{\partial y^2}-\mu_{\mathrm{p}}E_y\dfrac{\partial n_{\mathrm{p}}}{\partial y}-q\mu_{\mathrm{p}}n_{\mathrm{p}}\dfrac{n_{\mathrm{p}\Delta}-n_{\mathrm{e}\Delta}}{\varepsilon_0\varepsilon_{\mathrm{r}}}-\dfrac{n_{\mathrm{p}\Delta}}{\tau}\end{cases} \tag{2.3-100}$$

将上式中的第一、第二式分别乘以$\mu_n n_e$、$\mu_p n_p$并相加，考虑理想条件③可得

$$\begin{cases}\dfrac{\partial n_{\mathrm{e}\Delta}}{\partial t}=\dfrac{\mu_{\mathrm{n}}n_{\mathrm{e}}D_{\mathrm{p}}+\mu_{\mathrm{p}}n_{\mathrm{p}}D_{\mathrm{n}}}{\mu_{\mathrm{n}}n_{\mathrm{e}}+\mu_{\mathrm{p}}n_{\mathrm{p}}}\dfrac{\partial^2 n_{\mathrm{e}\Delta}}{\partial y^2}+\dfrac{\mu_{\mathrm{n}}\mu_{\mathrm{p}}(n_{\mathrm{p}}-n_{\mathrm{e}})}{\mu_{\mathrm{n}}n_{\mathrm{e}}+\mu_{\mathrm{p}}n_{\mathrm{p}}}E_y\dfrac{\partial n_{\mathrm{e}}}{\partial y}-\dfrac{n_{\mathrm{e}\Delta}}{\tau}\\ \dfrac{\partial n_{\mathrm{p}\Delta}}{\partial t}=\dfrac{\mu_{\mathrm{n}}n_{\mathrm{e}}D_{\mathrm{p}}+\mu_{\mathrm{p}}n_{\mathrm{p}}D_{\mathrm{n}}}{\mu_{\mathrm{n}}n_{\mathrm{e}}+\mu_{\mathrm{p}}n_{\mathrm{p}}}\dfrac{\partial^2 n_{\mathrm{p}\Delta}}{\partial y^2}-\dfrac{\mu_{\mathrm{n}}\mu_{\mathrm{p}}(n_{\mathrm{e}}-n_{\mathrm{p}})}{\mu_{\mathrm{n}}n_{\mathrm{e}}+\mu_{\mathrm{p}}n_{\mathrm{p}}}E_y\dfrac{\partial n_{\mathrm{p}}}{\partial y}-\dfrac{n_{\mathrm{p}\Delta}}{\tau}\end{cases} \tag{2.3-101}$$

如果在计算式（2.3-99）的过程中，不考虑光生载流子对 GaAs 衬底材料内部的电场影响，则式（2.3-100）成为

$$\begin{cases}\dfrac{\partial n_{\mathrm{e}\Delta}}{\partial t}=D_{\mathrm{n}}\dfrac{\partial^2 n_{\mathrm{e}\Delta}}{\partial y^2}+\mu_{\mathrm{n}}E_y\dfrac{\partial n_{\mathrm{e}}}{\partial y}-\dfrac{n_{\mathrm{e}\Delta}}{\tau}\\ \dfrac{\partial n_{\mathrm{p}\Delta}}{\partial t}=D_{\mathrm{p}}\dfrac{\partial^2 n_{\mathrm{p}\Delta}}{\partial y^2}-\mu_{\mathrm{p}}E_y\dfrac{\partial n_{\mathrm{p}}}{\partial y}-\dfrac{n_{\mathrm{p}\Delta}}{\tau}\end{cases} \tag{2.3-102}$$

比较式（2.3-101）和式（2.3-102）可以发现，如果令

$$\begin{cases}D=\dfrac{\mu_{\mathrm{n}}n_{\mathrm{e}}D_{\mathrm{p}}+\mu_{\mathrm{p}}n_{\mathrm{p}}D_{\mathrm{n}}}{\mu_{\mathrm{n}}n_{\mathrm{e}}+\mu_{\mathrm{p}}n_{\mathrm{p}}}=\dfrac{D_{\mathrm{n}}D_{\mathrm{p}}(n_{\mathrm{e}}+n_{\mathrm{p}})}{n_{\mathrm{e}}D_{\mathrm{n}}+n_{\mathrm{p}}D_{\mathrm{p}}}\\ \mu=\dfrac{\mu_{\mathrm{n}}\mu_{\mathrm{p}}(n_{\mathrm{e}}-n_{\mathrm{p}})}{\mu_{\mathrm{n}}n_{\mathrm{e}}+\mu_{\mathrm{p}}n_{\mathrm{p}}}\end{cases} \tag{2.3-103}$$

那么，式（2.3-101）和式（2.3-102）具有相同函数形式。在文献中，D 和μ被分别称为双极扩散系数和双极迁移率。它们的物理意义是：在理想条件③成立时，如果把电子、空穴的扩散系数和迁移率按双极扩散系数和双极迁移率计算，则可以不考虑光生载流子对衬底材料内部电场的影响；电子和空穴都按 D 和μ扩散或漂移，并保持它们的运动同步。在式（2.3-101）的第一式中，利用了非简并条件下的爱因斯坦关系。

（2）泛定方程求解

利用双极扩散系数和双极迁移率概念，瞬态点触发的泛定方程在数学形式上可化简为式（2.3-102）的形式，则关于空穴连续性方程可写为

$$\frac{\partial n_{p\Delta}}{\partial t}=D\frac{\partial^2 n_{p\Delta}}{\partial y^2}-\mu E_y\frac{\partial n_p}{\partial y}-\frac{n_{p\Delta}}{\tau} \tag{2.3-104}$$

由 D 和 μ 的物理意义分析，式（2.3-104）为常微分方程，很容易求得其解为

$$n_p(y,t)=\left[\frac{N}{\sqrt{4\pi Dt}}\exp\left(-\frac{t}{\tau}\right)\right]\cdot\exp\left[-\frac{(y-\mu E_y t)^2}{4Dt}\right] \tag{2.3-105}$$

其中，N 表示点触发时产生的光生载流子总数。

（3）瞬态点触发条件下 PCSS 输出电脉冲参数

对式（2.3-105）做恒等变形可得

$$n_p(y,t)=\left[\frac{N}{\sqrt{4\pi Dt}}\right]\exp\left(-\frac{t}{\tau}\right)\cdot\exp\left\{-\frac{[t-y/(\mu E_y)]^2}{4\mu^2E_y^2D\cdot t}\right\} \tag{2.3-106}$$

考虑到 $j_p\propto n_p$，因此由式（2.3-106）可得到输出电脉冲的波形曲线（如图 2.3-24 所示）。对确定缝隙长度的 PCSS，输出电脉冲波形曲线与高斯脉冲波形相近，只是下降沿时间比上升沿时间长，且下降沿曲线近似为指数衰减函数。这一计算结果与图 2.3-24 中所示实验测试结果符合，也与后面将讨论的数值计算结果符合。

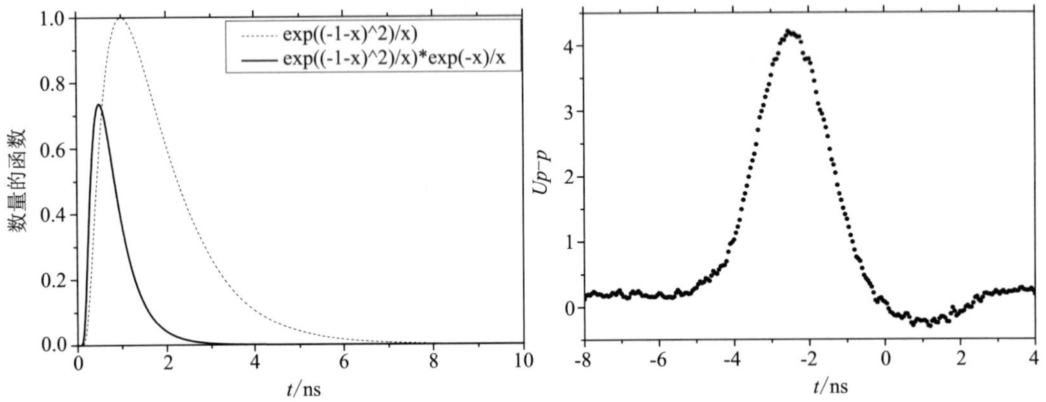

(a) 点触发 PCSS 输出电脉冲波形理论计算　　(b) 点触发 PCSS 输出电脉冲波形实验测试

图 2.3-24　点触发 PCSS 输出电脉冲波形理论计算与实验测试结果的比较

在衬底材料确定的条件下，输出电脉冲幅值与光生载流子渡越缝隙的时间长短有关，且随渡越时间增加近似呈指数规律下降，即

$$n_p(y,t)=\left[\frac{N}{\sqrt{4\pi Dt}}\exp\left(-\frac{t}{\tau}\right)\right] \tag{2.3-107}$$

可见，在瞬态点触发条件下，PCSS 缝隙宽度愈宽，输出电脉冲幅值愈小。

将式（2.3-105）对 t 求导，可得 PCSS 输出电脉冲取得极大值的条件满足

$$t=(\sqrt{1+a^2}-a)\cdot\frac{l_1}{E_y\mu} \tag{2.3-108}$$

其中，

$$a=\left(1+\frac{2t}{\tau}\right)\cdot\frac{k_0T}{qE_yl_1} \tag{2.3-109}$$

式（2.3-108）表明：①PCSS 输出的电流峰值，并不对应激励光脉冲峰值光强产生的光生电流峰值，而是峰值光强到来之前某一时刻的光生电流在 PCSS 输出端形成了输出脉冲的电流峰值（如图 2.3-25 所示），这是综合考虑光生载流子扩散和漂移的必然结论；②由式（2.3-109）可知，偏置电场愈大，a 愈小，式（2.3-108）中 $t\to l_1/(E_y\mu)$，即 PCSS 输出端输出电脉冲峰值电流逼近光脉冲峰值光强所产生的光生电流，表现为 PCSS 电压转换效率随偏置电场升高而增加的实验现象。考虑到高斯函数在峰值附近随参量变化近似成指数函数减小，因此，随着偏置电场升高，PCSS 电压转换效率近似按指数函数增加。

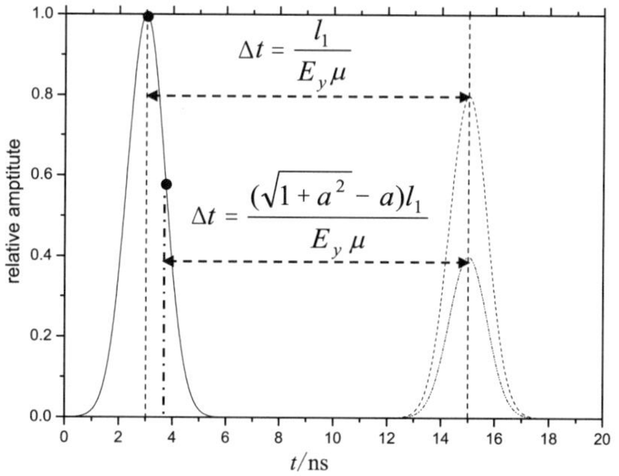

图 2.3-25　PCSS 输出电脉冲峰值对应光生载流子浓度

如果把瞬态点触发条件下 PCSS 的输出电脉冲波形看作为高斯脉冲，则输出电脉冲的半峰值宽度近似为

$$T_{op}=4\mu E_y\sqrt{\ln 2\cdot Dt} \tag{2.3-110}$$

2.3.5.2　线性 PCSS 饱和参数的理论解释

分析线性 PCSS 饱和光能、最大电压转换效率、最小导通电阻等一些饱和参数的实验测试结果可以发现，这些现象中最根本的是饱和光能现象，它是形成其他饱和或极限参数的根本原因。

在 2.3.2 小节中，利用 GaAs 中的 EL2 能级给出了饱和光能的解释，并且也得到了与实验测试相一致的理论计算结果。但是，这个理论分析也存在一些不足：第一，这个分析是针对 1 064 nm 的激励光脉冲，不能给出光子能量大于吸收限的光脉冲激励时，线性 PCSS 出现的饱和光能现象；第二，EL2 能级上的电子浓度大小也主要根据唯象的实验测试结果得出，缺乏理论基础；第三，在光激励下光子一方面可以将 EL2 能级上的电子抽运到导带，另一方面也可以将价带电子抽运到 EL2 能级，这个电子抽运机制是间接复合机制的逆过程，既然间接复合是半导体的主要复合机制，那么，在光抽运条件下其逆过程发生的概率也是不可以忽略的，或者说不能简单由 EL2 能级上的电子浓度来推算饱和光能大小；第四，实验测试结果与理论分析结果做比较，并不是在理论计算模型下得到的（见本节后面的讨论）。

在这一节里，根据给定实验条件下费米能级对导带载流子浓度的约束，同时考虑 2.3.2 小节中 GaAs 的光吸收激励，在理论分析基础上，通过数值计算给出线性 PCSS 饱和参数的普适解释。

1. 费米能级对光生载流子浓度的约束

相对于导带底，GaAs 中光生载流子具有的相对能量ε来源于三个方面：激励光脉冲将电子由价带激励到导带后，光子剩余能量转化为电子动能（$h\nu-E_{\rm g}$）；电子在偏置电场下获得的能量 $Eq\lambda$；常温下，电子与晶格处于平衡态时具有的平动动能为$\frac{3}{2}k_0T$，于是

$$\varepsilon=(h\nu-E_{\rm g})+Eq\lambda+\frac{3}{2}k_0T \tag{2.3-111}$$

如果用文献普遍采用波长为 1 064 nm 的激光去激励 GaAs 光导开关，则式（2.3-111）中第一项应该视为零，这里不去关心载流子从价带抽运到导带上去的物理机制（包括 EL2 能级的电子抽运和间接激发跃迁）；第二项在弱场下比第三项小（平均自由程λ~10^{-8} m），即便当偏置电场接近线性光导开关的阈值电场 3.5 kV/cm 时，其值也比第三项小几倍，考虑到具有较高能量的载流子填充到导带较高能级时还需要费米能级与导带底能量差的附加能量，以及价带顶与空穴费米能级能量差的附加能量。因此，在常温（$T=300$ K）、弱场下，将载流子平均能量或费米能级$\varepsilon_{\rm F}$看作$\frac{3}{2}k_0T$（$\xi=\frac{3}{2}$）是合理的。这样，依据费米统计理论，可计算出 GaAs 中饱和载流子浓度为

$$n_{\max}=\frac{2N_{\rm c}}{\sqrt{\pi}}\int_0^{\infty}\frac{x^{1/2}{\rm d}x}{1+\exp(x-\xi)}=9.3\times10^{17}\ ({\rm cm}^{-3}) \tag{2.3-112}$$

式（2.3-112）给出了线性 GaAs 光导开关在 1 064 nm 激光激励下，产生的光生载流子浓度的最大极限值。

2. 常温、弱场下，线性光导开关的饱和光能问题

如图 2.3-5 所示，并由式（2.3-11）可得 GaAs 表面薄层达到饱和光生载流子浓度的最小光强为

$$I_{\min}(z=0)=\frac{n_{\max}h\nu}{\alpha}=4.347\times10^{2}\ (\mathrm{J/m^2}) \tag{2.3-113}$$

式中，假设了吸收系数α=0.4 mm^{-1}。

如果I_{op}（$z=0$）>$I_{\min}$（$z=0$），容易得到结论：表层载流子浓度不再增加，剩余光强将使 GaAs 更深薄层的光生载流子浓度达到饱和。设 GaAs 衬底基片厚度为l_3，则单位底面积、高度为l_3的圆柱中，光生载流子数为

$$N=n_{\max}z+\frac{I(z=0)}{h\nu}\{1-\exp[-\alpha(l_3-z)]\} \tag{2.3-114}$$

当n_{op}（l_3）≥$n_{\max}$时，再增大激励光能，对 GaAs 的光吸收不再具有任何意义，称此时的光强为饱和光强，对应饱和光强的光脉冲能量，称为饱和光能。图 2.3-26(a)给出不同吸收系数的 GaAs 材料，在激励光斑半径r_{op}≈0.5 mm 激光激励下光生载流子浓度随光能变化的数值计算结果；图 2.3-26(b)给出缝宽为 3 mm 的 GaAs 光导开关输出峰值电压随激励光能变化的实验测试结果（PCSS 微带测试电路示意图如图 2.3-27 所示），图中各曲线下方标注的电压为光导开关的偏置电压。实验时，将圆形激光光斑通过三棱柱镜将激光扩展成为矩形斑，其长度约为 3 mm，宽度约为 0.2 mm，长度方向横跨光导开关缝隙。光导开关衬底 GaAs 材料吸收系数经国家检测中心测试值为 0.45 mm^{-1}。

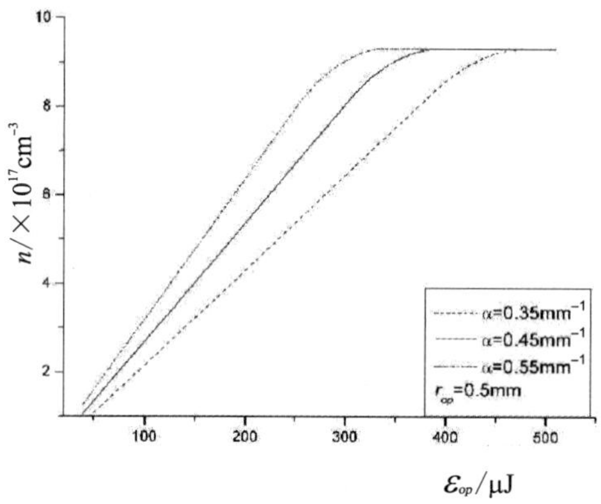

(a) 光生载流子的浓度随激励光能的数值计算

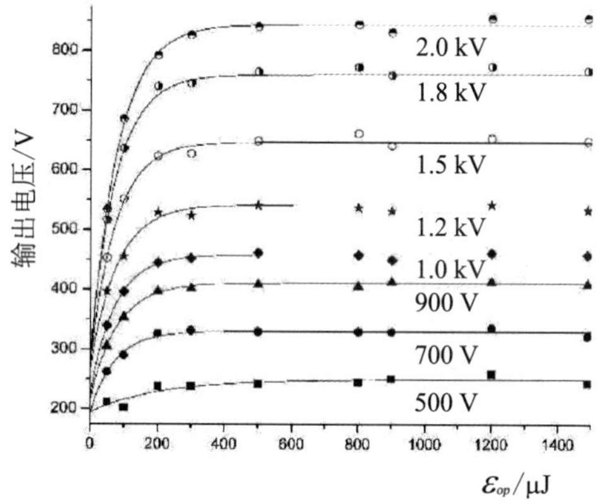

(b) 光导开关输出峰值电压随光能变化的实验测试

图 2.3-26 饱和光能理论计算与实验测试结果的比较

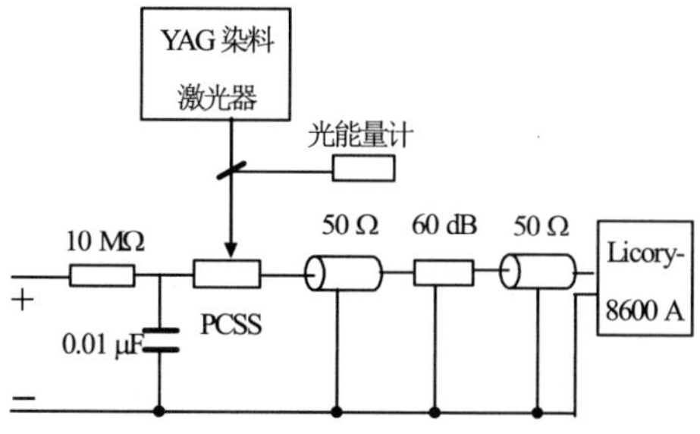

图 2.3-27 瞬态电脉冲的直接测试电路

比较图 2.3-26 中关于饱和光能的理论计算与实验测试结果，可以发现它们很好相符，表明饱和光能可由费米能级约束得到解释。

3. 线性 GaAs PCSS 的饱和电压输出问题

图 2.3-26 一方面说明存在饱和光能激励问题；另一方面指明在确定光能激励下，线性 GaAs PCSS 存在最大的峰值电压输出，即所谓饱和电压输出或电压转换效率极限值问题。结合微带实验测试电路的电路方程与式（2.3-88），在实验误差范围内，可以解释光导开关的饱和电压输出问题。

由瞬态电磁脉冲在脉冲形成线上的分压原理，可得微带测试电路在有阻开关（即光导开关导通电阻不为零）条件下的电压转换效率（η）计算公式为

$$\eta = \frac{z_0}{R_p + 2z_0} \tag{2.3-115}$$

其中，R_p表示光导开关导通时的电阻，z_0表示测试电路中微带线、同轴线等传输线的特性阻抗（$z_0 = 50\ \Omega$）。

欧姆定律

$$R_p = \frac{l_1}{\sigma s} = \frac{l_1}{\sigma l_2 l_3} \tag{2.3-116}$$

一方面，按式（2.3-88）及 2.3.4 节的方法做数值计算，同时考虑费米能级对光生载流子浓度的约束，可得到不同光能激励下线性 GaAs 光导开关电导率随激励光能变化曲线，将此计算结果代入式（2.3-116）可以得到 R_p的理论值；另一方面，依据图 2.3-26(b)的实验测试结果及式（2.3-115），可以给出不同光能激励下 R_p的实验测试值。这样，就可以检验理论与实验测试结果的一致性。

图 2.3-27 给出 R_p理论计算与实验测试结果的比较，理论计算中的三条曲线是在考虑不同散射机制条件下得到的（其中，极性光学波散射与电离杂质散射的合成两种情况下得到的计算结果几乎重合），实心方点表示实验测试结果。在对式（2.3-116）的计算中，参数选取为 l_1=3 mm，l_2=0.18 mm，l_3=0.6 mm。图 2.3-28 表明：①在实验误差范围内，理论计算与实验测试结果是较好符合的；②在激励光能大于饱和光能时，理论与实验测试结果出现了系统偏差，这可能与没有考虑高载流子浓度下载流子复合机制有关。

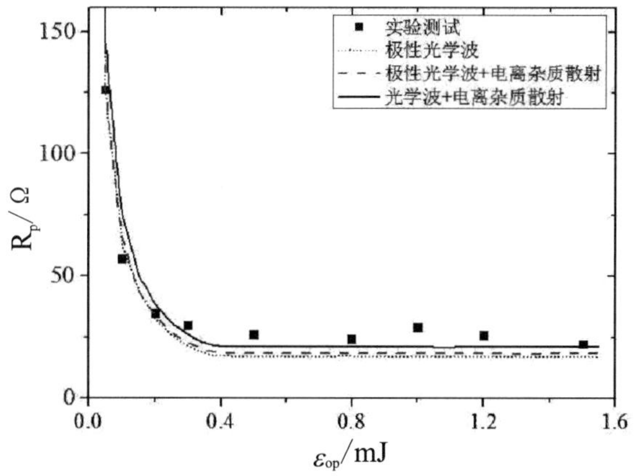

图 2.3-28 R_p理论计算与实验测试结果的比较

2.3.6 GaAs PCSS 的非线性物理机制

2.3.6.1 GaAs 中载流子的 v-E 曲线

高功率 PCSS 一定工作在强场下，强场和弱场情况下的载流子运动规律有很大的不同。在 2.3.4.4 中详细分析了弱场、简并载流子的散射机制，为解释线性 GaAs PCSS 的实验现象和分析物理机制奠定了基础。从原则上，强场下的载流子运动规律也必须按 2.3.4.4 的分析方法逐一讨论，但一方面因为强场下载流子的分布规律求解比较困难（玻尔兹曼输运方程求解困难），载流子能量随波矢的变化率还必须通过繁杂的能带理论求解给出[14]；另一方面，对 GaAs 这样典型半导体材料的强场特性已经有大量实验研究，也给出了载流子 v-E 曲线的宽范围适用的经验公式，再考虑到非线性 PCSS 通常工作在极低光触发条件，不存在触发光生载流子的简并问题，文献普遍采用的玻尔兹曼统计所得到的相关结论是适用的。因此，在本节中，我们只简单介绍已有文献关于强场下，GaAs 内部载流子运动规律的相关结论，为后续的相关讨论给出“唯象”的基本结论。

Ruch 和 Fawcett 采用 Monte-Carlo 方法计算了 GaAs 的 v-E 曲线[15]，得到与实验测试结果很好符合的经验公式[16]

$$v(\zeta)=\frac{2.25\times10^{6}}{T}\frac{\zeta\left[1+\dfrac{0.265(\zeta/\zeta_T)^3}{1-5.3\times10^{-4}T}\right]}{(1+\zeta/\zeta_T)^4} \qquad (2.3\text{-}117)$$

其中，T 表示 GaAs 平衡时的温度；ζ表示偏置电场；ζ_T表示阈值电场，其值为 3.5 kV/cm。经验公式适用于温度为 300～600 K 的电场。

式（2.3-117）与实验测试结果很好符合，但物理意义不十分清楚。Heinle 通过理论计算，给出了 GaAs 材料 v-E 曲线的一个理论公式[17]

$$v(\zeta)=\left[v_1(\zeta)+v_V\left(\frac{\zeta}{\zeta_T}\right)^4\right]\cdot\left[1+\left(\frac{\zeta}{\zeta_T}\right)^4\right]^{-1} \tag{2.3-118}$$

其中，$v(\zeta)$表示$\zeta\to\infty$时速度的渐进值，通常取 8.5×10^6 cm·s^{-1}；$v_1(\zeta)$表示弱场下 GaAs 的迁移率。

图 2.3-29 给出式（2.3-117）和式（2.3-118）的函数曲线。可见，在弱场下，两个计算公式都与实验测试结果符合（不同 GaAs 材料有不同的 v-E 曲线）；但在比负微分区阈值电场更高的偏置电场下，Heinle 公式不能解释载流子速率随偏置电场增加的实验现象，尽管它具有十分清楚的物理图像。

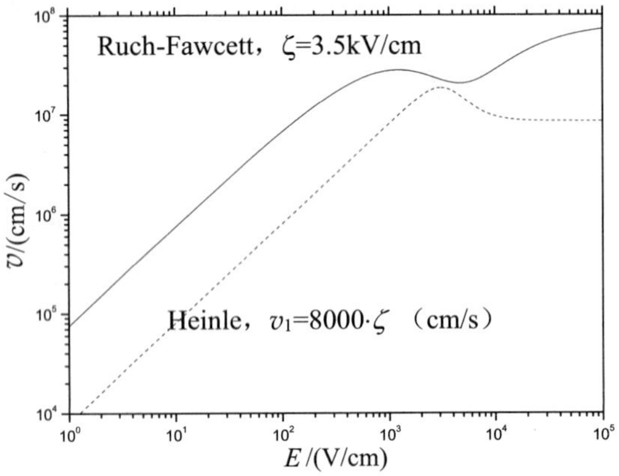

图 2.3-29　强场下 GaAs 的 v-E 曲线

2.3.6.2　强场下 GaAs 中载流子的空间分布特征

在图 2.3-30 中，如果仍采用光脉冲的点触发激励方式，且认为在 t=0 时，光脉冲在 y=0 处造成光生载流子浓度 $n_{e\Delta}$和 $n_{p\Delta}$，为简便地得到光生载流子的时空分布，这里不考虑载流子的复合效应。

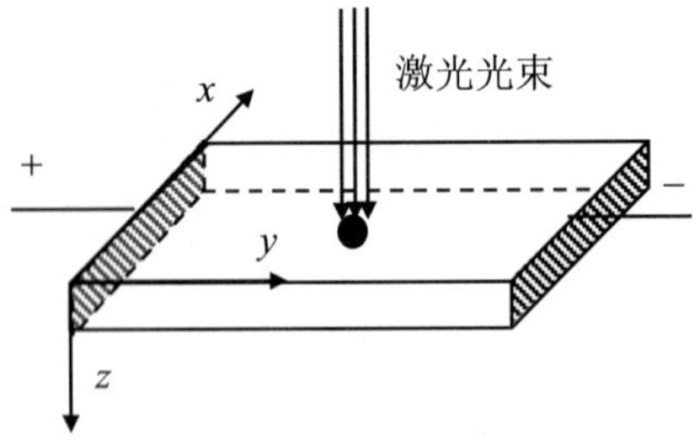

图 2.3-30　光脉冲点触发模型

由连续性方程与泊松方程有

$$\begin{cases}\dfrac{\partial j_{e\Delta}}{\partial y}+q\dfrac{\partial n_{e\Delta}}{\partial t}=0\\ \dfrac{\partial \zeta_{\Delta}}{\partial y}=\dfrac{q}{\varepsilon_0\varepsilon_r}n_{e\Delta}\end{cases} \quad (2.3\text{-}119)$$

其中，$j_{e\Delta}$表示由光生载流子引起的传导电流；ζ_{Δ}表示由光生载流子引起的电场变化。考虑迁移率随电场的变化，可得微分迁移率μ'为

$$\mu'=\frac{\delta v}{\delta \zeta} \quad (2.3\text{-}120)$$

联立求解式（2.3-119）和式（2.3-120）可得

$$\frac{\partial n_{e\Delta}}{\partial t}+v\frac{\partial n_{e\Delta}}{\partial y}+\frac{n_{e\Delta}}{\tau_d}=0 \quad (2.3\text{-}121)$$

其中，τ_d为介电弛豫时间，表示非平衡载流子随时间的衰减过程，表达式为

$$\tau_d=\frac{\varepsilon_0\varepsilon_r}{qn_0\mu'} \quad (2.3\text{-}122)$$

如果设空间电荷波为平面电磁波，并定义$\beta=\omega/v$，则式（2.3-121）的解为

$$n_{e\Delta}=n_{e\Delta}\big|_{t=0}\exp[\beta(vt-y)]\cdot\exp\left(-\frac{t}{\tau_d}\right) \quad (2.3\text{-}123)$$

考察式（2.3-123），如果做坐标变换$y_1=vt-y$，则第一个指数因子的值为 1，第二个指数因子表示光生载流子随时间的变化。将时间指数因子与式（2.3-120）、式（2.3-122）联立考察可以发现，如果载流子的微分迁移率μ'为正，则光生载流子浓度随时间是衰减的。反之，则载流子浓度必然要增加，形成空间电荷畴，这就为提出高倍增偶极畴模型奠定了理论基础。

2.3.6.3 强场下 GaAs 中载流子的高倍增偶极畴模型

提出雪崩倍增偶极畴模型是基于如下实验研究：①在 lock-on 模式下，输出电脉冲峰值电流要远大于光生载流子所能形成的峰值电流；②GaAs PCSS 由线性进入非线性模式的阈值电场通常为 3.5～11.2 kV/cm，在这样的偏置电场下，GaAs 内部载流子不能发生雪崩效应；③在阈值条件附近，处于 lock-on 模式下的 PCSS，其输出电脉冲可以呈现周期性的电脉冲输出，输出脉冲宽度与光生载流子渡越 PCSS 缝隙宽度所需漂移时间相等，而在更高偏置电场下，输出电脉冲为一“锁定”脉冲；④在 lock-on 模式下，PCSS 输出电脉冲时总伴随丝状电流的产生。

基于上述实验现象和上一节的分析，提出 GaAs PCSS 工作在非线性模式下的高倍增偶极畴模型：①由于激励光强的非均匀性、电子和空穴运动参数的差别以及负微分效应，

光生载流子一定会在 GaAs 衬底材料内部形成高场畴；②高场畴的畴内电场方向与外加电场方向一致，与耿氏畴基本形状一样，高倍增偶极畴也近似为三角形畴；③在阈值条件附近，高倍增偶极畴的运动规律与耿氏畴类似，而当畴内电场超过载流子雪崩电场阈值时，畴内电子将发生雪崩效应，且在畴内电场的极大值处形成丝状电流；④丝状电流的生长方向由畴内电场的极大值方向确定，但同时受带内、带间载流子复合发光的光吸收方向影响，可以表现出偶然性或随机性（与载流子复合发光频率有关，因而也与畴内电场大小等因素有关）；⑤当丝状电流最终连接电源正负极时，极低电阻的电流通道形成，PCSS 输出 lock-on 脉冲。

下面给出光激励下，高倍增偶极畴形成机理的定性描述。在高斯光束激励下，由于光生载流子浓度不均匀，使得 t=0 时，由光斑中心向外光生载流子浓度逐次减弱[如图 2.3-31(a)所示]。在外加电场作用下光生载流子发生扩散和定向漂移时，一方面靠近 PCSS 电极两边的光生载流子因浓度低而有较大迁移率，漂移速度快（见 2.3.4 小节的分析）。另一方面由于电子漂移速度比空穴漂移速度大几十倍，所以一旦发生漂移，靠近电源阳极一端的光生电子迅速达到阳极形成线性电脉冲，剩下高浓度的空穴集团；高浓度的空穴集团产生的电场与偏置电场因方向一致而在其附近形成高电场，如图 2.3-29 所示 GaAs 内部载流子的 v-E 曲线，该高电场必然减缓图 2.3-31(b)左边电子集团向阳极漂移的速度，于是在激励光斑中心附近就必然出现高浓度电子和空穴集团，它们各自的电荷中心不重合；在高浓度电子与空穴集团交界处，载流子集团各自逐步累积，形成高场强的偶极畴[如图 2.3-31(c)所示]；当偶极畴内部场强达到能使载流子发生雪崩效应时，雪崩载流子会由于所处电场的不均匀性而在场强最大值点形成丝状电流，实现电源正、负电极间的电流通道，并输出 lock-on 稳定电脉冲 [如图 2.3-31(d)所示]。

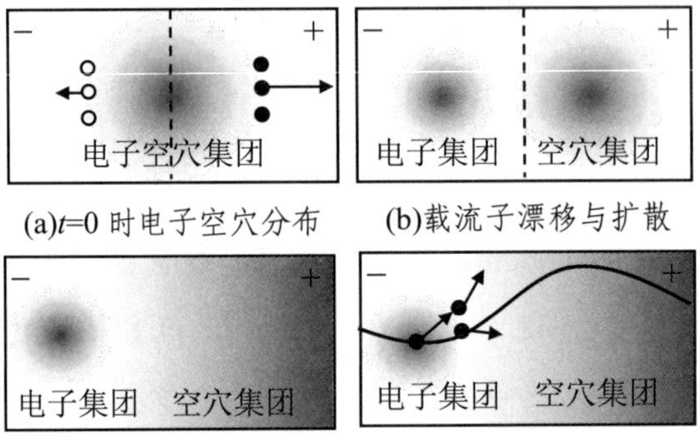

(a)t=0 时电子空穴分布　(b)载流子漂移与扩散

(c)偶极畴形成　(d)稳定畴内雪崩

图 2.3-31　偶极畴模型下的 lock-on 机制

类似地，在均匀光照下，GaAs 衬底基片仍然可以形成雪崩倍增偶极畴，只是形成的过程是从 PCSS 的阳极端向阴极端扩展而已，这里不再重复分析。

比较高倍增偶极畴模型与耿氏畴模型，可以发现它们在形成机理上几乎相同，不同之处在于耿氏畴是由于阴极附近的某种不均匀性形成了高场畴，而高倍增偶极畴形成的最初原因则是在光激励下产生了光生过剩载流子的不均匀浓度。既然两种模型形成机制的根本原因都是载流子浓度的不均匀性，因而许多结论对两种模型而言都是适用的。在后面的分析中，大量沿引了耿氏畴模型的计算结果。

2.3.6.4　高倍增偶极畴的定量描述

1. 高倍增偶极畴几何尺寸参数计算

如果仍然沿用耿氏畴模型对电子畴宽度做估算，可以得到其 y 方向的宽度约

$$L_{\mathrm{D}}=\sqrt{\frac{\varepsilon_0\varepsilon_{\mathrm{r}}k_0T}{q^2n_{\mathrm{e}\Delta}}}=4.334\times10^3\frac{1}{\sqrt{n_{\mathrm{e}\Delta}}}\ (\mathrm{m}) \tag{2.3-124}$$

其中，L_{D}为德拜长度，$n_{\mathrm{e}\Delta}$为 GaAs 材料中的光生电子浓度。如果取$\varepsilon_{\mathrm{r}}=13.18$，$T=300\ \mathrm{K}$，$n_{\mathrm{e}\Delta}=10^{16}\ \mathrm{cm}^{-3}$，可得到 $L_{\mathrm{D}}\sim10^1$ nm 量级。

如果在点触发激励方式下，PCSS 内部要形成稳定的高倍增偶极畴，必须满足等面积定理（这里沿用了稳定的耿氏畴形成条件分析方法）。

$$\int_{\zeta_{ex}}^{\zeta_p}\left[v(\zeta)-v_{ex}\right]\mathrm{d}\zeta=0 \tag{2.3-125}$$

其中，$v(\zeta)$ 表示畴内电子的运动速度，它由式（2.3-117）或式（2.3-118）确定，v_{ex}表示畴外电子运动速度；ζ_p表示畴内电场峰值，ζ_{ex}表示畴外电场大小。

与耿氏畴模型类似，高倍增偶极畴的耗尽区也是一个宽度为 W 的三角形畴（如图 2.3-32 所示）。耗尽层电场可表示为

$$\zeta(x)=\zeta_{ex}+\frac{\zeta_p-\zeta_{ex}}{W}\cdot x \tag{2.3-126}$$

其中，W 表示畴宽度，如果认为畴电压主要加在耗尽层上（累积层厚度很小），则畴电压 V_d 可表示为

$$V_d=\int_0^W\zeta\mathrm{d}y=\frac{1}{2}(\zeta_p-\zeta_{ex})W \tag{2.3-127}$$

由泊松方程，有

$$\frac{\mathrm{d}\zeta}{\mathrm{d}y}=-\frac{qn_{\mathrm{p}\Delta}}{\varepsilon_0\varepsilon_{\mathrm{r}}}\Rightarrow\frac{\zeta_p-\zeta_{ex}}{W}=-\frac{qn_{\mathrm{p}\Delta}}{\varepsilon_0\varepsilon_{\mathrm{r}}} \tag{2.3-128}$$

联立求解式（2.3-127）和式（2.3-128）可得 V_d 与 W 的关系满足

$$W=\sqrt{\frac{2\varepsilon_0\varepsilon_{\mathrm{r}}V_d}{qn_{\mathrm{p}\Delta}}}=3.819\times10^4\sqrt{\frac{V_{\mathrm{d}}}{n_{\mathrm{p}\Delta}}} \tag{2.3-129}$$

在光激励下，$n_{\mathrm{e}\Delta}=n_{\mathrm{p}\Delta}$，比较式（2.3-124）和式（2.3-129），即便假设高功率 PCSS 在

阈值电场和 10 μm 的光纤点触发下（$V_d \geqslant 3.5\times10^5$ V/m×10^{-5} m = 3.5 V），耗尽层宽度也比电子畴宽度大 1 个量级。因此，可以把高倍增偶极畴的宽度作为耗尽层的宽度。

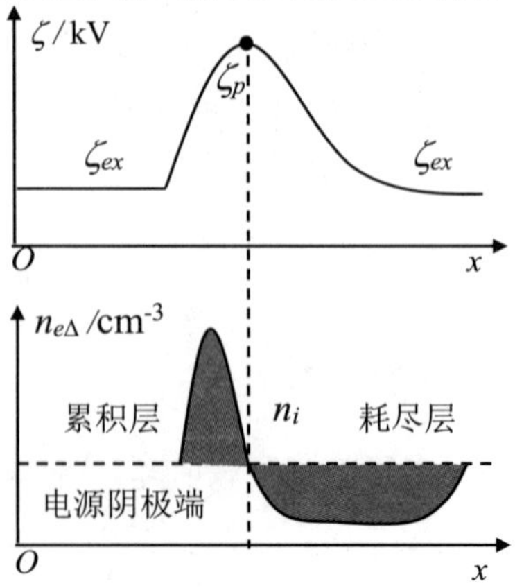

图 2.3-32　高倍增偶极畴参数

2. 高倍增偶极畴的畴内、畴外电场与偏置电场的关系

设 PCSS 缝隙宽度为 l_1，外加偏压为 V，则 PCSS 的电压方程可以写为

$$V=\zeta_{ex}l_1+V_d \Rightarrow \zeta_h \equiv \frac{V}{l_1}=\zeta_{ex}+\frac{V_d}{l_1} \tag{2.3-130}$$

联立求解式（2.3-127）～式（2.3-130）可得

$$\zeta_h=\zeta_{ex}+\frac{\varepsilon_0\varepsilon_{\mathrm{r}}}{2qn_{\mathrm{p}\Delta}l_1}(\zeta_p-\zeta_{ex})^2 \tag{2.3-131}$$

联立求解式（2.3-88）、式（2.3-127）和式（2.3-131），就可以得到ζ_h～ζ_{ex}和ζ_h～ζ_p的关系（如图 2.3-33 所示）。计算结果表明：当 $n_{\mathrm{p}\Delta}l_1$一定时，增加偏置电场，畴外电场将缓慢减小 [如图 2.3-33(a)所示]，而畴内电场将升高 [如图 2.3-33(b)所示]；当保持偏置电场一定时，增大 $n_{\mathrm{p}\Delta}l_1$，则畴外电场降低并逼近一个常数值，而畴内峰值电场将急剧增加。

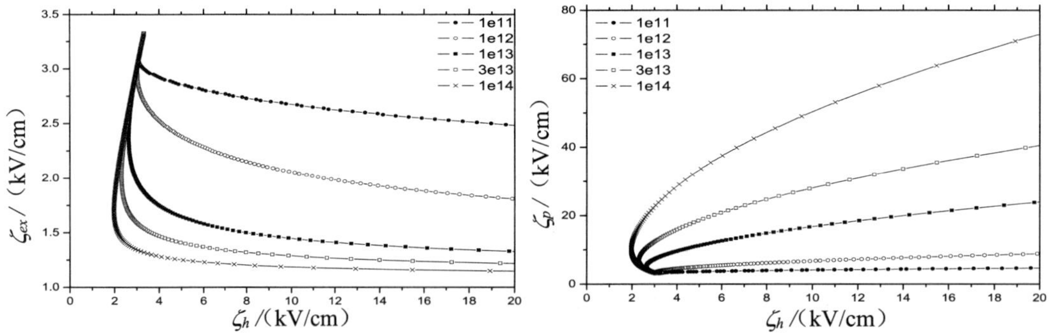

(a) 外加电场与畴外电场的关系　　(b) 外加电场与畴内电场的关系

图 2.3-33　高倍增偶极畴ζ_h～ζ_{ex}和ζ_h～ζ_p的关系

为给出图 2.3-33 的物理解释，在图 2.3-34 中重新画出式（2.3-118）的曲线。考察式（2.3-35）的几何意义可知，稳定偶极畴等面积定理要求图 2.3-34 中阴影部分的面积相等。当外加偏置电场增大时，图 2.3-34 中右边的阴影面积增大（ζ_p 快速增大），要求图中左边阴影面积随之增加，使得畴外电场减小（ζ_{ex} 前移），并不断逼近 v-E 曲线上饱和速度 v_d 对应的电场值，这就造成图 2.3-33(a)中 ζ_{ex} 随 ζ_h 增大而缓慢减小的计算结果，我们甚至可以通过 v-E 曲线来确定这个缓慢变化的速率。当 ζ_{ex} 等于 v_d 对应的电场值时，$\zeta_p \to \infty$，即无论怎样提高偏置电场，等面积定理都不能再得到保证，倍增偶极畴也就不可能再形成了。事实上，ζ_{ex} 的极限值并不能等于 v_d 对应的电场值，当 ζ_p 逼近 GaAs 材料的击穿电场阈值时，由于雪崩倍增效应，丝状电流通道已经使 PCSS 成为“导体”，偶极畴已经不能形成了。所以，ζ_{ex} 的极限值应该由 GaAs 材料雪崩电场阈值条件决定。

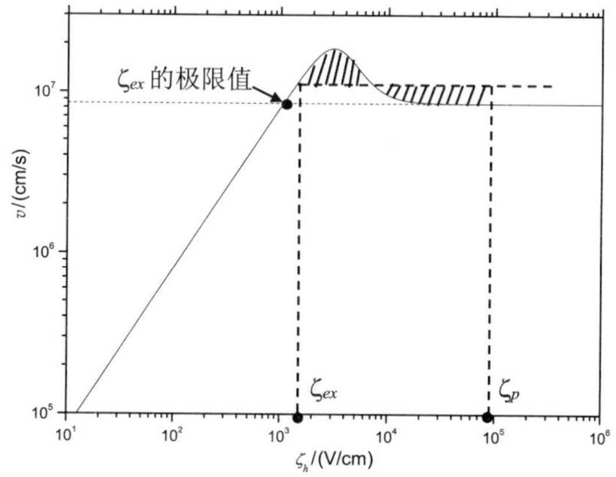

图 2.3-34　倍增偶极畴的畴外电场下限

对一定工艺研制的 GaAs 材料，具有确定的 v-E 曲线，因而也可以确定 v_d 对应的 ζ_{ex} 数值。如对式（2.3-130）给出的 v-E 曲线，$v_d = 8.6\times10^7$ cm/s，ζ_{ex} 的极限值为 1.1 kV/cm。也就是说，如果外加偏置电压使得 $\zeta_{ex} \leqslant 1.1$ kV/cm 时，倍增偶极畴就不能形成。

考察图 2.3-33(a)的计算结果不难看出，使 ζ_{ex} 减小的最重要因素不是外加偏置电场的增大，而是光生载流子浓度或激励光强的增加（即 $n_{p\Delta}l_1$ 的增加）。这使得我们可以由此约束条件，给出 GaAs PCSS lock-on 工作模式激励光强的上限。

2.3.6.5　高倍增偶极畴的阈值条件

在这一节中，首先由高偏置电场下出现光学波散射的阈值条件得到 GaAs PCSS 从线性工作模式进入非线性工作模式的电场阈值条件；其次，依据上一节中对高倍增偶极畴参数的计算结果，给出点触发条件下 GaAs PCSS lock-on 工作模式的光能阈值条件，并利用研究结果解释相关文献的实验结论。

1. 高倍增偶极畴形成的电场阈值

（1）高倍增偶极畴形成的外加偏置电场阈值

前面已经讨论到 GaAs 的负微分效造成了 GaAs PCSS 的 lock-on 工作模式，在 2.3.4 节已经介绍了热载流子的光学波散射是载流子迁移率不断偏离线性规律的最根本原因。因此，如果把载流子吸收或发射最高能量的光学波声子对应的能量看作 PCSS 进入 lock-on 模式的阈值条件，那么根据实验测试数据，很容易计算得到 GaAs PCSS 进入 lock-on 模式的电场阈值。

一方面，依据能量平衡方程，当载流子从电场中获取的能量与光学波散射下失去的能量达到平衡时，应满足

$$Eq\lambda = h\nu_{\mathrm{q}} \tag{2.3-132}$$

其中，ν_{q}=8.7×10^{12} s^{-1} 表示光学波声子的极限频率。

另一方面，在临界弱场下，载流子散射主要是声学波散射，如果近似认为在阈值条件附近载流子迁移率保持不变，由式（2.3-65）代入式（2.3-77）可得

$$\mu = \frac{4q\lambda}{3\sqrt{2\pi m_{\mathrm{n}}^{*} k_0 T}} \tag{2.3-133}$$

取常见 GaAs 材料的迁移率典型值范围：μ = 0.5～0.8 m^2/V·s，可得λ取值范围：λ = 0.944×10^{-7}～1.51×10^{-7} m。可见，在长声学波散射、弱场和非简并条件下，电子平均自由程为 10^{-7} m 数量级。

取ν = 8.7×10^{12} s^{-1}、λ=1×10^{-7} m，由式（2.3-132）可得 GaAs 的弱场条件为

$$Eq\lambda \geqslant h\nu \Rightarrow E \geqslant \frac{h\nu}{q\lambda} = \frac{6.62\times10^{-34}\times8.7\times10^{12}}{1.6\times10^{-19}\times1\times10^{-7}} = 3.60\ (\mathrm{kV/cm}) \tag{2.3-134}$$

式（2.3-134）表明，GaAs PCSS 由线性模式进入 lock-on 模式的电场阈值条件为 3.6 kV/cm。这与普遍文献实验测试到的 3.5 kV/cm 基本符合。

（2）高倍增偶极畴维持电场阈值

一方面，为提高高功率 PCSS 器件的使用寿命，通常要采用脉冲电源的馈电方式，以尽可能减小器件处于雪崩倍增效应的时间；另一方面，在将高功率 PCSS 用于军用点火装置的一系列用途中，又需要适当时间宽度的“锁定”电脉冲输出（≥100 ns）。事实上，在绝大多数高功率 PCSS 的应用技术研究中，都需要设计适当容量的储能系统，以控制 PCSS 输出电脉冲宽度。这就涉及高倍增偶极畴产生后的维持条件问题。

利用式（2.3-125）和式（2.3-126）消去参数ζ_p，可以得到如图 2.3-33ζ_{ex}～V_d的变化关系（图中的实线曲线），图中同时给出了 $V_d = V_0 - \zeta_{ex} l_1$ 的负载方程，其中，V_0表示施加在 PCSS 两端的偏压。当 $V_d = 0$ 时，对应了$\zeta_{ex} = \zeta_T$的情况，即 PCSS 产生高倍增偶极畴的电

场阈值条件。对不同的 V_0，负载方程与$\zeta_{ex}\sim V_d$曲线有一个或两个交点 [如图 2.3-35(a)所示]，这些交点为 PCSS 的工作点，只有当电压方程曲线与坐标横轴的交点大于阈值电场ζ_T时，PCSS 内部才能形成高倍增偶极畴，图 2.3-35(b)中实直线给出电场阈值与电压方程有临界工作点的情况。在稳定的偶极畴形成以后，减小外加偏压，直到负载曲线与$\zeta_{ex}\sim V_d$曲线相切时，高倍增偶极畴仍能维持，称此偏置电场为偶极畴的维持电场。由图 2.3-35 可知，维持电场比阈值偏置电场要低，对通常的 GaAs 材料，其数值大约为 2 kV/cm。图 2.3-35（b）还给出了不同光生载流子浓度与维持电场的变化关系，对相同缝隙宽度的 PCSS 而言，随着光生载流子浓度的增大，维持电场会逐步降低。

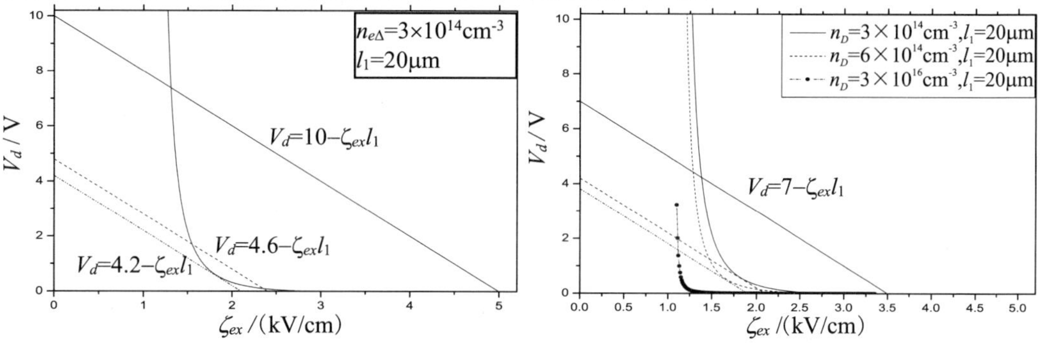

(a) 稳定高倍增偶极畴的维持电场条件　　(b) 维持电场与光生载流子浓度的关系

图 2.3-35　稳定高倍增偶极畴维持电场条件及其与光生载流子浓度的关系

2. 高倍增偶极畴形成的光能阈值

如何用最小的激励光能导通高功率 PCSS，并使之产生高功率电脉冲，是 PCSS 研究的重要目的之一。在目前大量文献报道中，都指出了 lock-on 模式下的 GaAs 存在导通光能下限，给出的实验参数大约数百 nJ 量级。然而，在作者对 2 mm 缝隙的 PCSS 实验过程中，偶然发现了 GaAs PCSS 还存在触发光能的上限阈值，当我们用 mJ 量级的光脉冲激励 PCSS 时，观察不到 lock-on 效应[18]，下面分析 GaAs PCSS 的光能阈值条件问题。

（1）高倍增偶极畴形成的光能阈值下限

高倍增偶极畴的形成需要时间，按耿氏畴理论，如果这个形成时间大于等于偶极畴漂移并渡越 PCSS 缝隙的时间，那么，高倍增的偶极畴将不能形成。因此，可以通过光生载流子的介电弛豫时间和载流子的饱和漂移速度来获得最小触发光能阈值条件。

依据式（2.3-122）给出的能量弛豫时间表达式以及偶极畴渡越 PCSS 缝隙的渡越时间条件，容易得到

$$\frac{\varepsilon_0\varepsilon_{\mathrm{r}}}{n_{\mathrm{e}\Delta}q\mu}\ll\frac{l_1}{v_d}\qquad(2.3\text{-}135)$$

其中，$\varepsilon_{\mathrm{r}}=13.18$，$\mu=5\ 000\ \mathrm{cm^2/V\cdot s}$，$v_d=10^7\ \mathrm{cm/s}$，代入式（2.3-135）可得

$$n_{e\Delta}l_1 \geqslant \frac{\varepsilon_0\varepsilon_r v_d}{q\mu} = 1.459\times10^{12}\ (\text{cm}^{-2}) \tag{2.3-136}$$

实验测试时，选用的光纤半径为 150 μm，照射到 PCSS 表面时光斑直径约为 1 mm，PCSS 的 GaAs 衬底基片厚度为 0.6 mm，激励光脉冲波长为 1 064 nm，GaAs 吸收系数实验测试值为 0.45 mm^{-1}，将这些实验数据及式（2.3-136）的计算结果代入式（2.3-21），计算得到的最小导通光能约为 1.14 μJ，这与文献报道 10^2 nJ 量级的实验测试结果基本一致。但在我们的实验测试中，获得稳定的偶极畴所需的触发光能值为 14 μJ，这可能与我们选用表面不抛光以及用绝缘硅胶的封装措施有关。前者大大加强了表面复合速率和对激光脉冲的漫反射，后者引起光脉冲的耗损（实验测试值为 15%/mm～20%/mm，实验封装的厚度为 1.8～2 mm）。

（2）高倍增偶极畴的光能阈值上限

在 2.3.6.4 节中，已经定性分析了高倍增偶极畴存在触发光能阈值上限的原因，并得到当畴外电场 $\zeta_{ex}\to 1.1$ kV/cm 时，高倍增偶极畴就不能形成的结论。采用计算图 2.3-33(a) 的相同数值计算方法，可以得到当 $n_{e\Delta}l_1=10^{16}\ \text{cm}^{-2}$ 时，$\zeta_{ex}=1.103$ kV。于是，高倍增偶极畴触发光能上限的条件为

$$n_{e\Delta}l_1 \leqslant 1\times10^{16}\ (\text{cm}^{-2}) \tag{2.3-137}$$

文献[18]给出的实验测试结果除采用半径为 1.5 mm 的激光光斑直接激励 2 mm 缝宽的 PCSS 外，其他实验参数与本节上一段计算的参数相同，将这些参数代入式（2.3-33）计算，可以得到触发光能阈值上限为 0.78 mJ，与实验测试结果 0.8 mJ 基本符合。

2.4 基于阶跃恢复二极管的超宽带脉冲发生器

阶跃恢复二极管（Step Recovery Diode）又称为电荷存储二极管（Charge-Storge Diode）或夹断二极管（Snap-Off Diode）。1960 年，A. F. Boff，J. Moll 和 R. Shen 发表了一篇名为“*A New High-Speed Effect in Solid-State Diodes*”的论文，描述了二极管阶跃恢复效应，并讨论了利用这一现象产生窄脉冲的可行性[19]。这是目前所知的关于阶跃恢复二极管出现最早的一篇文献。与雪崩晶体管利用突然导通产生快变沿的原理不同：阶跃恢复二极管是一种断路开关器件，其基本原理是加正向电压时，二极管 PN 结导通，并在两边存储少数载流子；加反向电压时，二极管并不会马上截止，而是需要先将 PN 结两边的少数载流子抽取完，然后才会进入高阻状态，由于从低阻进入高阻状态的转换过程非常迅速，通常可以达到几十皮秒至几百皮秒，所以可以产生变化速度非常快，包含丰富谐波分量的阶跃信号。

2.4.1 PN 结阶跃恢复特性的物理机制分析

PN 结的反向恢复过程可以由图 2.4-1 解释。如图 2.4-1(a)所示是测试反向恢复过程的

电路，图 2.4-1(b)表示流过 PN 结的电流变化情况。

初始状态时开关 S_W 拨向左边，二极管正向导通，导通电流为 $I_F = (V_F - V_a)/R_F$，其中 V_a 为二极管的正向压降。初始状态时正向电流对二极管进行充电，PN 结两边储存了大量的过剩少数载流子。时刻为 0 时开关从左边拨向右边，二极管反向通电，电流 $I_B = V_B/R_B$，由于过剩少数载流子的存在，反向电流保持 t_s 时间不变，直到载流子抽取完以后才迅速变小。通常定义 t_s 为存储时间，反向电流由 I_B 减小至 $0.1I_B$ 的时间 t_T 为阶跃时间，t_s 与 t_T 之和称为反向恢复时间。

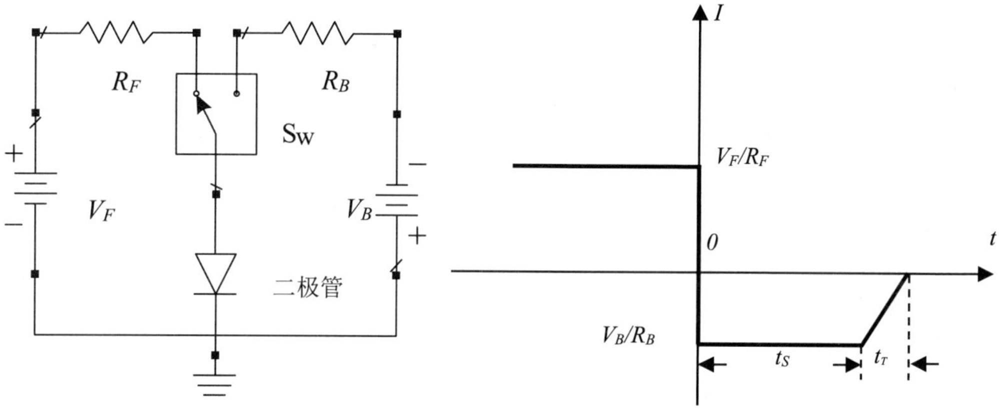

（a）测试电路示意图

（b）流过 PN 结的电流

图 2.4-1 PN 结反向恢复特性示意图

决定阶跃恢复二极管性能最关键的两个参数为存储时间 t_S 和阶跃时间 t_T。下面基于电流连续性方程对这两个参数进行推导[20]。

假设 PN 结 P 区掺杂浓度远大于 N 区，并且 PN 结长度远大于少子扩散距离，则可以由电流连续性方程得到

$$\frac{\partial p_n}{\partial t} = D_p \frac{\partial^2 p_n}{\partial x^2} - \frac{p_n - p_{n0}}{\tau_p} \tag{2.4-1}$$

式中，p_n 表示 N 区中的 p 型少子浓度，D_p 表示空穴扩散系数，p_{n0} 表示 N 区平衡态少子空穴浓度，τ_p 表示少子空穴的少数载流子寿命。设 $T = t/\tau_p$，$X = x/L_p$，由于 $p_n \gg p_{n0}$，因此忽略 p_{n0}，式（2.4-1）简化为

$$\frac{\partial p_n}{\partial T} = \frac{\partial^2 p_n}{\partial X^2} - p_n \tag{2.4-2}$$

$t = 0$ 时刻空穴的初始分布是上式的一个稳态解，可以表示为

$$p_n(X,0) = p_n(0,0)e^{-X} \tag{2.4-3}$$

需要再计算式（2.4-2）的瞬态解，并与稳态解相加才能得到全解。

在存储时间内，$0<T<T_S$，电流恒定不变，全解需要满足的边界条件为

$$I(0,T)=-I_R=-\frac{V_B}{R_B} \tag{2.4-4}$$

稳态解满足的边界条件为 $I=I_F$，因此瞬态解的边界条件为

$$I(X=0)=I_F+I_R \tag{2.4-5}$$

对式（2.4-2）进行拉普拉斯变换，得到

$$\frac{\mathrm{d}^2P_\mathrm{n}}{\mathrm{d}X^2}-(s+1)P_\mathrm{n}=-p_\mathrm{n}(X,0) \tag{2.4-6}$$

求解式（2.4-6），得到 P_n 的表达式为

$$P_\mathrm{n}=Ae^{-\sqrt{s+1}X}+B\mathrm{e}^{\sqrt{s+1}X}+\frac{p_\mathrm{n}(X,0)}{s} \tag{2.4-7}$$

根据边界条件求出 A 和 B，得到

$$P_\mathrm{n}=-\frac{L_\mathrm{p}}{qD_\mathrm{p}}\frac{I_R+I_F}{s\sqrt{s+1}}\mathrm{e}^{-\sqrt{s+1}X}+\frac{L_\mathrm{p}}{qD_\mathrm{p}}\frac{I_\mathrm{F}\mathrm{e}^{-X}}{s} \tag{2.4-8}$$

再进行拉普拉斯反变换，得到

$$p_\mathrm{n}=p_\mathrm{n}(X,0)-\frac{L_\mathrm{p}}{qD_\mathrm{p}}(I_R+I_F)\varPhi(X,\sqrt{T}) \tag{2.4-9}$$

其中

$$\varPhi(x,y)=\frac{2}{\sqrt{\pi}}\int_0^y\mathrm{e}^{-u^2-\frac{x^2}{4u^2}}\mathrm{d}u=\frac{1}{2}\left[\mathrm{e}^{-y}erfc\left(\frac{x}{2y}-y\right)-\mathrm{e}^{x}erfc\left(\frac{x}{2y}+y\right)\right] \tag{2.4-10}$$

$\varPhi(x,y)$的几组渐进解为

$$\begin{cases}\varPhi(0,y)=\mathrm{e}rf(y)\\ \varPhi(x,\infty)=\mathrm{e}^{-x}\\ \varPhi(x,0)=0\end{cases} \tag{2.4-11}$$

当 $T=T_S$ 时，令 $X=0$ 处的瞬态解与稳态解相等，得到

$$(I_F+I_R)\mathrm{e}rf\sqrt{T_S}=I_F \tag{2.4-12}$$

即

$$\mathrm{e}rf\sqrt{\frac{t_S}{\tau_p}}=\frac{I_F}{I_F+I_R} \tag{2.4-13}$$

因此得到关于存储时间 t_S 的近似解为

$$t_S=\tau_\mathrm{p}\ln\left(1+\frac{I_F}{I_R}\right) \tag{2.4-14}$$

下面计算阶跃时间的表达式。在阶跃时间内，$T>T_s$，边界条件为 p_n（0，T）=0。通过拉普拉斯变换可得

$$p_\mathrm{n}=p_\mathrm{n}(X,0)-\frac{L_\mathrm{p}I_F}{qD_\mathrm{p}}\left[\mathrm{e}^{-X}-\varPhi\left(X,\frac{X}{2\sqrt{T}}\right)\right] \tag{2.4-15}$$

以及

$$I(T)_{X=0}=-q\frac{D_\mathrm{p}}{L_p}\left(\frac{\partial p_\mathrm{n}}{\partial X}\right)_{X=0}=I_F\left(1-\mathrm{e}rf\sqrt{T}-\frac{\mathrm{e}^{-T}}{\sqrt{\pi T}}\right) \quad (2.4\text{-}16)$$

由阶跃时间的定义，$I(t_T)=0.1I_R$，得到

$$\mathrm{e}rf\sqrt{\frac{t_T}{\tau_\mathrm{p}}}+\frac{\mathrm{e}^{-t_T/\tau_\mathrm{p}}}{\sqrt{\pi t_T/\tau_\mathrm{p}}}=1+0.1\left(\frac{I_R}{I_F}\right) \quad (2.4\text{-}17)$$

由上式可以看出，若想要加快阶跃时间，产生更快速的阶跃信号，需要减小少数载流子寿命τ_p和正向电流 I_F，增大反向电流 I_R。

2.4.2 基于阶跃恢复二极管的超宽带脉冲电路设计

前面一节介绍了阶跃恢复二极管工作的物理机制，推导了描述其性能参数的物理模型，给出了一系列公式。但是这些公式比较烦琐，不适用于工程计算，设计电路时常用的公式有下面的几组。

由电荷连续性方程可以计算 PN 结正向导通时存储电荷的数量为

$$I(t)=\frac{\mathrm{d}Q}{\mathrm{d}t}+\frac{Q}{\tau} \quad (2.4\text{-}18)$$

式中，$I(t)$表示流过 PN 结的总电流，τ表示少数载流子寿命，Q 表示 PN 结两边存储的电荷量。求解式（2.4-18），得到

$$Q_F=I_F\tau\left(1-\mathrm{e}^{-\frac{t_F}{\tau}}\right) \quad (2.4\text{-}19)$$

式中，I_F 表示正向电流的大小，t_F 表示正向电流持续的时间。由于通常有 $t_F \gg \tau$，因此式（2.4-19）可以简化为

$$Q_F\approx I_F\tau \quad (2.4\text{-}20)$$

式（2.4-14）为给定正向电流 I_F 和反向电流 I_R 时存储时间的计算公式，工程中希望 SRD 的阶跃时间越小越好，因此通常 $I_R \gg I_F$，式（2.4-14）可以简化为

$$t_S\approx\tau\frac{I_F}{I_R} \quad (2.4\text{-}21)$$

如图 2.4-2 所示是一个利用阶跃恢复二极管产生快速阶跃信号的典型电路[21]。图中 V_g 表示激励信号源，它产生大幅度慢上升沿的阶跃信号用于激励 SRD；R_g 表示信号源内阻，这里设为 50 Ω；C_1 为源耦合电容；C_2 为负载耦合电容；SRD 为阶跃恢复二极管；V_b 表示给 SRD 正向充电的电压源，R_b 为 V_b 的限流电阻；R_L 为负载电阻，设为 50 Ω。

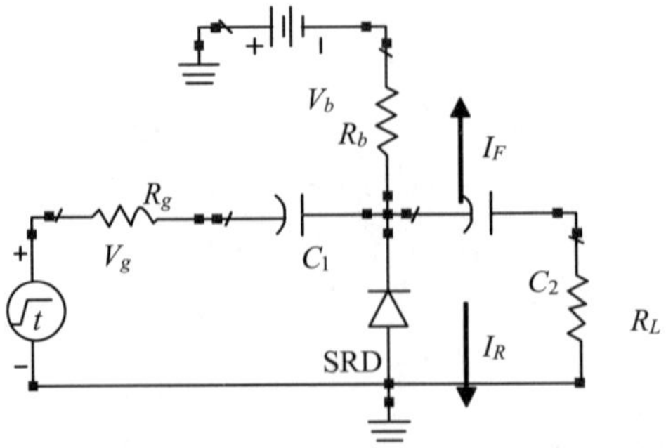

图 2.4-2 基于 SRD 的快速脉冲发生电路

电路的工作原理可以通过图 2.4-3 解释。负电源 V_b 给 SRD 提供正向充电电流，电流大小为 $I_F = V_b/R_b$，PN 结两边在正向电流的作用下存储过剩少数载流子，如图 2.4-3(c)所示。如果充电时间远大于少数载流子寿命，则最终存储的电荷量可以由式（2.4-20）计算得到。激励脉冲源 V_g 产生一个幅度为 V，上升沿为 t_{rg} 的阶跃信号对 SRD 进行反向抽取，脉冲幅度必须满足 $V/R_g=I_R \gg I_F = V_b/R_b$。在脉冲源 V_g 的作用下，流过 SRD 上的电流波形如图 2.4-3(b)所示，反向电流抽取 PN 结所存储的过剩电荷。在电荷量没有消耗完之前 SRD 呈现低阻状态，负载 R_L 被短路，经过存储时间 t_S 之后，电荷 Q 耗尽，SRD 突然进入高阻状态，其阻抗远大于负载，因此电流被迫流向 R_L，在其上产生一个快速跃变的阶跃信号。由于负载与信号源内阻的分压作用，幅度为 $V/2$。上升时间由 SRD 的阶跃时间和外电路共同决定，可以由式（2.4-22）计算得到，式中 t_T 为二极管的阶跃时间，t_{RC} 为二极管的结电容和等效并联电阻决定的电容放电时间。这个电路可以有效地将上升沿为 10 ns 的阶跃信号锐化至上升沿小于 300 ps 的阶跃信号。

$$t_r = \sqrt{t_T^2 + t_{RC}^2} \tag{2.4-22}$$

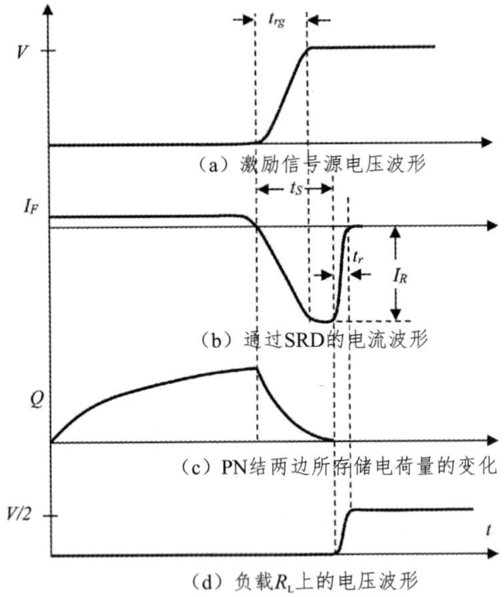

图 2.4-3 基于 SRD 的脉冲电路工作波形

如图 2.4-2 所示的电路原理简单、效果明显，但是也有缺点：第一，需要一个专门的信号源激励 SRD，使其反向放电，增加了电路的复杂程度和成本；第二，反向抽取时充电电流 I_F 也存在，抵消了部分放电电流，降低了效率；第三，由于负载与信号源的分压作用，输出幅度只有信号源幅度的一半。为了克服这些缺点，作者设计了一种新型的基于 SRD 的超宽带脉冲发生电路，具有结构简单、输出效率高等优点。电路结构如图 2.4-4 所示。

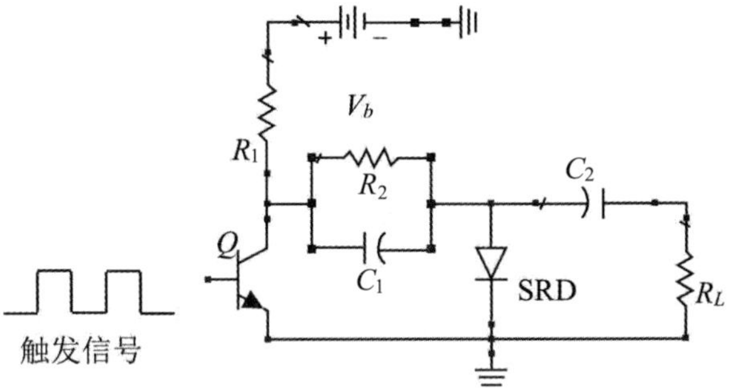

图 2.4-4 一种新型的 SRD 脉冲发生器

图中 Q 为开关晶体管，在触发信号的控制下在饱和与截止状态之间切换；V_b 为偏置电源，R_1 和 R_2 为偏置电阻；C_1 为储能电容，C_2 为负载耦合电容；SRD 为阶跃恢复二极管；R_L 为负载电阻。电路的工作过程描述如下：当触发信号为低电平时，晶体管 Q 处于断开状态，SRD 通过电阻 R_1 和 R_2 由电源 V_b 充电，充电电流 $I_F = (V_b - V_\Phi)/(R_1+R_2)$，$V_\Phi$ 为二极管的正向压降，同时储能电容 C_1 处于充电状态，充满电时的电压为 $V_C = (V_b - V_\Phi)\times R_2/(R_1+R_2)$，极性为左正右负。当触发信号为高电平时，晶体管 Q 进入导通状态，C_1 左端接地，开始放电，电流从右向左流，由于正向充电时 SRD 存储有电荷，所以此时处于低阻抗状态，绝大多数的电容放电电流从 SRD 流过。当 SRD 存储的电荷被耗尽时突然进入高阻抗状态，由于电容 C_1 两端电压不能突变，所以其电压就会转加在负载上，则 R_L 上出现一个前沿极快的脉冲。由于 C_1 容量较大，其存储的电荷量也远大于 SRD 正向充电时 PN 结存储的电荷量，即使消耗一定能量中和 SRD 的过剩载流子，C_1 上的电压也不会有明显下降，所以 R_L 上得到的脉冲幅度约等于 C_1 充满电时的电压。脉冲前沿可以由式（2.4-22）计算，式中 t_{RC} 为

$$t_{RC} = \begin{cases} 2.2R_{eq}C_j & 10\%\sim90\%\text{上升时间} \\ 1.4R_{eq}C_j & 20\%\sim80\%\text{上升时间} \end{cases} \tag{2.4-23}$$

式中，C_j 为二极管反向偏置时的结电容，R_{eq} 为等效并联电阻。在这里由于晶体管处于饱和状态，如果忽略其内阻，则 $R_{eq}=R_2//R_L$。为了验证电路的有效性，首先使用 PSPICE 电路仿真软件对其进行了仿真。仿真时的器件参数为：偏置电压 V_b=15 V，偏置电阻 R_1=100 Ω，分压电阻 R_2=470 Ω，储能电容 C_1=1 nF，负载耦合电容 C_2=5 pF，负载 R_L=50 Ω；SRD 选用 M-Pulse

公司生产的 MP4033，其反向耐压 30 V，阶跃时间 70 ps，少数载流子寿命 30 ns，结电容 0.5 pF，等效串联电阻 0.6 Ω。根据理论计算，产生的脉冲幅度应该等于电容 C_1 的充电电压 12.36 V；脉冲前沿上升时间由式（2.4-22）和式（2.4-23）得到，这里 R_{eq} 为 R_2 与 R_L 并联，$R_{eq} = 45.2\ \Omega$，$C_j = 0.5$ pF，最后计算得到 10%～90%上升时间应为 99 ps。

仿真结果如图 2.4-5 所示，得到的脉冲幅度为 12.15 V，脉冲前沿 10%～90%上升时间 110 ps。这与理论预测吻合得很好。

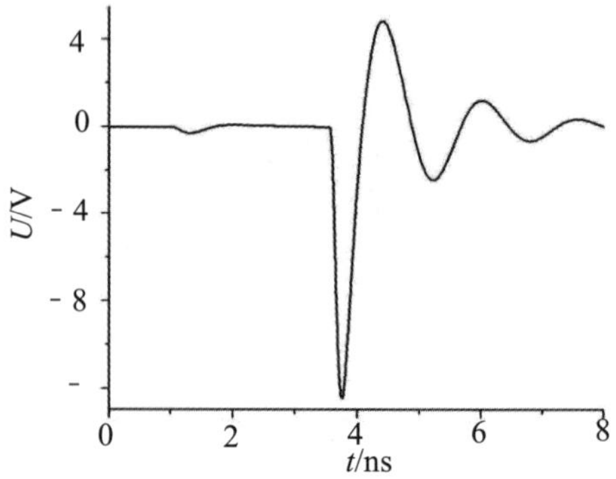

图 2.4-5　基于 SRD 的脉冲电路仿真结果

由于 SRD 的少数载流子寿命τ为 30 ns，所以如果想要输出幅度最高，其充电时间，也就是开关晶体管断开的时间至少要达到 30 ns。而值为 1 nF 的储能电容要向 50 Ω负载放电，放电的时间常数为 50 ns，考虑工程余量，晶体管的导通时间至少为 3 倍储能电容的放电时间常数，即 150 ns。加上前面计算的充电时间，脉冲发生器的最高设计重频为 5.56 MHz。

完成仿真分析后，随后对电路实物进行了加工和测试，器件参数与仿真时采用的参数一致，加工完成的电路实物照片如图 2.4-6 所示，板材使用 Fr4，相对介电常数为 4.3，厚度为 1 mm，电路结构十分紧凑。

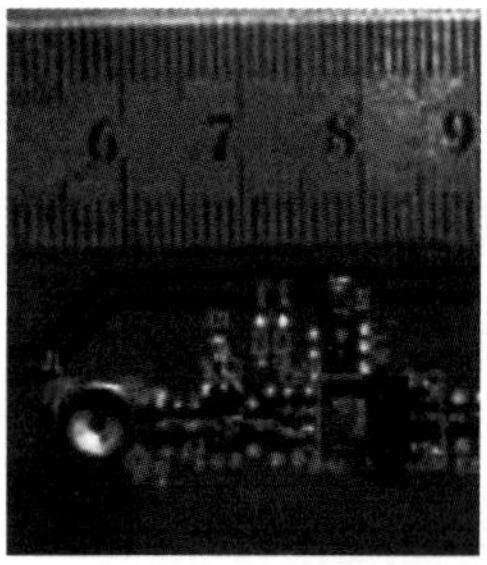

图 2.4-6　基于 SRD 的脉冲电路实物图

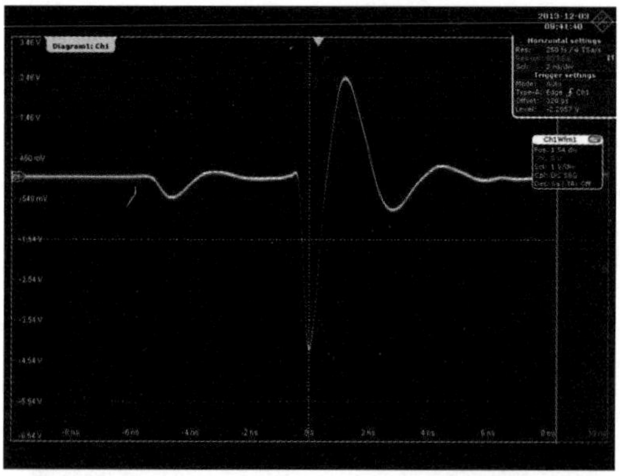

图 2.4-7　基于 SRD 的脉冲电路实验测试结果

电路的实验测试结果如图 2.4-7 所示。实验测试设备有 Agilent 公司生产的实时高速宽带示波器 Infinium 54855A 一台，模拟带宽为 6 GHz，最高采样率为 20 Gsps；衰减倍数为 10 dB，带宽为 4 GHz 的衰减器一台。测试中所加的偏置电压为 15 V，输出幅度为 12.78 V，上升沿为 133.5 ps，脉冲底宽为 280 ps。这与理论计算和仿真结果基本吻合。

从实验测试结果中看到，主脉冲出现前约 5 ns 处有一个较小的脉冲，幅度约为 0.5 V，这是快速变化的电流在 SRD 引脚的串联电感上感应出的电压。主脉冲后面有一个幅度很大的正向过冲，这是由于在 SRD 断开后，储能电容转向负载 R_L 放电，同时也会向负载耦合电容 C_2 充电，电压极性为左负右正，主脉冲结束以后，耦合电容又开始放电，在负载上产生了一个正向的脉冲，这个脉冲与极性为负的主脉冲相叠加，构成了一个类似于一阶高斯脉冲的波形。一般来说，主脉冲后面的正脉冲是不需要的，应该设法消除。但由于这台脉冲源是为天线提供激励信号使用的，所以一阶高斯脉冲是更合适的波形，理由如下。

如图 2.4-8 所示，高斯脉冲频谱的中心频率为 0，包含了大量的低频分量，不利于天线辐射。一阶高斯脉冲的中心频率在高频处，频谱的低频分量比高斯脉冲少，能够提高脉冲能量的利用效率。如果希望得到较标准的高斯脉冲信号，则可以考虑使用肖特基二极管代替负载耦合电容，并减小储能电容的值，这种方法能够有效地减小过冲。

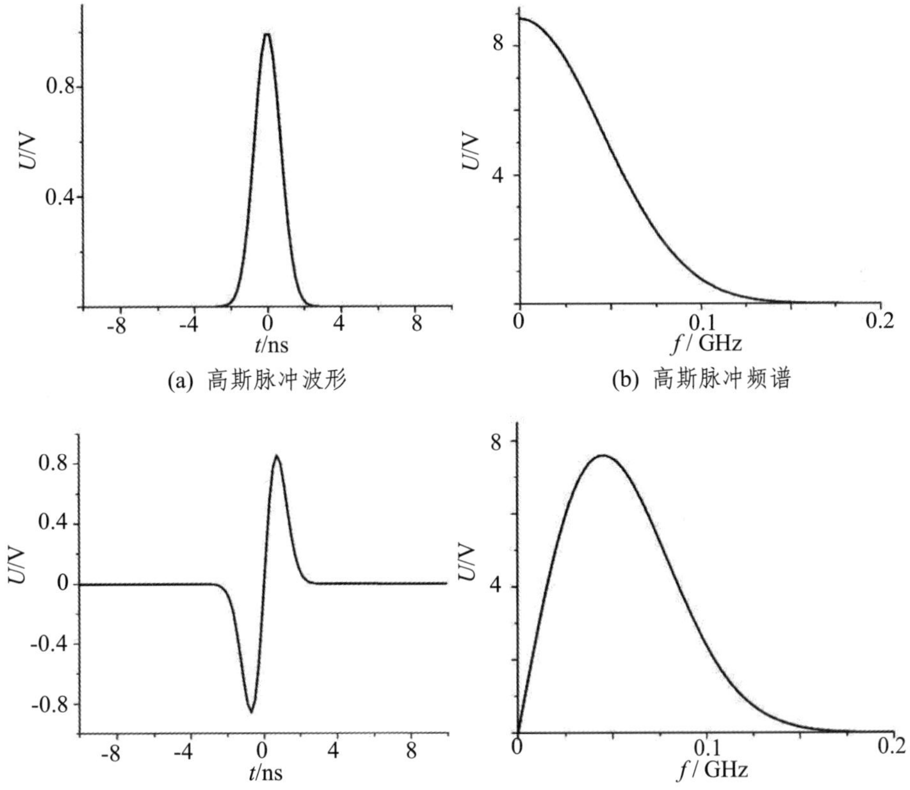

(a) 高斯脉冲波形　(b) 高斯脉冲频谱

(c) 一阶高斯脉冲波形　(d) 一阶高斯脉冲频谱

图 2.4-8　高斯脉冲与一阶高斯脉冲的波形和频谱

2.5 基于雪崩晶体管的超宽带脉冲发生器

雪崩晶体管（Avalanche Transistor）是一种常用的高速脉冲发生器件，具有开关速度快、功率容量大、价格便宜、使用方便等优点，因此在脉冲功率电子学领域得到了广泛应用[22-23]。到目前为止，对晶体管的雪崩机理还没有一个权威的解释。虽然已经出现了一些可以解释雪崩效应微观机理的理论模型，但是对其宏观过程还没有令人满意的结论，现有的文献大多数只是对雪崩晶体管的一般特性和雪崩电路的工作原理进行研究，主要侧重于工程应用方面。

2.5.1 晶体管雪崩效应的理论研究

晶体三极管通常可以划分为四个工作区：放大区、饱和区、截止区和雪崩区。其中发射结正向偏置，集电结反向偏置，集电极电流 I_C 随基极电流 I_B 成比例变化的工作区称为放大区；发射结和集电结均正向偏置，I_C 基本不随 I_B 变化的区域称为饱和区；I_B=0 曲线下方的区域称为截止区；当 $I_B \leqslant 0$，发射结处于反偏，U_{CE} 超过一定范围时，集电极电流 I_C 会随着 U_{CE} 的增加而急剧变大，此时的工作区域称为雪崩区[24]。出现雪崩现象是由于在强电场的加速下，PN 结空间电荷区中的载流子与附近的晶格原子相碰撞，破坏其共价键，产生了额外的电子－空穴对，而新的载流子会继续在电场的加速下发生碰撞，打出更多的额外载流子，从而引起电子空穴对的迅速增加，这种效应称为载流子倍增效应。

由于雪崩击穿是空间电荷区内载流子与晶格碰撞电离的结果，所以雪崩击穿强度是由一定场强下载流子碰撞电离的能力决定的。一般用电离率定义载流子与晶格原子之间碰撞电离的能力。其物理意义为载流子在电场作用下漂移单位距离所产生的电子－空穴对数。显然电离率是与电场强度相关的，电场强度越高，载流子的电离能力越强，电离率越大。电离率与电场强度的关系可以写为[25]

$$\alpha_i = A_i \exp\left\{-\left[\frac{b_i}{E(x)}\right]^m\right\} \tag{2.5-1}$$

式中，A_i、b_i、m 为常数，对于 Ge、Si、GaAs、GaP 等材料的相关常数见表 2.5-1 所列。

表 2.5-1 不同材料的电离率常数

材料	电子		空穴		m
	A_i/cm^{-1}	b_i/(V/cm)	A_i/cm^{-1}	b_i/(V/cm)	
Ge	1.55×10^7	1.56×10^6	1.0×10^7	1.28×10^6	1
Si	7.03×10^5	1.23×10^6	1.58×10^6	2.03×10^6	1
GaAs	3.5×10^5	6.85×10^5	3.5×10^5	6.85×10^5	2
GaP	4.0×10^5	1.18×10^6	4.0×10^5	1.18×10^6	2

在计算雪崩击穿电压时，为了简化计算，经常采用有效电离率。计算有效电离率的表达式为

$$\alpha_{\text{eff}} = C_i E^g \tag{2.5-2}$$

式中，C_i和 g 为常数，对于 Ge 材料有

$$\alpha_{\text{eff}} = 6.25\times10^{-34} E^7 \tag{2.5-3a}$$

对于 Si 材料有

$$\alpha_{\text{eff}} = \begin{cases} 2.08\times10^{-13}E^3 & (E > 4.5\times10^5\,\text{V/cm}) \\ 8.45\times10^{-36}E^7 & (E < 4.5\times10^5\,\text{V/cm}) \end{cases} \tag{2.5-3b}$$

以上公式中都假设电子和空穴的电离率相等。

在 PN 结空间电荷区内，载流子碰撞电离的过程可以由图 2.5-1 分析。没有发生雪崩作用时，在外加反向电压下 PN 结的势垒宽度为 x_m，在 $x = 0$ 处进入势垒区的电子流密度为 J_{n0}/q，在 $x = x_m$ 处进入势垒区的空穴流密度为 J_{p0}/q。J_{n0} 与 J_{p0} 之和是没有雪崩倍增作用时 PN 结的反向饱和电流密度，记为 J_0。

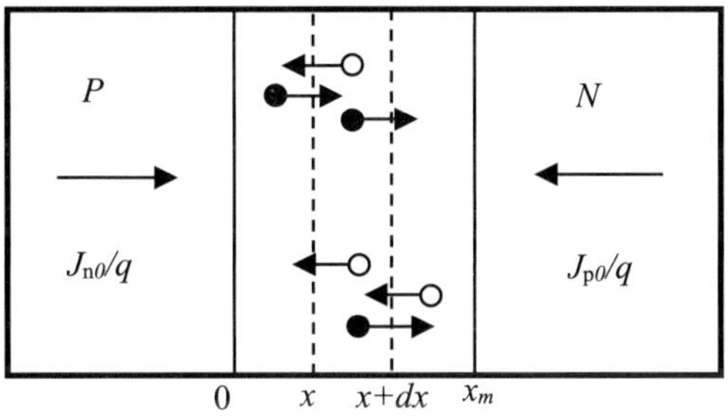

图 2.5-1　PN 结碰撞电离示意图

雪崩作用开始后，可以做如下分析。考虑空间电荷区内任一薄层 x 到$(x+\text{d}x)$的碰撞电离情况，单位时间内通过此薄层的电子和空穴数之和为$(J_{n0}/q+J_{p0}/q)$，如果近似认为电子与空穴的电离率相等，都等于α_i，则每个载流子平均产生$\alpha_i\text{d}x$ 对电子－空穴对。因此，在薄层内电子－空穴对的产生率为

$$\left[\frac{J_{\text{p}}(x)}{q} + \frac{J_{\text{n}}(x)}{q}\right]\alpha_i \text{d}x \tag{2.5-4}$$

在稳定的情况下，从 x 面流入，$(x+\text{d}x)$面流出的电子流之差，以及从$(x+\text{d}x)$面流入，x 面流出的空穴流之差，都必须等于薄层内的产生率，即

$$\frac{J_{\text{n}}(x+\text{d}x)}{q} - \frac{J_{\text{n}}(x)}{q} = \left[\frac{J_{\text{p}}(x)}{q} + \frac{J_{\text{n}}(x)}{q}\right]\alpha_i \text{d}x \tag{2.5-5a}$$

$$\frac{J_{\text{p}}(x)}{q} - \frac{J_{\text{p}}(x+\text{d}x)}{q} = \left[\frac{J_{\text{p}}(x)}{q} + \frac{J_{\text{n}}(x)}{q}\right]\alpha_i \text{d}x \tag{2.5-5b}$$

当 dx 趋近于 0 时，得到

$$\frac{\mathrm{d}J_{\mathrm{n}}(x)}{\mathrm{d}x}=J\alpha_i \tag{2.5-6a}$$

$$\frac{\mathrm{d}J_{\mathrm{p}}(x)}{\mathrm{d}x}=-J\alpha_i \tag{2.5-6b}$$

式中，$J=J_{\mathrm{n}}(x)+J_{\mathrm{p}}(x)$，是通过 d$x$ 层的总电流，在稳定情况下 J 与 x 无关。将式（2.5-6a）从 0 到 x 积分，得

$$\int_0^x \mathrm{d}J_{\mathrm{n}}(x)=\int_0^x J\alpha_i\mathrm{d}x \tag{2.5-7}$$

注意：当 x=0 处，$J_{\mathrm{n}}(0)=J_{\mathrm{n}0}$，式（2.5-7）可以写为

$$J_{\mathrm{n}}(x)=J\int_0^x \alpha_i\mathrm{d}x+J_{\mathrm{n}0} \tag{2.5-8}$$

同样，将式（2.5-6b）从 x 到 x_m 积分，并注意到在 $x=x_m$ 处，$J_{\mathrm{p}}(x_m)=J_{\mathrm{p}0}$，得到

$$J_{\mathrm{p}}(x)=J\int_x^{x_m} \alpha_i\mathrm{d}x+J_{\mathrm{p}0} \tag{2.5-9}$$

将式（2.5-8）与式（2.5-9）相加，得到

$$J_{\mathrm{p}}(x)+J_{\mathrm{n}}(x)=J\int_0^{x_m} \alpha_i\mathrm{d}x+J_{\mathrm{p}0}+J_{\mathrm{n}0} \tag{2.5-10}$$

即

$$J=J\int_0^{x_m} \alpha_i\mathrm{d}x+J_0 \tag{2.5-11}$$

由此得到电流倍增系数为

$$M=\frac{J}{J_0}=\frac{1}{1-\int_0^{x_m}\alpha_i\mathrm{d}x} \tag{2.5-12}$$

这个参数表示空间电荷区碰撞电离引起的电流密度增长倍数。由式（2.5-11）可以得到发生雪崩击穿的条件为

$$\int_0^{x_m} \alpha_i\mathrm{d}x=1 \tag{2.5-13}$$

在接近击穿电压附近测得的雪崩倍增系数 M 是反向电压的函数，其经验公式为

$$M=\frac{1}{1-\left(\dfrac{V}{V_B}\right)^n} \tag{2.5-14}$$

式中，V_B 为 PN 结的雪崩击穿电压，n 为常数，与材料有关。对于不同的材料，n 值不同，即 P 型 Si，$n=2$；N 型 Si，$n=4$；P 型 Ge，$n=3$；N 型 Ge，$n=6$。

晶体三极管的雪崩特性曲线图如图 2.5-2 所示。图中 BV_{CEO} 和 BV_{CBO} 之间的区域是晶体三极管的雪崩工作区。其中 BV_{CEO} 表示基极开路时的集电极－发射极击穿电压，BV_{CER} 表示基极和发射极之间接有电阻时的集电极－发射极击穿电压，BV_{CES} 表示基极和发射极

之间短路时的集电极－发射极击穿电压，BV_{CEX}表示基极和发射极之间反向偏置时的集电极－发射极击穿电压，BV_{CBO}表示发射极开路时的集电极－基极反向击穿电压。它们之间的关系：$BV_{CEO} < BV_{CER} < BV_{CEX} < BV_{CES} < BV_{CBO}$。

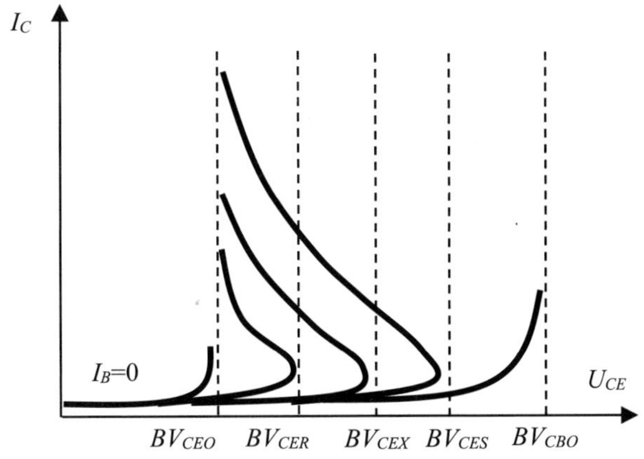

图 2.5-2 晶体管雪崩工作区

当雪崩效应发生时，集电极电流与发射极电流之间的关系为

$$I_C = \alpha^* I_E = \alpha M I_E \tag{2.5-15}$$

式中，α表示放大区的集电极－发射极电流放大系数，α^*表示雪崩区的集电极－发射极电流放大系数，M由式（2.5-14）计算得出，这时式（2.5-14）中V应代入集电极－发射极电压U_{CE}，V_B应代入晶体管射极开路时的集电极－基极反向击穿电压BV_{CBO}。

式（2.5-15）表明，在雪崩工作区内，集电极电流I_C随集电极－发射极电压的变化非常剧烈，比线性工作区内的集电极电流大M倍，倍增系数M随U_{CE}的变化曲线如图 2.5-3 所示，图中n为与材料相关的常数，在定义式（2.5-14）时已经给出。

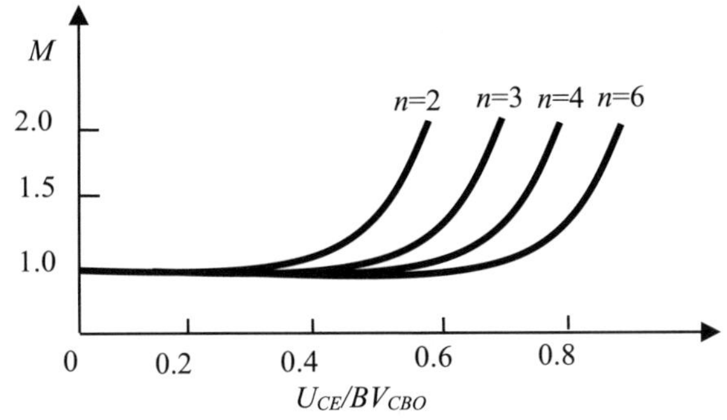

图 2.5-3 倍增系数变化曲线

二次击穿是雪崩晶体管一种特有的工作状态。晶体三极管在雪崩区内的电流电压关系呈负阻状态，负阻区处于BV_{CEO}与BV_{CBO}之间。产生第一次击穿后，如果电流继续增大，就会出现二次击穿现象，如图 2.5-4 所示。二次击穿区域在放大区的上方，这一部分也会出现负阻现象。

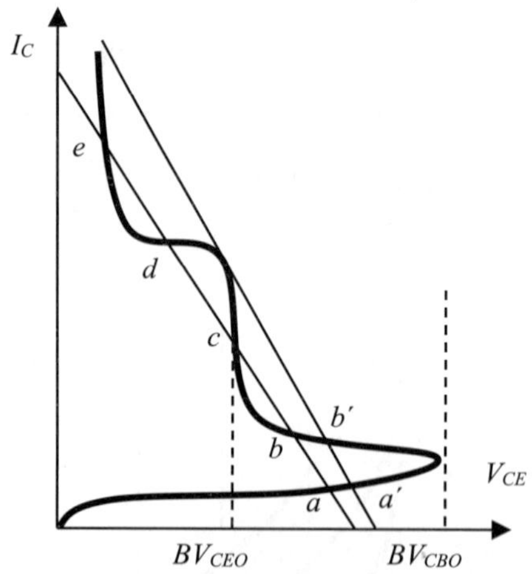

图 2.5-4　雪崩晶体管的二次击穿

图 2.5-4 中的负载线 *ae* 贯穿了雪崩区和二次击穿区两个负阻区，工作点 *a* 沿着负载线运动，通过第一负阻区的交点 *b* 到达 *c* 点，如果工作点能在 *c* 点保持住，则晶体管进入封锁状态，但是雪崩效应的推动能力很强，所以工作点通常会继续前进，通过第二负阻区的交点 *d* 到达 *e* 点。工作点从 *a* 到 *e* 共经过两个负阻区，得到了两次加速作用。当负载线很陡时，也可能出现图 2.5-4 中的 *a′b′*线的情况，这时负载线没有与二次击穿曲线相交，而是直接进入了饱和区，这种情况只会产生一次负阻加速效果[26]。

晶体管雪崩工作的过程中，工作点的动态移动是很复杂的。现以如图 2.5-5 所示的电路举例进行说明。

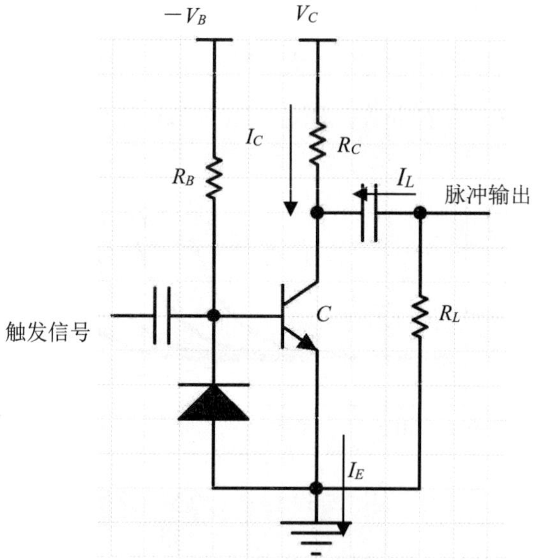

图 2.5-5　雪崩晶体管工作电路图

图中 $-V_B$ 表示基极偏置电压，V_C 表示集电极偏置电压，R_B 为基极偏置电阻，R_C 为静态负载电阻，R_L为动态负载电阻，C为储能电容，I_C为电容充电电流，I_L为电容放电电流，I_E为流过晶体管的总电流，晶体管基射结反向偏置。根据图 2.5-5 可以列出电路方程为

$$\begin{cases} I_E = I_C + I_L \\ U_{CE} = V_C - I_C R_C \\ U_{CE} = U_C(0) - \dfrac{1}{C}\int_0^{t_A} I_L\,\mathrm{d}t - I_L R_L \end{cases} \tag{2.5-16}$$

式中，U_{CE}表示雪崩管集电极－发射极电压，$U_C(0)$表示电容 C 的初始电压，t_A表示雪崩时间。由式（2.5-16）可以求出雪崩动态负载线的方程为

$$U_{CE} = U_C(0) - \frac{1}{C}\int_0^{t_A}\left(I_E + \frac{U_{CE}-V_C}{R_C}\right)\mathrm{d}t - \left(I_E + \frac{U_{CE}-V_C}{R_C}\right)R_L \tag{2.5-17}$$

在工程中，R_C一般为几千欧至几十千欧，R_L一般为几十欧，R_C远大于 R_L，电容放电电流 I_L 远大于充电电流 I_C，因此 $I_E \approx I_L$。所以式（2.5-17）可以简化为

$$U_{CE} = U_C(0) - \frac{1}{C}\int_0^{t_A} I_L\mathrm{d}t - I_L R_L \tag{2.5-18}$$

定义动态电源电压 V_C'

$$V_C' = U_C(0) - \frac{1}{C}\int_0^{t_A} I_L\mathrm{d}t \tag{2.5-19}$$

式（2.5-18）可以进一步简化为

$$U_{CE} = V_C' - I_L R_L \tag{2.5-20}$$

由式（2.5-20）可以看出，雪崩过程中动态负载线是随时间变化的，其斜率由 R_L决定。这个动态过程可以通过图 2.5-6 加以描述[27]。雪崩管初始工作状态时基射结反向偏置，基极注入电流为$-I_{B1}$，由 R_C决定的负载线为 UP，$-I_{B1}$特性曲线与负载线 UP 相交于 P 点。由于 P 点处于正阻区，所以是一个稳定点。当触发脉冲加入后，正触发使得基极变成正向注入，因此特性曲线从$-I_{B1}$变为$-I_{B2}$，工作点沿静态负载线左移至 Q 点。Q 点是负载线 UP 与$-I_{B2}$特性曲线的交点，处于$-I_{B2}$的负阻区域，是一个不稳定点，于是雪崩过程开始。工作点从 P 点转移到 Q 点的这段时间称为雪崩晶体管的延迟时间。

雪崩开始后，负载线从静态变为动态，此时电容 C 开始放电，R_L与 R_C并联构成负载，负载线变为 QR，由于 R_L远小于 R_C，因此负载约等于 R_L，负载线 QR 的斜率约为 $1/R_L$。由于雪崩倍增效应的推动，工作点以很快的速度推进到 R 点，R 点是负载线 QR 与$-I_{B2}$特性曲线的交点。雪崩过程推进到此点时会出现两种不同的情况。

（1）如果触发信号太小，持续时间太短，工作点便不再继续前进。同时由于电容 C 放电使得有效电压 V_C'降低，动态负载线向左平移，工作点便会沿着平行于 BV_{CEO}的曲线下降，I_C的下降使得雪崩状态不能维持，工作点回到$-I_{B1}$特性曲线上的 V'点，随后电容 C 再次充电，工作点重新回到 P 点。

（2）如果触发信号的幅度足够大，持续时间足够长，则工作点会在 R 处继续沿着 $-I_{B2}$ 特性曲线向前推进，进入二次击穿区。这个区域又是一个负阻区，工作点加速移动到 S 点，雪崩过程结束。虽然此时触发信号已经结束，但由于内部 PN 结上存储的电荷没有耗尽，晶体管会继续导通，并随着电荷量的减少，工作点向下移动到 T 点；当储存的电荷消耗完以后，工作点又回到 $-I_{B1}$ 曲线上的 V 点，然后电容再次充电，工作点回到 P 点。

在图 2.5-6 中，工作点从 Q 点到 S 点的移动速度是非常快的，因此可以近似认为负载线没有移动，而 S 点以后工作点的移动速度减慢，并且伴随着 V_C' 的减小，工作点随着负载线平移到 T 点。雪崩过程中 U_{CE} 电压波形与工作点的运动过程如图 2.5-7 所示，图中曲线（a）表示一次雪崩波形，曲线（b）表示二次雪崩波形。

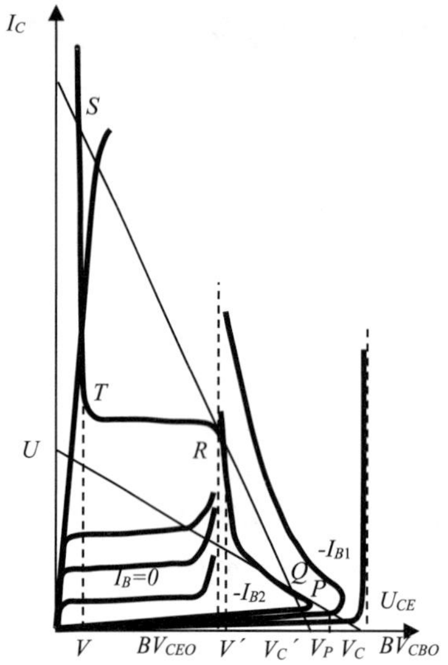

图 2.5-6　雪崩过程中工作点的移动

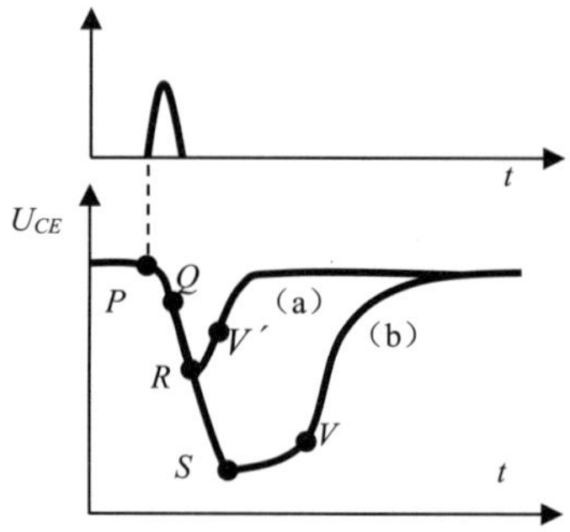

图 2.5-7　雪崩电路触发信号与 U_{CE} 电压波形

由于雪崩区并不是晶体三极管传统的工作区域，因此大部分生产厂家都没有针对雪崩工作状态对器件进行优化，也缺乏对应的器件参数和测试数据。目前，文献中常用的雪崩晶体管有 2N2369、2N5551 等型号，另外美国 ZETEX 半导体公司特别针对雪崩应用设计了几种高雪崩电压，大瞬态电流的晶体管，如 FMMT415/417、ZTX415/417 等。

在实际的工程应用中为了保证性能，应选择具有以下特征的晶体管：①BV_{CEO} 较高，并能够在晶体管特性图示仪上观察到雪崩效应和二次击穿现象的管子；②BV_{CBO} 较高的管子，可以得到幅度较高的脉冲；③电流放大系数 β 较大的管子，少数载流子注入效率较高，脉冲幅度较大；④特征频率 f_T 较高的管子，雪崩电流增长快，脉冲上升时间短；⑤存储时间 t_S 小的管子，少数载流子在基区存储时间短，脉冲上升时间短。

2.5.2　基于射频三极管的雪崩脉冲发生器

现利用射频三极管 BFG541 设计了一个小型的低幅度超宽带雪崩脉冲发生器，电路原理图如图 2.5-8 所示。选择射频三极管是由于其截止频率高、级间电容小、容易得到快速的上升沿，不过由于 PN 结窄，所以射频三极管的雪崩电压都比较低，不适用于产生高幅度的脉冲。

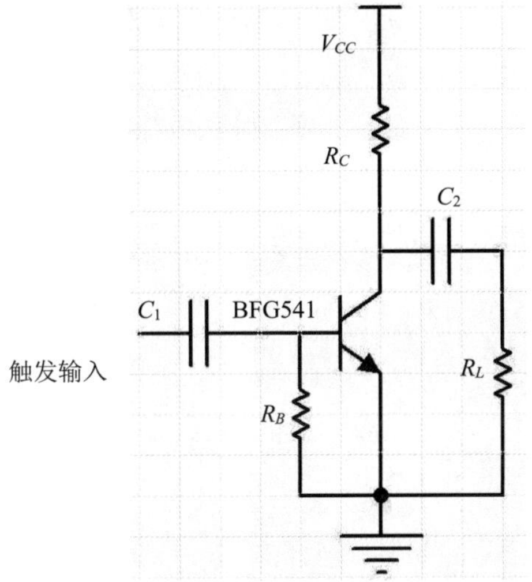

图 2.5-8　基于射频三极管的雪崩脉冲发生器

BFG541 是 NXP 半导体公司生产的一种小信号低噪声宽带射频三极管，具有增益高、噪声系数低、截止频率高等优点；其各项性能参数为：BV_{CBO}=20 V，BV_{CES}=15 V，集电极最大电流 I_{CMAX}=120 mA，最大耗散功率 P_{MAX}=650 mW，典型直流增益 h_{FE}=120，级间反馈电容 C_{re}=0.7 pF，特征频率 f_T=9 GHz，噪声系数 F=1.3。图 2.5-8 中 R_C 为储能电容充电的限流电阻，C_1 为触发信号耦合电容，C_2 为储能电容，R_B 为基极偏置电阻，R_L 为负载电阻。V_{CC} 设置为略小于雪崩电压 BV_{CER} 的值，基极偏置电流为集电结反向饱和电流，$I_B=-I_{CBO}$。当 R_B 短路时，I_B 最大；当 R_B 开路时，I_B 最小，因此选择不同的 R_B 电阻值可以改变基极偏置电流的大小，调整初始工作点。

如图 2.5-9(a)所示是射频晶体管雪崩脉冲发生器的电路实物照片。除晶体管外，其他器件取值为 C_1=100 nF，R_B=50 Ω，R_C=10 kΩ，由于要求输出脉冲较窄，所以 C_2 取值较小，为 2 pF，负载 R_L=50 Ω。如图 2.5-9(b)和(c)所示是在实验中观测到的结果。测试设备包括安捷伦公司生产的宽带高速示波器 Infinium 54855A，带宽 6 GHz，最高采样率 20 Gsps；衰减倍数 10 dB，带宽 4 GHz 的衰减器一个；稳压开关电源一台，最高输出电压 300 V，输出电流 5 A。

(a) 电路实物图

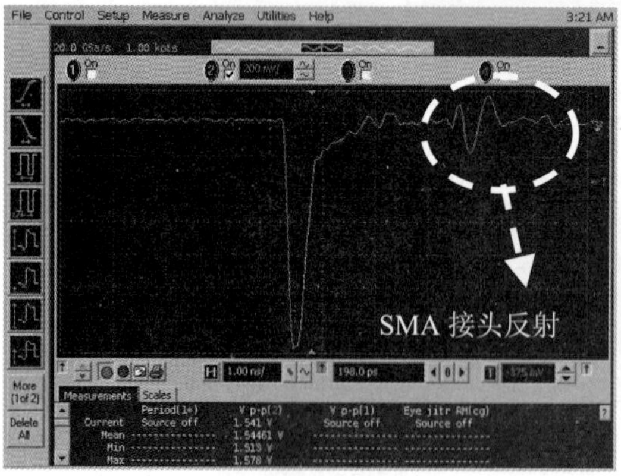

(b) 测试波形

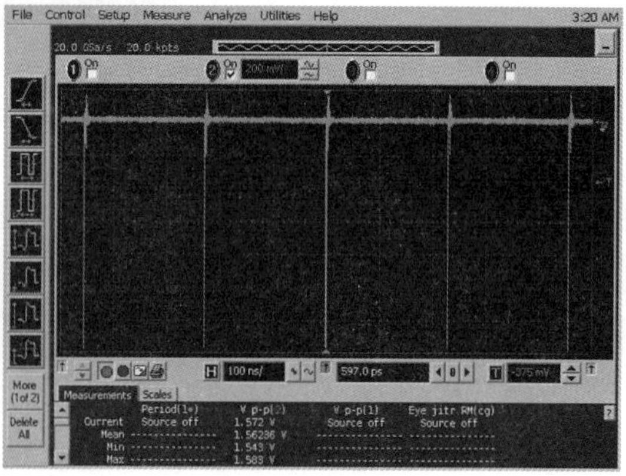

(c) 重频波形

图 2.5-9 基于射频三极管的超宽带雪崩脉冲发生器

实验中使用 FPGA 输出 LVTTL 标准的信号作为触发源，幅度为 3.3 V，信号周期为 200 ns，偏置电压为 18 V。观测到的输出脉冲幅度为 4.2 V，上升沿为 120 ps，脉冲底宽为 400 ps。主脉冲波形干净平整，没有明显的拖尾或杂波信号。由于电路板与 SMA 接头的匹配问题，主波形后面有一个小的反射信号。

值得注意的是，实验时在偏置电压 V_{CC} 加到 18 V 时才出现雪崩效果，而根据数据表给出的参数，$BV_{CES} = 15$ V，参考晶体管的雪崩工作特性 $BV_{CER} < BV_{CES}$，雪崩电压应该小于 15 V。后来经过检查，发现器件对应的数据表是 1995 年发布的，而器件是 2013 年购买的，间隔时间很长，据推测应该是期间生产厂家改进了生产工艺，造成了器件性能的变化，没有及时对数据表进行更新的缘故。

2.5.3 基于雪崩晶体管的高功率 Marx 脉冲发生器

由于半导体材料与工艺的问题，放大倍数大、截止频率高的晶体管雪崩电压都比较低，所以想要产生几百伏至上千伏的超宽带脉冲，使用单个晶体管是不现实的。目前，使用雪崩晶体管产生高幅度脉冲的方法主要有串联电路和 Marx 电路两种。

基于串联晶体管的雪崩脉冲发生器如图 2.5-10 所示[28]。Q_1～Q_4四个晶体管串联连接在 V_{CC}与地之间，C_1为储能电容，R_C为 C_1充电的限流电阻，R_L为负载电阻；R_B为晶体管 Q_1的基极偏置电阻，同时也起到触发信号匹配电阻的作用；为保证 Q_1和 Q_2充分雪崩，Q_2的集电极与地之间额外增加了一个储能电容 C_2。V_{CC}约等于晶体管的个数乘以单个管子的雪崩电压。

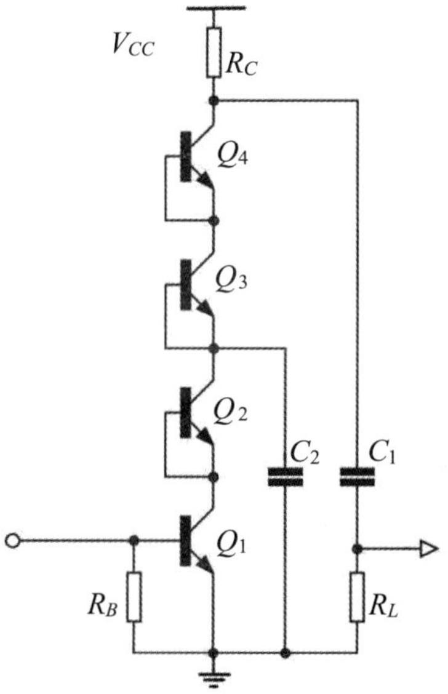

图 2.5-10　串联晶体管组成的雪崩脉冲发生器

当没有触发信号输入时，每个管子都处于临界雪崩状态。触发信号输入后，Q_1首先发生雪崩导通，加在 Q_1上的电压迅速下降，使得其他管子上的集电极－发射极电压迅速上升，由于其他管子基射结没有加入触发脉冲，它们的特性曲线固定对应于 $I_B = 0$，但由于 U_{CE}变大，负载线向右移动与特性曲线相切，使得工作点进入了负阻区，从而触发雪崩。由于管子的离散性，这些晶体管不可能同时导通，只会首先导通雪崩电压最小的管子，使得其他晶体管上的电压降迅速升高，继而依次导通。但由于雪崩过程极为迅速，所以宏观上可以认为近似于同时导通，于是在负载上能够得到前沿陡峭的大幅度脉冲。文献[29]报道了一种使用 24 个管子串联组成的雪崩脉冲发生器，在 31 Ω负载上可以获得幅度为 1 085 V 的输出脉冲，上升及下降沿均为 3 ns。

虽然使用串联雪崩管的方法可以得到大幅度的输出脉冲，但是也有明显的缺点。串联晶体管雪崩电路的输出脉冲幅度受到供电电压的限制，不可能高于供电电压，并且考虑到管子的内阻，如果要求输出 1 kV 的脉冲幅值，则可能需要数千伏的偏置电压给电路供电，提高了电路的成本和体积。为了克服这个困难必须考虑其他电路结构。

Marx 电路很巧妙地解决了这个问题。所谓 Marx 电路，就是多个电容由电源并联充电，然后串联向负载放电的电路。1924 年，由德国人首次提出 Erwin Otto Marx[30]。如图 2.5-11 所示是由四个雪崩晶体管组成的 Marx 脉冲电路。图中 V_{CC}为供电电压，Q_1～Q_4为雪崩晶体管，R_{C1}～R_{C4}为电容充电限流电阻，C_1～C_4为储能电容，R_{F1}～R_{F3}为电容充电电流提供到地的回路，C_C为 Q_1触发信号的耦合电容，R_B为基极偏置电阻，R_{L1}为负载电阻，R_{L2}为匹配电阻。

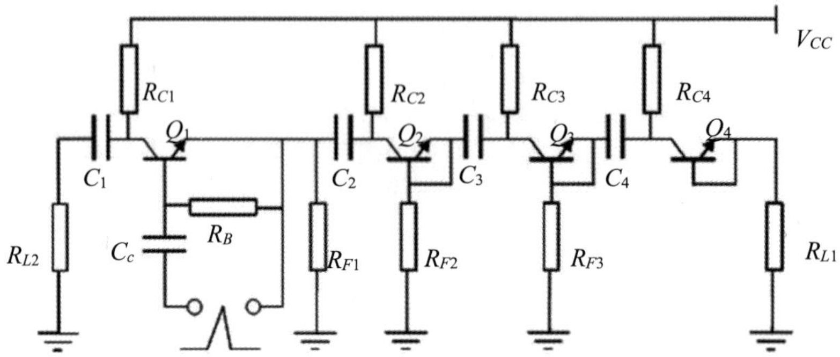

图 2.5-11 雪崩晶体管 Marx 脉冲发生器电路原理图

工作时，V_{CC}设置为略小于单个晶体管雪崩电压的值，C_1～C_4通过 R_{C1}～R_{C4}由 V_{CC}进行充电，充满后每个管子都处于临界雪崩状态。当 Q_1在基射结有触发脉冲输入时发生雪崩击穿，加在其上的电压迅速降低，Q_1发射极电位上升到 V_{CC}，电容 C_1和 C_2由原来的并联形式转为串联形式，由于电容两端电压不能突变，并且 R_{E1}值较大，电容 C_1放电缓慢，所以瞬间将有大约两倍的 V_{CC}加在晶体管 Q_2的集电极与发射极两端，使得 Q_2的负载线迅速向右平移，工作点从稳定的正阻区移动到不稳定的负阻区，进入雪崩状态。同理 Q_2雪崩击穿以后，电容 C_1～C_3的电压都加在 Q_3的集电极与发射极两端，电压为 V_{CC}的 3 倍，使其更加迅速地进入雪崩状态。以此类推，当所有管子都击穿后，将有约 V_{CC}的四倍电压降在负载电阻 R_{L1}与匹配电阻 R_{L2}上面，负载上可以得到高于电源电压 V_{CC}的脉冲幅度。匹配电阻 R_{L2}的作用是避免出现反射，以得到更好的输出波形；缺点是会降低效率，减小在负载上可以得到的脉冲幅度，如果对波形没有严格要求而对输出幅度有较高要求，也可以将 R_{L2}省略，使脉冲全部加在负载 R_{L1}上，后文均假设电路中不使用匹配电阻。

2.5.4 雪崩晶体管 Marx 脉冲发生器的设计与研制

在这一小节里，讨论冲激信号的产生、触发和冲激信号波形整形电路，冲激信号源屏蔽封装以及相关的技术指标论证。

2.5.4.1 冲激信号源设计方法

1. 冲激信号产生电路设计

冲激信号产生电路原理图如图 2.5-12 所示。原理电路由供电电路充电回路、放电回路及触发电路组成。

2. 冲激信号源触发电路设计

冲激信号源触发电路主要实现以下功能：其一，对芯片产生的数字信号功率放大；其二，对数字触发信号波形整形，使触发信号具有更陡的上升沿，以减小触发抖动；其三，在触发电路和冲激信号产生电路之间设置隔离器，以减小产生电路反射信号对触发电路的干扰。

针对以上功能设计需求，设计了基于射频晶体管和射频变压器的隔离驱动放大电路，其原理图如图 2.5-12 所示。

当 FPGA 没有数字触发信号输入时，晶体管 M_1 处于截止状态，限流电阻 R_2 与储能电容 C_2 构成充电回路并对 C_2 充电至电源电压 V_{CC}（12 V）；当数字方波触发信号由输入端 C_1 输入时，电阻 R_1 与电容 C_1 构成的微分电路对数字方波信号波形整形，成为“三角”尖脉冲信号 [如图 2.5-12(a)所示]；当正向尖脉冲信号 [图 2.5-12(b)中的第一个正向电压信号] 输入晶体管 M_1 的基极时，M_1 进入饱和导通状态，这样，M_1、C_2 和变压器原线圈构成放电回路，尖脉冲信号经放大并通过变压器副线圈耦合输出，同时实现触发信号产生电路与冲激信号产生电路（Marx 电路，强信号）之间的隔离；当负向尖脉冲信号输入晶体管 M_1 的基极时，M_1 进入关断状态。

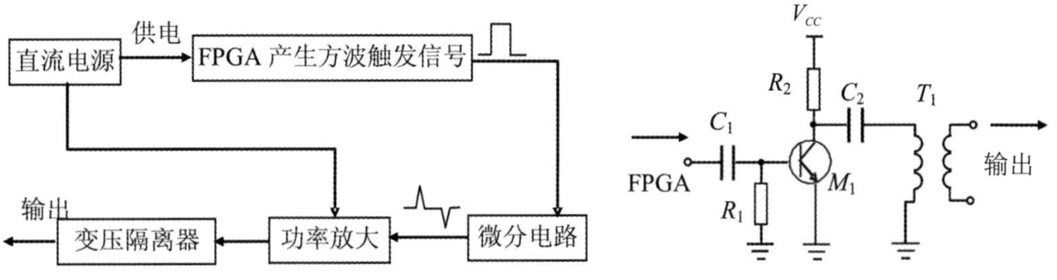

（a）触发信号产生电路原理图　　（b）触发电路图

图 2.5-12　高峰值功率冲激信号源触发电路设计

2.5.4.2 冲激信号产生电路技术指标

考虑到触发电路技术十分成熟，电路技术指标在这里不再论述，以下给出冲激信号产生电路的重要指标参数论证。

1. 直流电源额定功率

用 U_e 、T_e、f_e 分别表示输出电脉冲的峰值电压、半峰值脉宽和重复频率，R_l 表示负载电阻，则脉冲信号源输出功率 P_e 为

$$P_e = f_e \cdot \int_{-\infty}^{\infty} \left[\frac{U_e^2}{R_l} \exp\left(-2 \cdot \frac{4\ln(2)}{T_e^2} t^2 \right) \right] \mathrm{d}t = \frac{\sqrt{\pi}}{2\sqrt{2\ln(2)}} \frac{T_e f_e U_e^2}{R_l} \tag{2.5-21}$$

其中，取 $U_e = 2$ kV，$T_e = 1.5$ ns，$f_e = 5$ kHz，$R_l = 50\ \Omega$，则直流电源最小输出功率不能低于 $P_e = 2.0$ W。

2. 储能电容

设冲激信号产生电路由 n 级雪崩三极管组成，n 级储能电容串联放电时，所有储能电容储存能量等于脉冲信号源的输出能量的κ_ε倍，则

$$C_i = \frac{\sqrt{\pi}}{\sqrt{2\ln(2)}} \frac{T_e \kappa_\varepsilon U_e^2}{R_l (nU_0)^2} \tag{2.5-22}$$

式中，取$\kappa_\varepsilon = 1.2$，$T_e = 1.5$ ns，$U_e = 2$ kV，$U_0 \approx 300$ V，$R_l = 50\ \Omega$，$n = 15$，且各级储能电容相同，则各级储能电容的电容值 $C_i = 160$ pF。

3. 限流电阻

限流电阻值由重复频率f_e和直流电源额定电流值 I_0 确定。

一方面，冲激信号产生电路重频由放电回路的时间常数确定，设每次充电时间为放电回路时间常数的κ_τ倍，则

$$R_{ci} + R_{fi} \leqslant \frac{1}{C_i \kappa_\tau f_e} = \frac{\sqrt{2\ln(2)}}{\sqrt{\pi}} \frac{R_l (nU_i)^2}{T_e \kappa_\varepsilon U_e^2 \kappa_\tau f_e} \tag{2.5-23}$$

设 $R_{ci}= R_{fi}$，取 $\kappa_\tau=6$，$f_e =5$ kHz，$C_i = 160$ pF，则 $R_{ci}= R_{fi} \leqslant 104$ kΩ。减小限流电阻值，可增大系统重频。

另一方面，限流电阻减小，将增大直流电源的额定电流值 I_0，因

$$R_{ci} + R_{fi} \geqslant \frac{nU_0}{I_0} \tag{2.5-24}$$

其中，取 $U_0 = 300$ V，$I_0 = 1$ A，$n = 15$，则 $R_{ci} = R_{fi} \geqslant 2.25$ kΩ。

因此，限流电阻取值范围：4.5 kΩ $\leqslant R_{ci}+ R_{fi} \leqslant$ 208 kΩ。

4. 冲激信号下降沿

冲激信号源输出信号下降沿 τ_d 由串联回路的放电时间常数确定，n 级 Marx 电路的放电回路由 n 个储能电容、n 个雪崩晶体管等效导通电阻、负载电阻和电路杂散电阻构成，设雪崩管的等效导通电阻为 R_e，电路杂散电阻为 R_p，则脉冲下降沿可表示为

$$\tau_d = (R_l + R_p + nR_e)\cdot\frac{C_i}{n} \tag{2.5-25}$$

取 $C_i = 160$ pF，$n = 15$，$\tau_d = 1$ ns，则 $R_l + R_p + nR_e = 93.75\ \Omega$。

5. 冲激信号产生电路的能量损耗

冲激信号产生电路的能量损耗包括：其一，放电时，R_{f1} 消耗掉的能量，该部分能量消耗取决于 R_{f1} 与 R_l 的阻值比；其二，冲激信号产生电路的电路板的辐射损耗；其三，雪崩三极管逐次导通过程中，每导通一级，该级之前的储能电容 C_i、雪崩三极管 M_i 以及 R_{fi} 都会构成放电回路，消耗储能电容能量，且愈早导通的级次，放电时间愈长。

对第一种能量损耗，可以调整 R_{c1} 和 R_{f1} 的阻值分配，使之满足 $R_{f1} \ll R_l$ 且 $R_{c1} \approx R_{ci} + R_{fi}$，这样，既能保证负载上获得最大比例的能量输出，又能保证信号源输出信号的下降沿以及对直流电源额定电流及信号源重频的要求。对第二种能量损耗，可将电路板看作特定结构的辐射天线，采用场仿真方法进行优化。对第三种能量损耗，可通过电路仿真和如下简单估算给出。

设每只雪崩三极管导通时间为 τ_r（决定输出信号的上升沿），且 $R_{f1} \ll R_l$，$R_{fi} = R_{fj}$，则当最后一级雪崩三极管导通时，因各级导通引起的能量损耗 ε_e 大致估算为

$$\varepsilon_e \approx \frac{U_0^2}{R_{fi}}\tau_r\sum_{i=1}^{n} i^2(n-i+1) \tag{2.5-26}$$

式（2.5-26）尽管只是一个能量损耗的估算，但估算结果表明，ε_e 随着级次的增加而快速增大，并不是级次愈高，输出峰值功率线性增大，而是会趋近于一个饱和值。图 2.5-13 也表明，如果级次数值很大，则当最后一级雪崩三极管导通前，从储能电容 C_1 看，放电回路的电阻值为 R_{fi}/n，最长放电时间增大到 $n\tau_r$，能量损耗也快速增大。

2.5.4.3　冲激信号源产生电路的仿真计算

以下给出冲激信号源产生电路的仿真计算的结果。

1. 冲激信号产生电路的关键参数仿真计算

为了叙述方便，表 2.5-2 给出以下关于冲激信号产生电路关键参数仿真计算结果的各核心器件参数取值条件，如无特别说明，各器件参数均按表 2.5-2 赋值。

表 2.5–2　电路仿真计算的核心器件参数赋值

参数名称	C_i	$R_{fi} = R_{fj}$	R_{f1}	R_1	U_0	雪崩三极管
参数赋值	470 pF	20 kΩ	1 Ω	50 Ω	300 V	按 FMMT415 商用参数赋值

图 2.5-13 给出采用 Pspice 电路仿真软件仿真计算冲激信号源输出电脉冲峰值电压随 Marx 电路级次数变化的曲线。图中空心点为不同 Marx 电路级次数下输出冲激信号的峰值电压，实线为拟合函数，拟合函数为

$$U(n)=2.35[1-\exp(0.11\cdot n)] \tag{2.5-27}$$

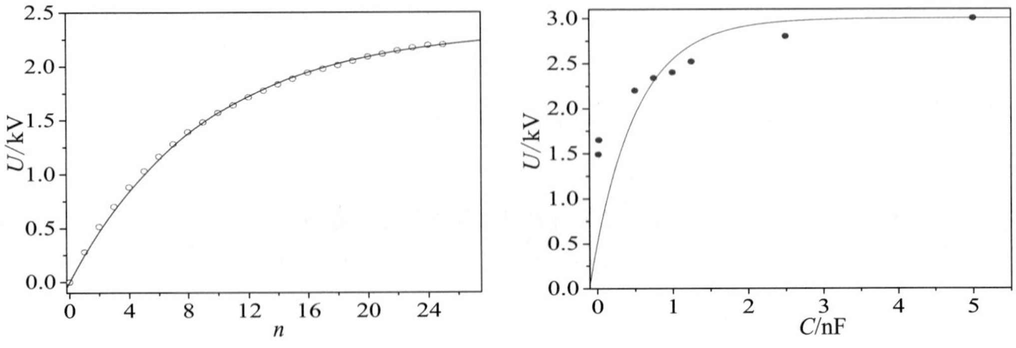

(a) 输出峰值电压随 Marx 电路级次数的变化　　(b) 输出峰值电压随储能电容值的变化

图 2.5-13　Marx 电路级次、储能电容对输出冲激信号峰值电压的影响

式（2.5-27）表明：其一，随着 Marx 电路级次数增加，各雪崩三极管依次导通过程中，电路的漏电电流及辐射损耗都在增加，使得输出信号峰值电压趋于饱和，这一计算结果与式（2.5-26）估算相符；其二，为尽可能提高冲激信号源输出信号的峰值电压，本书最终采用了 22 级次的 Marx 电路来产生冲激信号。

图 2.5-13(b)给出采用 Pspice 电路仿真软件仿真计算冲激信号源输出电脉冲峰值电压随储能电容值变化的曲线。图中实心点为不同储能电容值下输出冲激信号的峰值电压（22 级次 Marx 电路），实线为拟合函数，拟合函数为

$$U(C_i)=0.5+2.5[1-\exp(0.0017\cdot C_i)] \tag{2.5-28}$$

式（2.5-28）表明：其一，随着储能电容的增加，Marx 电路储存能量也在增加，但电路的漏电损耗（位移电流增大）和辐射损耗也在增加，使得输出冲激信号峰值电压逼近一饱和值；其二，随着储能电容增加，放电回路的放电时间常数增大，输出信号脉宽变宽，频带变窄且向低频端漂移，不利于小型化时域天线的设计与研制。综合以上因素，研究最终将各级储能电容值取为 470 pF。

2. 冲激信号产生电路的辐射特性仿真计算

基于固态快速开关器件（雪崩三极管）和 Marx 电路的脉冲信号源设计，把电路和地板分别设计在 PCB 板的正面和背面，正面电路金属微带就与背面金属板地面构成微带天线，在各级雪崩管导通过程中，不断向外辐射冲激信号。尽管 Marx 电路板尺寸远小于辐

射信号中心频率对应的波长，所以辐射效率较低，但仍可引起触发电路或接收机停止工作，给系统电磁兼容设计带来困难。为了解答 Marx 电路板的辐射特性，本书将 Marx 电路板作为辐射天线，采用 CST 仿真软件讨论其辐射特性。

图 2.5-14(a)给出 Marx 电路板辐射的 CST 仿真计算模型，其结构、尺寸与冲激信号源实验研制时实际采用的电路板相同，仿真计算与实验测试采用的馈电信号波形参数、接收天线相同。图 2.5-14(b)以电路板纵向（长边方向）为轴，垂直于轴平面上不同方位的辐射波形仿真计算结果，图 2.5-14(c)为图 2.5-14(b)典型仿真计算结果与实验测试结果的比较。

仿真计算与实验测试表明：其一，冲激信号源的辐射主要源于电路板辐射；其二，信号源辐射的冲激信号波形参数与辐射天线辐射信号几乎相同，它们频带几乎重合，这对系统电磁兼容性能优化造成较大困难；其三，抑制信号源产生电路辐射的方法包括屏蔽封装、冲激信号源辐射电路板与系统辐射天线一体化设计，以及优化电路板电路布图方式，尽可能减小其辐射或将辐射信号带宽尽可能移至系统辐射信号带宽之外。

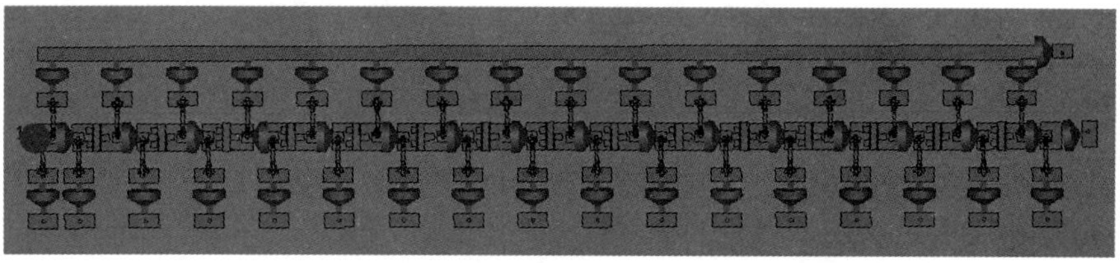

(a) Marx 电路板辐射 CST 仿真计算模型

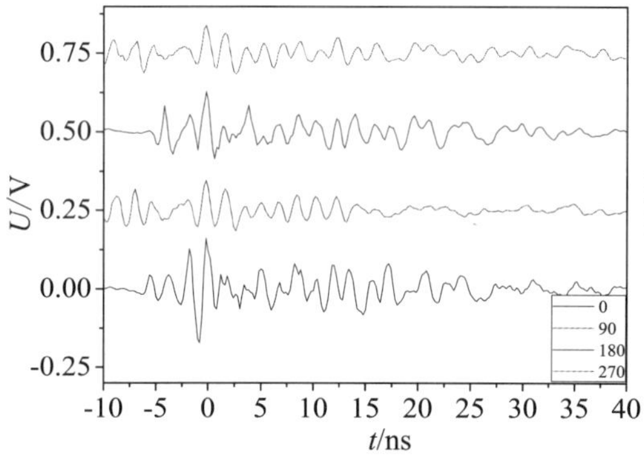

(b) 不同辐射方位电路板辐射仿真

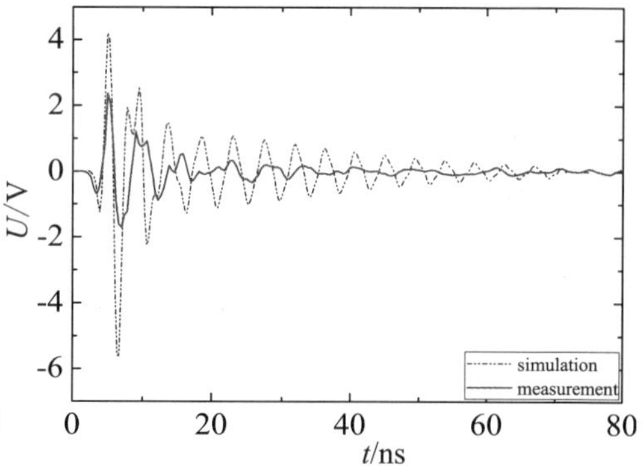

(c) 电路板辐射的仿真与实验测试结果

图 2.5-14 Marx 电路板辐射 CST 仿真计算模型、辐射波形的仿真计算与实验测试结果

2.5.4.4 冲激信号波形整形电路

无论是改变冲激信号源输出信号的波形曲线函数，还是压缩冲激信号源脉宽，其主要目的都是改变输出信号的频谱分布，使其与辐射天线带宽匹配。

由 2.1.2 节关于冲激信号的频谱分析可知，如果冲激信号源产生信号脉宽过宽，则其频谱分布会整体向低频端平移，压缩冲激信号脉宽是降低输出信号低频成分的常用方法。因为冲激信号上升沿取决于固态快速开关器件的导通时间，而下降沿取决于放电回路的放电时间常数，因此，文献通常的方法就是在图 2.5-11 负载电阻前设置一小电容（远小于储能电容），称“锐化电容”。锐化电容压缩冲激信号脉宽的基本思想：一方面是减小放电回路的时间常数，另一方面是滤掉冲激信号的低频成分。尽管该方法有助于改善冲激信号源与辐射天线的电磁匹配，但毕竟是以牺牲冲激信号输出能量为前提，通常会较大幅度降低输出信号峰值电压。

基于固态快速开关器件的 Marx 电路产生的冲激信号，通常为具有高斯上升沿和指数下降沿的准高斯脉冲信号。通过压缩冲激信号脉宽，可以相对增加输出信号的高频分量丰度，但该类信号波形曲线函数决定了其能量仍主要集中在频带的低频端，不是理想的辐射信号源波形。文献通常采用设计短路微带枝节的方法，将准高斯信号波形整形为一阶高斯信号或双极信号，尽可能减少损耗的冲激信号能量，又能够将输出信号频谱整体向高频端平移。但短路微带枝节方法也存在如下局限：其一，由于短路微带枝节存在能量损耗，使得双极脉冲的正、负脉冲峰值不相等；其二，由于 Marx 电路产生高斯上升沿和指数下降沿脉冲，该类脉冲的上升沿时间和下降沿时间差别较大，使得整形后的正、负脉冲脉宽差别较大且伴随“拖尾信号”；其三，正因为短路微带枝节波形整形方法的上述局限，有可能出现整形后的冲激信号频谱比整形前的单极信号频段更低，失去了波形整形的意义。图 2.5-15 给出用短路微带枝节将单极信号整形为双极信号的典型实验结果，呈现了短路微带枝节波形整形的局限。

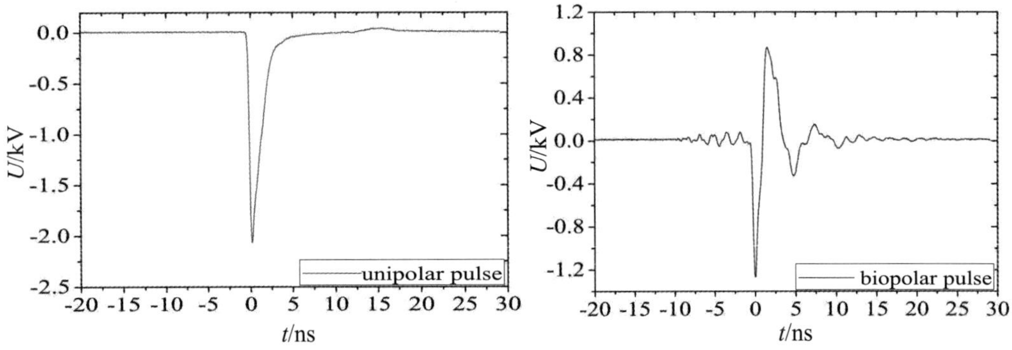

(a) Marx 产生的单极脉冲波形　　(b) 经短路微带枝节后的输出脉冲波形

图 2.5-15　短路微带枝节将单极信号整形为双极信号的典型实验测试结果

尝试用上述两种波形方法对波形进行整形，但设置“锐化电容”方法会大幅度降低输出信号幅度，短路微带枝节方法未能实现将输出信号频段整体向高频端平移的目标，同时考虑到辐射天线在低频段仍有辐射等因素，最后在冲激信号源研制时，未研制冲激信号波形整形电路。

2.5.4.5 冲激信号源的屏蔽封装

电磁波在金属中的衰减公式满足

$$E(z)=E(0)\exp\left(-\frac{z}{\sqrt{\pi f\mu\sigma}}\right) \tag{2.5-29}$$

式中，$E(z)$表示距离电磁波入射金属导体表面深度为 z 点的场强，f 为电磁波频率，μ为导体的磁导率，σ 为导体的电导率。

按式（2.5-29），图 2.5-16 给出不同频率电磁波在金属中的衰减常数曲线，以及不同频率电磁波在金属 Al 中不同深度处的场衰减曲线。可见，如果冲激信号频段的低频点在 100 MHz 附近，那么，只有当屏蔽金属腔厚度达到亚毫米量级时，辐射信号强度才能降低至 1%。

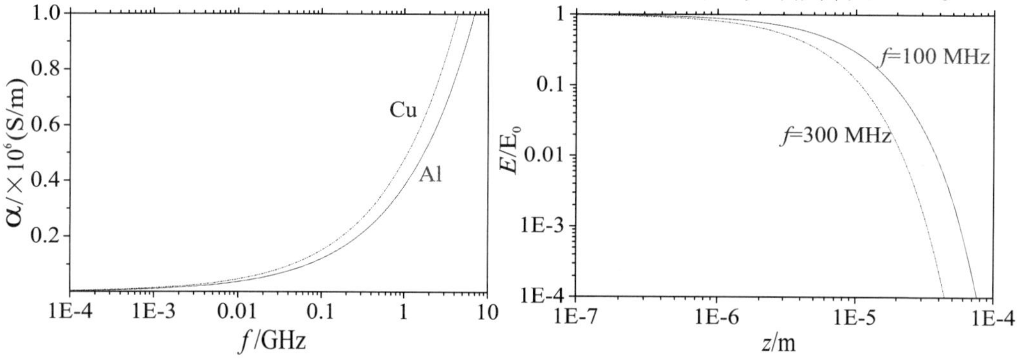

(a) 不同频率的电磁波在金属中的衰减系数　　(b) 电磁波在金属 Al 中不同深度处的场衰减

图 2.5-16 电磁波在金属中的衰减

2.5.4.6 冲激信号源研制

1. 核心器件参数与选型

冲激信号源触发电路中微分电容取 2 nF，微分电阻取 5 kΩ。冲激信号产生电路，除表 2.5-2 所列器件之外，直流电源参数选择输入直流电压为 12 V，输出电压为 300 V，额定功率为 25 W，纹波电压为 0.8 V。为了减小冲激信号源的触发抖动，需要选择参数一致的雪崩三极管，并通过老化实验对器件进行筛选。

2. 冲激信号源实验研制

完成了冲激信号触发电路和产生电路核心器件参数确定、核心器件选型，以及如图 2.5-14 所示的电路仿真优化后，就可以绘制电路板并实验研制冲激信号源。实验研制时，PCB 板材料 Rogers 4350B，厚度为 1.524 mm，相对介电常数ε_r=3.48。图 2.5-17 给出实验研制的 9 个冲激信号源及电路板照片。

(a) 产生电路实物照片　　(b) 绝缘封装后的照片

图 2.5-17　冲激信号源实物照片

2.5.5　Marx 冲激信号源实验测试与分析

在这一小节里，主要介绍包括冲激信号源输出脉冲波形、触发抖动、电磁辐射等关键指标的测试方法、测试结果及测试结果分析等内容。

1. 冲激信号源输出脉冲波形及频谱测试与分析

图 2.5-18 给出研制的脉冲信号源实际产生的单极、双极高斯信号及其频谱分布测试结果。实验测试结果表明：单极信号的频谱宽等于双极脉冲信号频谱，且与 1 ns 双极脉冲信号频谱相当，更适合小型化时域天线设计。在关于时域天线设计的讨论中，实验测试也表明：选择冲激信号源产生的单极信号辐射，要比选择双极信号辐射更好。因此，在本书后续讨论中，除非特别说明，所讨论的冲激信号源，都是指如图 2.5-18(a)所示的单极冲激信号。

图 2.5-18(c)和图 2.5-18(d)还分别给出了 9 个冲激信号源输出脉冲峰值电压、脉宽及其最大变化范围。实验测试结果表明：各冲激信号源输出脉冲峰值为 2.1～2.2 kV，幅度抖动小于 1%；半峰值脉宽为 1.3～1.4 ns，脉宽抖动为 1%～3%。

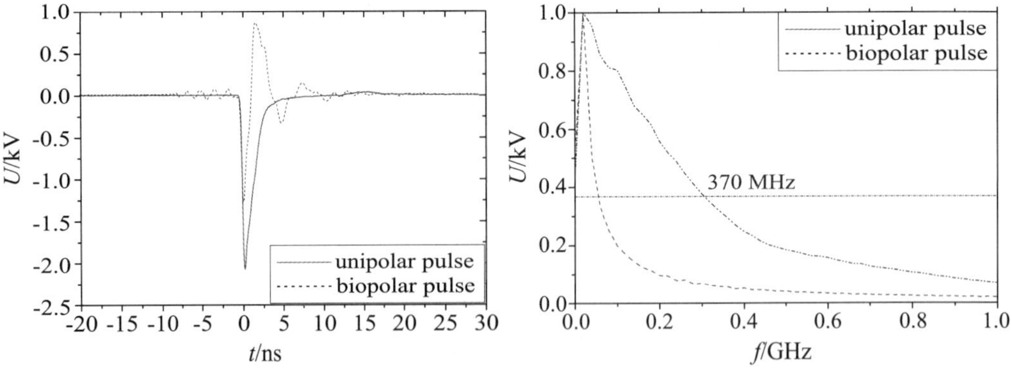

(a) 脉冲信号源产生单极、双极脉冲波形　　(b) 单极、双极脉冲傅里叶频谱

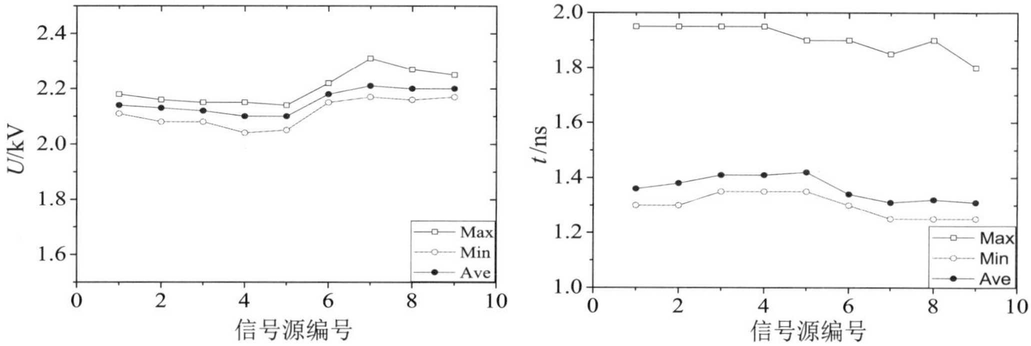

(c) 9 个脉冲信号源输出脉冲峰值电压测试 (d) 9 个脉冲信号源输出脉冲脉宽测试

图 2.5-18 脉冲信号源产生的电脉冲电信号的傅里叶频谱

2. 输出电脉冲信号时延及触发抖动参数实验测试与分析

为测试冲激信号源输出脉冲信号时延及触发抖动参数，分如下三步进行实验测试：第一，对实验备用的所有同轴线时延“定标”；第二，测试触发控制电路输出各触发信号间的时间延迟与触发抖动；第三，测试触发电路与脉冲信号源组成的子系统整体的时间延迟与触发抖动。

触发电路与脉冲信号源输出电脉冲时延与触发抖动参数实验测试电路如图 2.5-19 所示。

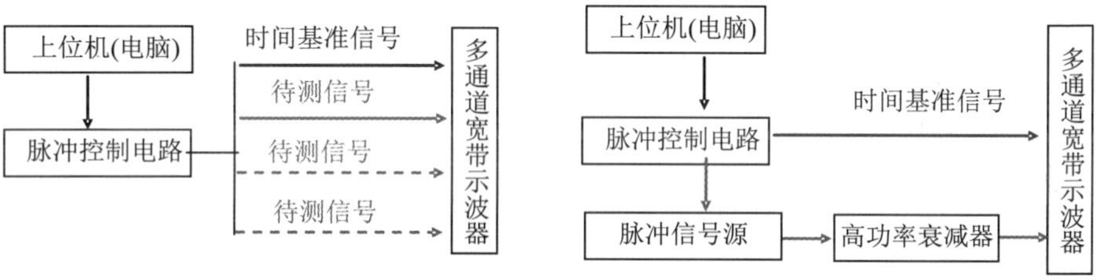

(a) 触发电路时延与触发抖动参数实验测试原理图 (b) 信号源子系统时延与触发抖动实验测试原理图

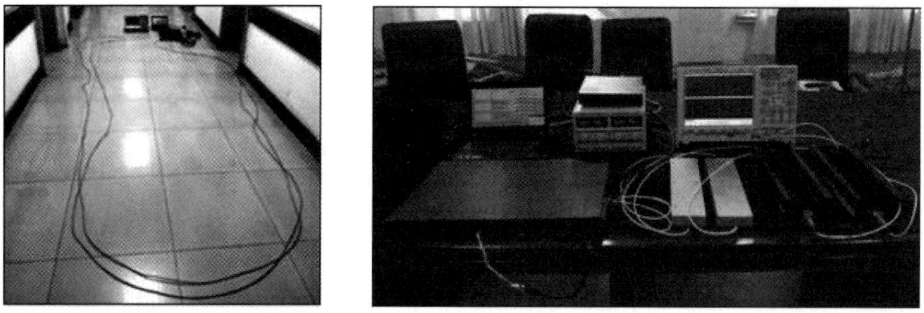

(c) 同轴线定标实验测试电路照片 (d) 脉冲信号源触发抖动实验测试电路照片

图 2.5-19 同轴线定标、脉冲源触发抖动实验测试电路与测试结果照片

（1）同轴线时延“定标”

选择控制电路中 FPGA 芯片产生的一路触发信号作为时间基准信号；将该电路信号用“T 形”转换接头分为两路“子触发信号”；如图 2.5-19(a)所示，将两路“子触发信号”分别接入示波器的两个通道；记录连接“T 形”转换接头到示波器两个通道之间的同轴线长度，并给上述两根同轴线“编号”；选择两路“子触发信号”中的一路作为示波器触发信号（同时固定连接该路信号到示波器间的同轴线，在后续实验过程中不能更换），触发方式选择上升沿触发，触发电平为 0.9～1 V。另一路“子触发信号”作为待测信号；将示波器用于测试的两个通道的内阻设置为 1 MΩ，电压挡位选择 2 V/div；数据记录模式选择为“实时模式”；每个时延或触发抖动参数的“记录数据”取示波器 10^4 次测试数据的平均值，抄录示波器测试参数的平均值、最大值和最小值；由连接触发电路到示波器两个通道的两条同轴线带来的固定时延计算公式为

$$\bar{\tau}_0 \equiv (\bar{\tau}_{01} - \bar{\tau}_{02}) \tag{2.5-30}$$

式中，τ_0表示由两根同轴线细微长度差而引入的时延量，τ_{01}表示作为示波器触发信号支路的触发信号时间读数平均值，τ_{02}表示作为待测支路的触发信号时间读数平均值。

重复上述实验步骤，将实验所有备用同轴线“编号”，并对其长度“定标”。

图 2.5-20 给出同轴线时延定标和脉冲信号源输出信号触发抖动的典型测试波形照片。相对于实验选择的定标同轴线，各同轴线时延“定标”原始数据见表 2.5-3 所列。数据测试时，选用编号“1”的同轴线作为基准信号线；表中数据测试各同轴线相对于基准同轴线的时间差，测试次数 1 000 次，所有数据由示波器自动读取。

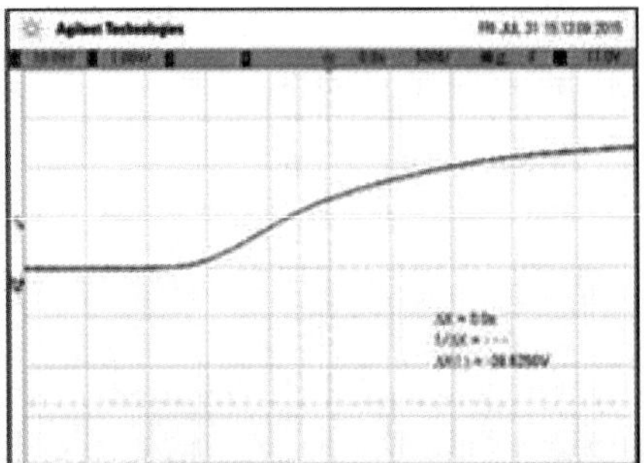

(a) 同轴线定标实验中的触发信号

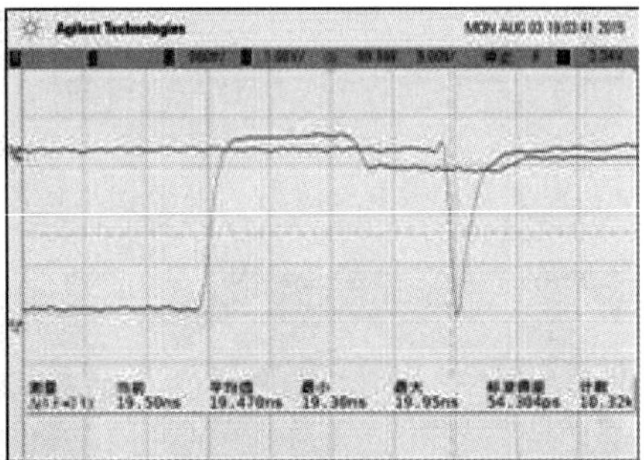

(b) 脉冲信号源触发抖动实验测试波形照片

图 2.5-20　同轴线定标、脉冲信号源触发抖动实验测试波形照片

需要指出，表 2.5-3 测试数据的准确性，取决于示波器的采样速度。实验中采用示波器最高采样频率为 4 GHz，测试精度为 250 ps。因此，对于触发抖动在 10^1 ps 量级的时间精度测量，只具有参考价值，不能代表准确测试值。

表 2.5–3 同轴线时延定标实验测试原始数据

同轴线编号	1	2	3	4	5	6	7	8	9
几何长度/m	11	11	11	11	11	11	11	11	11
相对时延/ps	0	0	–70	–50	–40	–210	100	–130	–140

（2）控制电路的时延与触发抖动实验测试与分析

选择 FPGA 芯片产生的一路触发信号作为时间基准信号，并将其作为示波器触发信号（触发方式选择上升沿触发，触发电平为 0.9～1 V）。将 FPGA 芯片产生的其他各路触发信号作为待测信号，按上述同轴线时延“定标”的类似方法依次测量各路触发信号相对于基准信号的时延与触发抖动。在实验测试过程中，需要注意固定好两根定标的同轴线，最好不要中途更换同轴线。

各路触发信号与基准时间信号的时延计算公式为

$$\bar{\tau}_{0i} = (\bar{t}_i - \bar{t}_0) - \bar{\tau}_0 \quad (2.5\text{-}31)$$

式中，τ_{0i} 表示相对时延量，t_0 表示作为示波器触发信号支路的触发信号时间读数平均值，t_i 表示作为待测支路的触发信号时间读数平均值。

实验测试时，时间基准信号原则 FPGA “1” 通道输出触发信号；基准信号是从 FPGA 经过延时电路引出，包含了延时电路的时延与触发抖动，各延时电路延时量设置为 “0”；同轴线采用编号 “1” 和编号 “2” 的同轴线，连接 FPGA 和示波器；各路触发信号的触发抖动最大值、平均值和方均根值由示波器读数。

FPGA 及延时电路的总相对抖动实验测试结果如图 2.5-21(a)所示。实验测试结果表明，FPGA 及延时电路的总相对抖动（方均根值）为 3.5～6.5 ps，触发抖动较小。

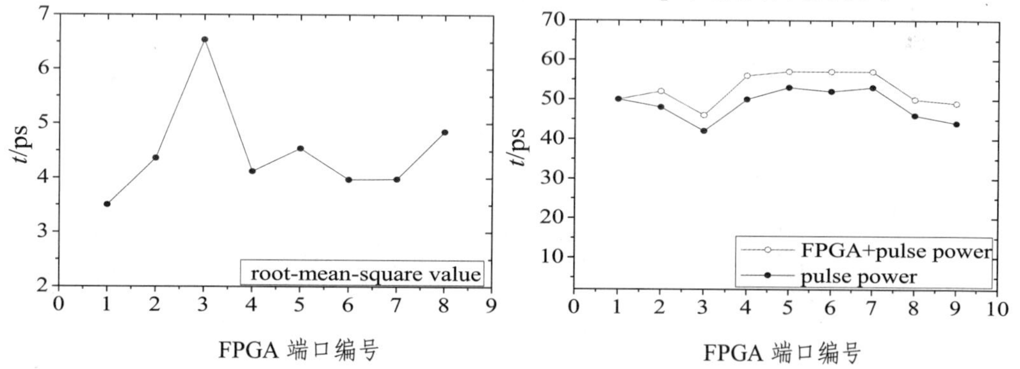

(a) FPGA+延时电路触发抖动　　(b) FPGA+延时电路+脉冲信号源触发抖动

图 2.5-21 触发电路与脉冲信号源触发抖动测试数据曲线图

（3）“控制电路+脉冲信号源”的时延、触发抖动实验测试与分析

按图 2.5-19(b)连接电路；选择 FPGA 芯片产生的一路触发信号作为时间基准信号，并将其作为示波器触发信号（触发方式选择上升沿触发，触发电平为 0.9～1 V）；待测脉冲

源信号输入示波器的一个通道测试时，示波器内阻设置为 50 Ω，电压挡位选择 1 V/div，时间挡选择 2 ns/div；开启 12 V 直流电源，检查直流电源电流读数是否在正常范围内（65 mA）；开启上位机（笔记本电脑）控制电路程序，启动触发程序并开始实验测试。

脉冲信号源相对时间基准信号的时延计算公式为

$$\bar{t}_{0i} = (\bar{t}_i - \bar{t}_0) - \bar{\tau}_{0i} \tag{2.5-32}$$

相对于时间基准信号支路，各脉冲源信号相对时延与触发抖动实验测试结果如图 2.5-21(b)所示。图中数据扣除了实验测试电路中因连接同轴线长度、衰减器等外部因素而带来的时延量（11.2 ns，含电脉冲信号在 Marx 电路板中的传输时间，各级雪崩三极管雪崩所需的时间），只包含 FPGA、时延芯片和脉冲信号源的时延与抖动，每个实验数据取 10^3 次测试值的平均，各路触发信号的触发抖动最大值、平均值和方均根值由示波器读数。

实验测试结果表明，“触发电路+脉冲信号源”的总相对方均根抖动为 49～57 ps。

3. 冲激信号源电磁辐射实验测试与分析

脉冲信号源输出电脉冲参数实验测试电路原理图、实测电路图如图 2.5-22(a)所示。

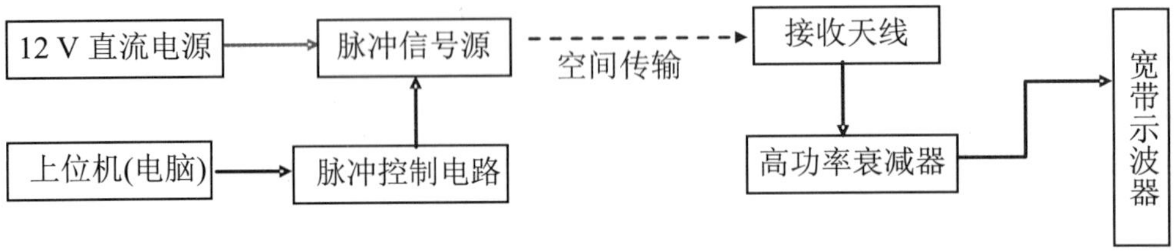

(a) 脉冲电源电磁辐射参数实验测试电路原理图

(b) 脉冲源辐射现场照片　(c) 封装脉冲源辐射现场照片　(d) Marx 电路辐射现场照片

图 2.5-22　脉冲源电磁辐射实验原理图及现场实验照片

实验时，按图 2.5-22 连接实验测试电路；将脉冲信号源（或 Marx 电路裸板）纵向固定在发射支架上（电路板长度方向垂直于地面），记录电路板距离地面的高度为 h；以支架支点为圆心，以 r 为半径在地面做圆弧，半径 r 取值以环境反射信号与辐射信号可以在时间轴上分辨为标准；记录半径 r 的取值；在圆弧上均匀取点若干，记录各点对应的圆心角角度；将接收天线固定于接收支架上，接收天线馈电点的高度与 Marx 电路板几何中心对齐；将接收天线支架支点置于各圆弧圆心角取点上，测试电路板纵向在各辐射方向的电压幅值和脉冲波形；将电路板横向固定在发射支架上，重复上述步骤，测试电路板横向放置时，各辐射方向的电压幅值和脉冲波形。

图 2.5-23 给出 Marx 电路板（裸板）、脉冲信号源纵向或横向分别与超宽带天线极化方向一致或垂直两种情况的典型实验测试波形。天线距电路板的距离 $r = 0.5$ m，天线、辐射源距地面的高度，实验测试环境噪声范围为 40～60 mB。

图 2.5-24 给出 Marx 电路板（裸板）、脉冲信号源（封装）时域方向图实验测试结果。

实验测试结果表明：Marx 电路板在 1 m 处存在最大 5～6 V/m 的电场辐射（考虑了接收天线有效时域口径），辐射脉冲波形参数与经辐射天线辐射后的脉冲波形相近；经屏蔽封装的脉冲信号源辐射比封装前降低了 10 倍左右，但仍对控制电路系统形成干扰。

综合分析图 2.5-14 的仿真计算与图 2.5-23、图 2.5-24 的实验测试结果，可以了解冲激信号源辐射机理主要包括：其一，雪崩三极管依次导通时，形成的冲激信号通过 Marx 电路板形成的电磁辐射；其二，冲激信号源屏蔽封装后，金属屏蔽盒与 Marx 电路板多次反射和辐射，形成脉冲辐射串。

依据脉冲信号源电磁辐射机理，可以采用以下办法来抑制信号源辐射。其一，采用雪崩三极管串联方法设计冲激信号源。即通过高压直流电源对若干级串联三极管瞬态放电来获得高峰值电压的冲激信号源，优点是可避免采用 Marx 电路，以克服级联 Marx 电路引起的电磁辐射，但局限是需要高压直流电源，且对串联电路中雪崩三极管参数的一致性要求高。其二，优化 Marx 电路几何尺寸和板布板方法。将 Marx 电路板尺寸小型化，通过优化设计 Marx 电路布板方法，使得 Marx 电路中冲激信号传输线路的电长度尽可能远离冲激信号波长，同时兼顾因电路板小型化引起的寄生电容、电感参数对电磁辐射的影响。其三，冲激信号源与天线一体化设计。即通过优化设计 Marx 电路几何尺寸与布板方法，使得 Marx 传输线路的电尺寸与信号源拟产生冲激信号波长相当，将提高辐射效率的 Marx 传输线路作为系统的辐射天线，就可以实现冲激信号源与 Marx 传输线路的一体化设计。该方法的优点是既解决了冲激信号源电磁辐射对系统电磁兼容优化设计的困难，又解决了信号源与辐射天线的电磁匹配问题，还可以实现系统的小型化设计；但也可能存在天线辐射效率不易提高、天线时域方向图不易控制等新困难。其四，优化设计屏蔽封装措施。图 2.5-24 显示 Marx 电路板与屏蔽盒的多次反射与辐射，会加剧冲激信号源辐射，因此，一方面在设计屏蔽封装盒时，要尽可能减小屏蔽盒缝隙引起的电磁泄漏；另一方面可在屏蔽盒内腔设计一些周期性几何结构和耗能器件，改变电磁波的方向并在每次反射中，吸收电磁波的能量。

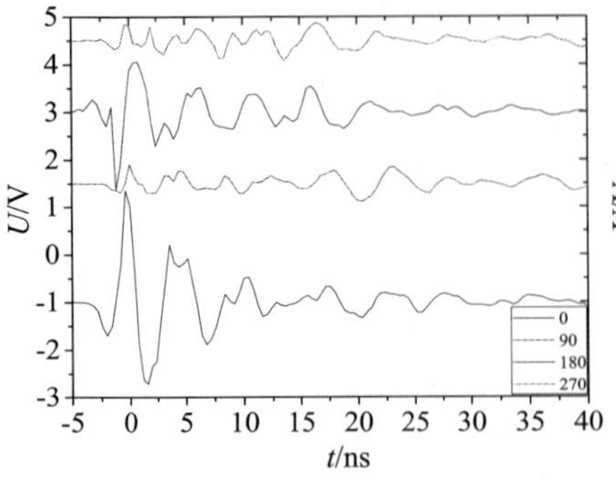

(a) Marx 电路板纵向与天线极化一致

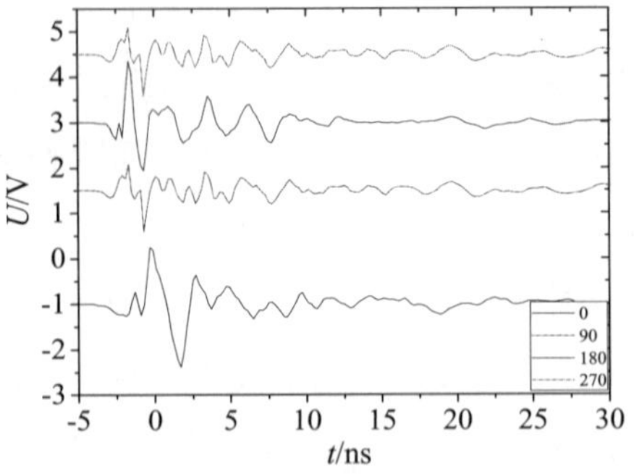

(b) Marx 电路板纵向与天线极化垂直

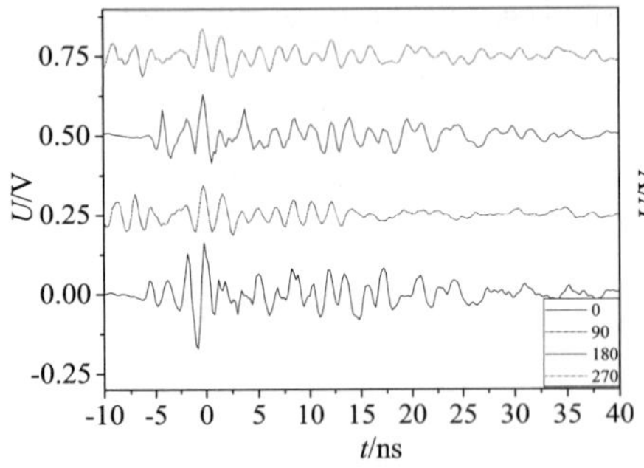

(c) 脉冲源纵向与天线极化一致

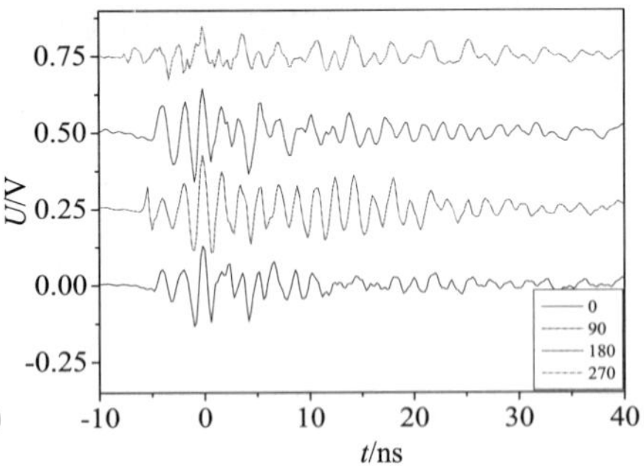

(d) 脉冲源纵向与天线极化垂直

图 2.5-23 Marx 电路与封装后脉冲源电磁辐射实验测试典型波形

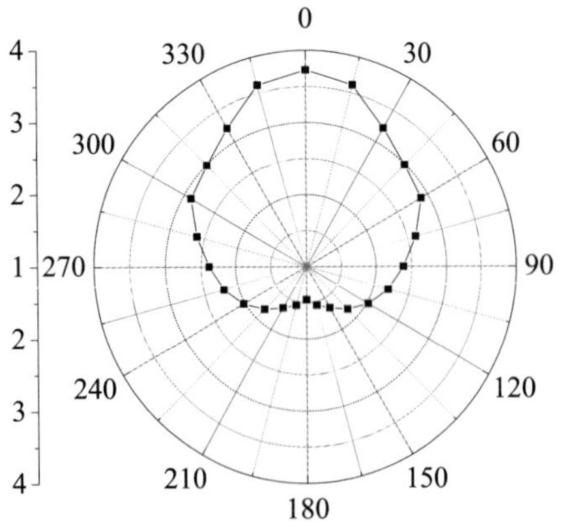

(a) 电路板 E 面时域方向图

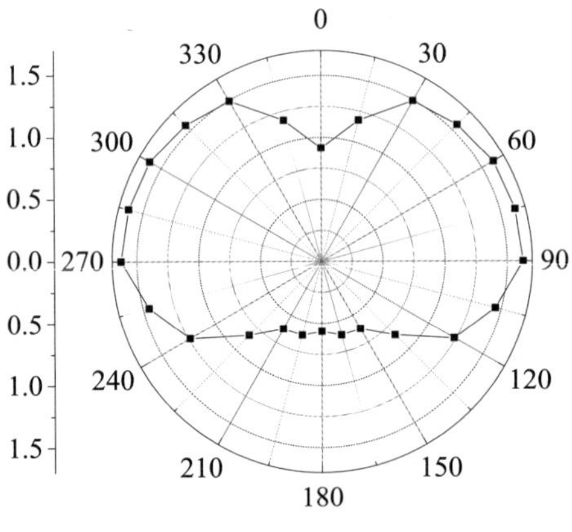

(b) 电路板 H 面时域方向图

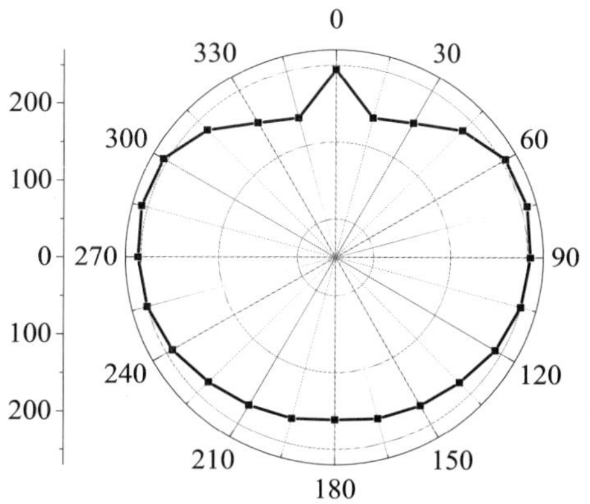

(c) 脉冲信号源 E 面时域方向图

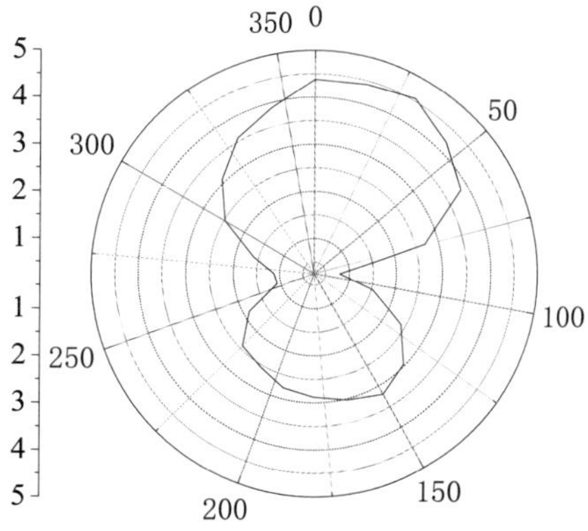

(d) 脉冲信号源 H 面时域方向图

图 2.5-24 电路板、脉冲信号源产生电磁辐射时域方向图实验测试结果

2.6 本章小结

本章在对超宽带信号进行定义后，根据冲激雷达系统对脉冲信号源的要求，分别介绍了三种超宽带信号源：基于光导开关的信号源、基于阶跃恢复二极管的超宽带脉冲发生器，以及基于雪崩晶体管的超宽带脉冲发生器，并分别对各种信号源进行了理论分析及实验测试。

参考文献

[1] E.K.Miller. Time-Domain Measurements in Electromagnetics[M]. New York: Van Nostrand Reinhold Company, 1986: 211-215.

[2] E.E.Foreman, M.C.Smith. A comparison of high power solid state GaAs FETs versus microwave power modules from a user’s perspective: The cooperative engagement capability program[C]. Internation Microwave Symposium Digest. IEEE,1999: 333-336.

[3] S.Jayaraman, C.H.Lee. Observation of two-photon conductivity in GaAs with nanosecond and picosecond light pulse[J]. Applied Physics Letter, 1972, 20 (10):392-395.

[4] D.H.Auston. Picosecond optoelectronic switching and gating in silicon[J]. Applied Physics Letter, 1975, 26 (3):101-103.

[5] 沈学础.半导体光谱和光学性质[M].2 版.北京：科学出版社, 2002: 133-139.

[6] M.Kaminska, J.M.Parsey, J.lagowski, et al. Current oscillations in semi-insulating GaAs associated with field-enhanced capture of electronics by the major deep donor EL2[J]. Applied physics letters. 1982, 41 (10): 989-991.

[7] 叶良修. 半导体物理学[M]. 北京:高等教育出版社, 1987: 680-684, 502-561, 531-538, 741-798.

[8] 周世勋. 量子力学教程[M]. 北京: 高等教育出版社, 1987: 153-160.

[9] 王家骅, 李长健, 牛文成. 半导体器件物理[M]. 北京:科学出版社: 1983, 5-14.

[10] 褚圣麟. 原子物理学[M]. 北京:高等教育出版社,1995: 12-15.

[11] D.Lancefield, A.R.Adams, M.A.Fisher. Reassessment of ionized impurity scattering and compuensation in GaAs and InP[J]. Journal of applied physics. 1987, 62 (6): 2342-2359.

[12] 金冶(编译). 砷化镓半导体材料[M]. 上海: 上海科学技术出版社, 1965: 259-267.

[13] Anouar Jorio, Lamia Sellami, Marcel Aubin. Effect of intrinsic defects on the electron mobility of gallium arsenide grown by molecular beam epitaxy and metal organic chemical vapor deposition[J]. Journal of applied physics. 2002,91(12): 9887-9893.

[14] K.Zdansky, B.K.Jones, J. Santana, and T. Sloan. Numerical analysis of charge transport in semi-insulating GaAs with two contacts[J]. Journal of applied physics. 1996, 79 (7): 3611-3618.

[15] W.Facett, A.D.Broddman, S.Swain. Monte-carlos determination of electron transport properties in GaAs[J]. Journal of Physics & chemisly of soilds, 1970, 31(9):1963-1990.

[16] J.G.Ruch, G.S.Kino. Measurement of the velocity-foeld characteristic of gallium arsenide[J]. Applied physics letters. 1967, 10(2): 40-42.

[17] W.Heinle. Displaced maxwellian calculation of transport in N-type GaAs[J]. Phys.Rev. 1969, 178:13-19.

[18] 崔海娟, 杨宏春, 吴明和. GaAs 光导开关锁定模式阈值条件[J]. 光学学报, 2011, 31(2):103-108.

[19] Boff, A., J. Moll. A new High-Speed Effect in Solid-state Diodes[C]. IEEE International Solid-State Circuits Conference, Philadelphia, 1960: 51-52.

[20] Kingston, R.H.Switching Time in Junction Diode and Junction Transistors[J]. Proceedings of the IRE, 1954, 42(5): 829-834.

[21] HP. Pulse and Waveform Generation with Step Recovery Diodes[J]. HP Application Notes, 1984, 9(18): 1-26.

[22] Hamilton, D.J.,J.F. Gibbons. Physical Principles of Avalanche Transistor Pulse Circuits[J]. Proceedings of the IRE, 1959, 47(6): 1102-1108.

[23] Taylor, E.F.Solid-State to 1.0 kV Nanosecond Pulse Generator[J]. IEE Journal on Electronic Circuits and Systems, 1976, 1(1): 42-48.

[24] 张肃文. 低频电子线路[M]. 北京: 高等教育出版社, 1987: 29-31.

[25] 浙江大学半导体器件教研室. 晶体管原理[M]. 杭州: 浙江大学出版社, 1980: 56-58.

[26] 何小艇. 高速脉冲技术[M]. 杭州: 杭州大学出版社, 1990: 134-137.

[27] 刘文生, 高守信. 雪崩电路及其应用[J]. 电子测量技术, 1983, 1(6): 42-49.

[28] Chadderton,N.The ZTX415 Avalanche Mode Transistor: An Introduction to Characteristics, Performance and Applications[J]. ZTX Application note, 1996, 8(2): 1-9.

[29] Lundy, A.,J.R.Parker. Avalanche Transistor Pulser for Fast-Gated Operation of Microchannel Plate Image-Intensifiers[J]. IEEE Transactions on Nuclear Science, 1978, 25(1): 591-597.

[30] E. Kuffel, W. S. Zaengl, J. Kuffel. High Voltage Engineering: Fundamentals[M]. London: Butterworth Heinemann, 2000: 73-78.

第三章　超宽带时域天线

天线处于发射机的最末端和接收机的最前端，是无线通信和雷达系统中的关键部件之一。它的作用是在发射端将电路中的电信号转换为可以在自由空间中传播的电磁波，或在接收端将自由空间中的电磁波转换为电路中的电信号。

用于时域冲激雷达的宽带时域收发天线，有着较宽的工作带宽、较高的时域增益、较窄的半峰值功率方向图、天线小型化等要求。另外，因为时域雷达和通信系统利用的是电磁波的时域特性，对信号时域波形的保真度有较高的要求。利用这一类天线组成阵列可以有效提升增益、压缩方向图，从而实现远距离探测和较高的扫描精度。

3.1　超宽带时域天线概述

3.1.1　时域天线的性能参数

描述点频或窄带天线性能，往往只需要特征频点的方向图、增益、辐射效率等关键参数。与窄带天线不同，时域天线因其宽带特征，要同时满足瞬时带宽宽、带内相位响应平坦、相位中心稳定等要求，因此一些描述传统频域天线性能的参数，例如增益、波束宽度、效率、有效面积等，便不再适用于时域天线，需要进行修改并增加一些新的参数。为反映时域天线在整个工作频带内的辐射特性，下面对表征时域天线性能的主要参数进行简要介绍，如时域方向图、时域效率、时域增益、波形保真度等。

1. 时域方向图

方向图是天线的一项重要参数，描述了天线向不同方向辐射电磁波的能力。频域天线的工作带宽较窄，带内方向图形状基本不变。但时域天线辐射的是带宽很宽的冲激脉冲，信号带宽覆盖范围内的天线方向图随频率变化很大，所以只考查某一频率的方向图没有实际意义。James S. McLean 提出了一个定义时域天线方向图的公式[1]：

$$U_E(\theta,\varphi)=\frac{1}{\eta_0}\int_{-\infty}^{+\infty}\left|\vec{E}(t,R,\theta,\varphi)\right|^2 R^2\mathrm{d}t \qquad (3.1\text{-}1)$$

式中，η_0表示自由空间波阻抗；$\vec{E}(t,R,\theta,\varphi)$表示某方向上一定距离处天线所辐射的电场强度随时间变化的函数；$U_E(\theta,\varphi)$的单位是焦耳/立体角，表示某方向上天线所辐射的通过单位立体角的能量。

2. 时域效率

时域效率表征天线辐射出去的能量与源提供给天线的能量之比，可以定义为

$$\eta_A = \frac{\int_0^{2\pi}\int_0^{\pi}\int_{-\infty}^{+\infty}\left|\vec{E}(t,R,\theta,\varphi)\right|^2 R^2 \sin\theta \, \mathrm{d}t \, \mathrm{d}\theta \, \mathrm{d}\varphi}{\eta_0\int_{-\infty}^{+\infty}\left[V_s^2(t)/4R_s\right]\mathrm{d}t} \tag{3.1-2}$$

式中，分子为天线辐射的能量对以天线为球心的球面进行积分的结果，分母中η_0表示自由空间波阻抗，$V_s^2(t)$表示源的开路电压，积分表示源提供的总能量，R_s表示源内阻。

3. 时域增益

类比频域增益，时域增益定义为时域方向图对总辐射能量相等的各向同性点源天线进行归一化的结果，如式（3.1-3）所示

$$G_E(\theta,\varphi) = \eta_A \frac{4\pi U_E(\theta,\varphi)}{\int_0^{2\pi}\int_0^{\pi} U_E(\theta,\varphi)\sin\theta \, \mathrm{d}\theta \, \mathrm{d}\varphi} \tag{3.1-3}$$

式中，U_E（θ，φ）为式（3.1-1）所定义的时域方向图。

4. 波形保真度

保真度衡量的是时域天线不失真地辐射信号的能力，保真度越好，说明天线辐射的信号与馈入天线的信号相似度越高，失真越小。如式（3.1-4）所示，分子是辐射信号与激励信号一阶导数的互相关函数，分母是二者的自相关函数之积的平方根，分子除以分母再取最大值就可以得到信号的保真系数[2]：

$$F = \max_{\tau} \frac{\left|\int_{-\infty}^{+\infty} f_1(t) f_2(t+\tau)\mathrm{d}t\right|}{\sqrt{\int_{-\infty}^{+\infty} f_1^2(t)\mathrm{d}t \int_{-\infty}^{+\infty} f_2^2(t)\mathrm{d}t}} \tag{3.1-4}$$

式中，$f_1(t)$表示馈入信号的一阶导数，这里进行求导的原因，是根据电磁辐射理论——天线辐射的场强与天线上电流的一阶导数成正比。$f_2(t)$表示天线所辐射的信号，F的取值范围为$0 \leqslant F \leqslant 1$，取值越大表示天线的保真性能越好，一般大于0.9即认为保真度较高。时域系统采用相关接收方法，因而，波形保真系数计算是基本环节之一。

1993年，Oliver E.Allen等人提出了一套描述时域天线性能的参数体系[3]，现将其余描述时域天线的参数做简单罗列。

5. 天线有效面积

$$A_e(\theta,\varphi)=\frac{\int_{-\infty}^{\infty}\left|V_{re}(t)I_{re}(t)\right|\mathrm{d}t}{\int_{-\infty}^{\infty}\frac{\left|E_{in}(t)\right|^2}{\eta_0}\mathrm{d}t} \tag{3.1-5}$$

式中，$V_{re}(t)$为接收信号电压，$I_{re}(t)$为接收电流，$E_{in}(t)$为入射电场。

6. 天线输入反射系数

$$\Gamma=\int_{-\infty}^{\infty}\left|V^{-}(t)\right|\mathrm{d}t\Big/\int_{-\infty}^{\infty}V^{+}(t)\mathrm{d}t \tag{3.1-6}$$

7. 极化特性

$$\gamma(\theta,\varphi)=\tan^{-1}\left[\frac{\int_{-\infty}^{\infty}\left|E_{\theta_{\max}}(\theta,\varphi,t)\right|^2\mathrm{d}t}{\int_{-\infty}^{\infty}\left|E_{\varphi_{\text{trans}}}(\theta,\varphi,t)\right|^2\mathrm{d}t}\right] \tag{3.1-7}$$

8. 辐射电阻

$$R_{\text{rad}}=\frac{\int_{\varphi=0}^{2\pi}\int_{\theta=0}^{\pi}\int_{t=-\infty}^{\infty}\frac{\left|E_{\text{trans}}(r,\theta,\varphi,t)\right|^2}{\eta_0}r^2\sin\theta\mathrm{d}\theta\mathrm{d}\varphi\mathrm{d}t}{\int_{-\infty}^{\infty}\left|I_{\text{input}_{\max}}(t)\right|^2\mathrm{d}t} \tag{3.1-8}$$

9. 能量方向性系数

时域天线的方向性不再由特征频点方向图描述，改由时域能量方向图来描述。即

$$f_e(\theta,\varphi)=\frac{\int_{-\infty}^{\infty}E^2(\theta,\varphi,t)\mathrm{d}t}{\max\limits_{\theta,\varphi}\int_{-\infty}^{\infty}E^2(\theta,\varphi,t)\mathrm{d}t} \tag{3.1-9}$$

其中，$E(\theta,\varphi,t)$ 为 (θ,φ) 方位的辐射电场。能量方向系数定义为

$$D(\theta,\varphi)=\frac{\int_{-\infty}^{\infty}\left|E_{\text{trans}}(\theta,\varphi,t)\right|^2\mathrm{d}t}{\frac{1}{4\pi}\int_{\varphi=0}^{2\pi}\int_{\theta=0}^{\pi}\int_{t=-\infty}^{\infty}\left|E_{\text{trans}}(\theta,\varphi,t)\right|^2\sin\theta\mathrm{d}\theta\mathrm{d}\varphi\mathrm{d}t} \tag{3.1-10}$$

10. 天线波束立体角

$$\Omega_a = \frac{\int_{\varphi=0}^{2\pi}\int_{\theta=0}^{\pi}\int_{t=-\infty}^{\infty}\left|E_{\text{trans}}(\theta,\varphi,t)\right|^2 \sin\theta \mathrm{d}t\,\mathrm{d}\theta\mathrm{d}\varphi}{\left[\int_{-\infty}^{\infty}\left|E_{\text{trans}}(\theta,\varphi,t)\right|_{\max}^2 \mathrm{d}t\right]} \tag{3.1-11}$$

3.1.2 常见超宽带天线的时域特性

时域天线是超宽带天线的一种，但不是所有的超宽带天线都适合作为时域天线。时域天线除了要求阻抗带宽宽以外，对群时延和相位中心也有严格的要求。有些传统的超宽带天线，例如对数周期天线和阿基米德螺旋天线，虽然有很宽的阻抗带宽，但是相位响应的非线性较严重，不适合作为时域天线使用。

Stanislav Licul 曾经对加脊 TEM 喇叭天线、对数周期天线、背腔阿基米德天线、Vivaldi 天线等几种超宽带天线的时域特性进行了详细的实验研究[4]。在实验中，他使用同类型的两个天线构成一套收发系统，用矢量网络分析仪测量收发天线间的频域传递函数 S21，再使用 Chirp-Z 变换将实验数据从频域变换到时域，获得天线的时域响应。实验中设置的测量频率为 50 MHz～20.05 GHz，对应的归一化时域波形和频谱如图 3.1-1 所示。不同的超宽带天线时域响应结果如图 3.1-2 至图 3.1-5 所示。

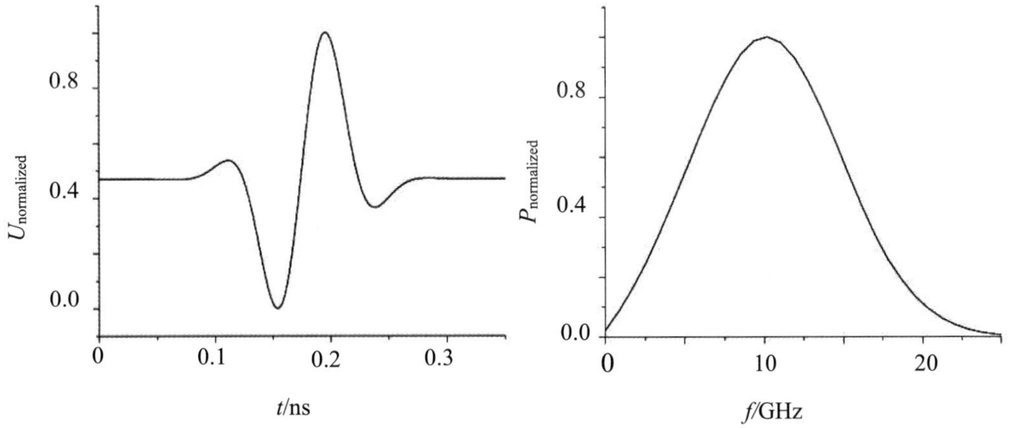

(a) 测试脉冲波形　　(b) 脉冲频谱

图 3.1-1　测试脉冲与频谱

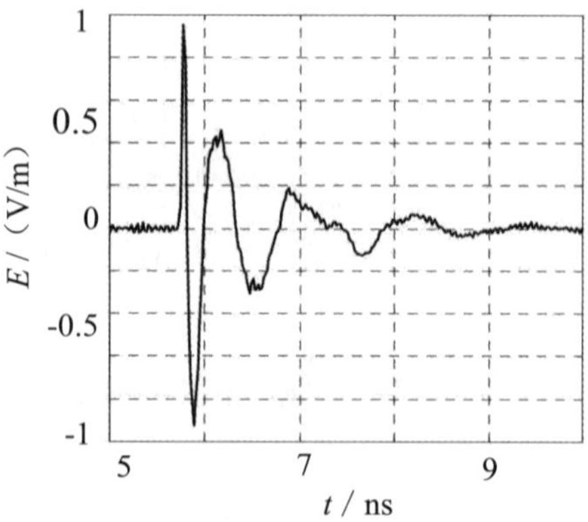

(a) 加脊 TEM 喇叭天线　　(b) 脉冲时域响应

图 3.1-2　加脊 TEM 喇叭天线的时域响应

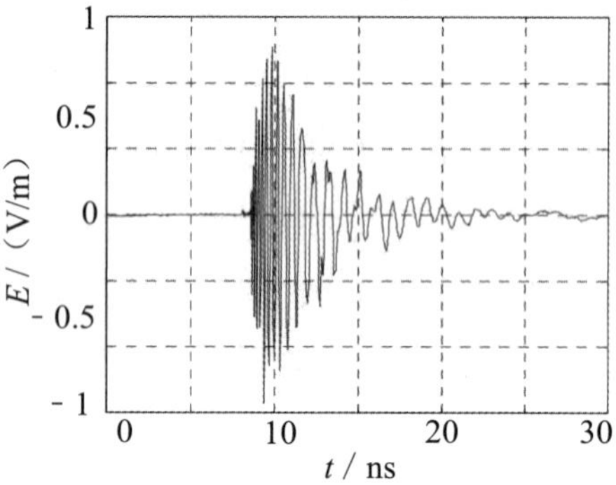

(a) 对数周期天线　　(b) 脉冲时域响应

图 3.1-3　对数周期天线的时域响应

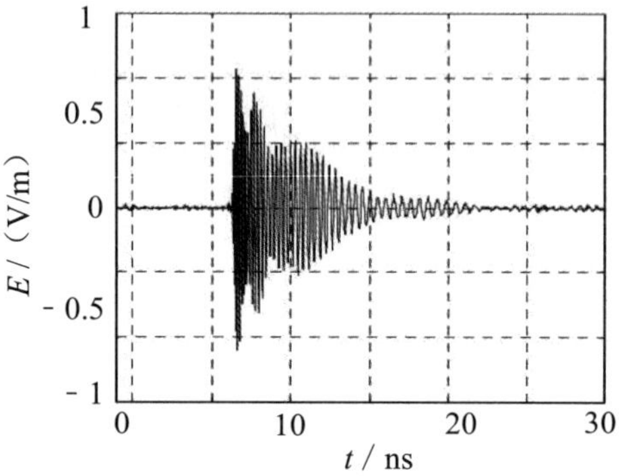

(a) 背腔阿基米德螺旋天线　　(b) 脉冲时域响应

图 3.1-4　背腔阿基米德螺旋天线的时域响应

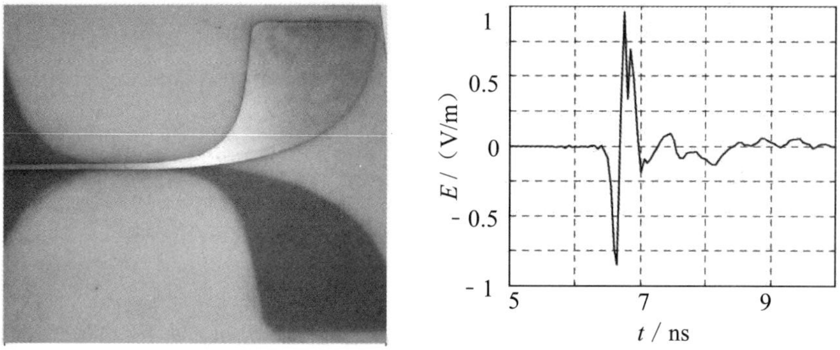

(a) Vivaldi 天线　　(b) 脉冲时域响应

图 3.1-5 Vivaldi 天线的时域响应

从上面几幅图可以看到，加脊 TEM 喇叭天线和 Vivaldi 天线的时域信号保真性较好，对数周期天线和背腔阿基米德螺旋天线则出现了严重的失真。这是由于天线辐射超宽带脉冲是一个瞬态过程，电流脉冲在天线上一边传播一边辐射，不同的频谱分量在天线上有不同的有效辐射区。通常高频分量的有效辐射区更靠近天线馈电端，低频分量的有效辐射区更靠近天线终端，不同频率分量的相位中心不一致会引起脉冲信号的色散，如果其距离可以和λ/4 相比拟，则会导致时域波形的严重畸变。

3.1.3 常见的高峰值功率超宽带天线

基于冲激体制雷达的脉冲信号源有着峰值功率较高、平均功率几乎为零的特点。这一类脉冲信号有着极窄的半峰值功率宽度，其对应的频谱资源往往带宽较宽，这要求辐射脉冲的时域天线有着较宽的工作带宽。宽带天线从研究至今已经有数十年，1941 年，经典的类球体天线被麻省理工学院的 Chu 和 Stratton 提出[5]。1943 年，Schelkunoff 用麦克斯韦方程组求解了双锥天线，并给出了该天线的阻抗解析公式[6]。1979 年，基于指数变化的 Vivaldi 天线被 Gibson 提出[7]。此后，出现了多种形式的超宽带天线，然而常见的宽带天线依然围绕着喇叭天线、Vivaldi 天线、锥形天线、蝶形天线、螺旋天线、对数周期天线，以及在前述结构的基础上进行调整形成的宽带天线。

3.1.3.1 Vivaldi 天线

随着 Gibson 发现了 Vivaldi 天线后，Vivaldi 天线广泛应用在宽带系统中。考虑到槽天线有较好的线极化特性，可以将两个槽天线交叉放置在子弹或导弹导引头处，实现定点定向引爆功能。另外，由于槽天线结构简单、成本较低、易于携带，通常将槽天线组成阵列，从而压缩方向图，提升增益，实现探距、穿墙等功能。西安电子科技大学的学者通过在电流行径的垂直方向开槽来增加槽天线的有效电长度，降低天线辐射信号的低频端，实现扩展天线带宽的作用[8]。此外，通过在电流较弱的辐射片处开槽，也可以在一定程度上扩展带宽，并且可以实现较好的阻抗匹配[9]。有学者通过对槽天线的指数开口处的曲线进行优化，并解析计算分析阻抗带宽变化，使天线的开口指数可以摆脱单纯的软件仿真[10]。考虑到槽天线是平面结构，英国科学家通过多个槽天线层叠放置，来压缩其 H 面方向图，并得到了较好的辐射特性[11]。

3.1.3.2 喇叭天线

美国和苏联科学家对喇叭天线的研究成果比较多且深入，相比较而言，国内在相应行业的起步比较晚。早在 1955 年，美国科学家就探索了加脊喇叭天线的可能性[12]。随着需求的多样化，将喇叭天线的上下辐射片改变成曲线形式，可以扩展带宽，或者压缩方向图、提升增益，用在探地雷达或者穿墙雷达中。西班牙科学家对圆喇叭天线边墙开周期性的槽，并改变边墙的曲率，可以有效降低旁瓣，并且减少不同模式间的交叉极化[13]。Bennie Jacobs 等人综合分析了几种典型的双脊喇叭天线，对它们各自的优劣进行对比，通过改进馈电端的双脊波导和双脊的曲率，设计出了在 1～18 GHz 都有较高辐射效率的宽带喇叭天线[14]，如图 3.1-6 所示。

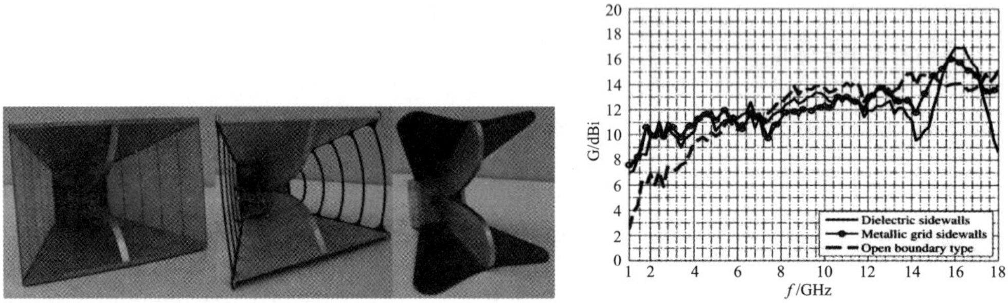

(a) 三种典型喇叭天线　　(b) 三种天线对应的增益曲线

图 3.1-6　几种典型喇叭天线及其增益[14]

3.1.3.3 其他超宽带天线

如图 3.1-7 所示，法国科学家 Desrumaux 等人通过改变双锥天线的倾斜角度，压缩天线的 E 面方向图；并在一侧放置金属挡板，提升天线的增益。用该天线组成的 3×3 阵列，具有较好的辐射特性，在各个方向有较好的接收波形[15]。

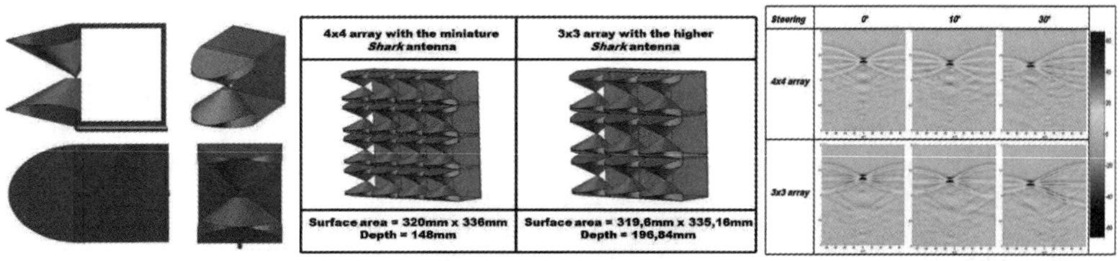

(a) “鲨鱼”形天线　　(b) 组成不同阵列　　(c) 不同角度电场强度

图 3.1-7　“鲨鱼”形天线及其阵列结构场强分布[15]

同样是法国科学家，将槽天线和喇叭天线结合设计了“心形”的天线。与槽天线相比，“心形”天线辐射效率更高，在 300 MHz～3 GHz 的工作带宽范围内保持着较好的反射系数。与喇叭天线相比，“心形”天线近似为一种平面天线[16]，其结构简单也较为轻便。此外，与“心形”天线类似的“Z”字形天线，虽然天线高频段表现较好，但由于天线张角变化剧烈，导致阻抗变化剧烈，驻波比较差，且低频段受结构影响比较大。如图 3.1-8 所示为“心形”宽带天线及其回波损耗。

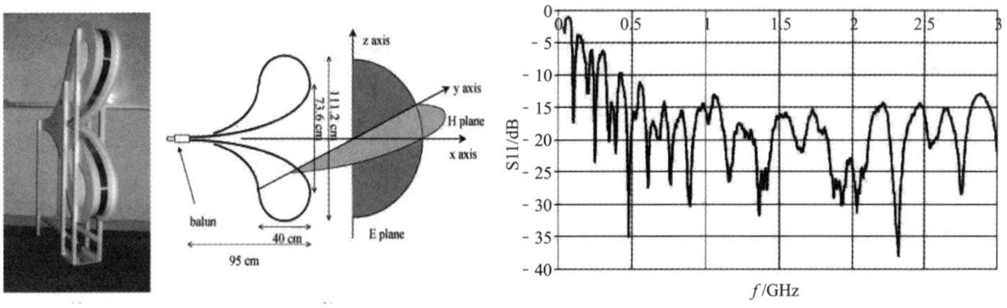

(a) “心形”天线结构图　　(b) “心形”天线的 S_{11}

图 3.1-8　“心形”宽带天线及其回波损耗[16]

3.1.4　提高天线增益常用的方法

目前，随着点对点通信、目标探测、生命救援等需求日益加大，提升天线的辐射效率，提高天线的增益是业界一直在探讨研究的问题。通过多个天线实现阵列排布是一个可靠的办法，然而这样不仅需要较大的空间、成本较高，而且还要设计较为复杂的馈电网络。另外一种途径就是提高单个天线的辐射效率，从根本上提高单个天线的增益、控制其方向图。通过查阅相关领域的文献资料，提高天线增益的方法大致可归纳为如下几个方面：添加引向器、添加反射板、添加龙伯透镜、添加超材料结构等。

3.1.4.1　添加引向器

引向器最初是由日本学者八木秀次和羽田太郎用在八木天线上。科学家通过在简单偶极子天线一侧放置多个平行排布的引向器，并在另一侧放置反射板，实现电磁波的定向传播。如今，由于引向器结构简单、成本低廉，仍然有着广泛的应用，大多用于平面天线，但引向器的局限性在于调制带宽较窄。2010 年，加拿大科学家通过平衡结构的槽天线，添加高介电常数引向器对辐射口径处的电磁波进行聚焦，取得了较好的辐射特性和较宽的频带，由图 3.1-9 可知，添加介质引向器后接收波形的幅值提升了一倍[17]。

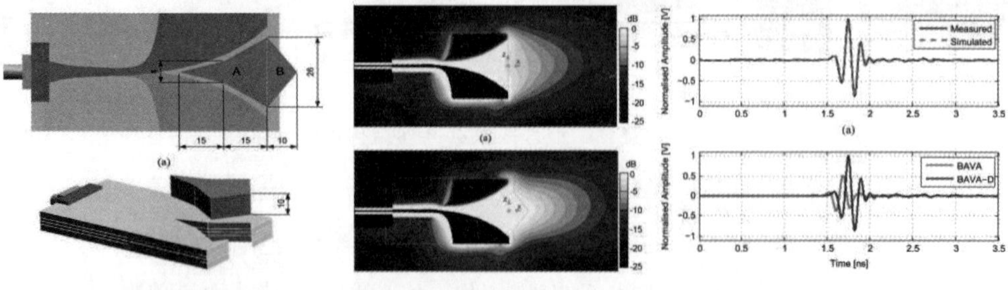

(a) 天线结构图　　(b) E 面电场强度分布　　(c)天线接收波形对比

图 3.1-9　在辐射口径处添加介质引向器，提升天线辐射情况[17]

3.1.4.2　添加反射板

反射板天线主要用在远距离卫星和气象通信上，大致分为：卡塞格伦天线、格里高利天线、环焦天线等。改进的平面反射板，或者弧形反射板也经常应用在室内通信中。早在 1997 年，俄亥俄州立大学的学者就针对抛物面天线对电磁波的聚焦作用进行了详细的解析计算。电子科技大学的学者通过对偶极子加载天线添加反射板，使天线能够在地形较为复杂的地质环境中测量目标[18]。如图 3.1-10 所示为加反射板的单级子天线及其时域参数。

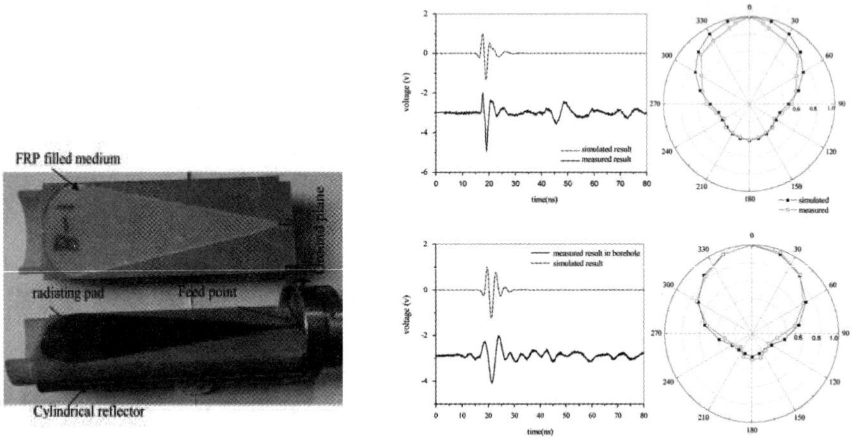

(a) 天线实物图　　(b) 接收波形和 H 面方向图

图 3.1-10　加反射板的单级子天线及其时域参数[18]

3.1.4.3　添加龙伯透镜及超材料结构

龙伯透镜是由数层介质紧密排列形成折射率渐变的多层结构，由于介电常数由内到外、从高到低依次分布，所以对电磁波有聚焦的作用。同时，由于层与层之间的介电常数相差不大，导致电磁波的反射并不强烈，从而可以有效地提高增益，压窄波束，甚至控制波束方向。2014 年，英国学者 Segura 等人通过张量变换将传统的球体状的龙伯透镜压缩为平面结构（如图 3.1-11 所示），平面结构的龙伯透镜除了更加便捷外，其作用效果和球形透镜效果一致[19]。

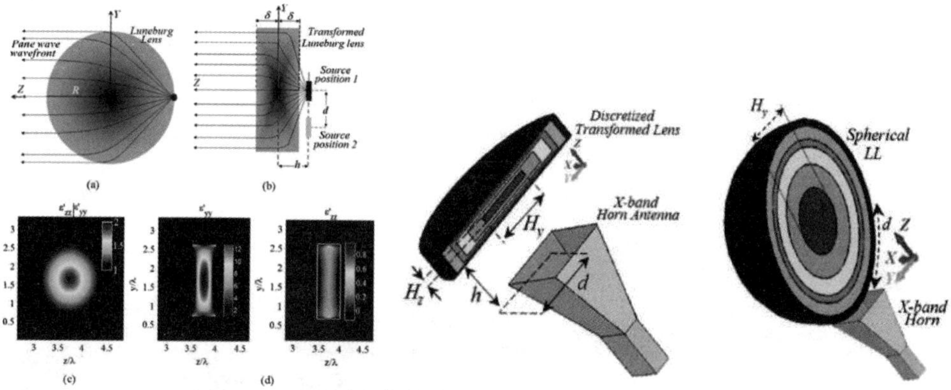

图 3.1-11　通过坐标变换的多层龙伯透镜示意图

对于传统透镜而言，其直径通常是作用波长的两到三倍，一般很少将透镜用于低频电磁波的辐射。另外，由于传统透镜极为严苛的工艺以及高昂的造价，一种等效透镜——超材料结构一经发现就得到广泛的关注。超材料，又称“左手材料”，超材料结构是通过周期性的单元规律排布，使其具有一些不同的性质，例如：负折射效应、逆多普勒效应、逆切林科夫辐射等。超材料现在广泛地应用在等效透镜、高速高分辨率成像及隐身材料中，国内外各研究机构都将其列为今后重点发展的方向。如图 3.1-12 所示，东南大学的毫米波重点实验室在等效透镜及电磁超材料方面做出了许多令人瞩目的成绩，并获得了包括英国 Pendry 爵士在内的许多科学家高度的赞誉[20-21]。

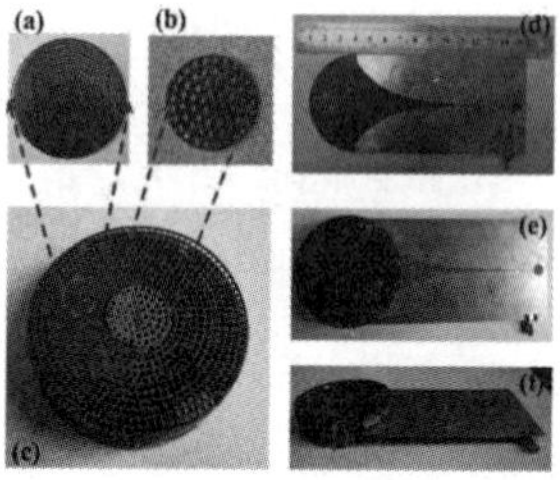

(a) 平面等效透镜控制槽天线波束扫描

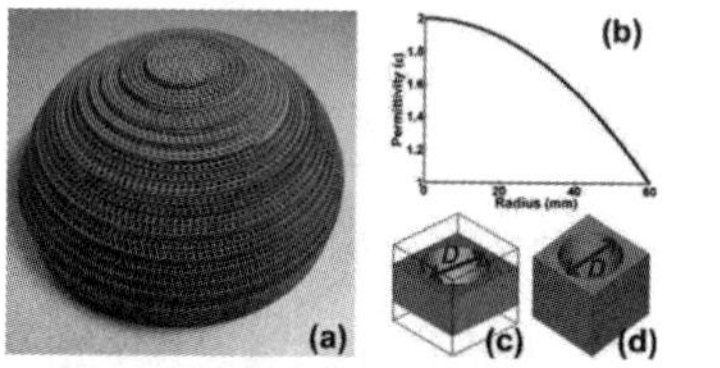

Fig. 3. Fabrication of the half spherical Luneburg lens. (a) The photograph of the lens. (b) The permittivity of the Luneburg lens varying along the radius. (c) 2 × 2 × 1mm³ F4B unit cell. (d) 2 × 2 × 2 mm³ F4B unit cell.

(b) 隐身罩实物图

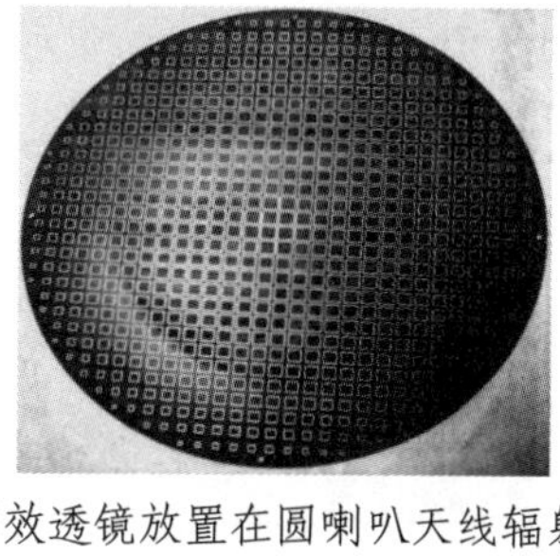

(c) 平面等效透镜放置在圆喇叭天线辐射口径处

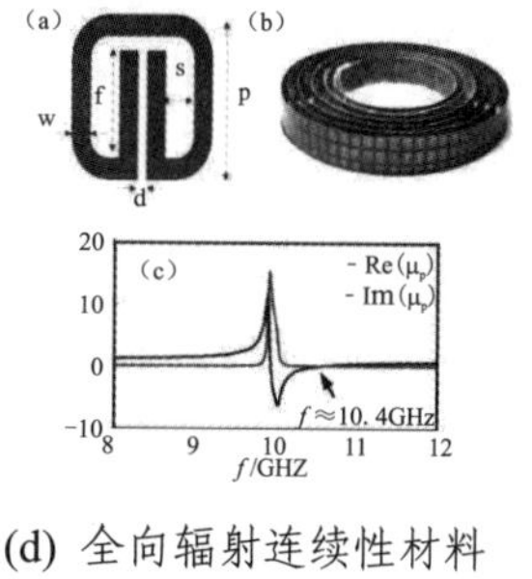

(d) 全向辐射连续性材料

图 3.1-12　东南大学毫米波实验室所研制的等效透镜、隐身材料等[20-21]

由于超材料可以通过变换单元结构改变各个方向的张量参数，从而实现对电磁波的控制。此前，东南大学将超材料结构集成在槽天线的单层平面结构上，能够有效控制单元天线方向图；如图 3.1-13(a)所示，由增益曲线可以看出，超材料结构对高频有较大影响[22]，辐射效率的提升主要集中在高频段。如图 3.1-13(b)所示，西安电子科技大学的学者对崔铁军教授的研究成果进行跟进，用周期性杆状结构代替引向器，实现对电磁波的聚焦；并通过优化参数，实现了较宽频带的调制以及宽频带电磁波的聚焦作用[23]。他们设计出的超材料更接近于多段引向器排布，类似于八木天线，从增益曲线可以读出，高频段增益的提升更为明显。

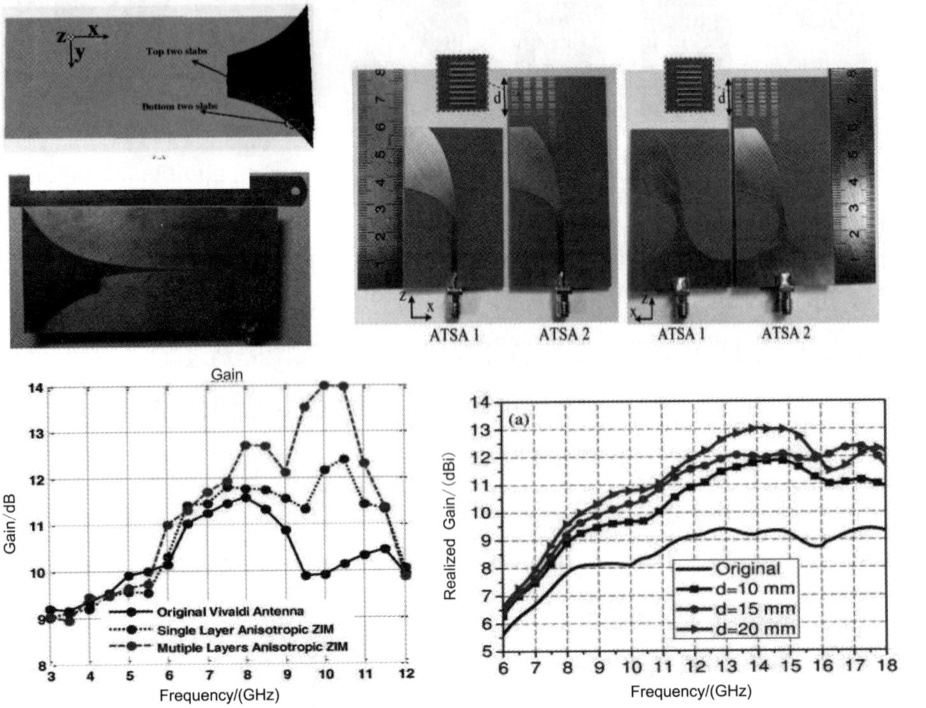

(a) 东南大学研制的超材料引向器　　(b) 西安电子科技大学研制的超材料引向器

图 3.1-13　槽天线的辐射口径上添加超材料结构提高增益[22-23]

3.1.4.4　其他提升增益的方法

除了前面介绍的一些常见的提升增益的方式，还有一些提升增益、压缩方向图的方式还在探索中，尚未进入大量的实际应用阶段。近年来，等离子体天线正吸引着越来越多科学家的关注，美国及欧洲都有大量相关文献报道。在国内，中电 13 所和 14 所，以及其他一些研究机构和高校都在展开相关领域的探索。如图 3.1-14 所示，德国科学家通过在喇叭天线口径上添加等离子体控制波束，提高增益[24]，这种方法除了实际操作比较繁杂外，造价也比较昂贵。

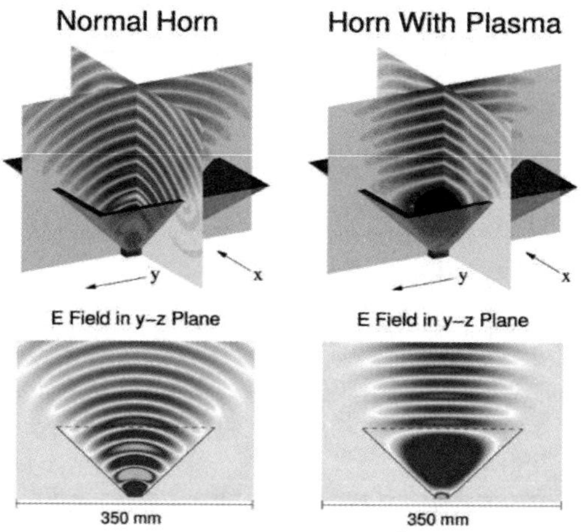

图 3.1-14　添加等离子体的喇叭天线电场分布[24]

3.1.5　时域单元天线设计目标

为满足冲激系统的工程应用需求，单元时域天线设计时需考虑天线的小型化、拖尾信号抑制、天线与信号源的电磁匹配问题、天线方向图控制等一系列问题。在这些尚未完全有效解决的问题中，时域天线的小型化和电磁匹配问题尤为突出。

目前，文献报道的单元时域天线要么工作在 1 GHz 以上频段（辐射 ps 量级冲激信号），要么天线尺寸在 1.0 m 以上（辐射 ns 量级冲激信号）。2015 年，IEEE A.P 报道了尺寸为 30 cm×30 cm×30 cm，将改进的 TEM 喇叭天线和磁单极子天线复合设计，研制出了一款可辐射 130 kV，峰－峰值脉宽为 300 ps 的高峰值功率时域天线，是目前少见的将低频点降到 207 MHz 的小型化时域天线文献。至于时域天线与冲激信号源的电磁匹配，当冲激信号脉宽在 0.5 ns 以下时，文献报道了通过离散匹配的解决方案，但对脉宽更宽的冲激信号，尽管通过分布匹配方法可以缓解系统的电磁匹配问题，但仍不能满足工程应用的需要。

根据冲激雷达系统要求，以及冲激信号脉宽参数的约束，要求设计的单元时域天线满足一定的尺寸要求。例如当冲激信号源脉宽为 1.3～1.4 ns 时，天线的最大尺寸要缩小到 50 cm，同时超宽带雷达要求天线辐射信号的低频点尽量降低到 200 MHz 甚至更低。因此，如何采用折中的方法，在时域天线的优化设计过程中既考虑天线的小型化问题，又能较好地与冲激信号源实现电磁匹配，仍是单元时域天线设计的根本困难。

3.2　超宽带 Vivaldi 时域天线设计

3.2.1　超宽带 Vivaldi 天线设计

渐变槽天线（Tapered Slot Antenna）是一种端射型行波天线，具有带宽宽、增益高、体积小、重量轻、加工简便、成本低等一系列优点，广泛应用于宽带/超宽带和时域通信与雷达系统中。渐变槽天线最早出现于 20 世纪 50 年代。1955 年，Stephenson 提出了一种使用波导传输线馈电的渐变槽天线[25]，随后由于其优异的性能引起了广泛关注，并得到了大力发展。1974 年，Lewis 提出一种使用带状线馈电的渐变槽天线，实现了馈电和辐射部分的平面一体化[26]。1979 年，Gibson 提出一种微带线馈电的指数渐变槽天线，即 Vivaldi 天线[27]。如图 3.2-1 所示是一种典型的 Vivaldi 天线结构，主要由两部分组成：第一部分是微带线至槽线的转换巴伦，第二部分是由渐变槽线构成的辐射器。这两部分的设计决定了天线的阻抗和辐射性能。

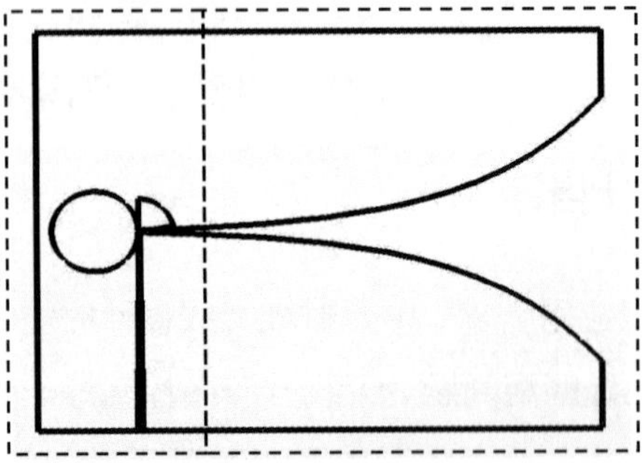

图 3.2-1　Vivaldi 天线结构示意图

3.2.2　超宽带微带线－槽线转换巴伦

微带线是一种在介质基板一面覆盖有金属地板，另一面刻蚀有电路形状的平面传输线，具有体积小、重量轻、成本低、便于大规模生产、易于和无源/有源器件集成等优点，广泛应用在微波毫米波混合集成电路中。Vivaldi 天线的辐射部分是由渐变槽线构成的，槽线从结构上属于平衡传输线，而微带线属于不平衡传输线，所以需要一个平衡－不平衡转换器（Balanced to unbalanced transformer，俗称巴伦）在两者之间实现过渡。另外，微带线的特性阻抗较低，一般为十几欧姆到一百欧姆，槽线则属于高阻传输线，特性阻抗通常在 100 Ω以上，因此巴伦（Balun）同时也需要起到阻抗匹配的作用。

一种常见的微带线－槽线转换结构如图 3.2-2(a)所示。背面的槽线与正面的微带线正交，微带线与槽线相交后延伸四分之一微带导波波长，终端开路，槽线与微带线相交后延伸四分之一槽线导波波长，终端短路。由于微带线与槽线的传播模式不同，所以其同一频率的导波波长也有些差异，设计时需要注意。如图 3.2-2(b)所示是其对应的等效电路[28]，X_{0s} 表示短路槽线引入的电感分量，C_{0c} 表示开路微带线引入的电容分量，Z_{0s} 和 Z_{0m} 表示槽线和微带线的特性阻抗，θ_s 和 θ_m 表示槽线和微带线相交后延伸的电长度，变比为 n 的变压器表示微带线与槽线之间的电磁耦合强度。

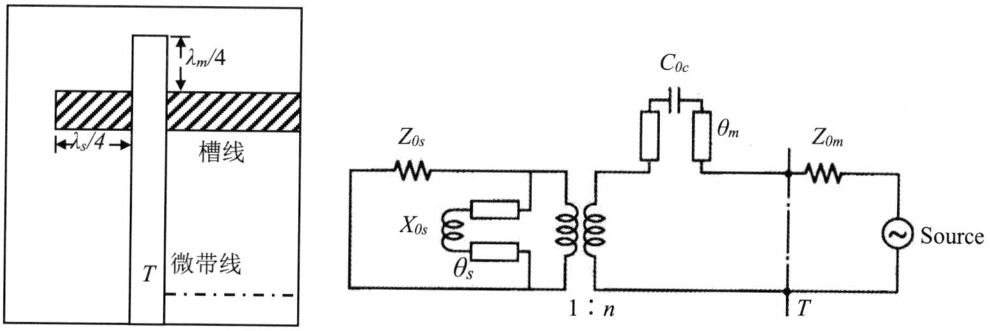

(a) 结构图　　(b) 等效电路

图 3.2-2　微带线—槽线转换巴伦

经过简化，如图 3.2-2(b)所示的等效电路可以重画为图 3.2-3(a)所示的形式。$\mathrm{j}X_m$，$\mathrm{j}X_s$ 和 n 的计算公式如式（3.2-1）～式（3.2-4）所示

$$\mathrm{j}X_s = Z_{0s}\frac{\mathrm{j}X_{0s} + \mathrm{j}Z_{0s}\tan\theta_s}{Z_{0s} - X_{0s}\tan\theta_s} \tag{3.2-1}$$

$$\mathrm{j}X_m = Z_{0m}\frac{1/\mathrm{j}\omega C_{0c} + \mathrm{j}Z_{0m}\tan\theta_m}{Z_{0m} + \tan\theta_s/\omega C_{0c}} \tag{3.2-2}$$

$$Z_{0s} = n^2 Z_{0m} \tag{3.2-3}$$

$$\begin{cases} n = \cos\left(2\pi\dfrac{h}{\lambda_0}u\right) - \cot(q_0)\sin\left(2\pi\dfrac{h}{\lambda_0}u\right) \\ q_0 = 2\pi\dfrac{h}{\lambda_0}u + \arctan\left(\dfrac{u}{v}\right) \\ u = \sqrt{\varepsilon_r - \left(\dfrac{\lambda_0}{\lambda_s}\right)^2} \\ v = \sqrt{\left(\dfrac{\lambda_0}{\lambda_s}\right)^2 - 1} \end{cases} \tag{3.2-4}$$

式（3.2-4）中的 h 表示介质基板的厚度，ε_r 表示介质基板的相对介电常数，λ_0 表示中心频率对应的自由空间波长，λ_s 表示中心频率对应的槽线导波波长。

经过转换后，从微带线输入端看进去的等效电路如图 3.2-3(b)所示，图中 R、$\mathrm{j}X$ 和 $VSWR$ 的计算公式如下

$$R = n^2\frac{Z_{0s}X_s^2}{Z_{0s}^2 + X_s^2} \tag{3.2-5}$$

$$X = n^2\frac{Z_{0s}^2 X_s}{Z_{0s}^2 + X_s^2} \tag{3.2-6}$$

$$VSWR = \frac{R - Z_{0m} + \mathrm{j}(X_m + X)}{R + Z_{0m} + \mathrm{j}(X_m + X)} \tag{3.2-7}$$

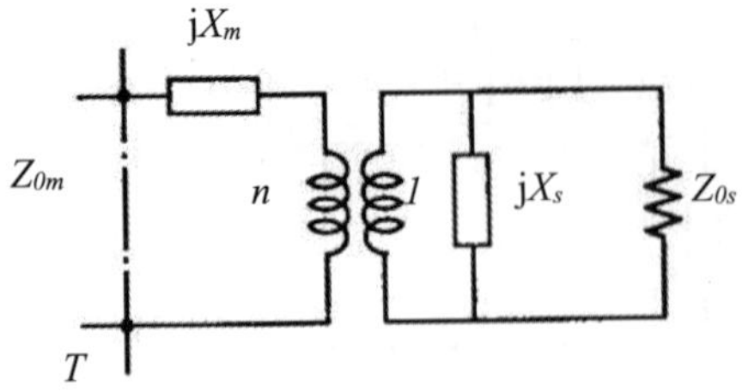

(a) 简化的等效电路

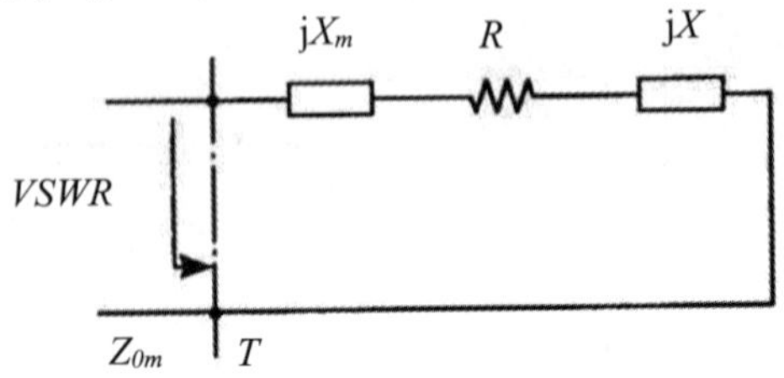

(b) 微带线输入端驻波比

图 3.2-3　简化等效电路及输入驻波比

由于传统的微带线－槽线转换结构中包含有λ /4 相关的部分，所以其本质上属于窄带器件。Schuppert 曾经在扩展其带宽方面进行过专门的讨论[29]。根据他的研究结果，通过控制λ /4 微带线和λ /4 槽线间的互耦，使得两者引入的感抗和容抗相互抵消，可以有效地扩展带宽。他提出了一种使用λ /4 圆形微带谐振腔和槽线谐振腔代替λ /4 均匀微带线和均匀槽线的结构，得到了带宽 1～16 GHz 的超宽带微带线－槽线转换巴伦。

如果正面的微带谐振腔和背面的槽线谐振腔都采用圆形结构，它们之间可能会产生重叠，影响效果，所以更常见的结构是使用微带扇形谐振腔，如图 3.2-4 所示。

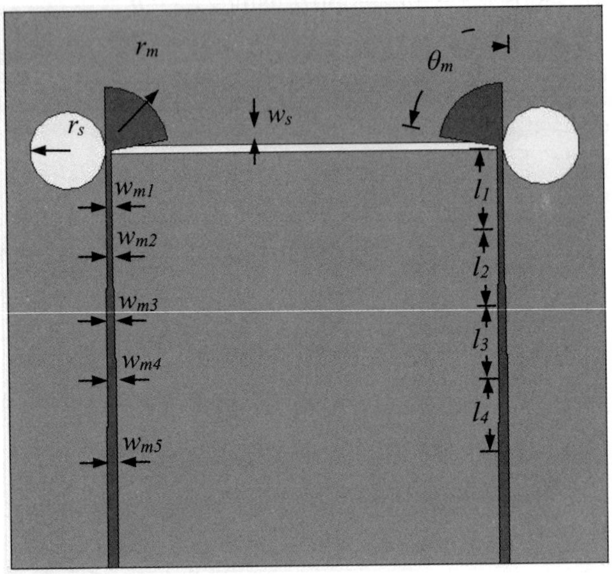

图 3.2-4　超宽带微带线－槽线转换巴伦

本节的目标是设计带宽为 0.5～3.9 GHz 的超宽带 Vivaldi 天线，因此首先需要设计满足此要求的微带线－槽线转换巴伦，其对应的中心频率为 2.2 GHz。在这里选用厚度为 1.5 mm、相对介电常数为 2.65 的聚四氟乙烯介质基板。槽线缝隙宽度与天线的辐射性能有关，这里暂时取

0.5 mm，其导波波长和特性阻抗可以根据下式进行计算[30]：

当 $0.02 \leqslant W/h \leqslant 0.2$ 时

$$\begin{aligned}\lambda_s/\lambda_0 &= 0.923 - 0.448\log\varepsilon_r + 0.2W/h \\ &\quad -(0.29W/h + 0.047)\log(h/\lambda_0 \times 10^2) \\ Z_{0s} &= 72.62 - 35.19\log\varepsilon_r + 50\frac{(W/h-0.02)(W/h-0.1)}{W/h} \\ &\quad + \log(W/h \times 10^2)[44.28 - 19.58\log\varepsilon_r] \\ &\quad -[0.32\log\varepsilon_r - 0.11 + W/h(1.07\log\varepsilon_r + 1.44)] \\ &\quad \cdot(11.4 - 6.07\log\varepsilon_r - h/\lambda_0 \times 10^2)^2\end{aligned} \tag{3.2-8}$$

当 $\leqslant W/h \leqslant 1$ 时

$$\begin{aligned}\lambda_s/\lambda_0 &= 0.987 - 0.483\log\varepsilon_r + W/h(0.111 - 0.0022\varepsilon_r) \\ &\quad -(0.121 + 0.094W/h - 0.0032\varepsilon_r)\log(h/\lambda_0 \times 10^2) \\ Z_{0s} &= 113.19 - 53.55\log\varepsilon_r + 1.25W/h(114.59 - 51.88\log\varepsilon_r) \\ &\quad + 20(W/h - 0.2)(1 - W/h) \\ &\quad -[0.15 + 0.23\log\varepsilon_r + W/h(2.07\log\varepsilon_r - 0.79)] \\ &\quad \cdot[10.25 - 5\log\varepsilon_r + W/h(2.1 - 1.42\log\varepsilon_r) - h/\lambda_0 \times 10^2]^2\end{aligned} \tag{3.2-9}$$

式中，W 表示槽线缝隙宽度，h 表示介质基板厚度，ε_r 表示介质的相对介电常数，λ_0 表示自由空间波长，λ_s 表示导波波长，Z_{0s} 表示槽线的特性阻抗。代入参数后计算得到中心频率 2.2 GHz 时的导波波长为 114 mm，特性阻抗为 95 Ω。由式（3.2-2）和式（3.2-4）得到 $n = 1.1$，$Z_{0m} = 78.5\ \Omega$。由微带线的特性阻抗和介质基板的参数计算微带线的尺寸和对应的导波波长，公式如下[31]：

$$\frac{W}{h} = \begin{cases}\dfrac{8e^A}{e^{2A} - 2} & \dfrac{W}{h} \leqslant 2 \\ \dfrac{2}{\pi}\left[B - 1 - \ln(2B-1) + \dfrac{\varepsilon_r + 1}{2\varepsilon_r}\left\{\ln(B-1) + 0.39 - \dfrac{0.61}{\varepsilon_r}\right\}\right] & \dfrac{W}{h} \geqslant 2\end{cases} \tag{3.2-10}$$

$$A = \frac{Z_{0m}}{60}\sqrt{\frac{\varepsilon_r + 1}{2}} + \frac{\varepsilon_r - 1}{\varepsilon_r + 1}\left(0.23 + \frac{0.11}{\varepsilon_r}\right) \tag{3.2-11}$$

$$B = \frac{377\pi}{2Z_{0m}\sqrt{\varepsilon_r}} \tag{3.2-12}$$

$$\lambda_m = \frac{\lambda_0}{\sqrt{\varepsilon_e}} \tag{3.2-13}$$

$$\varepsilon_e = \begin{cases}\dfrac{\varepsilon_r + 1}{2} + \dfrac{\varepsilon_r - 1}{2}\left[\left(2 + \dfrac{12h}{W}\right)^{-1/2} + 0.041\left(1 - \dfrac{W}{h}\right)^2\right] & W/h \leqslant 1 \\ \dfrac{\varepsilon_r + 1}{2} + \dfrac{\varepsilon_r - 1}{2}\left(1 + \dfrac{12h}{W}\right)^{-1/2} & W/h \geqslant 1\end{cases} \tag{3.2-14}$$

式中，W 表示微带线宽度，h 表示介质基板厚度，ε_r 表示介质材料的相对介电常数，Z_{0m}

表示微带线的特性阻抗，λ_m表示微带线导波波长，ε_e表示有效介电常数。计算可得微带线宽度为 1.9 mm，中心频率对应的导波波长为 94 mm。由于槽线特性阻抗较高，所以经过巴伦转换后的微带线特性阻抗也较高，为了与电路中特性阻抗为 50 Ω的微带线匹配，需要增加一段阻抗变换电路，这里使用了一个五阶 Chebyshev 宽带阻抗变换器，由于设计方法成熟，所以这里直接给出计算结果，设计过程从略。

综合上面的计算结果，除微带线张角θ_m外，最终得到如图 3.2-4 所示的微带线－槽线转换巴伦的尺寸参数为：$W_s = 0.5$ mm，$r_m = 24$ mm，$r_s = 14$ mm，$W_{m1} = 1.9$ mm，$W_{m2} = 2.3$ mm，$W_{m3} = 2.8$ mm，$W_{m4} = 3.4$ mm，$W_{m5} = 4.1$ mm，$l_1 = 23.5$ mm，$l_2 = 23.4$ mm，$l_3 = 23.2$ mm，$l_4 = 23$ mm。

对于θ_m主要采用全波仿真的方法进行研究。如图 3.2-5 所示是使用 CST 软件仿真得到的θ_m分别为 60°、80°、100°和 120°时的 S_{11} 和 S_{21} 参数。从图中可以看到：当角度张开过大，如 100°和 120°时，由于微带线与背面的槽线相交，性能明显变差；当张开角过小，如 60°时，性能也会受到一定的影响，所以最终θ_m取值折中为 80°。

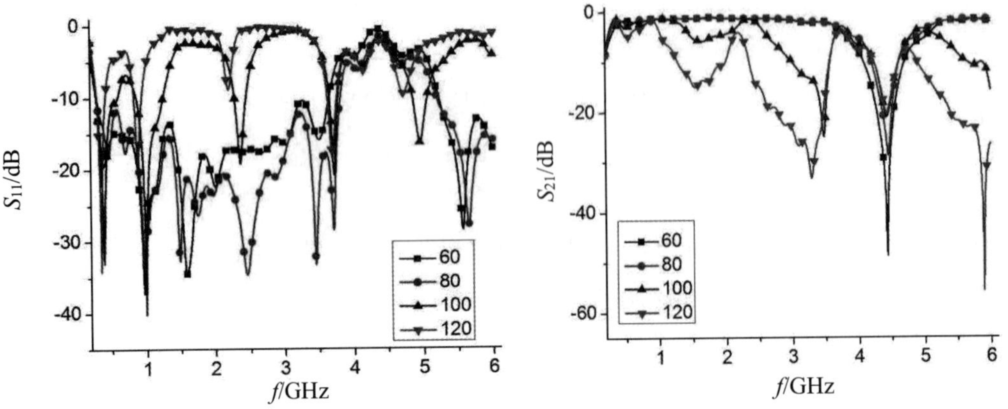

(a) S_{11} 参数　　(b) S_{21} 参数

图 3.2-5　不同的微带开路端张角对应的 S 参数

3.2.3　指数渐变槽线辐射器的设计

完成微带－槽线转换巴伦的设计后，下一步需要进行渐变槽线的设计。由于天线的有效辐射区包含在渐变槽线内，所以这一部分设计的成功与否将直接影响天线的辐射性能。

如图 3.2-6 所示，Vivaldi 天线的辐射部分是由一个宽度按指数函数逐渐展开的槽线构成的。槽线张开的最大宽度为 W_L，最小宽度为 W_H，过渡长度为 L。指数渐变线的函数表达式为

$$y = A \times \mathrm{e}^{Bx} + C \tag{3.2-15}$$

其中

$$A = W_L \frac{1}{D \times e^2} \tag{3.2-16a}$$

$$B = \ln\left\{\frac{D \times e^2}{W_L} \times \left[\frac{W_L}{2} + \frac{W_L}{3 \times e^2 - W_H / 2}\right]\right\} \times \frac{1}{L} \tag{3.2-16b}$$

$$C = \frac{W_H}{2} - \frac{W_L}{D \times e^2} \tag{3.2-16c}$$

由式（3.2-16）可以看到，天线的指数曲线由 D、W_H、W_L 和 L 四个变量确定。D 为一个与曲线变化速度有关的常数，D 越小，指数曲线变化速度越快，更接近一条直线；D 越大，曲线变化速度越缓慢。按照经验，W_L 的取值一般为天线低频截止频率对应波长的 1/2，W_H 的取值为天线高频截止频率对应波长的 1/50，L 的取值为天线中心频率对应波长的 2～3 倍。

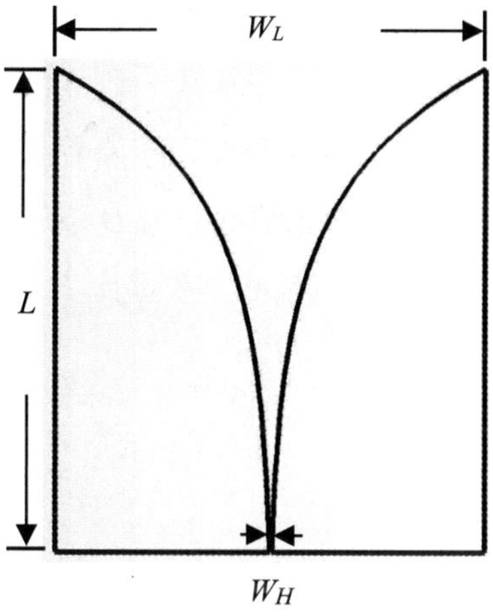

图 3.2-6　指数渐变槽线示意图

项目中所需要的天线带宽为 0.5～4 GHz，低频截止波长为 600 mm，高频截止波长为 75 mm，中心频率波长为 150 mm。按照上面提到的设计准则，取 $W_L = 300$ mm，$W_H = 1.5$ mm，$L = 300$ mm。D 的取值关系到曲线的变化率，因此也是影响天线辐射性能的关键参数之一。但是对其进行解析计算比较困难，这里使用数值仿真的方法进行研究。

仿真时天线介质基板使用厚度为 1.5 mm，介电常数为 2.65 的材料。如图 3.2-7 所示，当 W_L、W_H 和 L 取前面规定的值，D 分别取 5、15 和 30 时，天线 S 参数和增益的变化情况。

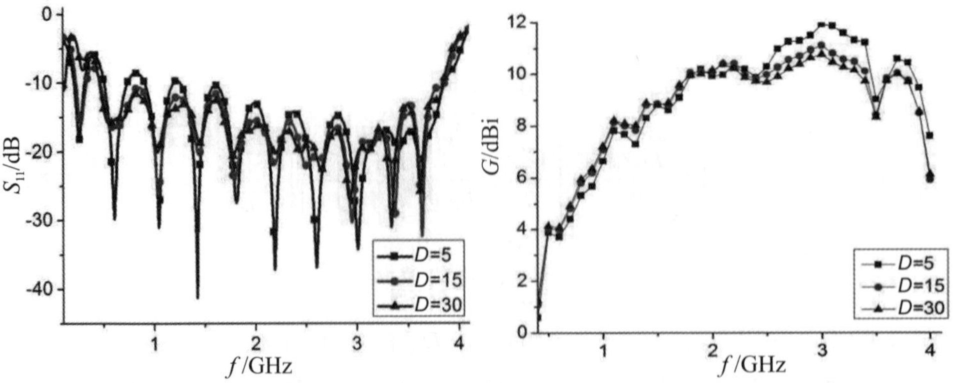

(a) 不同 D 值对应的 S_{11}　　(b) 不同 D 值对应的增益

图 3.2-7　D 的取值对天线性能的影响

从图 3.2-7 中可以看到，对于 S 参数，D 取值为 5 时低频的 S 参数较差，大于−10 dB；D 取值为 15 和 30 时，S 参数效果较好，并基本一致，没有太大区别，所以首先排除了 D=5 这种情况。对于增益，随着 D 取值的增大，低频增益变大，高频增益变小。将 D=15 和 D=30 两种情况进行对比：D 取 15 的低频增益与 D 取 30 的低频增益相比略有变小，但变化不大，小于 0.2 dB；而 D 取 15 的高频增益明显比 D 取 30 大，平均高 0.5 dB。综合 S 参数和增益，最终取 D=15。

3.2.4　天线加工与测试

完成指数渐变曲线的设计后，将其与前面设计的微带线－槽线转换巴伦组合并进行一些微调，就完成了整个天线的设计。最终的天线实物图如图 3.2-8 所示，天线尺寸为 385 mm×300 mm，厚度为 1.5 mm，介质基板材料为聚四氟乙烯，相对介电常数为 2.65。

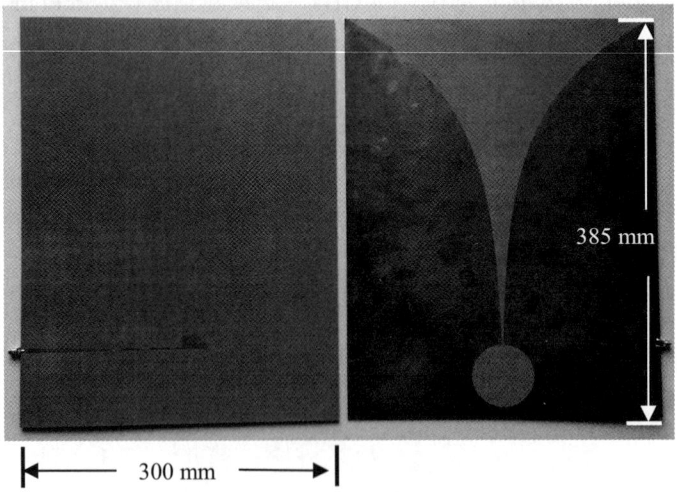

图 3.2-8　Vivaldi 天线实物图

完成天线加工后，对其进行了测试，如图 3.2-9 所示为 *S* 参数的仿真和测试结果对比。从图中看到，两者吻合很好，–10 dB 带宽为 480 MHz～3.9 GHz，约 3 个倍频程，比预期的频率范围低了一些，但仍然满足要求。

如图 3.2-10 所示是方向图测试实验现场照片。使用 SATIMO 公司生产的近场多探头微波暗室进行测量，测量频段为 0.8～3.8 GHz，步长为 0.1 GHz。

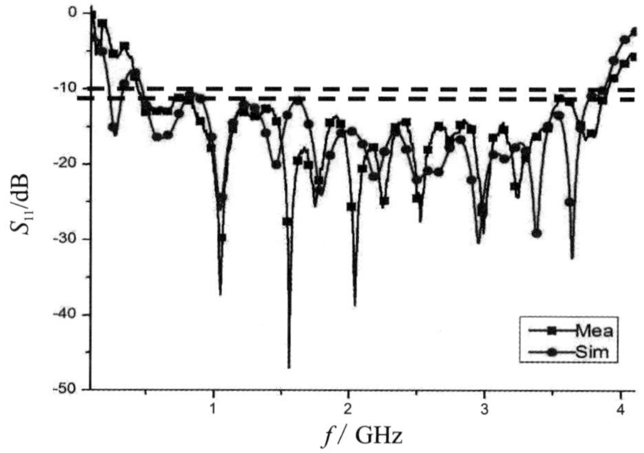

图 3.2-9 天线 *S* 参数的仿真与测试结果对比

图 3.2-10 天线方向图测试现场照片

如图 3.2-11 所示是几个典型频点处天线 E 面和 H 面方向图的仿真与测试结果对比，分别为 0.8 GHz、1.5 GHz、2.5 GHz 和 3.5 GHz，仿真与测试结果基本吻合。

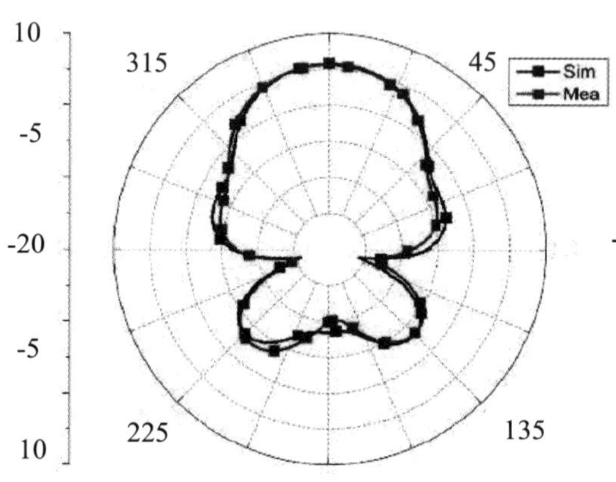

(a) 0.8 GHz，E 面

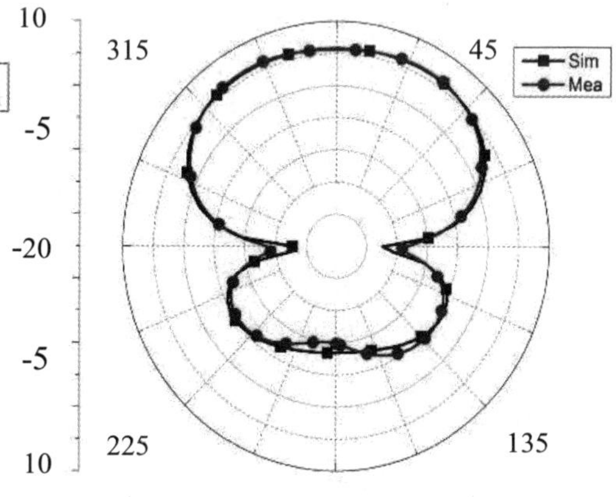

(b) 0.8 GHz，H 面

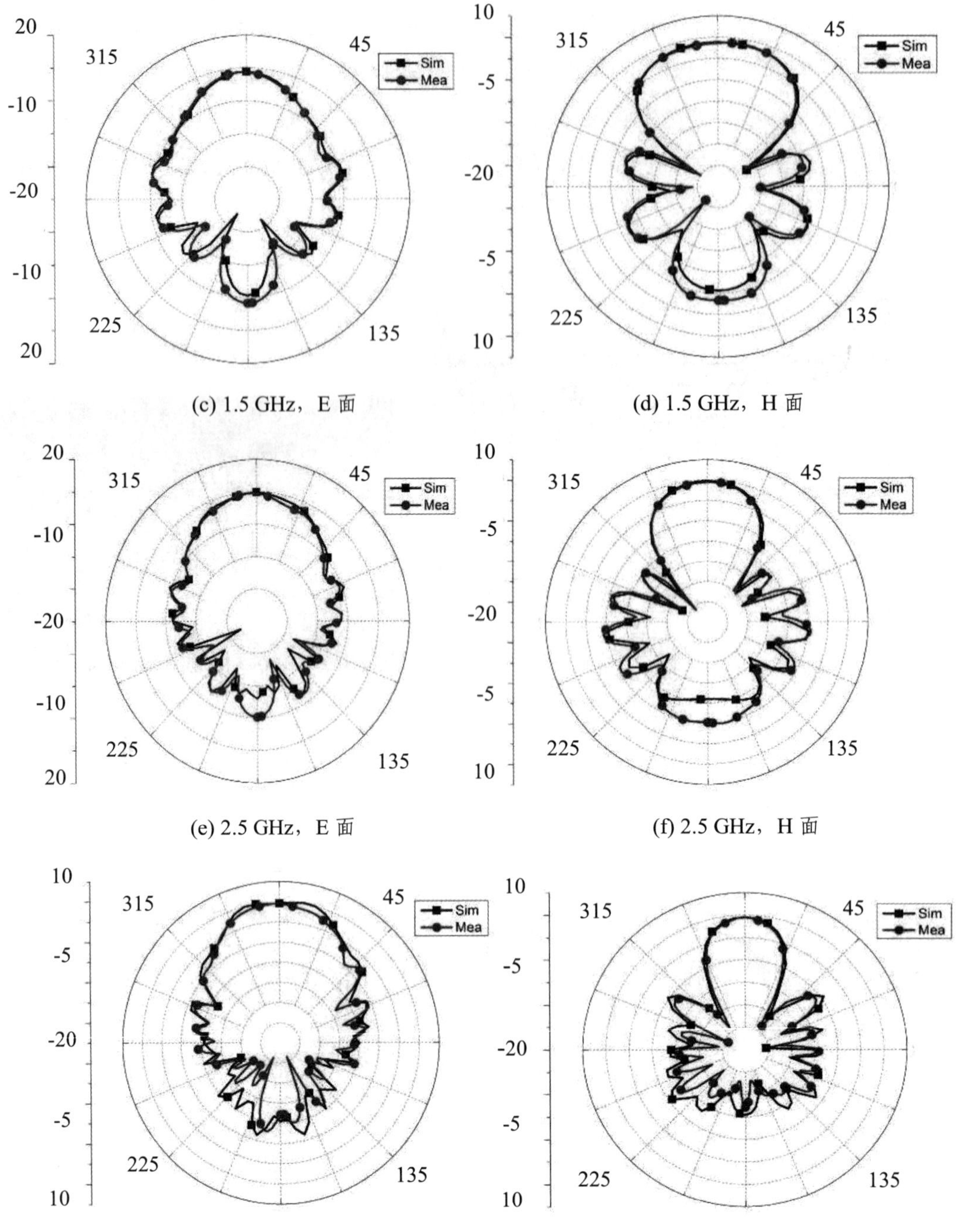

(c) 1.5 GHz，E 面　(d) 1.5 GHz，H 面

(e) 2.5 GHz，E 面　(f) 2.5 GHz，H 面

(g) 3.5 GHz，E 面　(h) 3.5 GHz，H 面

图 3.2-11　不同频率的 E 面和 H 面方向图仿真与测试结果

图 3.2-12 给出的是仿真与测试的增益对比。在 2.8 GHz 以下两者吻合得很好，2.9～3.4 GHz 有一些误差，实测的增益最多比仿真的低 1 dBi。实测结果在 1.5 GHz 以上都大于 9 dBi。

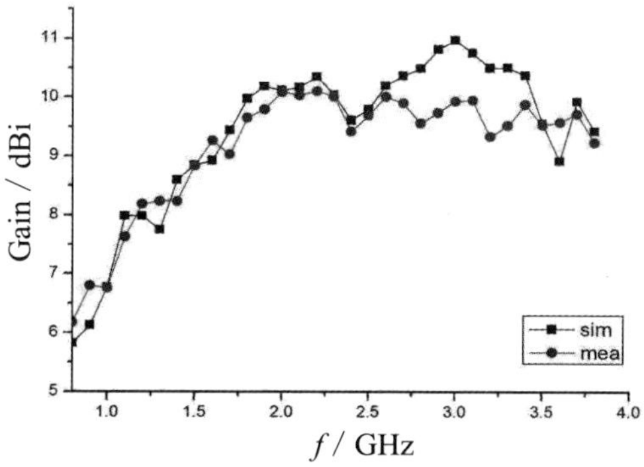

图 3.2-12 仿真与实测天线增益对比

3.2.5 天线时域性能研究

虽然从上面的频域结果看，天线性能满足预期的要求，但实际上对于辐射冲激信号的时域天线来说，从频域测试结果上并不能直观地评估天线的性能。这是由于冲激信号具有非常宽的频谱，而天线的阻抗、方向图等性能参数在宽频带内通常会有明显变化。在某一特定的脉冲源激励下，天线的时域性能是天线各个频率的阻抗和辐射性能与激励脉冲频谱加权平均的结果。所以天线的时域性能是由天线和脉冲源共同决定的，即使相同的天线在不同的信号源激励下也可能表现出截然不同的性能，这是时域天线与频域天线的一个显著区别。

为了研究天线的时域特性，在仿真时做了如下设置。如图 3.2-13 所示，在天线的 E 面和 H 面，距离天线 3 m 的地方放置一圈电场探针，每两个探针之间角度相差 5°，探针方向与天线的电场极化方向相同。设置天线的激励信号为实验中脉冲源产生的实际脉冲。仿真结束后记录各个探针接收到的波形，并将其代入式（3.1-1）和式（3.1-4）计算天线的时域方向图及保真系数等参数。

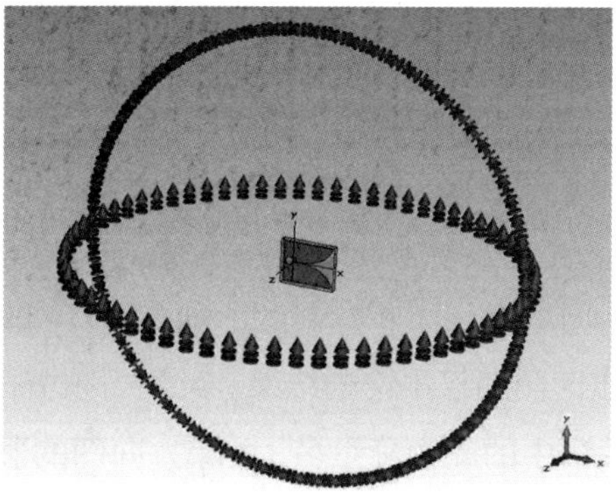

图 3.2-13 天线时域特性的仿真设置

如图 3.2-14 所示是利用图 3.2-13 设置在各个方向上的探针仿真数据，由式（3.1-4）计算得到的天线 E 面和 H 面的波形保真系数。

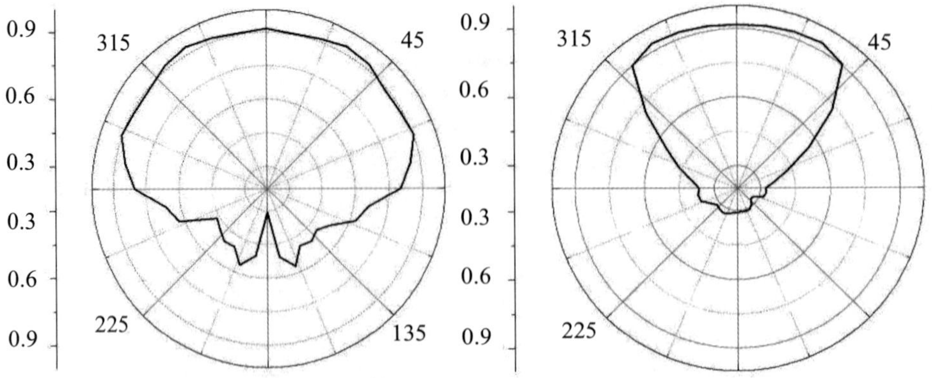

(a) E 面波形保真系数　　　　(b) H 面波形保真系数

图 3.2-14　天线 E 面与 H 面的波形保真系数

从图 3.2-14 可以看出：天线的保真性能很好，E 面的保真系数在±70°之内都大于 0.9；H 面稍差，但是也可以保证在±50°之内大于 0.9，在很大的角度内都能够保证优良的时域波形保真性。

如图 3.2-15 所示是利用探针仿真数据由式（3.1-1）计算得到的 E 面和 H 面的时域方向图。

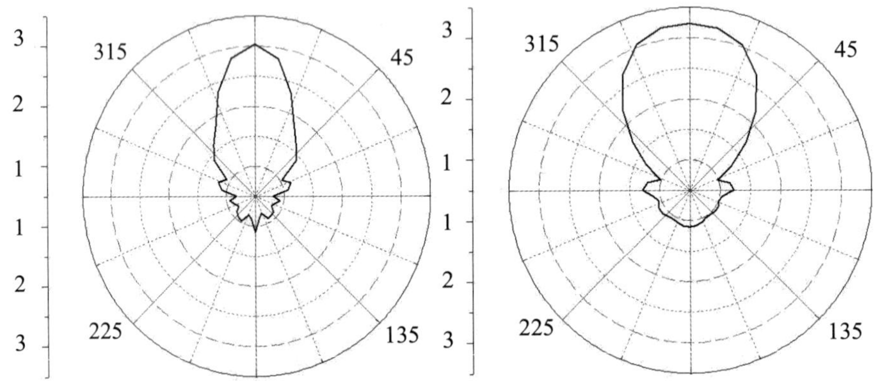

(a) E 面时域方向图　　　　(b) H 面时域方向图

图 3.2-15　E 面与 H 面时域方向图

由图 3.2-15 可以看到，时域方向图和任何一个频率的方向图都不相同，而是激励信号的频谱与天线各个频率的方向图加权平均的结果。天线高频增益较高，低频增益较低，如果使用脉宽窄的脉冲源，频谱中的高频分量多，时域方向图的形状会更接近高频时的频域方向图；如果使用脉宽宽的脉冲源，频谱成分中大多数是低频分量，则时域方向图的形状更接近低频时的频域方向图。由于仿真和实验时使用的是上升沿为 130 ps，带宽为 2.7 GHz 的脉冲信号，频谱中含有大量的高频成分，所以时域方向图的形状主要由高频时的方向图决定，波束宽度较窄。E 面 3 dB 波束宽度为 50°，H 面 3 dB 波束宽度为 66°。

最后测试了天线的时域脉冲响应。两根天线相距 3 m 正对放置，一根作为发射天线，另一根作为接收天线，观测接收波形，并与相同条件下的仿真结果进行对比。实验现场如图 3.2-16 所示。

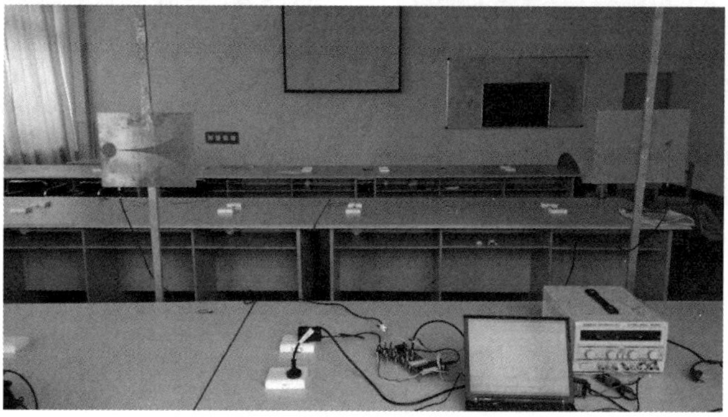

图 3.2-16 天线接收波形实验测试

如图 3.2-17 所示是仿真时所用的激励信号和接收波形以及实验时所用的激励信号和接收波形。实验使用的信号源是自制的 SRD 脉冲发生器，产生的脉冲上升沿约为 130 ps，幅度为 12 V，带宽为 2.7 GHz。接收信号使用 Agilent 公司生产的宽带高速实时示波器 Infinium 54855A 观测，示波器的模拟带宽为 6 GHz，实时采样率为 20 Gsps，能够满足测试要求。

从图 3.2-17 所示的结果可以看到，仿真波形与实测波形吻合得很好，天线具有优良的波形保真性能。

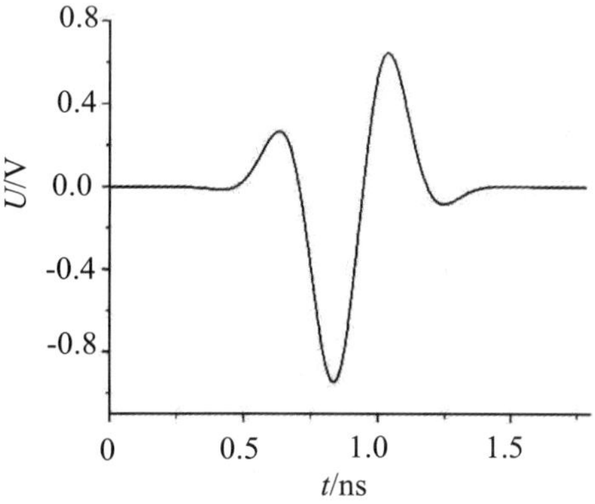

(a) 仿真的激励信号

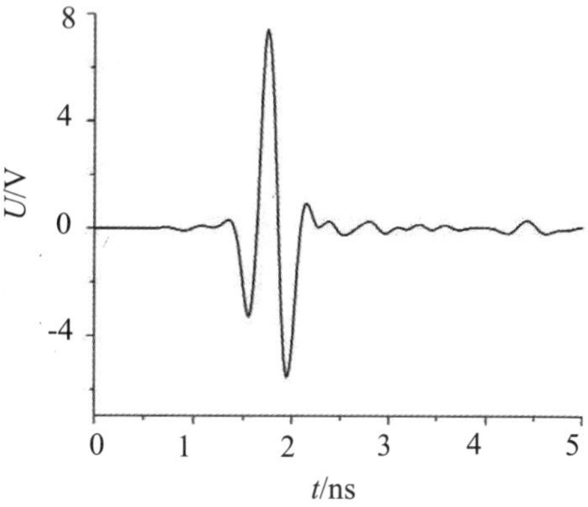

(b) 仿真的接收信号

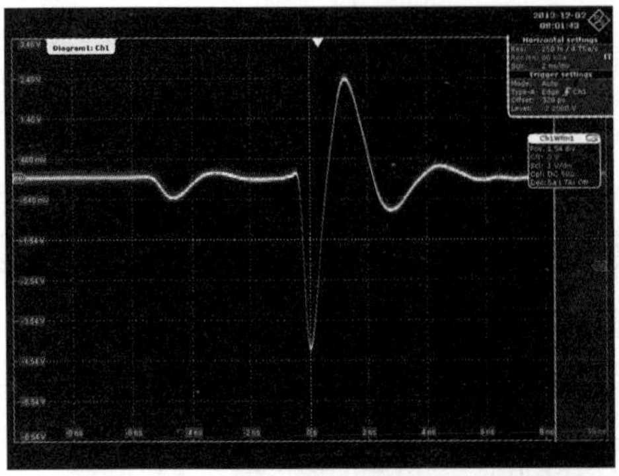

(c) 实验的激励信号

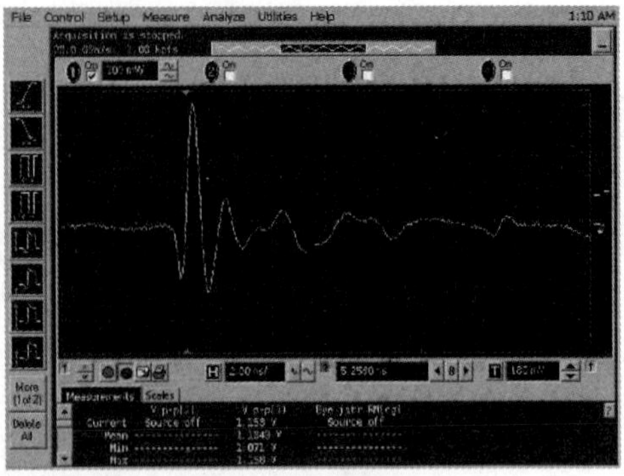

(d) 实验的接收信号

图 3.2-17　仿真与实验的激励信号和接收信号对比

3.3　优化的异面结构 Vivaldi 天线设计

由于项目需求的高峰值功率时域宽带天线需满足高增益、高定向性、小型化、拖尾信号较少等特点。另外，在兼顾天线辐射的同时，需要尽量压缩天线尺寸，方便组阵，并控制成本，以满足实际应用的要求。结合 3.2.1 节所述 Vivaldi 天线的优点，选用异面结构 Vivaldi 天线进行优化设计。

3.3.1　异面 Vivaldi 天线设计

Vivaldi 天线已经经过了数十年的发展，包括变形成“心形”“Z 字形”天线，较为常见的 Vivaldi 天线如图 3.3-1 所示[31]。

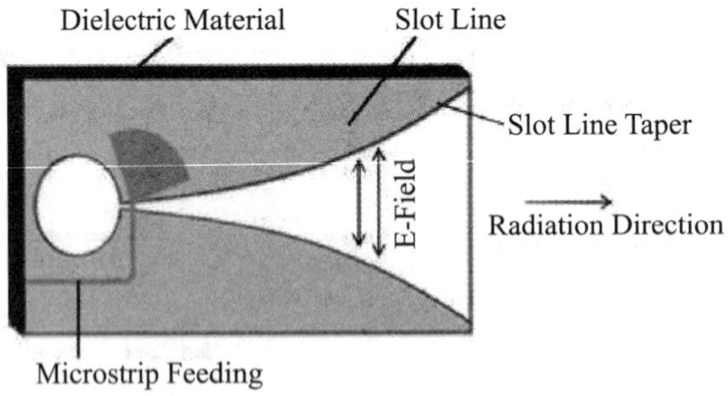

图 3.3-1　典型 Vivaldi 天线[32]

其中槽线的设计通常是根据宽带阻抗匹配完成的，在实际设计中常用指数曲线代替，其中最大开口处尺寸对应了辐射电磁波最长波长的二分之一。通常 Vivaldi 天线的两块辐射贴片可分为共面或者异面，其中异面的 Vivaldi 天线被称为对拓结构。考虑到实际应用中馈入端馈入高峰值电压窄脉冲，如果馈电的正负极板相距太近，容易导致火花放电，所以设计中考虑采用对拓结构的方式。典型对拓结构 Vivaldi 天线的馈电方式通过一段 50 Ω

微带线，通过一段弧线或四分之一圆弧和馈电点相连。在实际应用中，这一方式会增加天线的尺寸（尤其当工作频率较低时，对应四分之一波长较长），因此，设计过程中未考虑这一方面的设计，但在实际测试中，未加微带匹配的 Vivaldi 天线满足应用需求。该异面结构 Vivaldi 天线的原始结构如图 3.3-2 所示。

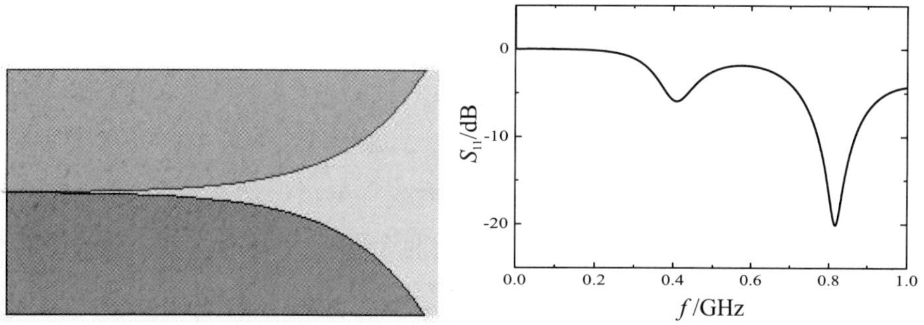

(a) 天线结构图　　(b) 对应的 S_{11}

图 3.3-2　设计的 Vivaldi 天线和 S 参数

由图 3.3-2(b)可知，这一设计的工作频带主要集中在 800 MHz，其尺寸为 200 mm×290 mm。通过 S 参数可知该结构工作带宽较窄，且中心频率较高，需要对天线进行优化设计。虽然扩大开口能有效降低天线辐射低频，但天线整体尺寸会随之相应扩大，有悖小型化的初衷。考虑在左右辐射片外侧分别添加一个四分之一圆辐射片，通过曲线平缓过渡，使电流分布到左右两侧，从而提高天线的低频辐射能力，且体积不至于过大。改进后的天线结构如图 3.3-3(a)所示。

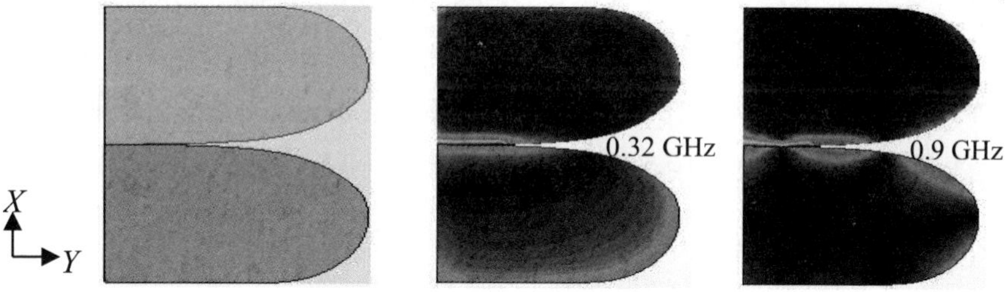

(a) 改进的 Vivaldi 天线及其电流分布

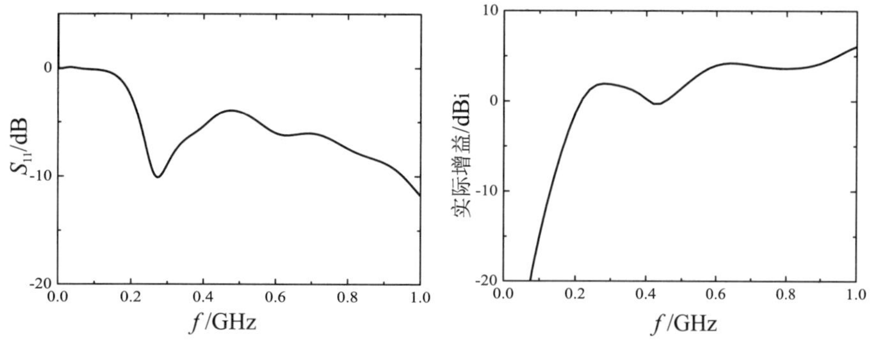

(b) S_{11} 与实际增益

图 3.3-3　改进后的 Vivaldi 天线及其频域参数

在图 3.3-3(a)中，天线尺寸仅在 x 方向上增加，在 y 方向上保持不变，而 S 参数在低频端有较大改进，尤其在中心频率附近辐射情况良好。然而，对于宽带天线而言，其工作带宽较窄，且 0.4～0.5 GHz 对应的半波长恰好处在圆辐射片外侧，这一区域电流分布极少，致使该频段电磁波难以向外辐射。由图 3.3-3(a)的中间图可知，在中心频率处电流分布在整个曲线外侧，可见通过在异面的两个辐射片外侧添加四分之一圆辐射片能够有效降低低频，且未改变 y 方向长度。然而这一种单纯拓宽 x 方向尺寸，限制 y 方向尺寸会使天线的方向图加宽，且阻抗匹配较差。另外，为了实际中能够对天线进行固定（由于螺钉定在辐射片处会对天线辐射情况产生影响），需对天线做进一步优化。基于这一考虑，对 Vivaldi 天线的两个辐射片进行切削，具体模型和实物图如图 3.3-4 所示。

结合实际应用，选用 3 mm 的 Fr4 介质板，天线尺寸 450 mm × 290 mm，加工精度为 0.1 mm，厚度约为 0.02 mm 的铜片印制在介质板上，表面镀上防氧化膜。馈电采用同轴线进行馈电，同轴接头焊接在卡槽处，便于固定，以免被长同轴线拉拽。

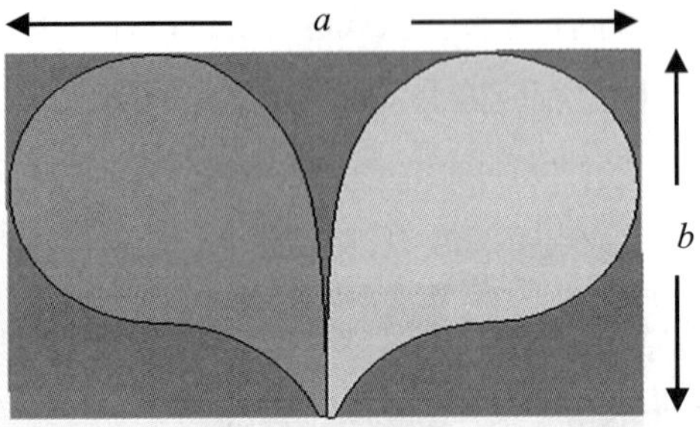

图 3.3-4　天线模型和实物图

3.3.2　异面 Vivaldi 天线优化

在 Vivaldi 天线里，影响天线辐射最主要的两个因素是整体尺寸和指数曲线。对于整体尺寸来说，尺寸越大，天线辐射信号的低频端越低。对于指数曲线来说，在一定的范围内，指数变化越缓慢天线对高频信号辐射性能越好，且整体辐射性能相对较好；而指数变化稍快，天线的低频辐射性能会变差。我们针对上面两个主要参数对天线进行优化，如图 3.3-5 所示。

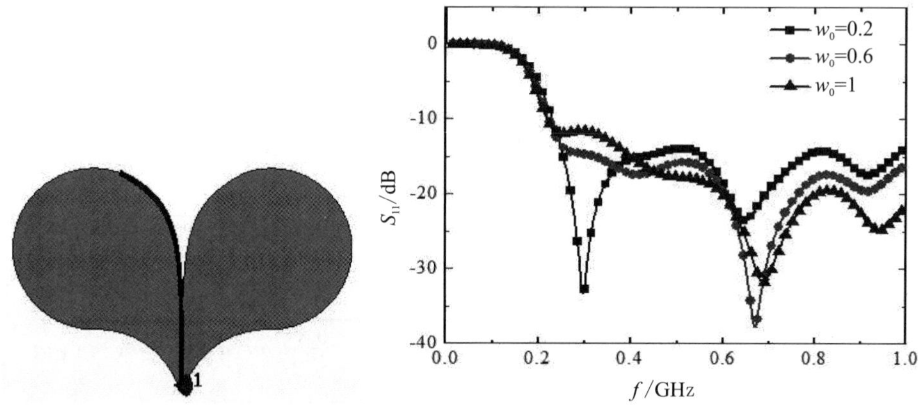

图 3.3-5 对异面 Vivaldi 天线上半曲线的优化

首先对该 Vivaldi 天线上半部分曲线进行优化。天线正负极板正对的指数曲线函数可以表示为

$$y = a \cdot \ln(\frac{x}{w_0}) \qquad (3.3\text{-}1)$$

由图 3.3-5 可知：当 w_0 越小时，指数曲线过渡越平均；当 w_0 无穷小时，则指数曲线可近似成一条直线。反之，当 w_0 越大时，曲线靠近馈源处过渡越缓慢，远离馈源处越剧烈。可以看出，对于 w_0 越大，低频辐射相对较好，对于馈入中心频率在 700 MHz 的一阶高斯脉冲，则 w_0 为 1 mm 时，天线辐射效果较好。

由于在 Vivaldi 天线的第二步改进中，电流分布在整个辐射面曲线的外侧，考虑到实际安装需要截去左右下侧部位，接下来对 Vivaldi 天线的下半曲线进行优化，如图 3.3-6 所示。

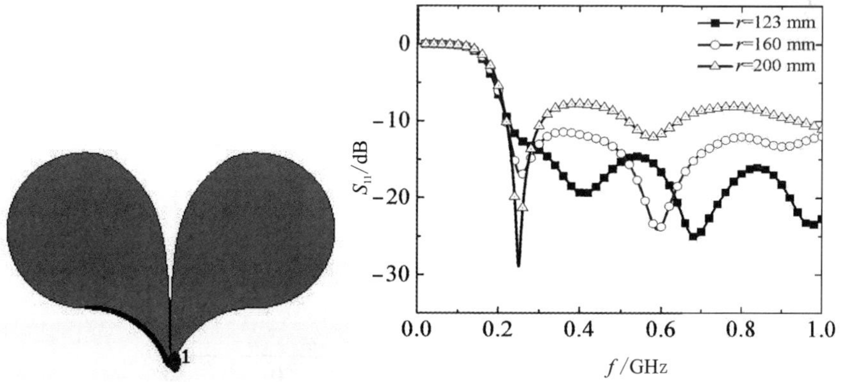

图 3.3-6 对异面 Vivaldi 天线下半曲线的优化

Vivaldi 天线的下半曲线是一段圆弧，由于馈电处的金属路径相对较窄，对下曲线的切削会极大地影响了上半曲线的电流分布，从而影响天线辐射，当切削半径越大，高频分量受影响越严重。对天线的整体尺寸进行扫参，即整体等比例的扩大天线辐射片和介质板的尺寸，等比例因子为 m，如图 3.3-7 所示。

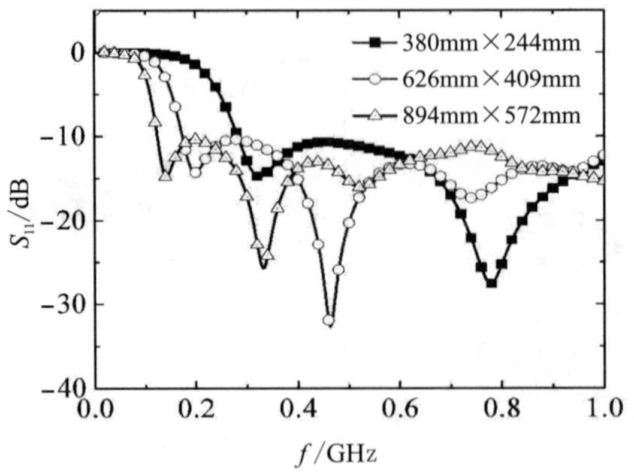

图 3.3-7 对异面 Vivaldi 天线的整体尺寸进行优化

由上图可知，天线尺寸越大则天线工作带宽低频越低，且整体辐射效果越好，综合考虑天线的实际需求，将天线的尺寸定为 450 mm × 290 mm。在左右被削去的弧形辐射片处，分别打上六个圆形通孔，可以用 φ3.5 的螺丝进行固定。通过仿真可知在该区域添加金属结构不会影响天线辐射。

3.3.3 异面 Vivaldi 天线仿真结果

在仿真过程中，采用归一化峰－峰值脉宽为 1 ns 的一阶高斯脉冲，对单元天线进行馈电，馈电方式采用离散馈电。探针放置在天线辐射的轴线上，距离天线为 5 m，探针方向和天线辐射电场方向保持一致。通过仿真得到的 Vivaldi 天线时域波形和时域特性，分别如图 3.3-8、图 3.3-9 所示。

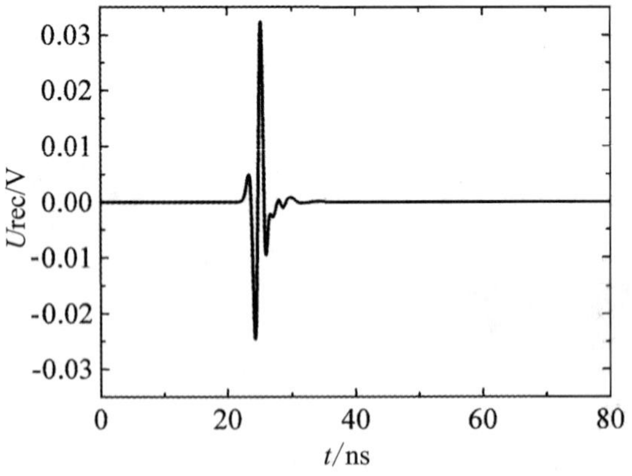

图 3.3-8 异面 Vivaldi 天线正对方向探针接收波形

由图 3.3-8 可知，天线辐射信号主波形清晰可辨认，探针接收波形的拖尾信号时间长度控制在 5 ns 以内，满足接收波形拖尾信号小的要求。由接收波形频谱可以看出，其能量主要分布在 370 MHz～1 GHz，这是由发射信号的频谱和天线的工作带宽共同决定的。

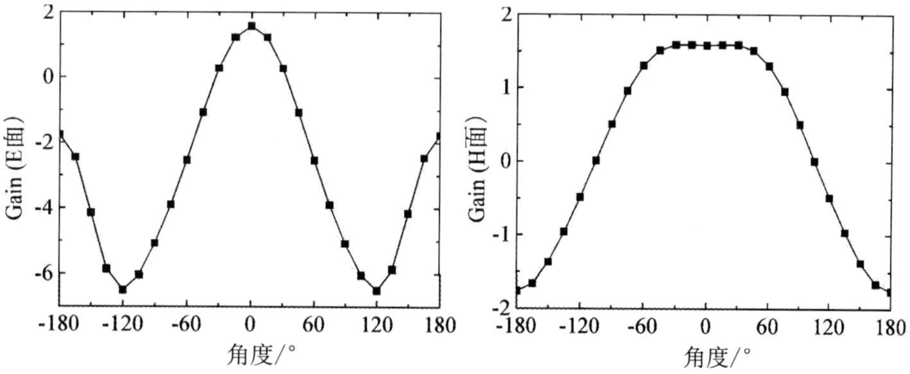

(a) E 面和 H 面的时域增益

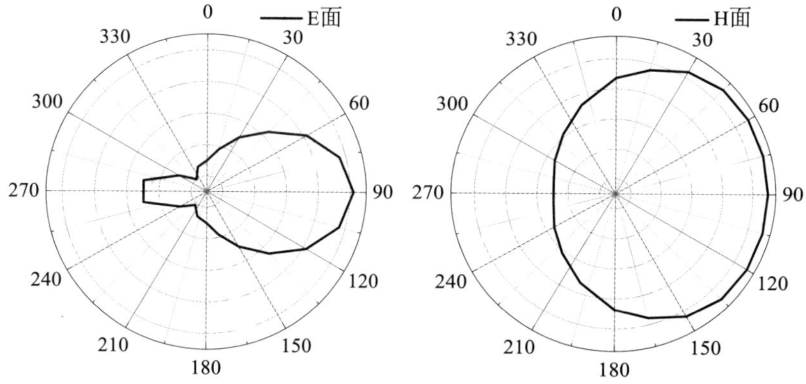

(b) E 面和 H 面的时域方向图

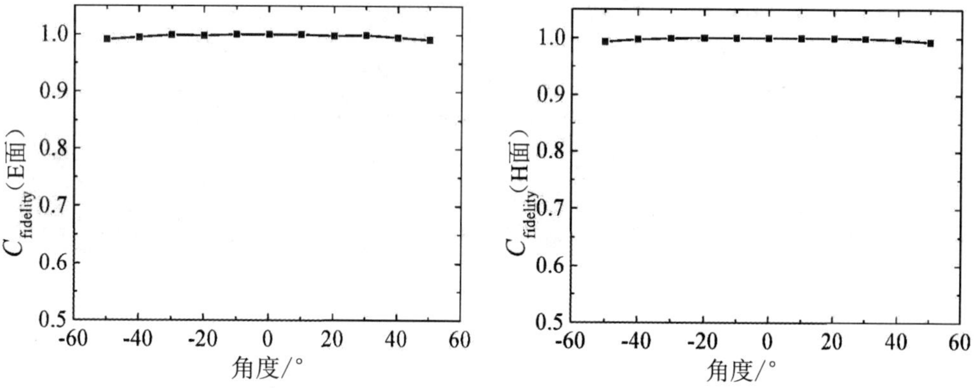

(c) E 面和 H 面的保真系数 $C_{fidelity}$

图 3.3-9　异面 Vivaldi 天线的时域特性

图 3.3-9 给出天线的时域增益、时域方向图，以及保真系数的仿真结果。由于对天线尺寸的限制，牺牲了天线的方向图，天线的时域增益大约为 1.8 dB，如图 3.3-9(a)所示，这是天线时域增益和小型化两个因素折中的结果。由图 3.3-9(b)可知，改进结构 Vivaldi 天线的 E 面方向图大约为±30°才可以满足项目的需求，而 H 面方向图大约为±90°。该天

线最显著的特点是辐射波形的保真系数比较高，如图 3.3-9(c)所示，在 E 面和 H 面±50°内范围保真系数均高达 95%以上，满足天线在较宽方向内保持较高的波形保真系数的要求。另外，由于项目需求中的实际探测距离较近，结合雷达方程可知项目对单元天线的时域增益要求不太高，这一需求同时保证了天线的小型化。而单个天线增益的不足的问题，可通过阵元数目来弥补。最终，优化的异面结构 Vivaldi 天线时域接收波形保持良好，拖尾信号较少，接收波形容易辨认，可以满足实际的需求。

3.3.4 异面 Vivaldi 天线实验测试

分别在实验室和天台对该异面结构 Vivaldi 天线进行了实验测试，测试内容包括天线的时域接收波形测试、功率合成和天线的时域方向图测试。

3.3.4.1 Vivaldi 天线接收波形

首先在实验室内对天线进行实验测试，实验测试场景如图 3.3-10 所示。测试过程中发射天线和接收天线分别被固定在支架上，距离地面高度相同。两个天线相向而立，接收天线位于发射天线辐射信号的轴线上，依次改变接收天线和发射天线之间的距离，观察天线间距离变化时接收天线接收信号峰－峰值的变化规律。

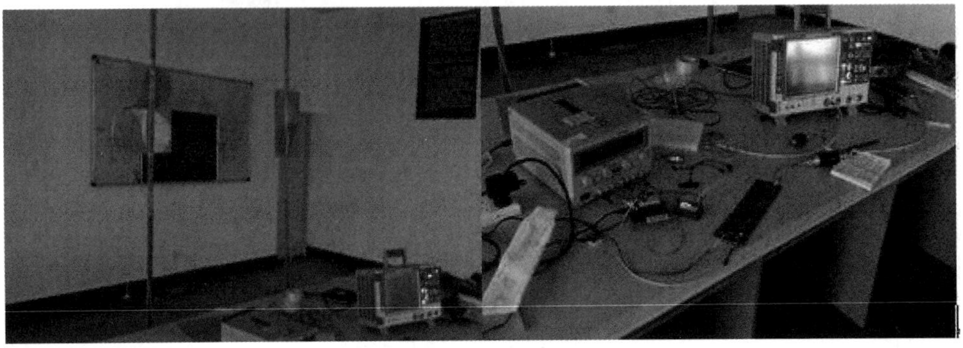

图 3.3-10 实验场景图

用双极脉冲激励天线进行实验时，天线辐射波形的合成效率较低。实验选用高斯脉冲信号源，波形如图 3.3-11(a)所示，峰值电压约为 2 300 V，半峰值脉宽大约为 1.3 ns。由于示波器采样精度不够高，采集到的脉冲信号波形不够平滑，且在幅值为零时存在矩形凸起。实际测试中脉冲信号源输出端依次经 30 dB 衰减器、同轴线连接至发射天线。接收天线经同轴线和示波器连接，示波器为罗德施瓦茨 RTO1024。

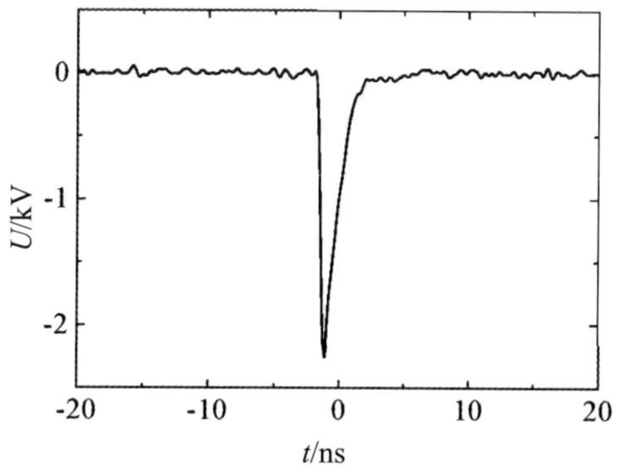

(a) 馈电脉冲波形

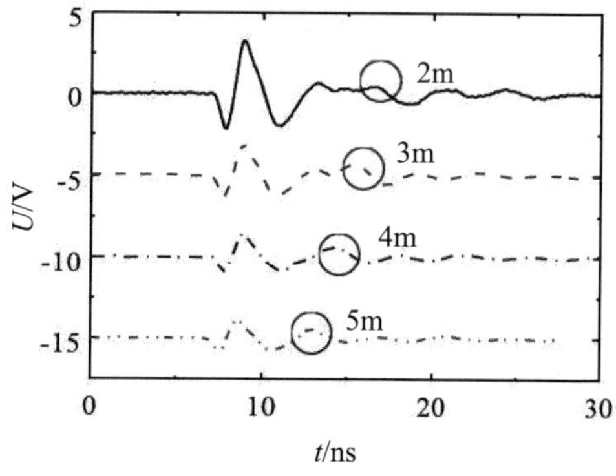

(b) 不同距离天线接收波形（图中圆圈位置不对）

图 3.3-11　实验测试结果

接收天线距发射天线距离从 2 m 到 5 m 的变化时，接收到的波形如图 3.3-11(b)所示，其中接收波形的峰－峰值随着收发天线距离的变化成指数曲线下降，即峰－峰值下降由快变慢。接收波形中和主波形的距离保持不变的拖尾信号，可以确定是源和天线之间带宽及阻抗不匹配造成的多次反射信号。当改变收发天线距离以及天线距地面高度时，图 3.3-11(b)中圆圈标注的拖尾信号会随之改变，可以判断该拖尾信号是由地面反射的信号。增加收发天线之间的距离，该拖尾信号和主波形之间的距离会相应减小。在室内测试中，由于地面、墙壁和天花板多种反射面的存在，使得天线接收波形后面的拖尾信号多且杂乱。当把和收发天线相连的同轴线换成 10 m 长的同轴线后，天线的直达波均可以较为清晰地辨认出来。

将主波形分离出来，读取其峰－峰值，可得到峰－峰值随着探测距离变化的曲线，如图 3.3-12(a)所示。峰－峰值随探测距离增加近似为一个反比例曲线，满足信号在空间传输按照反比例曲线衰减的规律。在峰－峰值数据读取时，由于室内杂波较多，信号传输距离较远(10 m 同轴线)，数据读取会有一定的误差，关于数据处理问题会在第六章进行详细的讨论。图 3.3-12(b)给出天线工作带宽的仿真和测试结果，两者基本吻合，且多个单元天线之间的一致性符合较好。

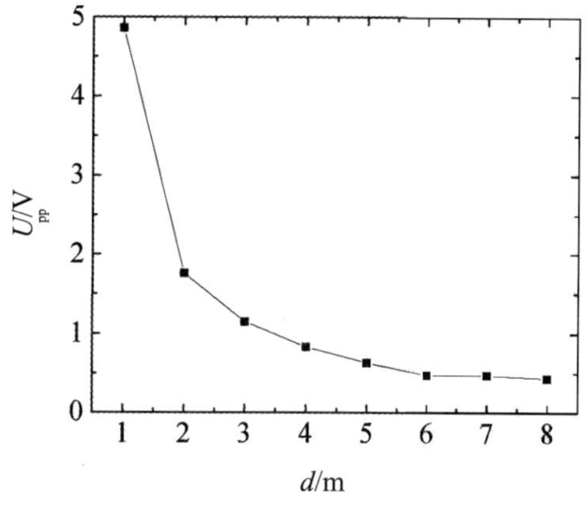

(a) 接收波形峰－峰值 U_{pp} 随距离 d 的变化

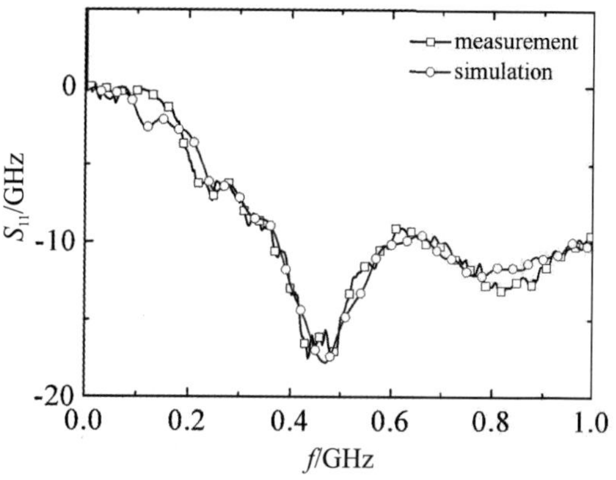

(b) 实测和仿真的 S 参数

图 3.3-12　单个天线测试数据

3.3.4.2　Vivaldi 天线的方向图

为减小室内环境的反射，对单元天线时域方向图的测试选在楼顶天台上进行。收发天线分别用 10 m 同轴线和示波器、源进行连接，10 m 同轴线衰减几乎为 3 dB。测试方向图过程中，两天线相距 2 m（位于天线的远场区域），根据电磁波传播的可逆性，通过旋转发射天线角度，固定接收天线方向，每隔 15°测试一个角，获得其时域方向图，如图 3.3-13、图 3.3-14 所示。在图 3.3-13 中，天线 E 面的时域方向图实测和仿真主瓣基本吻合，仅在尾瓣的两侧测量有所差异。与 E 面方向图相比，H 面的方向图测试和仿真结果符合得较好。

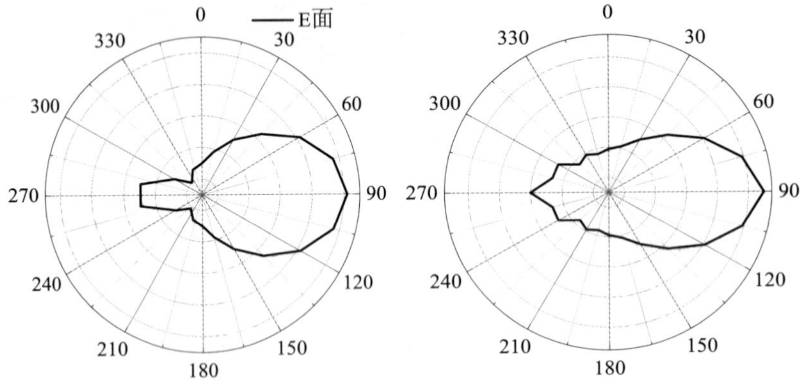

(a) 仿真结果　　(b) 测试结果

图 3.3-13　异面 Vivaldi 天线的 E 面时域方向图

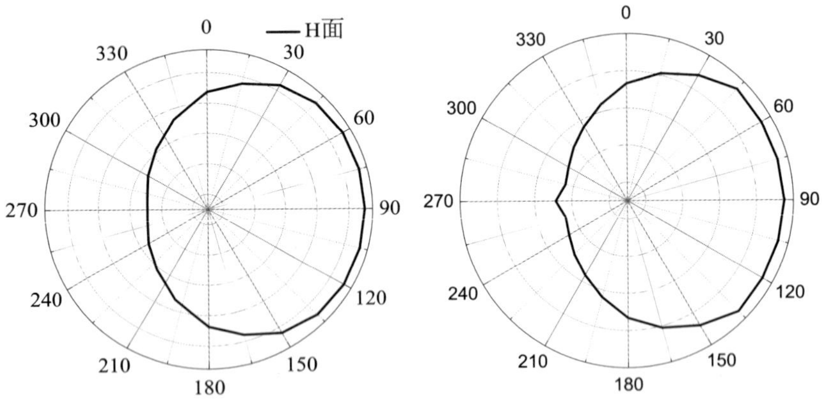

(a) 仿真结果　　(b) 测试结果

图 3.3-14　异面 Vivaldi 天线的 H 面时域方向图

由于测试条件较为简陋，角度读取不准确，误差较大，许多结果有待进一步实验验证。但从整体趋势来看，实测结果和仿真结果基本保持一致。随后，将天线放置在微波暗室中进行测试，得到天线频域方向图，和仿真结果做对比，以验证实测和仿真的吻合度。

频域方向图测试是在抗干扰国家重点实验室的微波暗室进行的，其测量范围低频为 750 MHz，考虑到实际工作带宽，选取 800 MHz 的频域方向图作为参考。由图 3.3-15、图 3.3-16 可以看出，该天线的 E 面的方向图较窄，H 面方向图较宽，测试结果与仿真符合良好，天线的实际性能和仿真基本吻合。

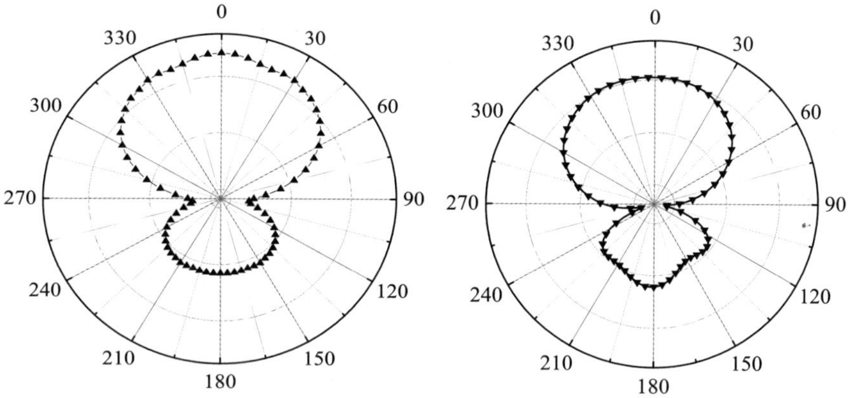

(a) 仿真结果　　　　(b) 测试结果

图 3.3-15　800 MHz 时天线 E 面方向图

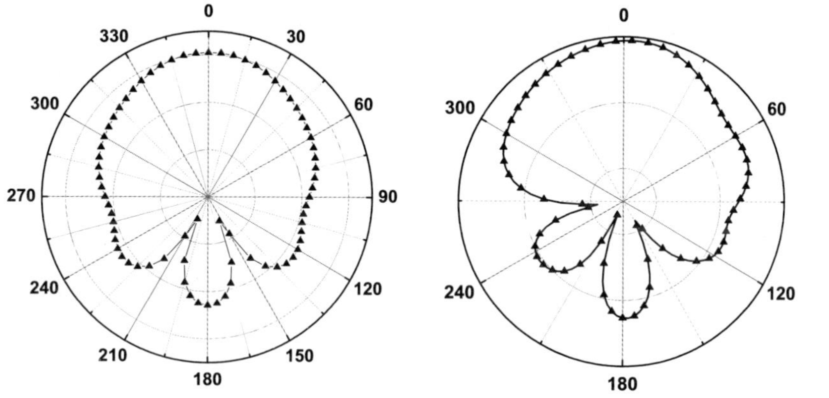

(a) 仿真结果　　　　(b) 测试结果

图 3.3-16　800 MHz 时天线 H 面方向图

3.3.4.3　Vivaldi 天线各方向上的波形保真系数

在仿真过程中，保真系数的定义是用不同方向接收波形和最大辐射方向接收波形峰–峰值进行对比，在软件中有相应的计算后处理程序。在实际测试中，仅通过观察波形是否标准、拖尾是否严重等现象对保真系数进行定性的分析，图 3.3-17 给出了 E 面和 H 面 0°、45°、90°时的接收波形。如图 3.3-17 所示，接收波形在 E 面和 H 面较宽的方向内均保持有较好的保真系数、主波形清晰可辨、拖尾信号较小，尤其是 H 面的接收波形，保真系数较好。

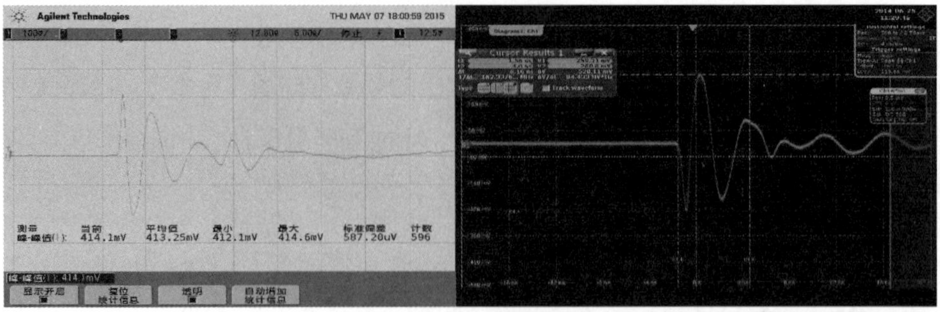

(a) 0°时的接收波形

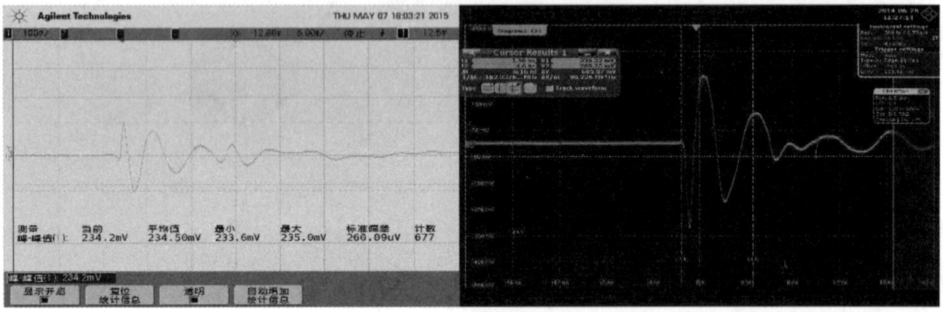

(b) 45°时的接收波形

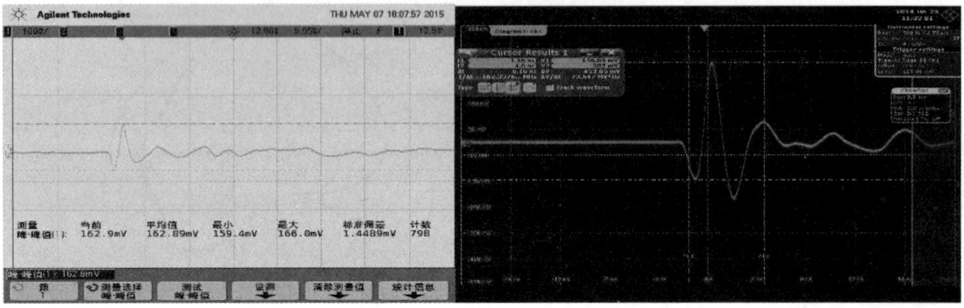

(c) 90°时的接收波形

3.3-17 实验测试中各方向的天线接收波形，左侧为 E 面，右侧为 H 面

3.3.4.4 Vivaldi 天线功率合成实验

该实验是在室内进行，仅进行了两个单元天线的功率合成实验。两个发射天线平行放置在支架上，距离地面高度均为 1.6 m，两天线水平间距为 0.5 m（该天线的远场区域大约为 0.5 m 远），接收天线位于两发射天线的中垂线上。两个相同的脉冲信号源分别经 30 dB 衰减器，馈入发射天线，接收天线通过 10 m 长同轴线和示波器相连。信号源参数和 3.3.4.1 节的信号源相同，测试结果如图 3.3-18(c)所示。由于在室内进行测试，墙壁、地板、桌子的目标物不可避免地会产生反射信号，对应图中主波形后面的拖尾信号。

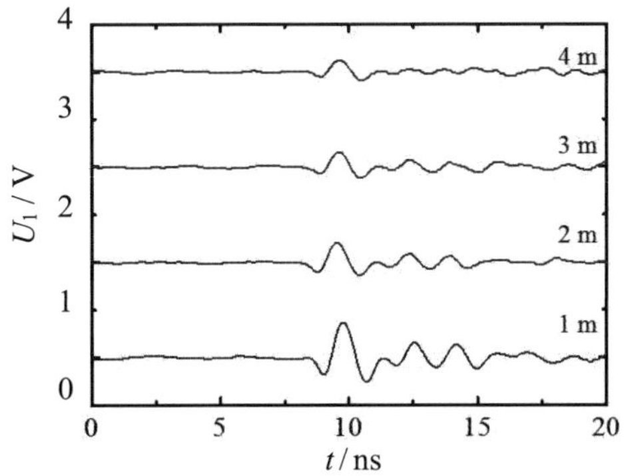

(a) 第一个天线信号

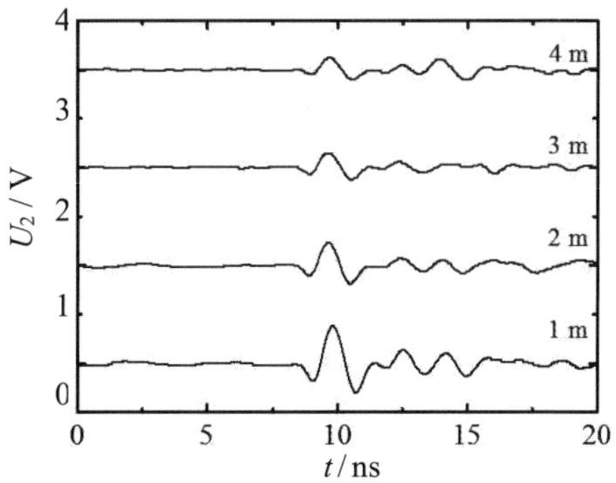

(b) 第二个天线信号

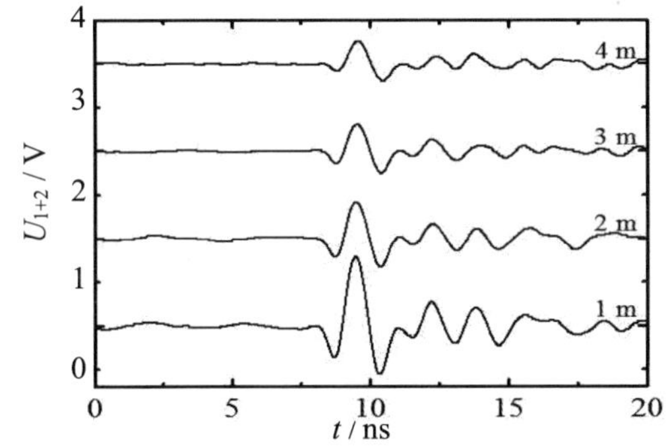

(c) 功率合成接收波形

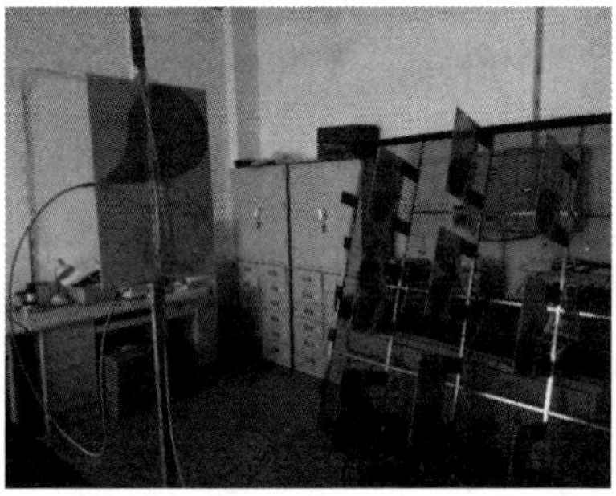

(d) 实验测试场景

图 3.3-18　Vivaldi 天线功率合成实验

图 3.3-18(a)和(b)分别代表只对其中一个发射天线进行馈电，接收天线固定时的接收波形，图 3.3-18(c)为同时对两个发射天线进行馈电时的接收波形。把图 3.3-18(a)和(b)相同距离处的主波形脉冲的峰–峰值叠加和图(c)的值进行比较，可以发现两个天线的合成功率高达 90%以上。另外，脉冲源通过衰减器，接收天线接收到的信号通过 10 m 长同轴线仍能有较好的接收波形，证明了通过阵列实现远距离探测的可行性。由于测试在室内进行，墙壁、地板、桌子的反射不可避免，随即产生了主波形后面的拖尾信号，通过上下移动收发天线位置，该拖尾信号随之变化。若在实际外场，较为空旷的地方进行实验，反射产生的拖尾信号将减小。

3.3.4.5　Vivaldi 天线与冲激信号源电磁匹配实验测试与分析

图 3-19(a)给出研制冲激信号源和辐射天线之间信号反射的实验测试结果，图 3-19(b)给出反射信号峰–峰值或幅值在各次反射中衰减的拟合函数，图中，拟合函数公式为

$$U(n)=U(0)\cdot 0.63^{(n-1)} \tag{3.3-2}$$

式中，n 表示周期性反射信号的第“n”次反射。

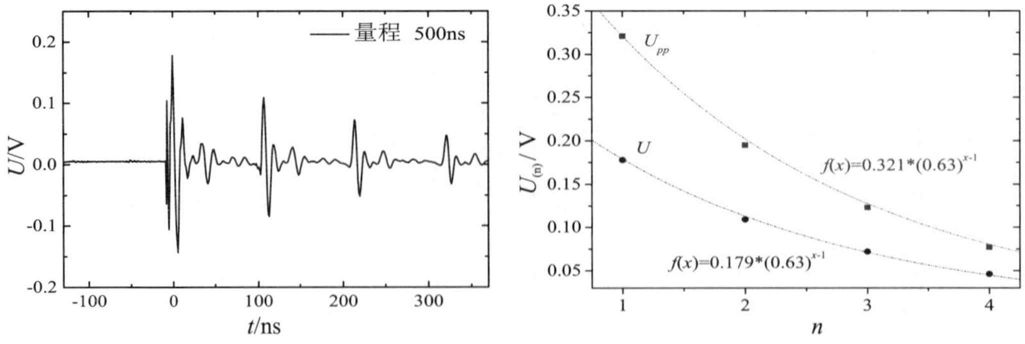

(a) 实验测试波形　　(b) 脉冲信号源与发射天线衰减系数拟合

图 3.3-19　脉冲信号源与发射天线反射波形测试及反射系数拟合

图 3.3-19(b)测试结果表明，冲激信号源与辐射天线之间的反射系数为 0.63，这与时域发射天线在冲激信号源频谱范围内阻抗参数剧烈变化的仿真计算和实验测试结果一致，也与文献报道的冲激信号系统信号源与发射天线之间的反射系数测试结果相当。

只要辐射天线在工作带宽范围内阻抗不能与冲激信号源匹配，如图 3-19(a)所示的反射现象就一定存在，但要在馈电冲激信号带宽内的所有频点，都保证天线输入阻抗为常数，这是很难实现的。不仅如此，类似的问题也同样存在于接收天线与接收系统中，例如如果一套冲激系统中，发射机系统和接收机系统都存在系统电磁匹配困难，要从这些强噪声信号中提取目标有效信息就变得比较困难。因此，冲激系统的电磁匹配问题，既是冲激系统工程应用急需解决的关键技术，又是一个难点技术。

在研究过程中，也探索了多种方法，希望能从冲激系统硬件研制方面有效解决信号源与天线间的电磁不匹配问题。图 3.3-20(a)是希望通过设计宽带渐变匹配线来实现两者间的电磁匹配，图 3.3-20(c)是对 S_{11} 参数仿真优化的典型结果——仿真结果的确改善了信号源和辐射天线的电磁匹配。但重新测试图 3.3-19(a)的实验结果，发现反射系数仅有小幅度改变（从 0.63 降为 0.50），这样的改善对冲激系统的工程应用意义不大，且渐变过渡线尺寸较大。图 3.3-20(b)是希望通过离散匹配网络来实现信号源和辐射天线的电磁匹配，比较图 3.3-20(d)和图 3-20(e)显示匹配网络前后的接收波形，可见尽管接收信号的幅度明显降低，但反射信号确得到很好抑制，该方法对馈电信号脉宽小于 500 ps 的冲激系统效果良好，但对脉宽更宽的冲激系统，反射信号同样不能得到有效抑制。

由于信号源与发射天线的反射信号是系统的固定“噪声”，除通过硬件系统抑制该类噪声信号外，另一种方法就是通过数据处理将它们抑制甚至消除，但是，这种方法只有当系统工作环境不变或变化缓慢的情况下较为有效。当冲激雷达系统工作在不同介质环境时，环境与雷达系统之间的各种耦合会改变系统的固有噪声信号参数，同样可造成目标有效信息提取困难的问题。

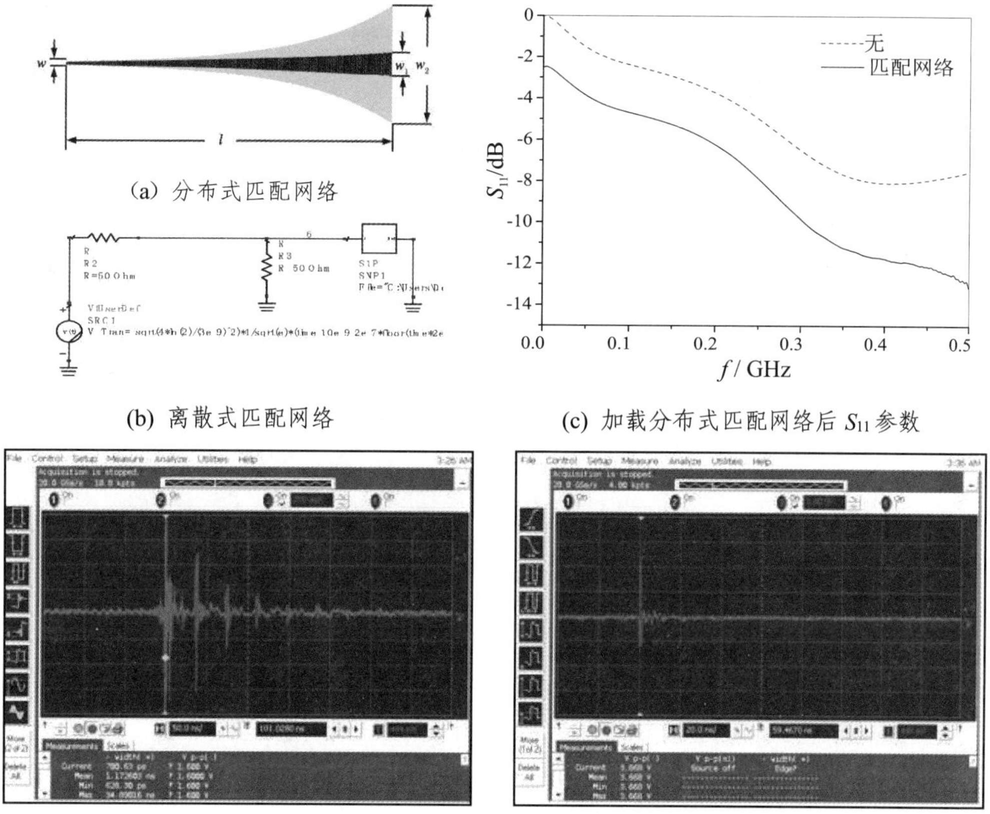

(a) 分布式匹配网络

(b) 离散式匹配网络

(c) 加载分布式匹配网络后 S_{11} 参数

(d) 不加载匹配网络接收波形

(e) 加载离散匹配网络接收波形

图 3.3-20 匹配网络对信号源和辐射天线电磁匹配的影响

3.4 双脊喇叭天线设计

由 3.3 节可知，优化的异面结构 Vivaldi 天线能够满足超宽带时域雷达的项目需求，可以有效辐射半峰值脉冲宽度约为 1.3 ns，峰值电压约为 2 300 V 的零阶高斯脉冲，并且能够有效地进行功率合成。为了进一步探寻提升增益的方法，考虑设计一款双脊喇叭天线。喇叭天线有着工作带宽宽、方向性好、时域增益高、抗电磁干扰能力强等特点，由于其较好的方向性，使其对周围阵元的干扰较小，有利于脉冲波形在空间的相干叠加。考虑到零阶高斯脉冲的最大能量分布在 0 Hz，所以将目标天线工作带宽的低频确定为 200 MHz、高频为 1 GHz。优化的异面结构 Vivaldi 天线结构如图 3.4-1 所示，天线辐射口径处的尺寸 a 和 b 在 500 mm 左右，馈电处 c 为 168 mm，d 为 188 mm；天线长度 L 为 800 mm；双脊宽度为 40 mm，双脊之间的最小间距 f 为 5 mm，为预防高压击穿空气造成打火。上下脊的曲线公式为

$$y = A\exp(bx) + c \tag{3.4-1}$$

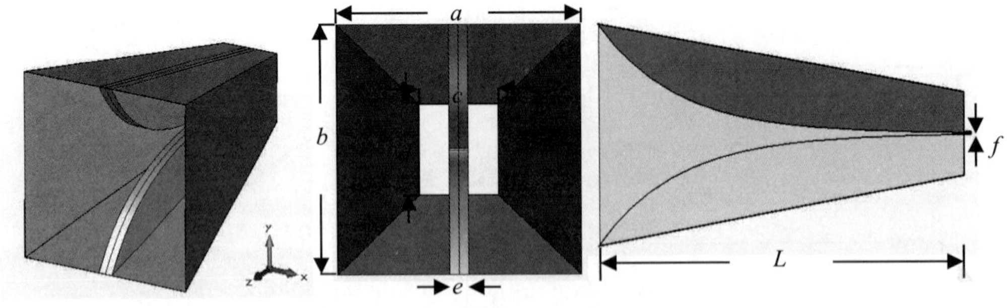

(a) 天线的结构及尺寸

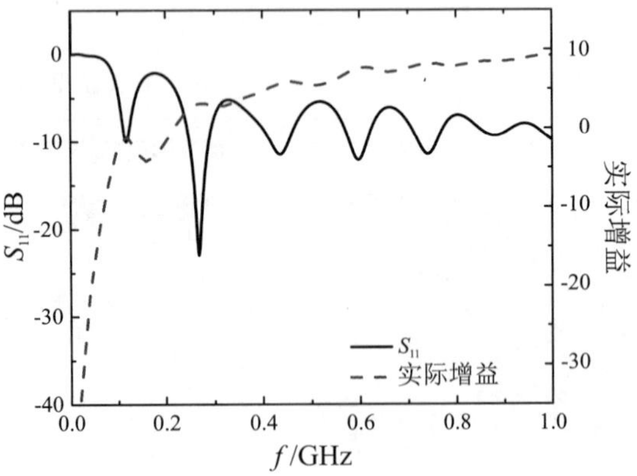

(b) 天线的频域增益和 S_{11}

图 3.4-1　基本喇叭天线结构及参数

固定起、始两个点，其中 f 为 5 mm，则 a、b、c 三个参数可以通过其中一个参数调节，实现对双脊曲线的控制。由图 3.4-1(b)的 S 参数可以看出，天线整体辐射效果不理想，工作带宽内各个频点对应的阻抗匹配情况一般，需要在基本结构基础上对天线进行改进。在边墙上添加周期性金属杆，不仅可以提升天线的阻抗匹配，还可以有效压缩天线在 H 面的方向图。其中金属杆间距相等，为 150 mm，金属杆宽度为 2 mm，仿真过程中金属杆选用 PEC 材料，厚度不计，具体结构如图 3.4-2 所示。

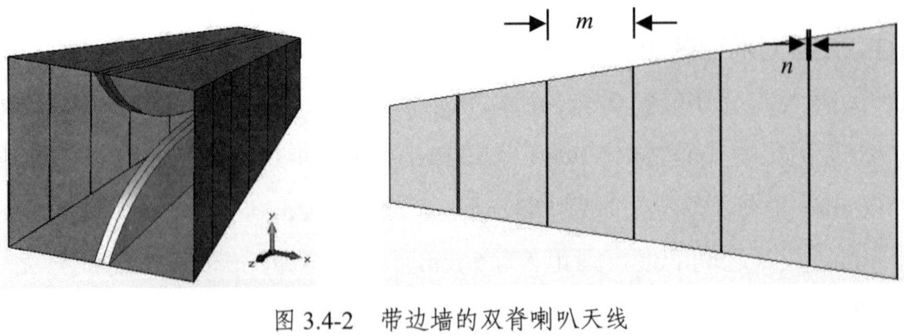

图 3.4-2　带边墙的双脊喇叭天线

在双脊喇叭左右两侧的边墙上加周期性杆状结构，不仅能起到固定上下反射板和上脊的作用，还能够提高辐射效率，如图 3.4-3 所示。相比于不加边墙的双脊喇叭天线，加边墙使回波损耗相对平滑，以–10 dB 为标准，天线的工作带宽几乎可以覆盖 250 MHz～1 GHz，且天线的辐射效率和实际增益都有较大的提升。

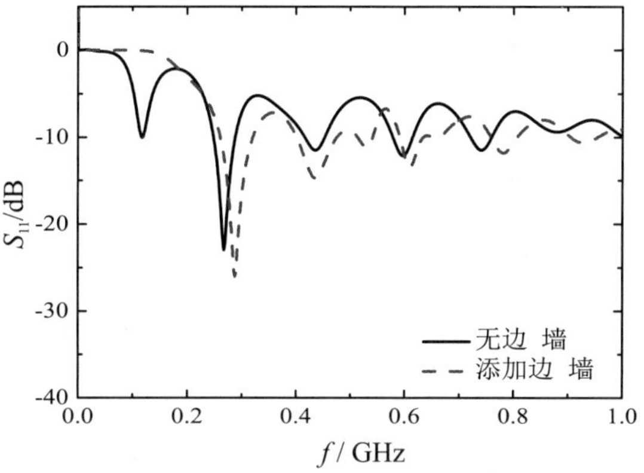

图 3.4-3　添加边墙前后 S 参数的变化

传统的喇叭天线在馈电点后侧通常会设计一个四分之一波长的短路腔，用于阻抗匹配、增强辐射效率、提高前后比。然而在我们的设计过程中，由于中心频率较低，设计匹配电路占据较大的空间，额外增加了体积，所以该设计中未采用短路腔。

接下来对双脊喇叭天线的双脊曲线、开口大小等参数进行优化。参数 m 即代表双曲线公式中的参数。当 m 越高，则曲线弧度越大，一直增加 m 值以至于上下两脊就会重合；相反，m 越低，则双脊曲线越趋于直线。对于 S 参数而言，m 的大小直接影响了低频和天线的整体辐射效果（如图 3.4-4 所示）。然而，由于双脊的曲率只能在一定范围内变动，所以在小范围内 m 的大小对天线的辐射情况改善不大。

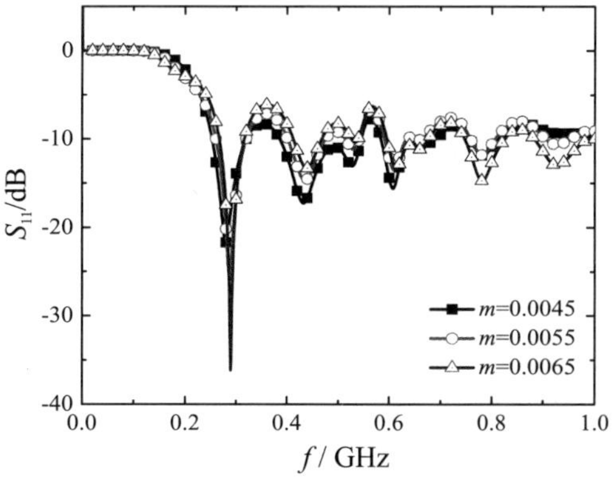

图 3.4-4　不同曲率 m 对 S 参数的影响

通过天线的辐射口径改变天线的辐射效果，结果如图 3.4-5 所示（此时 m 为 0.0045）。

当双脊喇叭天线其他参量不变，仅增大辐射口径，天线的辐射性能有所改善，尤其是天线的低频辐射；然而仅有限增大辐射口径处尺寸，天线辐射效率的提升并不明显。综合考虑实际项目的需求，最后确定天线的口径大约为 500 mm × 500 mm。馈电处采用同轴线进行馈电，通过仿真得到双脊喇叭天线的时域参数如图 3.4-6 所示。

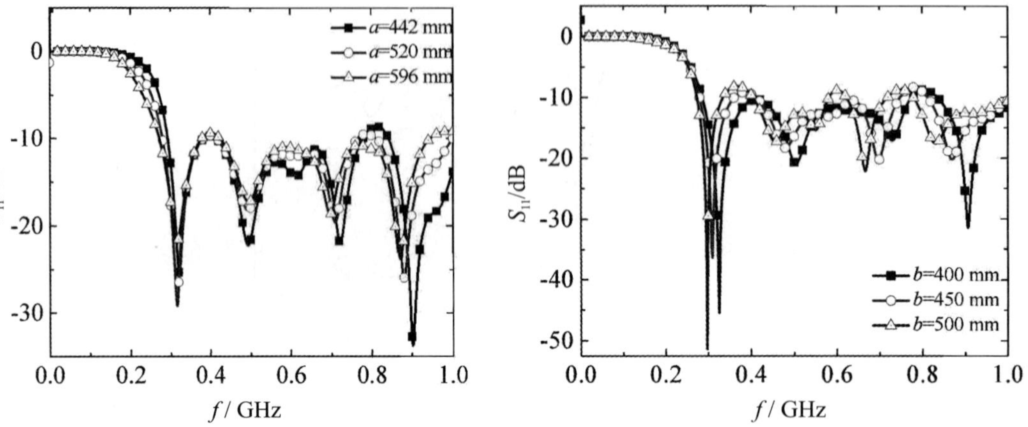

图 3.4-5　口径的开口大小对辐射特性的影响

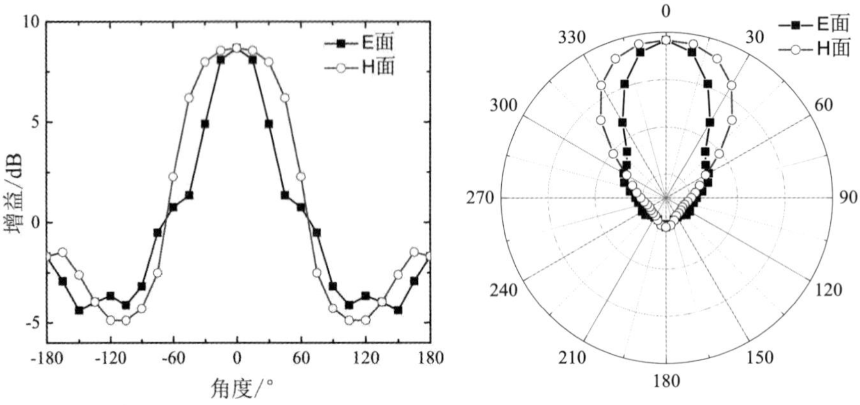

(a) 双脊喇叭天线的时域增益　　(b) 双脊喇叭天线的时域方向图

图 3.4-6　双脊喇叭天线的时域增益和时域方向图

仿真结果显示双脊喇叭天线有较高的前后比和较好的方向性，天线最大时域增益在 8 dB 左右。天线的 E 面方向图为 ±30°以内，E 面的波形保真系数在半峰值功率方向图内维持较好；由于上下两侧反射板的影响，在 ± 60° 内保真度在 80%以上。天线的 H 面方向图较宽，可以达到 ±45°；由于 H 面方向图曲线较为平滑，保证了 H 面良好的波形保真系数，保真度都在 85%以上。

在仿真过程中，双脊喇叭天线作为发射天线，分别采用探针和相同的天线进行接收，得到的时域波形及其频谱分布如图 3.4-7 所示。

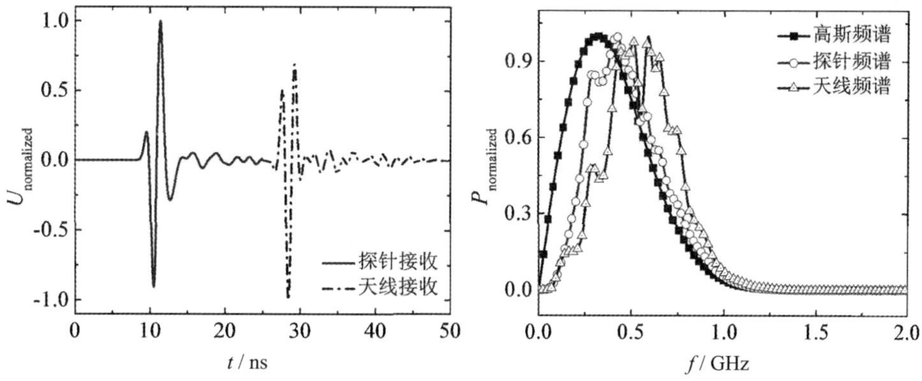

(a) 探针和天线的接收波形　　(b) 接收波形对应的频谱

图 3.4-7 探针和天线接收波形对比及接收波形的频谱分布

由接收波形可以看出，远场探针和天线接收波形相比，探针接收波形的拖尾信号相对较少、幅值相对较大（图 3.4-7 中幅度进行了归一化计算）。这是由于天线本身阻抗不匹配以及损耗造成，包括金属板之间的反射和损耗介质等。由图 3.4-7(b)的频谱分布也可以看出，相比于天线接收波形的频谱，探针波形频谱和馈电脉冲频谱重合范围更大，表明能量损失更小。频谱上的不平滑毛刺是由于天线在工作频段阻抗不匹配造成的。由于信号源的高斯脉冲[如图 3.3-11(a)所示]频谱带宽和天线的工作带宽存在差异，导致接收到的时域波形并不是严格对馈电波形进行一次微分。

天线阻抗分布曲线如图 3.4-8 所示，在天线工作频段范围内阻抗实部在 40 Ω附近，而阻抗虚部则保持在 0 左右，天线阻抗和信号源输出端阻抗不匹配，天线在整个工作频段范围内存在或大或小的反射。考虑到馈电脉冲的峰值电压较高，需要将馈电的双脊控制在 5 mm 以上，会进一步加大阻抗匹配的难度。然而经过仿真优化的喇叭天线，其整体辐射效果基本满足任务需求，且由于其增益方面的较大优势，足以弥补时域增益上的缺失。

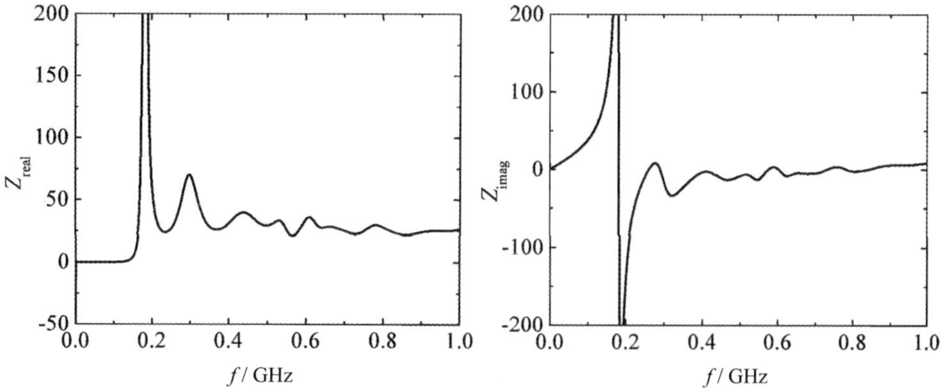

(a) 阻抗实部　　(b) 阻抗虚部

图 3.4-8 喇叭天线的阻抗参数

3.5 龙伯透镜设计

考虑到天线高增益的需求，基于 3.1.4 节提到的几种提升增益的方式，对基本天线进行了改进。但作者通过对超宽带天线添加引向器、添加反射板等措施，对增益的提升均没有显著帮助。然而在两款天线辐射口径处添加龙伯透镜可以极大提高天线的时域增益，压缩天线的时域方向图，实现提高增益的初衷。

3.5.1 多层龙伯透镜

3.5.1.1 十层龙伯透镜的设计

典型龙伯透镜各层之间的折射率根据式（3.5-1）设计

$$n(r)=\sqrt{2-(\frac{r}{R})^2} \tag{3.5-1}$$

所设计的透镜近似按照相同介电常数差来设计（如图 3.5-1 所示），具体参数见表 3.5-1 所列。

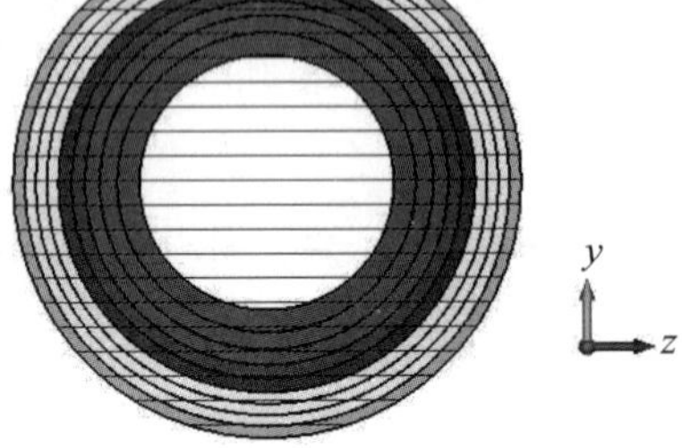

图 3.5-1 设计的龙伯透镜

表 3.5-1 设计龙伯透镜的具体参数

序号	R/cm	ε	序号	R/cm	ε
1	40.00	1.05	6	30.72	1.45
2	38.16	1.13	7	28.56	1.53
3	36.44	1.21	8	26.20	1.61
4	34.64	1.28	9	23.48	1.70
5	32.80	1.37	10	20.00	1.81

对于工程上来说，透镜的尺寸通常是作用电磁波中心频率对应波长的两到三倍，在实际应用中，透镜的直径应该为 2～3 m。然而这样大尺寸的透镜不仅成本昂贵，且不易于移动、组阵。作者在设计时将透镜缩小到直径只有 80 cm，对频率在 600 MHz 以上的电磁波都有较为明显的聚焦特性，但对 600 MHz 以下的电磁波聚焦效果不明显。即便如此，该透镜对天线的时域增益提升都有非常显著的效果，异面 Vivaldi 天线和喇叭天线增益都

有较大提升，E 面和 H 面时域方向图也被压缩至±25°。具体的设计图如图 3.5-1 所示，其中最内层介电常数最高，最外层介电常数最低，介电常数的选取已在图中标明。图 3.5-2 为所设计龙伯透镜各层介质介电常数和标准曲线的契合度，其中横坐标为归一化半径。

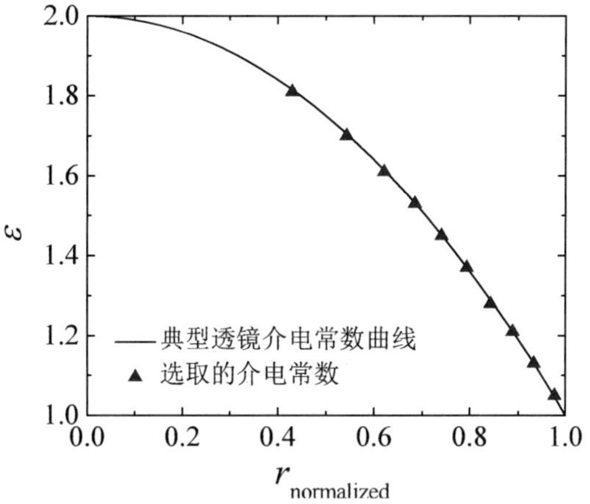

图 3.5-2　龙伯透镜介电常数的选取

3.5.1.2　十层龙伯透镜的制作工艺

由于透镜是封闭多层结构，需要极其精细的工艺实现加工生产。由文献[33-34]可知，目前较为普遍的龙伯透镜制作工艺大致可以总结为以下几步。

（1）球核（均匀介质球）和各球层。将泡沫塑料的珠料（例如聚苯乙烯泡沫珠料）进行适当发泡（预发），然后筛选。把已发泡的珠料分成不同粒度的几组，使各组发泡珠料具有相同的粒度，然后有选择地将其中几组混合在一起，使混合料的介电常数近似等于中心球的介电常数。

（2）用黏合剂（如醋酸乙烯）。

（3）为加速硬化，将模具内的料加热到 70 ℃。由于醋酸乙烯黏合剂的黏合作用是通过黏合剂中可挥发成分的蒸发实现的，所以原则上模制过程中可以不用加热，也不会引起珠料涨泡程度发生变化。当然为了加速硬化，可以适当地加热模具内温度。

（4）介电常数的调整可加二氧化钛粉末。其余不同层的透镜也可以通过同样的方法，依次由内向外加工。相较于早期的热熔接法，这种加工方法可以使各层受热更均匀。

3.5.1.3　十层龙伯透镜的作用

在仿真过程中，将所设计的十层龙伯透镜放置在异面结构 Vivaldi 天线的最大辐射口径处，分别在 E 面和 H 面设置一圈远场探针，并监视馈电信号的场分量，可以得出天线的时域特性如图 3.5-3 所示。

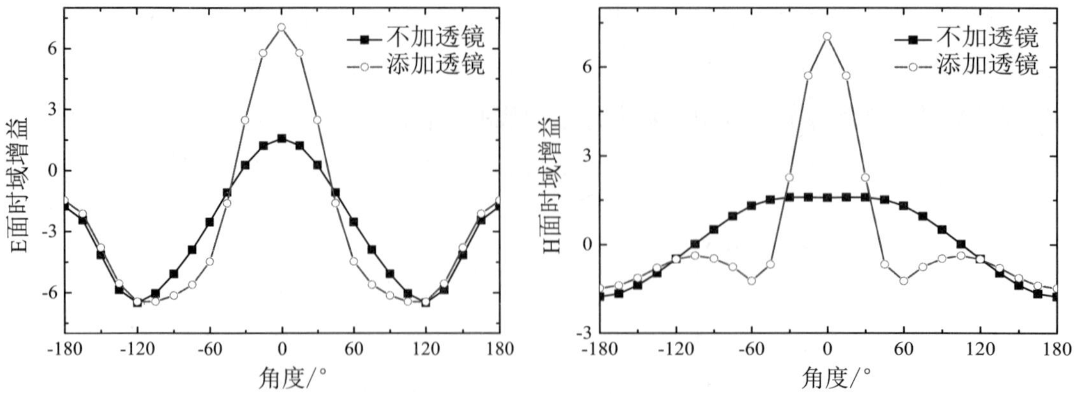

(a) 时域增益对比

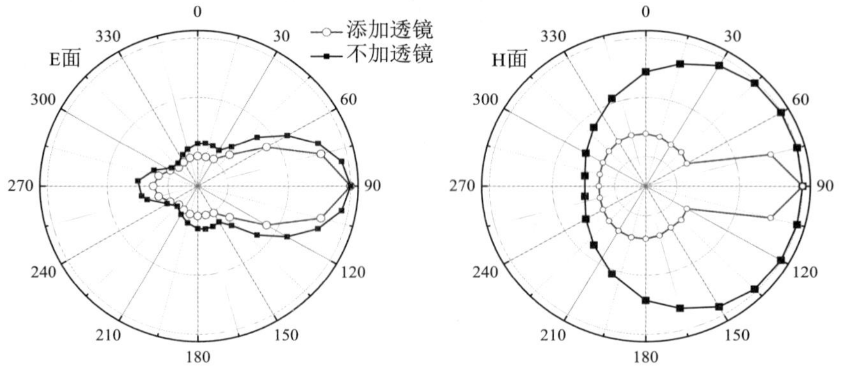

(b) 时域方向图对比

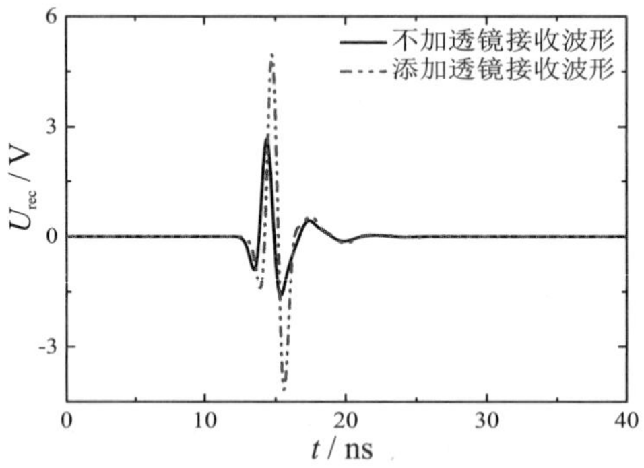

(c) 天线接收波形对比

图 3.5-3 异面 Vivaldi 天线添加透镜前后时域参数的对比

图 3.5-3 中分别给出在异面 Vivaldi 天线口径处放置十层龙伯透镜前后，天线的 E 面和 H 面的时域方向图、时域增益和天线接收波形。从时域增益对比来看，放置透镜后天线的时域增益最大值相较于未放置透镜提升了近 6 dB，这一数据由天线接收波形的峰值可以得到验证。添加透镜后天线接收波形的峰 – 峰值，约为未加透镜天线峰 – 峰值的两倍，

满足超宽带时域天线内常说的“功率增益提升 6 dB，天线峰－峰值提升一倍”。此外，由接收波形拖尾可以看出，由于多层透镜之间介电常数变化不大，添加龙伯透镜后拖尾信号并未明显增加。考虑到时域方向图显示归一化值，从时域增益可以看出，E 面和 H 面的尾瓣并未有明显改变。因为龙伯透镜仅对所在作用空间造成聚焦效果，对尾瓣或副瓣等区域影响不大，对于反射板聚焦可以进一步减少接收波形的拖尾信号。从天线的时域方向图可以看出，龙伯透镜对天线 H 面的聚焦效果非常明显，可以较好地达到实际需求。由于直径 80 cm 的龙伯透镜主要作用频率较高，所以对低频信号的聚焦并不是太明显（同样有聚焦效果）。图 3.5-4 给出异面 Vivaldi 天线添加十层龙伯透镜前后，对 800 MHz 电磁波聚焦后的 H 面场强分布图。

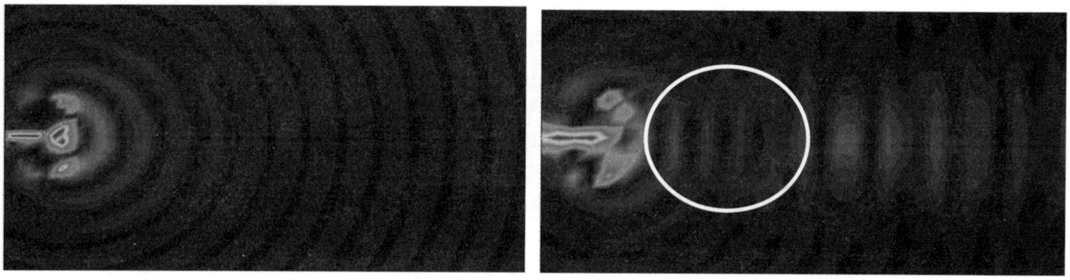

(a) 不加透镜电场分布　　(b) 添加透镜后电场分布

图 3.5-4　异面 Vivaldi 天线添加十层龙伯透镜前后 H 面的电场分布

由图 3.5-4 可以较为明显地观察到，当天线没有添加龙伯透镜时，频率为 800 MHz 的电磁波依据惠更斯原理向外扩散，如水波纹一般。在添加了龙伯透镜以后，在最大辐射方向处的电磁波有一个明显的聚焦，由弧形的波前变换成近似为平行出射（以黑色圆圈代替）。这一电场分布在频率大于 600 MHz 时较为明显，尤其是 800～900 MHz 范围内，证明了龙伯透镜的聚焦效果。添加透镜后天线 E 面的电磁波聚焦效果和 H 面类似，然而由于天线自身 E 面方向性较好，透镜聚焦效果看起来并不明显，此处不再赘述。

为了验证龙伯透镜对双脊喇叭天线的聚焦效用，将透镜置于天线口径处，由图 3.5-5 可知，十层龙伯透镜对喇叭天线 E 面作用效果影响相对较小，是由于上、下反射板已经将天线的 E 面方向图压缩很窄，添加龙伯透镜后效果并不明显。相比于 E 面，十层龙伯透镜对 H 面的改善相对较大，由最初的± 45°压缩至± 20°。且从时域增益的最大值可以看出，由于天线本身方向图较窄，所以增益方面提升了约 3.5 dB，从图 3.5-5(c)的接收波形幅值可以看出。对于接收波形峰－峰值提升的倍数和增益提升比例相符合。考虑到透镜对天线 E 面影响不大，图 3.5-6 给出双脊喇叭天线添加十层龙伯透镜前后，对 800 MHz 时 H 面的电场分布。

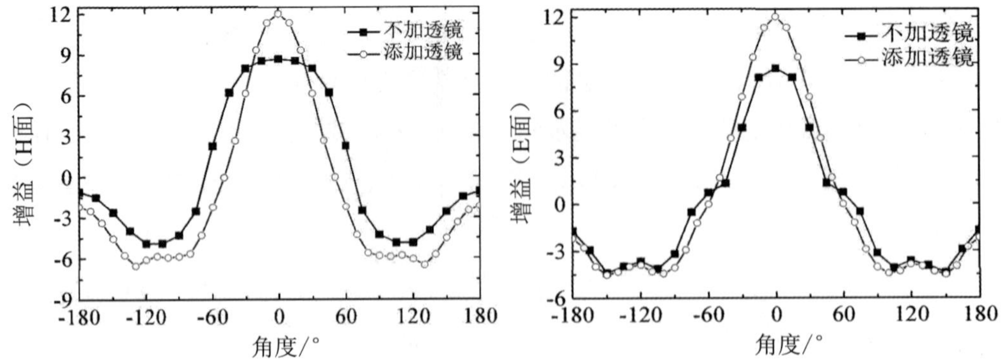

(a) 时域增益的对比

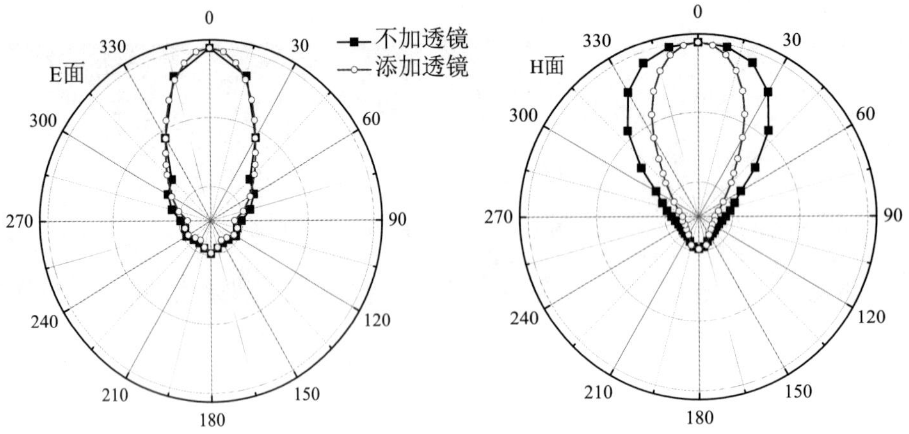

(b) 时域方向图的对比

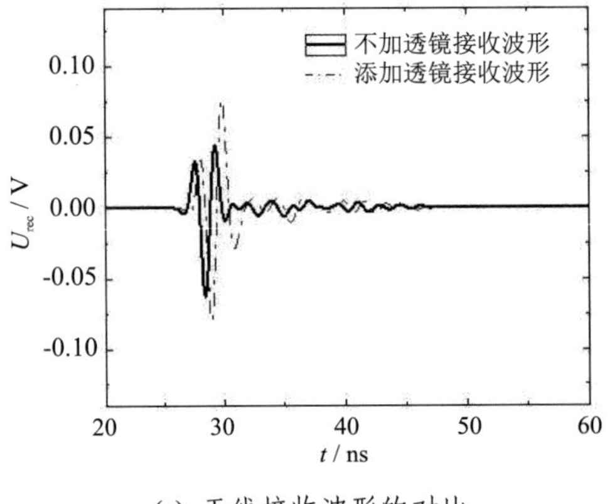

(c) 天线接收波形的对比

图 3.5-5　双脊喇叭天线添加透镜前后的对比

(a) 不添加透镜时电场分布

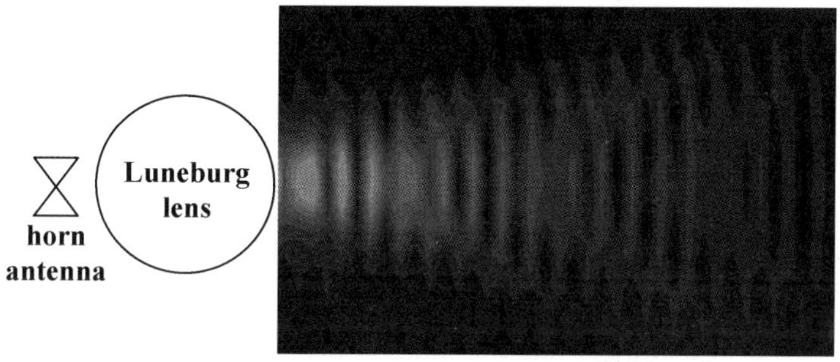

(b) 添加透镜时电场分布

图 3.5-6　双脊喇叭天线添加十层龙伯透镜前后 H 面的电场分布

由图 3.5-6 可以较为明显地观察到透镜作用前后对双脊喇叭天线 H 面的影响。和异面 Vivaldi 天线类似，透镜对电磁波的聚焦效果在 600 MHz 以后更为明显，图 3.5-6 显示的是透镜作用在 800 MHz 电磁波时的情况，说明该透镜对相应频段电磁波的聚焦的普适性。在仿真计算中收发天线均使用喇叭天线，因为该喇叭天线严格对称，在仿真中利用对称面仿真，可以减少四分之三的仿真计算时间。

根据前述仿真结果可知，直径为 80 cm 的十层龙伯透镜作用在异面 Vivaldi 天线和喇叭天线上均有较好的效果，可以提升增益、压缩方向图，且对接收波形的拖尾影响较小。

3.5.2　单一介质龙伯透镜

由于十层介质的龙伯透镜的工艺精细度和实物造价都比较高，本节对单一介质的透镜进行研究。单一介质透镜在远距离定向传输系统中有着较为广泛的应用，这种透镜利用斯涅耳和费曼定律，透射进透镜的电磁波通过折射改变行进方向，从而起到聚焦的作用。另外，透镜形状比较多样化，可以通过改变透镜形状，实现和天线的一体化设计。

依据以上描述，本节采用单一介质透镜，将喇叭天线置于单一介质透镜的焦点处，使其聚焦电磁波。和 3.5.1 节相同，单一介质透镜对焦距有一定的要求，其次透镜的尺寸需要是波长的两到三倍。综合以上考虑，用一个直径为 80 cm，介电常数为 1.8 的圆球，取代上一节中的龙伯透镜，调整透镜和天线的相对位置，得到的仿真结果如图 3.5-7 所示。

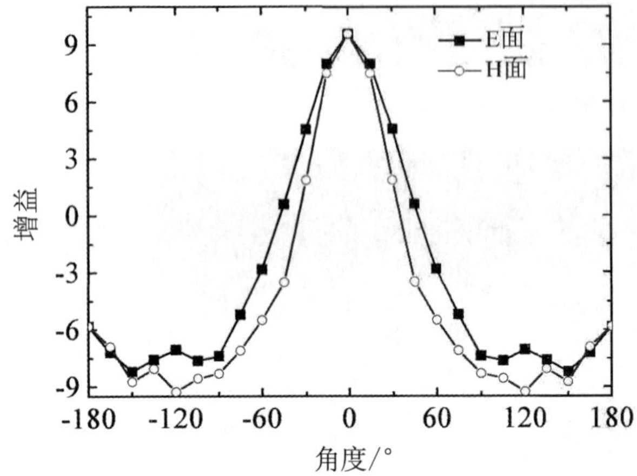

(a) 时域方向图的对比

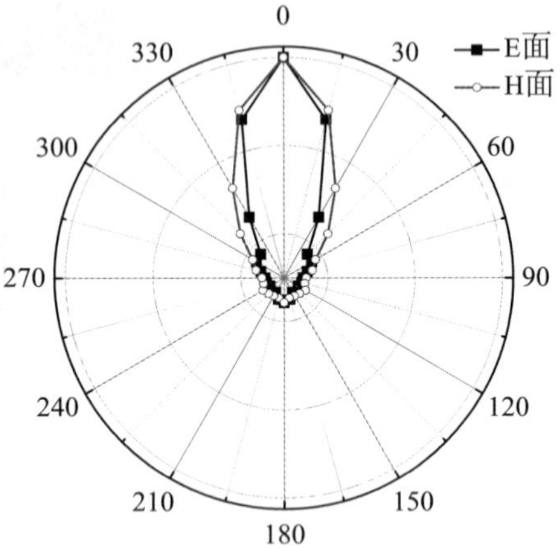

(b) 时域增益的对比

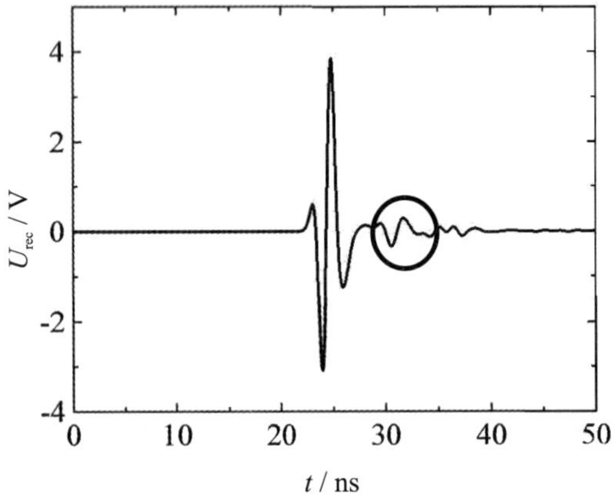

(c) 5 m 处探针接收波形

图 3.5-7　喇叭天线添加单一介质透镜的时域特性

因为单一介质透镜的介电常数会极大影响天线整体辐射，若介电常数太高势必会引来较强的反射信号，和提升增益压缩方向图的初衷相违背；若介电常数太低，则不能有效地聚焦电磁波。通过仿真优化，将介电常数定为 1.8，以达到有效提升增益、尽量减少反射的目的。如图 3.5-7 所示，单一介质的透镜同样能够有效提高喇叭天线增益 2 dB，压缩了天线在 H 面的方向图。但在图 3.5-7(c)中，距天线 5 m 处探针接收辐射波形中，主波信号后面紧跟一个清晰的拖尾信号，这是由透镜表面的反射造成。

综上所述，单一介质透镜相较于十层龙伯透镜而言节省了多层模具的费用，压缩方向图也有一定的效果，但由于透镜表面对电磁波的反射较大，有一个较明显的拖尾信号，聚焦效果不如十层龙伯透镜理想。

3.5.3　等效龙伯透镜

3.5.3.1　等效龙伯透镜的设计

等效透镜是通过改变传统材料的结构，使其周期性排布，实现介电常数的变化，对电磁波进行聚焦。和需要模具和材料发泡形成的传统龙伯透镜相比，等效龙伯透镜将周期性打孔应用其中，可以有效减小透镜的重量，提升搬运安装的便捷性。参考东南大学在这一领域所做的工作，本节尝试用等效龙伯透镜来替代多层和单一介质的透镜。

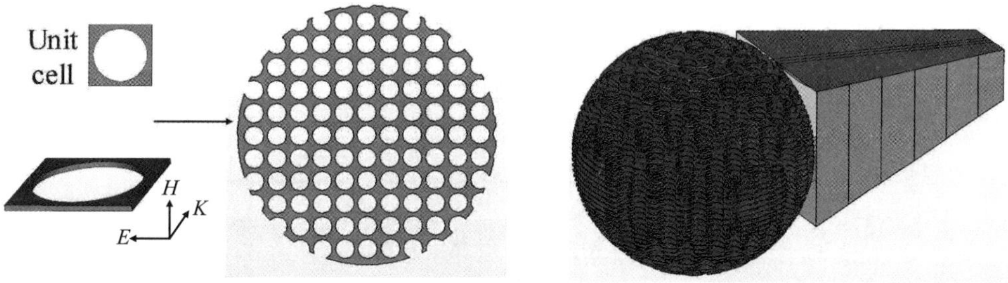

(a) 等效透镜单元结构　　(b) 整体结构布局

图 3.5-8　等效透镜的设计

如图 3.5-8 所示，将单元模块堆砌成一个打满小孔的介质板，通过若干个介质板堆叠在一起，形成三维等效透镜。在仿真过程中，先建立模型，将除了发射接收方向的其他边界设置成 unit cell，在设置频率范围后，通过频域仿真，在端口中读取反射系数(S_{11})和透射系数(S_{21})，及其相角，通过以下公式计算出周期性结构的等效参数：等效阻抗、等效折射率、等效介电常数和等效磁导率，计算示意图如图 3.5-9 所示。

$$S_{11}=\frac{R_{01}(1-\mathrm{e}^{\mathrm{i}2nk_0d})}{1-R_{01}^2\mathrm{e}^{\mathrm{i}2nk_0d}}$$
$$S_{21}=\frac{(1-R_{01}^2)\mathrm{e}^{\mathrm{i}2nk_0d}}{1-R_{01}^2\mathrm{e}^{\mathrm{i}2nk_0d}} \tag{3.5-2}$$

求解式（3.5-2），可以得出

$$z=\pm\sqrt{\frac{(1+S_{11})^2-S_{21}^2}{(1-S_{11})^2-S_{21}^2}} \tag{3.5-3}$$

式（3.5-3）解出了等效阻抗对应的计算公式，下式给出等效折射率的计算公式

$$e^{ink_0d}=\frac{S_{21}}{1-S_{11}\frac{z-1}{z+1}} \tag{3.5-4}$$

从而得出等效折射率的计算公式

$$n=\frac{1}{k_0d}\left[\{[\ln(e^{ink_0d})]''+2m\pi\}-i[\ln(e^{ink_0d})]'\right] \tag{3.5-5}$$

随后可以得出等效介电常数和等效磁导率的公式

$$\varepsilon=\frac{n}{z} \tag{3.5-6}$$

$$\mu=nz \tag{3.5-7}$$

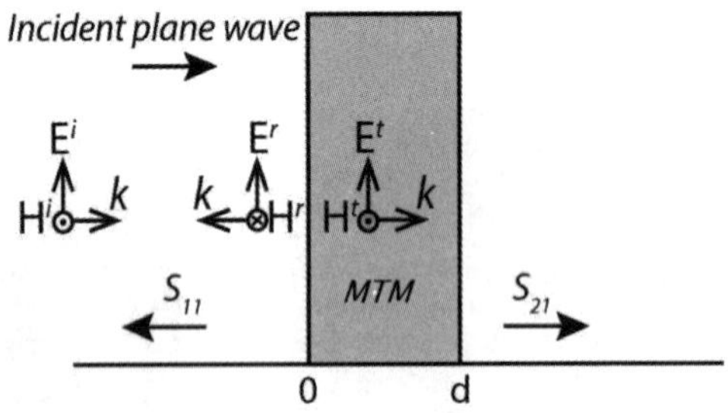

图 3.5-9　计算示意图[34]

将 S 参数的线性值和相位角代入式（3.5-3）、式（3.5-5）、式（3.5-6）、式（3.5-7），计算出周期性结构的等效参数，绘制出等效参数如图 3.5-10 所示。

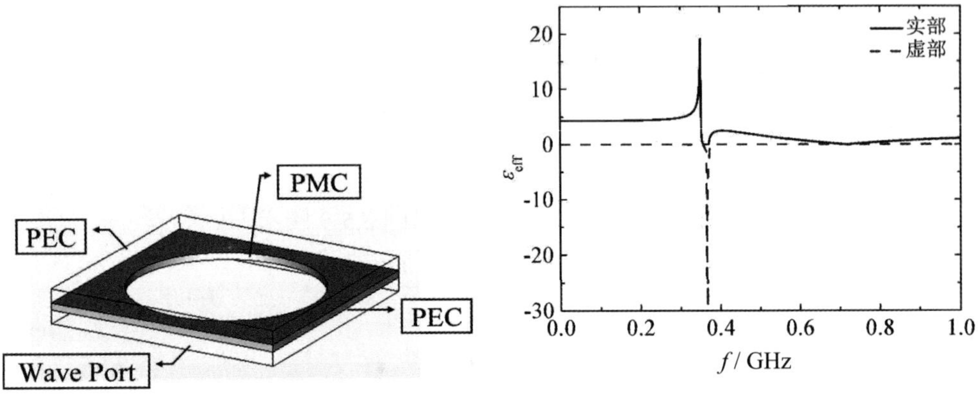

(a) 模型结构示意图　　(b) 等效介电常数

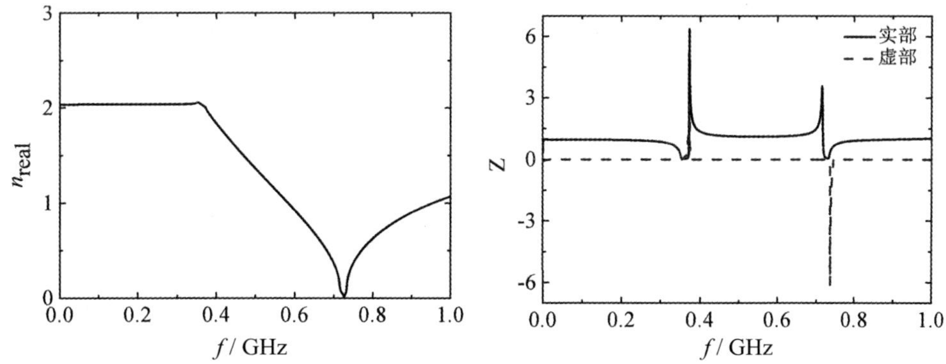

(c) 折射率实部 (d) 等效阻抗

图 3.5-10 周期性结构示意图及其等效参数

由图 3.5-10(b)的介电常数可以看出，该周期性结构除在 360 MHz 附近有一个突变外，在高频端的介电常数比材料固有介电常数要低，在低频部分材料固有特性保持不变。下一节对天线在等效透镜作用下的聚焦特性进行描述。

3.5.3.2 等效龙伯透镜的作用

对于组合材料形成的等效透镜而言，理想状态下是无数多个周期单元排布实现介电常数变化。由于文中设计的等效透镜作用频率较低，导致每一个单元结构尺寸较大，等效透镜中的单元数相对较少，而单元数较少会导致等效透镜的作用效果和理想状态有一定差距。基于单元数的考虑，在不改变内部小孔直径的前提下，实现介电常数过渡，使其更接近于多层龙伯透镜的作用效果。而大小一致的孔洞，相当于一个单一介质的等效透镜，其折射率随频率变化。

等效透镜材料选用 Fr4，介电常数为 4.1～4.2，每一层厚度为 3 mm，相邻两层间隔为 12 mm，每一个小孔直径为 60 mm，依次堆叠放置在喇叭天线口径处，对应的等效参数已在图 3.5-10 中列出，图中等效介电常数和等效阻抗的实部和虚部都存在突变，这是由所代入的传输系数的相角产生的。另外，因磁导率没有发生明显变化，图中未列出磁导率曲线。由图 3.5-10(c)可知代入公式得到的折射率不存在突变，由于等效折射率的虚部在频率范围内保持为零，所以我们以等效折射率这一指标作为定性分析的主要参数。将等效透镜放置在喇叭天线口径处，其作用效果如图 3.5-11 所示。

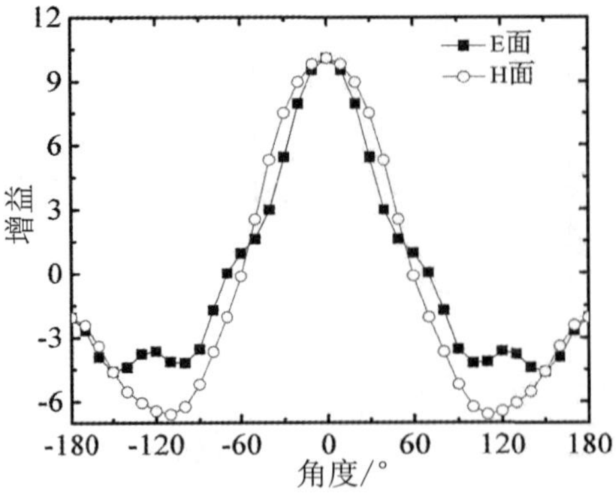

(a) E 面和 H 面的时域增益

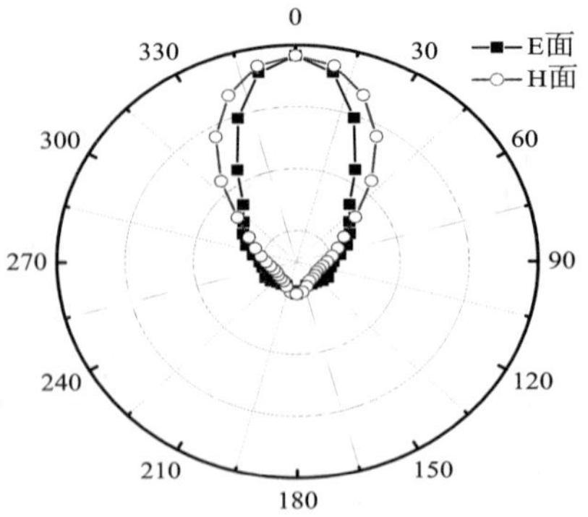

(b) E 面和 H 面的时域方向图

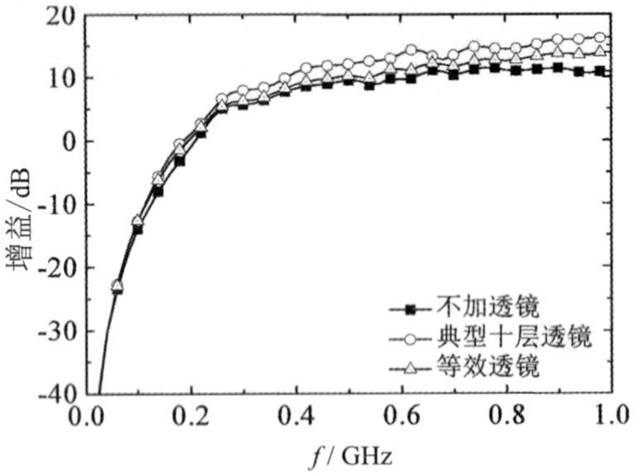

(c) 三种不同情况下频域增益曲线

图 3.5-11 添加等效龙伯透镜后天线的时域特性

由图 3.5-11(a)可以发现，添加等效龙伯透镜后喇叭天线时域增益的最大值约为 10.5 dB，和单一介质透镜相比天线的时域增益略有提升，但和十层龙伯透镜相比依然存在一定的差距。由图 3.5-10(c)可知，当频率在 360 MHz 以上，等效折射率在 2 以下变化，参考透镜尺寸对电磁波的作用主要集中在 600 MHz 以后，而在该频段内，等效折射率均小于 1，可以理解为“近零介质”对电磁波的作用，由图 3.5-11(c)可以看出，频域增益的提升主要集中在 600 MHz 以后。从频域增益可以看出，十层典型龙伯透镜的作用效果比等效透镜明显，但两者在全频段对提升增益均起到作用。相比于十层龙伯透镜，等效透镜在 600 MHz 以下效果不明显，这是由于等效折射率较高，对电磁波的反射较大，且透镜尺寸受限。而在 600 MHz 及以上，聚焦效果相对明显，天线的频域增益也较高。从图 3.5-11(b)时域方向图可以看出，等效透镜对 H 面方向图改善较大，通过 H 面的电场分布图可以清晰观察到方向图的变化，由最初的 ± 45° 被压缩至 ± 30°，而十层龙伯透镜可以将 H 面方向图压缩至近 ± 20°。由于天线自身 E 面方向性较好，所以等效透镜对其改善不大。

由图 3.5-12 可以较为明显地观测出天线添加等效龙伯透镜后，最大辐射方向波前的形状。在图 3.5-12(a)中，根据惠更斯原理，电磁波向外扩散，而在图 3.5-12(b)中，透镜对 H 面方向上的电磁波有一个较为明显的聚焦效果，图中黑色圆圈标示出等效透镜所在位置。

(a) 添加透镜前电场分布

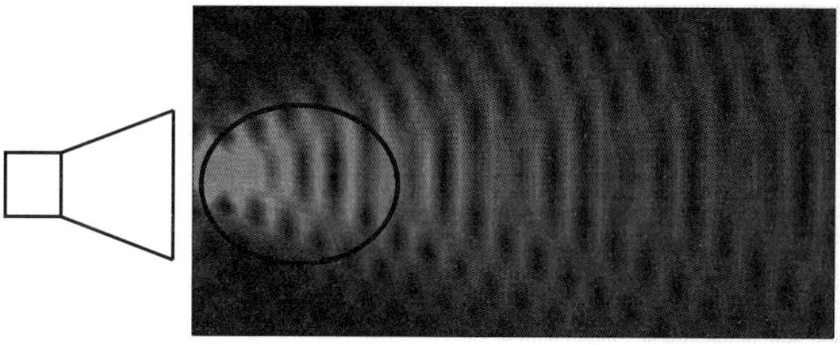

(b) 添加透镜后电场分布

图 3.5-12　喇叭天线添加等效龙伯透镜前后 H 面的电场分布

综上所述，通过周期打孔的 Fr4 平面周期性结构堆叠形成的等效透镜，可以对相应频段电磁波进行有效聚焦，聚焦效果较为明显。这一设计将等效透镜的概念融入时域超宽带高功率天线的设计中，可以极大减轻透镜重量，提升运输方便度。

3.6　时域天线阵列

阵列天线的应用基础研究，主要集中在两方面问题：其一，如何由单元天线参数准确、快速计算阵列天线参数；其二，天线单元间的耦合机理及效应研究。在这一节中引入“点源近似”模型，对单元天线的关键参数计算阵列时域天线参数进行简单计算。在此，首先讨论单元时域天线的耦合效应，依据耦合效应的讨论结果给出阵列天线的布阵方法并对影响天线阵列的影响因素进行定量分析。采用点源近似模型计算实现对阵列天线的波束扫描，并考察各种电路抖动误差对阵列合成效率、传输特性的影响。

3.6.1 时域天线阵列参数近似计算

3.6.1.1 点源近似模型

点源近似模型：单元时域天线等效于一个电磁辐射点源，在时域方向图内，辐射冲激信号波形函数保持不变，阵列时域天线在空间点(r,θ,ϕ)处辐射，可以由波的叠加原理加以计算。

如图 3.6-1 所示，设平面阵列天线有 $m\times n$ 个天线阵元，编号为“i”的单元天线馈电点坐标为$(x_i,y_i,0)$，待探测目标空间坐标记为(x,y,z)，用 r 表示待测目标与坐标原点间的距离，r_i 表示待测目标与编号为“i”的单元天线馈电点间的距离，E_0 表示给定点$(r_0,0,0)$单元天线轴线辐射电场的最大幅值或峰－峰值，$f(\theta,\phi)$表示单元天线的时域方向图，$E(t)$表示时域方向图内归一化的冲激信号波形参数。

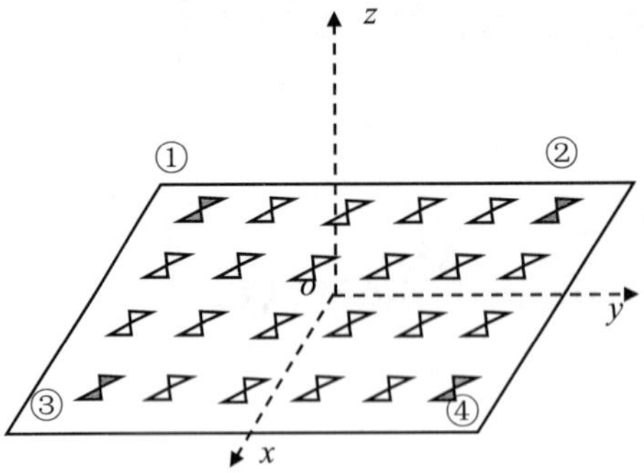

(a) $m\times n$ 收发天线阵列

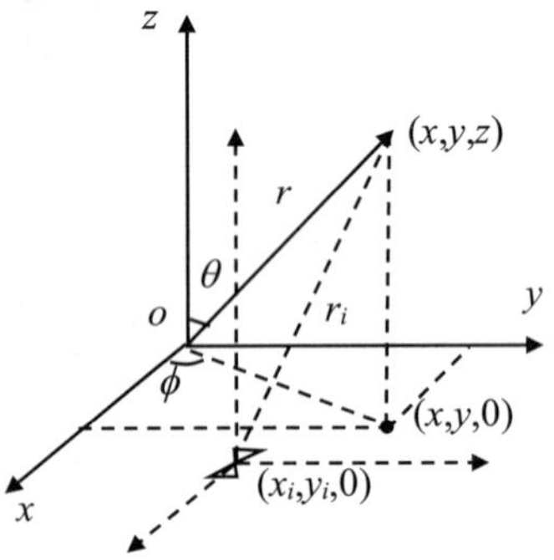

(b) 单元天线对目标的方位角

图 3.6-1 $m\times n$ 收发天线阵列及各单元天线对目标的方位角

按点源近似模型，位于阵面坐标$(x_i,y_i,0)$的单元天线在(r,θ,ϕ)处的场分量可以写为

$$E_i(r_i,\theta_i,\phi_i,t)=\frac{r_0\cdot E_0E(t)}{r_i}f(\theta_i,\phi_i) \tag{3.6-1}$$

阵列天线在(r,θ,ϕ)处的辐射电场函数 $E_s(r,\theta,\phi,t)$可以写为

$$E_s(r,\theta,\phi,t)=\sum_i\frac{r_0\cdot E_0}{r_i}f(\theta_i,\phi_i)E(\frac{r_i-r}{c}+\tau_i+\varsigma_i) \tag{3.6-2}$$

其中，ζ_i 表示辐射单元的馈电延迟时间，τ_i 为单元辐射信号的触发抖动时间，系统触发计时的时间以阵列圆心处辐射单元冲激信号到达目标(r,θ,ϕ)为基准。

利用式（3.6-2），可以由单元天线参数计算得到阵列天线的系列关键参数。但点源近似模型对阵列天线参数的计算，忽略了单元天线间的耦合效应。

3.6.1.2　信号源触发抖动对合成效率的影响

1. 冲激信号触发抖动对波束合成效率影响的解析分析

考察式（3.6-2），如果发射天线辐射的电磁脉冲信号存在时间抖动（包括脉冲信号源、控制电路系统带来的抖动），则必然会影响雷达系统目标点的场分量和功率合成，也会对数据采集系统精度带来影响。

设辐射天线辐射的冲激信号时域波形函数 $E(t)$在 t_0 处取得最大值，两列辐射信号合成的最大幅值与 2 $E(t_0)$之比定义为冲激信号的合成效率，容易计算得出

$$\eta \equiv \frac{E(t_0)+E(t_0+\tau)}{2E(t_0)} = 1+\frac{\tau^2}{4E(t_0)}\left.\frac{\mathrm{d}^2E(t)}{\mathrm{d}t^2}\right|_{t=t_0} \tag{3.6-3}$$

时间抖动对 $m\times n$ 阵列冲激信号场分量合成效率的影响，可由式（3.6-3）推广得

$$\eta = 1+\sum_{i=1}^{m\times n}\frac{\tau_i^2}{2(m\times n)E(t_0)}\left.\frac{\mathrm{d}^2E(t)}{\mathrm{d}t^2}\right|_{t=t_0} \tag{3.6-4}$$

如果 $m\times n$ 阵列冲激信号的时间抖动为随机抖动或者满足某种分布（如正态分布）的抖动，则可以通过式（3.6-4）作数值计算，在给定预期合成效率条件下，单元辐射器所被容许的最大时间抖动。

通常，冲激雷达采用一阶高斯信号馈电，经时域天线辐射后为二阶高斯信号（如果时域天线工作频带覆盖馈电信号频段）。下面以二阶高斯辐射信号为例，计算阵元触发抖动对天线阵列辐射信号合成效率的影响。将辐射信号波形函数代入式（3.6-4）可得

$$\eta = 1-\sum_{i=1}^{m\times n}\frac{\tau_i^2}{2(m\times n)}\frac{36}{T^2} \tag{3.6-5}$$

其中，T 为二阶高斯辐射信号的半峰值脉宽。在式（3.6-5），令$\kappa_i=\tau_i/T$，则

$$\eta = 1-18\cdot\sum_{i=1}^{m\times n}\frac{\kappa_i^2}{(m\times n)} \tag{3.6-6}$$

当 $m\times n\gg 1$ 时，借助方均根误差定义，式（3.6-6）可近似表示为

$$\eta \approx 1-18\cdot\overline{\kappa_i^2} \tag{3.6-7}$$

设阵列单元的触发抖动（与脉宽比的相对抖动值）方均根值κ_i=0.074，那么，η=90%。对半峰值脉宽为 1 ns 的二阶高斯辐射信号，如果将触发抖动控制在 74 ps 以内，则阵列合成效率可以高于 90%。

需要指出，在采用式（3.6-3）计算天线合成效率时，得到的是轴线最大合成效率。对(θ,ϕ)方向、中近场区波束的合成效率计算，还应考虑单元天线方向图的影响（不同单元天线对目标点所张角度不同），但对阵列天线远场区，式（3.6-7）计算结果仍不失其准确性。

2. 冲激信号触发抖动、幅度抖动对波束合成效率影响的仿真计算

在式（3.6-7）中，仅考虑了触发抖动对波束合成效率的影响，事实上，冲激信号源的幅度抖动也有可能对波束合成效率及合成冲激信号脉宽造成影响。

对给定布阵方式 $N=m\times n$ 辐射阵列，用随机函数在给定幅度与触发抖动范围内产生 N 个冲激信号，计算测试距离 $r\gg d$（d 为阵面口径）情形下合成信号的幅度及脉宽，就可以得到幅度及触发抖动对波束合成效率及合成冲激信号脉宽的影响。

图 3.6-2 给出单元冲激信号源幅度抖动为 5%，时间抖动为 κT（T=3 ns），均匀天线布阵（dx=dy=0.5 m），辐射脉冲波形为二阶高斯信号条件下，不同阵元数 N 的冲激雷达系统场分量合成效率与合成信号半峰值脉宽的计算结果。如图 3.6-2 所示：其一，触发抖动对波束合成效率影响的变化趋势与式（3.6-7）的计算结果一致；其二，随着阵元数增加，幅度与触发抖动对合成效率及合成冲激信号脉宽影响愈大；其三，冲激信号脉宽愈宽，给定的幅度与触发抖动值对波束合成影响愈小。

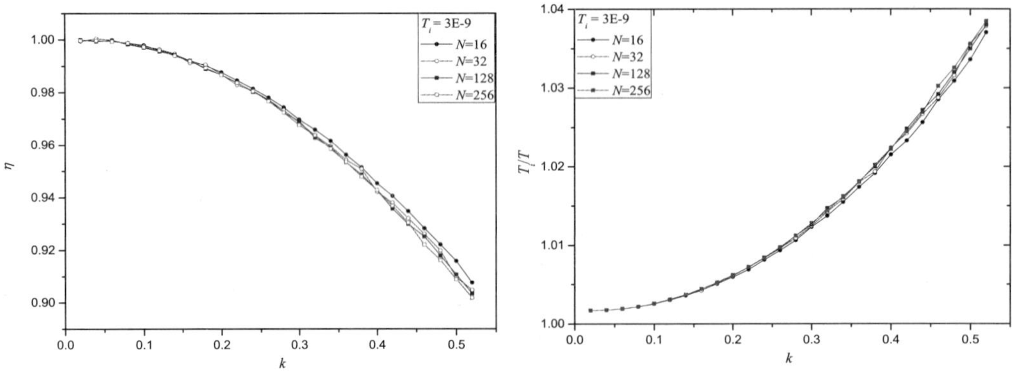

(a) 对阵列合成效率的影响　　(b) 对阵列合成脉宽的影响

图 3.6-2　单元冲激信号时间、幅度抖动对阵列合成效率与合成波形脉宽的影响

3.6.1.3　阵列天线合成波束角宽度

1. 精密馈电延迟情形下阵列天线的波束角宽度

在式（3.6-2）中令

$$\frac{r_i - r}{c} + \varsigma_i + \tau_i = 0 \tag{3.6-8}$$

假设各阵元辐射冲激信号可通过适当馈电延迟，使得它们同步到达给定探测点，那么，式（3.6-2）成为

$$E_s(r,\theta,\phi,t) = \sum_i \frac{r_0 \cdot E_0}{r_i} f(\theta_i,\phi_i) E(t) \tag{3.6-9}$$

对阵列天线远场区，可认为各阵元天线对探测点的方位角相等，电磁波因传输距离差

引起的幅度差也可以忽略，结合时域方向图定义式（3.1-1）、式（3.6-9）表明，时域天线阵列的时域方向图与单元天线方向图理论上相同，除非因为各辐射阵元的触发抖动引起式（3.6-8）不成立（如触发抖动过大、时延不精确等因素）。

图 3.6-3 给出阵元数 N=5×5，dx=dy=0.5 m，r=1 km 条件下，依式（3.6-9）计算得到的单元天线与阵列波束宽度数值计算结果。图 3.6-3(a)给出单元天线和阵列天线在轴线上波束宽度的数值计算结果，可见，在远场区，单元天线与阵列天线的时域方向图数值计算曲线重合，验证了式（3.6-9）得到它们时域方向图角宽度应该相等的结论。图 3.6-3(b)给出，dx=dy=0.5 m，r=1 km，波束方位指向为θ=ϕ=45°，阵元数分别为 3×3、5×5、7×7 时单元天线和阵列天线在远场区时域方向图的计算结果，再一次证实了在误差范围内它们波束角宽度相同的结论。

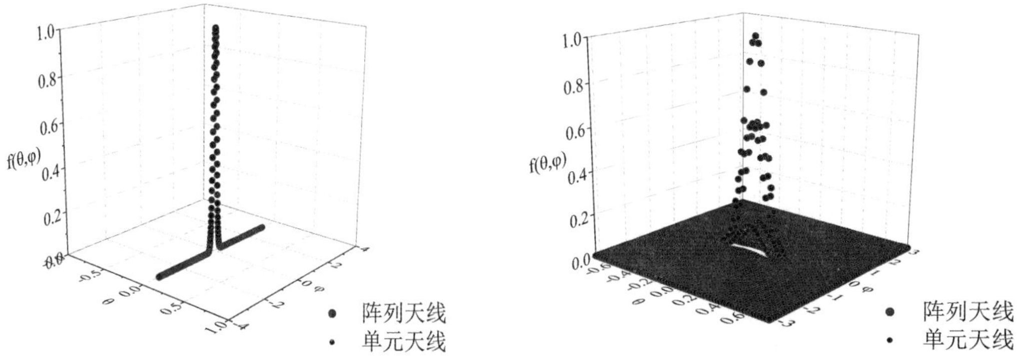

(a) 单元与阵列天线轴向时域方向图　　（b）（θ,ϕ）方向单元与阵列天线时域方向图仿真计算结果

图 3.6-3　单元天线与阵列天线波束宽度仿真计算结果比较

2. 阵元同步馈电情形下阵列天线的波束角宽度

如果阵元馈电时，只对轴线或某一特定方位进行馈电时间对准，而在其他方向测量时，未重新校准时间，那么，阵列天线半角宽度可按如下近似公式计算

$$\frac{l_{\max}}{2}\sin\theta_h \leqslant cT \Rightarrow \theta_h \leqslant \arcsin\left(\frac{2cT}{l_{\max}}\right) \tag{3.6-10}$$

取 T=1 ns，$l_{\max}$=7.2 m，则θ_h =4.78°。

设合成信号触发抖动时间为τ_{tr}，则测得阵面半角宽度的误差为

$$\frac{l_{\max}}{2}\sin\theta_h \leqslant cT \Rightarrow \mathrm{d}\theta_h = \frac{2c\cdot\cos\theta_h}{l_{\max}}\tau_{tr} \tag{3.6-11}$$

取θ_h =4.78°，$l_{\max}$=7.2 m，τ_{tr} =30 ps，dθ_h =0.143°。

此外，延时芯片都有延时精度，当阵元天线间时间延迟小于芯片延时精度时，只能以延时芯片的时延精度为单位取整数，即

$$\tau_{i0}=\operatorname{int}\left(t_{i0}+\frac{\tau_0}{2}\right) \tag{3.6-12}$$

式（3.6-12）中，τ_{i0}表示各单元天线与计时起点天线的延迟时间，τ_0表示延时芯片的延时精度，int( )表示取整函数。由芯片延时精度带来的半波束宽度测试误差可以计入系统触发时间抖动代入式（3.6-11）中计算。

3.6.1.4 天线阵面的最大口径

设天线阵面的最大口径为 $l_{\max}$，冲激雷达最大波束扫描角范围为$\theta_{\max}$，则要求延时芯片的量程$\tau_{\max}$满足

$$\tau_{\max}\geqslant\frac{l_{\max}\sin\theta_{\max}}{c} \tag{3.6-13}$$

依式（3.6-13），可计算给定$\tau_{\max}$和$\theta_{\max}$情况下，雷达天线阵面的最大口径。当$\tau_{\max}$=12 ns 且$\theta_{\max}$=30°时，$l_{\max}$=7.2 m。

3.6.1.5 单元天线间的最小间距

单元天线间的最小间距取决于三点：其一，由 $l_{\max}$ 决定的阵元天线密度；其二，由馈电延迟方案引起单元天线有效间距的变化；其三，由隔离度指标所要求的单元天线间的最小间距。

设编号分别为“i”“j”的单元天线间距为 d_{ij}，它们之间的馈电延迟时间为$\tau_{ij}=d_{ij}\sin\alpha$（注意：$\alpha$是指两个天线连线与阵面波束轴线这两条直线间的夹角），则 d_{ij} 可粗略地由瑞利判据给出

$$\frac{d_{ij}(1-\sin\alpha)}{c}\geqslant\frac{T}{2} \tag{3.6-14}$$

如果取 T=1 ns，α=30°，则 $d_{ij}\geqslant$30 cm。

更为准确的计算需要增加考虑馈电延迟、布阵方式、单元天线时域方向图、天线有效高度等具体因素，式（3.6-14）仅给出一个简便估算方法。

3.6.2 延时控制与波束扫描

要实现阵列的波束扫描，需要考虑各天线单元的馈电延时，保证各阵元辐射波束同步到达目标点的位置。利用点源近似模型将单元时域天线等效为一个电磁辐射点源。在单元天线时域方向图内，辐射冲激信号波形函数保持不变。阵列时域天线在空间点(r,θ,ϕ) 处的辐射，可以由单元天线辐射波的叠加加以计算。

3.6.2.1 辐射阵元馈电延时解析计算

1. 辐射阵元馈电时刻解析计算

如图 3.6-1(b)所示，设目标空间坐标为(r,θ,ϕ)，用 t_i 表示传输距离 r_i 与 r 之间的时间差，易知

$$\begin{cases} r^2 = x^2 + y^2 + z^2 \\ r_i^2 = (x - x_i)^2 + (y - y_i)^2 + z^2 \\ x = r\sin\theta\cdot\cos\phi \\ y = r\sin\theta\cdot\sin\phi \end{cases} \tag{3.6-15}$$

$$t_i = \frac{1}{c}(r_i - r) = \frac{x_i^2 + y_i^2}{(r + r_i)c} - \frac{2r\cdot\sin\theta\cdot(\cos\phi\cdot x_i + \sin\phi\cdot y_i)}{(r + r_i)c} \tag{3.6-16}$$

利用 $a\cdot\cos\gamma + b\cdot\sin\gamma$ 的计算公式，式（3.6-16）可化简为

$$\begin{cases} t_i = \dfrac{\rho_i^2 - 2r\rho_i\sin\theta\cdot\sin(\phi + \gamma_i)}{(r + r_i)c} \\ \tan\gamma_i = \dfrac{x_i}{y_i} \\ \rho_i = \sqrt{x_i^2 + y_i^2} \end{cases} \tag{3.6-17}$$

给定目标位置矢量以及阵面各阵元位置坐标，再选取阵面中心辐射阵元为馈电基准时间，依式（3.6-17），可计算出将波束控制到(r,θ,ϕ)目标点时，各阵元馈电的时刻。

当 $r \gg \rho_i$ 时，式（3.6-17）化简为

$$\begin{cases} t_i = \dfrac{-\rho_i\sin\theta\cdot\sin(\phi + \gamma_i)}{c} \\ \tan\gamma_i = \dfrac{x_i}{y_i} \\ \rho_i = \sqrt{x_i^2 + y_i^2} \end{cases} \tag{3.6-18}$$

2. 辐射阵元馈电控制程序编制

时延电路都有时延精度，即最小时延步进时间，目前商用时延芯片的时延精度为 $\Delta\tau$=10 ps。考虑芯片时延精度后，各辐射阵元馈电时刻控制程序编写步骤如下：

①录入各辐射阵元的坐标值(x_i,y_i)；

②当 $r \sim \rho_i$ 时，给定目标坐标(r, θ, ϕ)，并由式（3.6-17）计算 t_i；当 $r \gg \rho_i$ 时，给定目标方位(θ,ϕ)，并由式（3.6-18）计算 t_i；将 t_i 计算值单位取为 ps；

③对各 t_i 计算值按大小排序，如最小 t_i 值$(t_{i\min})$为负数，则将各 t_i 计算值加上 $t_{i\min}$，确保各 t_i 值为非负数；

④按以下计算公式给出各阵元馈电时刻 t_{is}

$$t_{is} = \text{int}\left(t_i + \frac{\Delta\tau}{2}\right) \tag{3.6-19}$$

⑤由式（3.6-19），按 t_{is} 计算值由小到大顺序给各辐射阵元馈电。

3.6.2.2 馈电时延抖动对波束方位的影响

按式（3.1-9）能量方向性系数的定义，时域天线阵面的合成波束指向由波束场分量的最大值(θ,ϕ)方位给出。因此，讨论天线阵面各辐射阵元触发抖动对合成波束方位指向的影响，就是计算阵面波束合成场分量最大值偏离预期(θ,ϕ)方位的程度。

如图 3.6-1 所示，以位于阵面中心辐射天线馈电时间为计时起点，若将阵面波束控制在(θ,ϕ)方位，需满足

$$d_i \sin\theta_i = c\tau_i \tag{3.6-20}$$

式中，d_i表示编号为"i"的单元天线距离阵面中心天线的距离，τ_i表示该单元天线的延迟馈电时间。

对式（3.6-20）做全微分得

$$\delta\theta_i = \frac{c \cdot \delta\tau_i}{d_i \cos\theta_i} \tag{3.6-21}$$

式（3.6-21）为单元天线触发抖动引起的波束指向偏差，对天线阵列，如果所有单元天线馈电时间发生整体提前或落后误差$\delta\tau$，则式（3.6-21）仍成立。

作为数量级估算，设冲激雷达波束扫描范围为$\pm\pi/4$，$\delta\tau \sim 10$ ps，d_i=1 m，那么，因阵面天线阵元触发抖动引起的波束指向最大误差约为 4 mrad，对波束方位控制的影响很小。图 3.6-4 给出馈电冲激信号 T=2 ns，N=9，其他计算条件与图 3.6-2 相同条件下，辐射阵元存在时间抖动$\tau<\pm50$ ps，幅度抖动小于 5%时，阵面合成波束方位指向与理论预期值的偏差情况。计算表明，当辐射阵元幅度与触发抖动控制在给定计算条件内时，它们对波束指向造成的偏差在 3 mrad 左右。

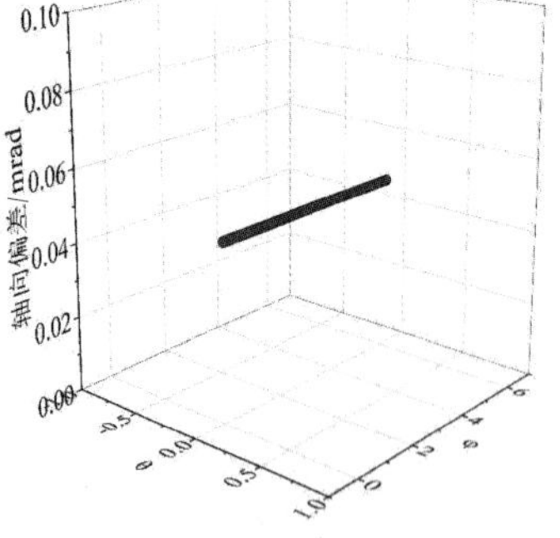

(a) 触发抖动对轴向方向图的影响

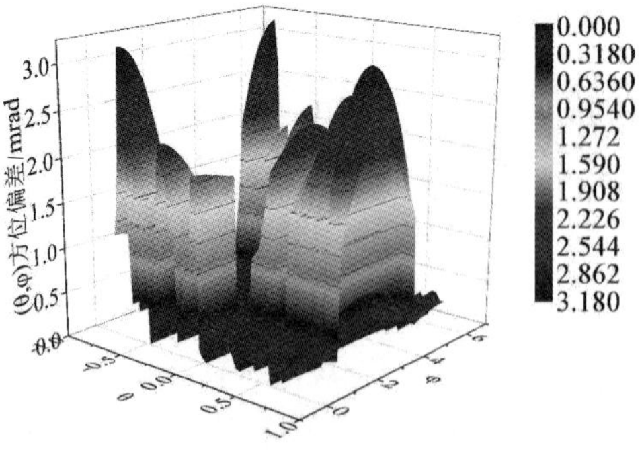

(b) 触发抖动对$(\theta,\ \phi)$方位波束指向的影响

图 3.6-4 辐射阵元幅度与触发抖动对阵面波束指向的影响

3.6.3　阵列时域天线布阵分析

3.6.3.1　单元天线间的耦合效应分析

在本章的仿真和实验中，选用的异面结构 Vivaldi 天线构建 3×3 单元的天线阵列，阵列口径 2 m×2 m。相较于阵列而言单元天线的 E 面、H 面时域方向图显得过宽（如图 3.3-13 和图 3.3-14 所示），过宽的时域方向图会增大相邻单元天线间的耦合效应，特别是当阵列波束需要扫描时，较早发射的单元天线与经时延后发射的天线耦合效应更为明显。但若将单元天线时域方向图压缩过窄，又不能很好验证波束扫描等原理性概念。因此，仔细测试各单元天线的耦合时域波形，对目标回波信号信息提取时，消除冲激雷达系统自身固有噪声信号有重要意义。

进行两个单元天线的耦合效应实验测试时，单元天线分别按照图 3.6-5(a)和(b)的方式放置，发射天线距地面的高度为 1.62 m，两天线馈电点之间距离为 0.6 m。天线耦合的 S_{21} 参数与时域波形的实验测试结果如图 3.6-6 所示。实验结果表明，两天线沿 H 面放置时，无论是 S_{21} 参数还是耦合时域波形，都比它们沿 E 面放置时耦合强，这容易由单元天线 H 面具有很宽的时域方向图得到解释。因此，在考虑天线阵列布阵方式时，应尽量避免相邻天线 H 面正对情况[如图 3.6-5(a)所示]。

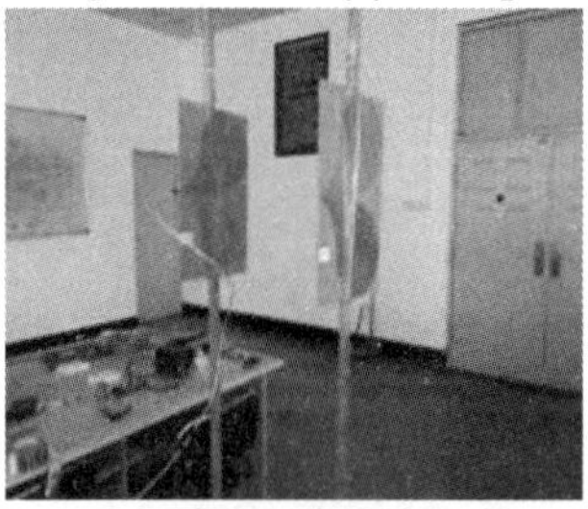

(a) 天线 H 面耦合测试

(b) 天线 E 面耦合测试

图 3.6-5　天线耦合效应实验照片

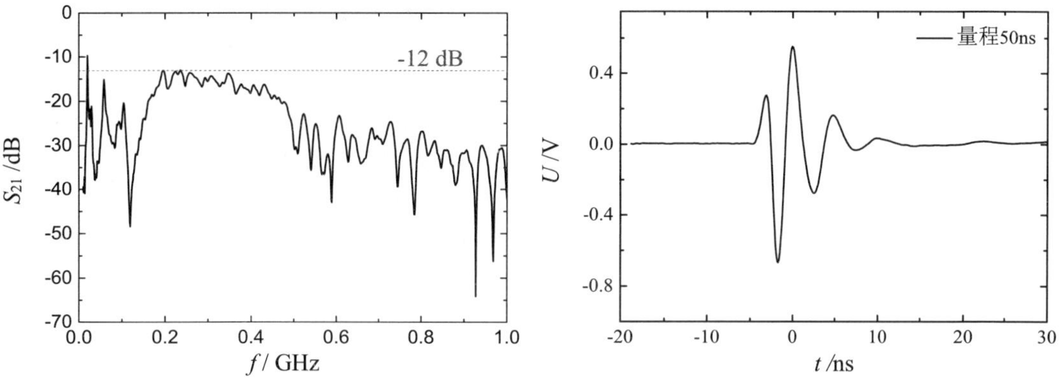

(a) 两天线按图 3.6-5 (a)放置时，天线耦合的 S_{21} 参数与时域波形

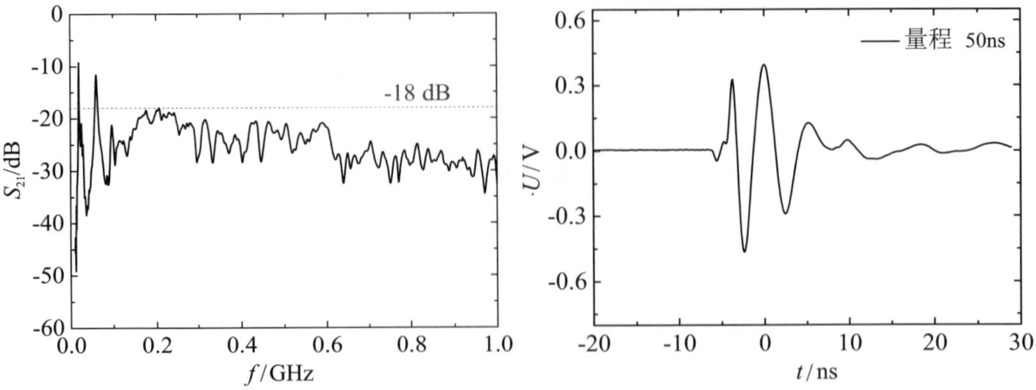

(b) 两天线按图 3.6-5 (b)放置，天线耦合的 S_{21} 参数与时域波形

图 3.6-6 两单元天线 E 面、H 面放置时的耦合效应实验测试结果

3.6.3.2 阵元天线间耦合效应分析

基于单元天线方向图及相邻天线间耦合效应影响因素的实验测试分析，图 3.6-7(a)和(b)给出了阵元天线的间错布阵方式(包括辐射天线与接收天线位置)及天线阵面的实物照片。由于单元天线 H 面时域方向图超过±60°，所以也不可能通过间错布阵方式来大幅度降低相邻天线之间的耦合效应。图 3.6-7(c)和图 3.6-7(d)分别给出了间错斜对相邻天线间的 S_{21} 参数及其随距离增大耦合效应减弱的变化趋势。

可见，间错布阵相邻天线耦合效应要比图 3.6-5(a)布阵方式时弱；随着相邻天线间距增加，耦合效应逐渐减弱，但通过增加阵面口径或相邻单元天线间的间距来减弱阵元天线间的耦合效应是不现实的。

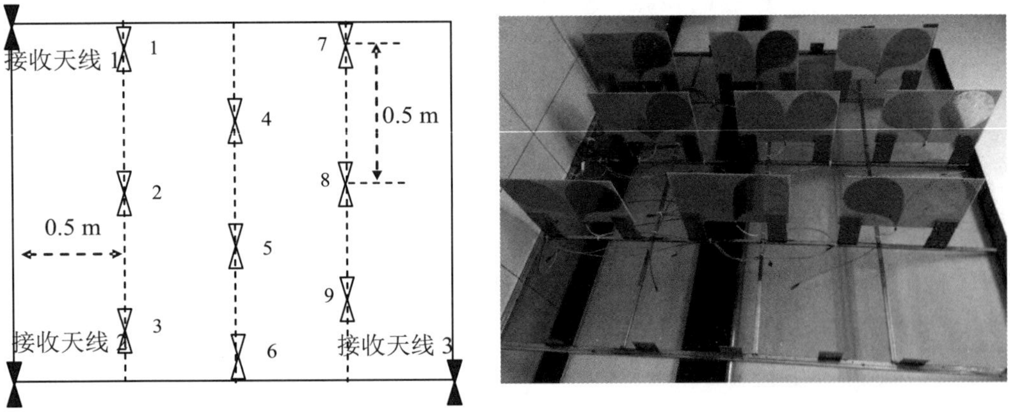

(a) 间错布阵天线编号　　(b) 天线布阵实物照片

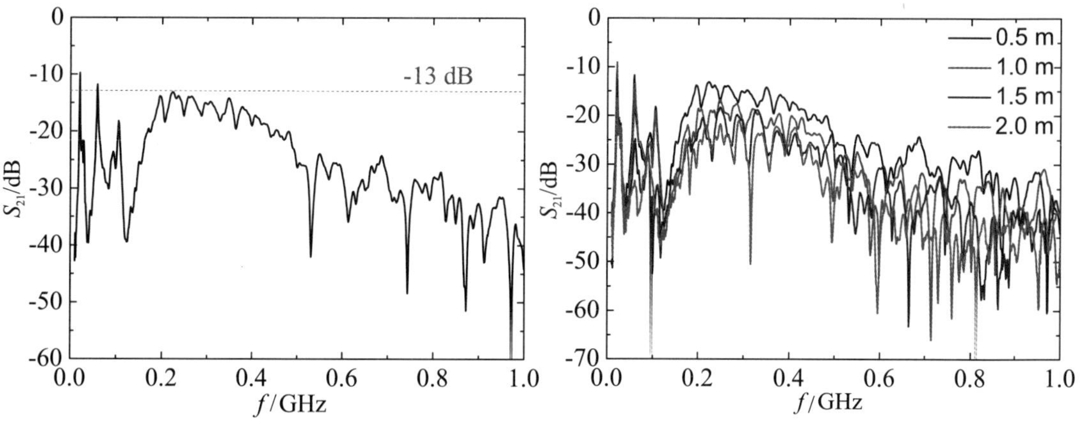

(c) 间错布阵相邻天线耦合　　(d) 间错布阵各天线之间耦合

图 3.6-7 间错阵列天线布阵方式及阵元天线间耦合

3.7 本章小结

本章首先对超宽带时域天线的性能参数、时域特性进行描述，给出冲激雷达系统时域单元天线的设计目标，并仿真地设计了几款时域超宽带天线。在综合考虑项目需求的情况下，加工并测试了超宽带 Vivaldi 天线和优化的异面结构 Vivaldi 天线。由测试结果可知，仿真结果和实验结果吻合良好。

○ 参考文献

[1] J. S. McLean, H. Foltz. Pattern Descriptors for UWB Antennas[J]. IEEE Transactions on Antennas and Propagation, 2005, 53(1): 553-559.

[2] E. Pancera, T. Zwick. Spherical Fidelity Patterns of UWB Antennas[J]. IEEE Transactions on Antenna and Propagation, 2011, 59(6): 2111-2119.

[3] O. E. Allen, D. A. Hill, A. R. Ondrejka. Time-domain antenna characterizations[J]. IEEE Transactions on Electromagnetic Compatibility, 1993, 35(3): 339-346.

[4] S. Licul. Ultra-Wideband Antenna Characterization and Measurements[M]. Blacksburg: Virginia Polytechnic Institute & State University, 2004: 24-35.

[5] L. J. Chu, J. A. Stratton. Steady-State Solutions of Electromagnetic Field Problems[J]. Journal of Applied Physics, 1941, 12(3): 241-248.

[6] S. A. Schelkunoff. Electromagnetic Waves[J]. D. Van Nostrand Company, 1943: 53-77.

[7] P. J. Gibson. The Vivaldi Aerial[J]. Pro.9th European Microwave Conference, Brighton, 1979: 101-105.

[8] J.Bai, S.Y.Shi, D.W. Prather. Modified Compact Antipodal Vivaldi Antenna for 4–50-GHz UWB Application[J]. IEEE Transactions on Microwave Theory and Techniques, 2011, 59(4): 1051-1057.

[9] G. Teni, N. Zhang, J. H. Qiu, et al. Research on a Novel Miniaturized Antipodal Vivaldi Antenna with Improved Radiation[J]. IEEE Antennas and Wireless Propagation Letters, 2013, 12: 417-420.

[10] R. Janaswamy, D.H. Schaubert. Analysis of the Tapered Slot Antenna[J]. IEEE Transactions on Antennas and Propagation, 1987, 35(9): 1058-1065.

[11] J. D. S. Langley, P. S. Hall, P. Newham. Novel ultrawide-bandwidth Vivaldi antenna with low cross-polarization[J]. Electronics Letters, 1993, 29(23): 2004-200.

[12] J. Richmond. Simplified Calculation of Antenna Patterns with Application to Radome Problems[J]. IEEE Transactions on Microwave Theory and Techniques, 1955, 3(4): 9-12.

[13] R. Gonzalo, J. Teniente, C.D. Río. Improved Radiation Pattern Performance of Gaussian Profiled Horn Antennas[J]. IEEE Transactions on Antennas and Propagation, 2002, 50(11): 1505-1513.

[14] B. Jacobs, J.W. Odendaal, J.Joubert. An Improved Design for a 1–18 GHz Double-Ridged Guide Horn Antenna[J]. IEEE Transactions on Antennas and Propagation, 2012, 60(9): 4110-4118.

[15] L. Desrumaux, A. Godard, M. Lalande, et al. An Original Antenna for Transient High Power UWB Arrays: The Shark Antenna[J]. IEEE Transactions on Antennas and Propagation, 2010, 58(8): 2515-2522.

[16] J. C. Diot, P. Delmote, J. Andrieu, et al. A Novel Antenna for Transient Applications in the Frequency Band 300 MHz - 3 GHz: The Valentine Antenna[J]. IEEE Transactions on Antennas and Propagation, 2007, 55(3): 987-990.

[17] J. Bourqui, M. Okoniewski, E.C. Fear. Balanced Antipodal Vivaldi Antenna With Dielectric Director for Near-Field Microwave Imaging[J]. IEEE Transactions on Antennas and Propagation, 2010, 58(7): 2318-2326.

[18] H. Y. Liang; H. C. Yang. A Cylindrical Conformal Directional Monopole Antenna for Borehole Radar Application[J]. IEEE Antennas and Wireless Propagation Letters, 2012, 11: 1525-1528.

[19] C. M. Segura, A. Dyke, H. Dyke, et al. Flat Luneburg Lens via Transformation Optics for Directive Antenna Applications[J]. IEEE Transactions on Antennas and Propagation, 2014,

62(4): 1945-1953.

[20] Q. Cheng, W.X.Jiang, T.J.Cui. Spatial Power Combination for Omnidirectional Radiation via Anisotropic[J]. Physical Review Letters, 2012, 108: 213.

[21] H. F. Ma, B. G. Cai, T. X. Zhang, et al. Three-Dimensional Gradient-Index Materials and Their Applications in Microwave Lens Antennas[C]. IEEE Transactions on Antennas and Propagation, 2013, 61(5): 2561-2569.

[22] B. Zhou, T.J. Cui. Directivity Enhancement to Vivaldi Antennas Using Compactly Anisotropic Zero-Index Metamaterials[C]. IEEE Antennas and Wireless Propagation, 2011, 10: 326-329.

[23] L. Chen, Z. Y. Lei, R. Yang, et al. A Broadband Artificial Material for Gain Enhancement of Antipodal Tapered Slot Antenna[C]. IEEE Transactions on Antennas and Propagation, 2015, 63(1): 395-400.

[24] C. Lechte, H. Kumrić. Simulation of a Plasma-Filled Horn Antenna With Improved Radiation Pattern[C]. IEEE Transactions on Plasma Science, 2011, 39(11): 2488-2489.

[25] B. T. Stephenson, C. H. Walter. Endfire Slot Antennas[J]. IRE Transactions on Antennas and Propagation, 1955, 3(2): 81-86.

[26] L. Lewis, M. Fassett, J. Hunt. A Broadband Stripline Array Element[C]. Antennas and Propagation Society International Symposium, Atlanta, 1974, 335-337.

[27] 王乃彪. 超宽频带锥削槽天线及阵列的设计与实现[D]. 西安: 西安电子科技大学, 2009: 25-28.

[28] B. Schuppert. Microstrip/Slotline Transition: Modeling and Experimental Investigation[J]. IEEE Transactions on Microwave Theory and Techniques, 1988, 36(8): 1272-1282.

[29] K. C. Gupta. Microstrip Lines and Slotlines[M]. Boston: Artech House, 1996: 156-160.

[30] 廖承恩. 微波技术基础[D]. 西安: 西安电子科技大学, 1994: 132-133.

[31] K. Ebnabbasi, D. Busuioc, R. Birken, et al. Taper Design of Vivaldi and Co-Planar Tapered Slot Antenna (TSA) by Chebyshev Transformer[J]. IEEE Transactions on Antennas and Propagation, 2012, 60(5): 2252-2259.

[32] G. D. M. JPeeler, H. P. Coleman. Microwave Stepped - Index Luneburg Lenses[J]. IRE Trans., 1958, 2: 202-207.

[33] 陈静. 龙伯透镜分层介质球的设计与计算[J]. 光电对抗与无源干扰, 1997, 2: 1-5.

[34] A. B. Numan, M. S. Sharawi. Extraction of material parameters for metamaterials using a full-wave simulator[J]. IEEE Antennas and Propagation Magazine, 2013, 55(5): 203-211.

第四章 瞬态电磁脉冲传输特性

阵列高功率微波系统中，瞬态电磁脉冲传输线路设计、辐射电磁波束的实验测试与分析，都需要研究瞬态电磁脉冲在自由空间或传输线路中的传输规律。在这一章里，主要讨论如下两方面的内容。(1)自由空间中瞬态电磁脉冲的能量传输规律，包括瞬态电磁脉冲轴线能量"三段式"传输规律的理论与实验研究，阵列超宽带天线的高效传输特性，波束扫描特性研究，阵列超宽带天线布阵方式研究等内容。(2)瞬态电磁脉冲在传输线中的色散与损耗，包括瞬态电磁脉冲在微带线、同轴线传输时的色散与损耗。为了叙述简洁，在4.1节中引入几种典型天线辐射场分量计算的物理模型，由电磁场理论给出天线辐射场分量、能量的一般计算公式；在4.2节中讨论单元辐射器下瞬态电磁脉冲的传输规律，重点讨论慢衰减特性及波形条件；在4.3节中讨论天线阵列辐射瞬态电磁脉冲的高效传输；在4.4节中讨论利用点源近似模型对天线阵列参数的计算方法；在4.5中给出阵列冲激信号波束合成及扫描的实验结果；在4.6节中讨论瞬态电磁脉冲在传输线路中的色散与损耗问题。

研究工作取得以下一些成果：(1)给出了圆形、方形及其构成超宽带天线阵列的轴线、近轴能量密度计算公式、数值计算结果和实验测试结果，从理论与实验两方面验证了瞬态电磁脉冲的三段式传输规律；(2)在均匀圆盘电流模型下，得到其轴线能量密度传输规律的解析解，以此为基础，解释了瞬态电磁脉冲具有慢衰减特性的物理实质；(3)通过对比正弦脉冲串与等腰梯形脉冲轴线能量密度的传输规律，得到了具有慢衰减特性的瞬态电脉冲波形条件；(4)采用光栅方程，结合阵列天线轴线能量的数值计算结果，理论上解释了阵列天线的高效传输特性；(5)采用严格电磁理论做数值计算，验证了天线阵列的波束聚焦特性和波束扫描特性，并分别在ps电子源和PCSS给阵列天线馈电两种条件下，实验验证了理论分析结果；(6)引入并改进了点源近似模型，得到了给定条件下阵列超宽带天线参数的计算方法及天线阵列的布阵方法，理论计算结果与严格电磁理论的数值计算结果、CST仿真计算结果符合；(7)采用点源近似模型，分析了地面反射对瞬态电磁脉冲轴线能量测试结果的影响，理论分析与实验测试结果符合；(8)采用微波传输理论，研究了瞬态电磁脉冲在微带线、同轴线中的衰减与色散规律，并做了实验验证。

4.1　瞬态电磁脉冲能量传输特性解析计算

4.1.1　瞬态电磁脉冲辐射的物理模型

如图 4.1-1 所示，用瞬态电脉冲给蝶形天线馈电时，天线的极化方向如图 4.1-1(a)中左图所示，该极化方向的电场可以近似等效为由沿某一方向、均匀分布的时变电流 $j(t)$所产生的辐射电场[如图 4.1-1(a)中右图所示]。同样，置于抛物面天线焦点的蝶形天线作为馈源产生的电磁波，经抛物面天线反射后形成的电磁辐射，也可以近似看作与抛物面天线口径相等、沿某一方向、均匀分布的圆盘时变电流 $j(t)$所产生的电磁辐射[如图 4.1-1(b)所示]。将这样的模型抽象后，天线的辐射场计算可以简单地由同方向、均匀分布的时变电流所产生的电磁辐射得到。

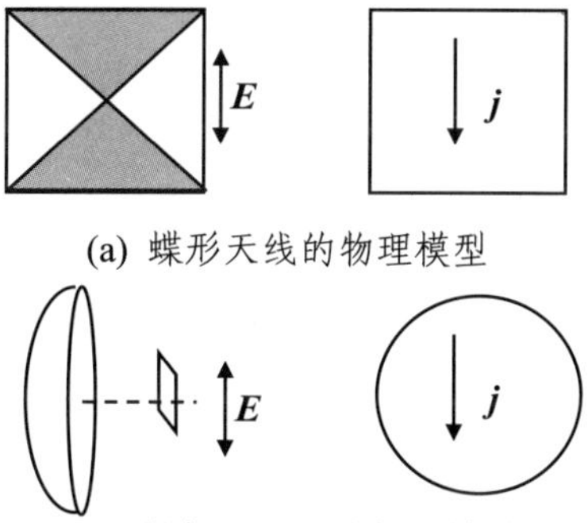

(a) 蝶形天线的物理模型

(b) 抛物面天线的物理模型

图 4.1-1　天线分析的物理模型图

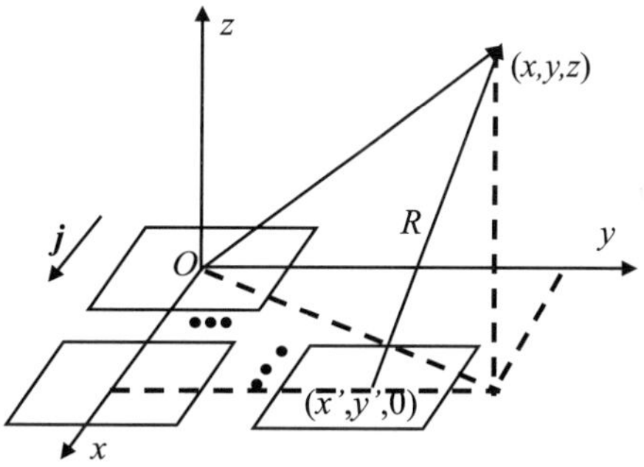

4.1-2　面元天线阵列

如图 4.1-2 所示的阵列天线，近似将每个单元天线的辐射场看作为由均匀时变面电流产生，空间任意点的场量等于各单元天线在该点辐射场量的矢量叠加。

对瞬态电脉冲的辐射，超宽带天线上的均匀电流分布只是一个粗略近似，一方面，瞬态电脉冲从馈电点传递到天线平面上各点的时间是不同的，或者说天线平面上流过的电流也是一个瞬态脉冲电流；另一方面，任意时刻 t，天线平面上的电流分布也不会是均匀的。严格地讲，天线平面上各点的电流分布既是时间的函数，也是空间点的函数。这个模型的近似程度，由是否与实验结果相符合来判定，在后面的小节里，可以看到采用上述模型得到的理论结果与实验结果很好符合。

4.1.2　均匀自由空间中电磁场场分量与能量计算公式

在这一节里，首先简单介绍由麦克斯韦方程组导出矢量位微分方程的过程，然后以轴对称阵列天线辐射为例，在 4.1.1 节给出的计算模型下，推导出空间任意点电磁场分量与能量的一般计算公式，为后面各节计算典型单元或阵列天线参数计算提供普适的计算公式。

4.1.2.1 均匀自由空间中电磁场矢量位的微分方程及其解

经典电动力学给出电磁场的基本微分方程组——麦克斯韦方程组为

$$\nabla\times\boldsymbol{E}=-\frac{\partial\boldsymbol{B}}{\partial t},\quad \nabla\times\boldsymbol{H}=\boldsymbol{J}+\frac{\partial\boldsymbol{D}}{\partial t},\quad \nabla\cdot\boldsymbol{D}=\rho,\quad \nabla\cdot\boldsymbol{B}=0 \tag{4.1-1}$$

由式（4.1-1）中第四式，在无源区域可以引入矢量位

$$\boldsymbol{B}=\nabla\times\boldsymbol{A} \tag{4.1-2}$$

设 $\boldsymbol{D}=\boldsymbol{D}_0 e^{\mathrm{i}(\omega t-kR)}$，同时考虑到式（4.1-1）中第二式，对无电流、电荷区域，有

$$\boldsymbol{E}=\frac{1}{\mathrm{i}\omega\mu\varepsilon}\nabla\times\nabla\times\boldsymbol{A} \tag{4.1-3}$$

由式（4.1-1）中第二、第四式，同时考虑到

（1）辅助条件 $$\boldsymbol{E}=-\nabla\varphi-\frac{\partial\boldsymbol{A}}{\partial t},\quad \nabla\cdot\boldsymbol{A}+\mu\varepsilon\frac{\partial\varphi}{\partial t}=0 \tag{4.1-4}$$

（2）均匀介质条件 $$\boldsymbol{B}=\mu\boldsymbol{H} \tag{4.1-5}$$

则矢量位 A 表示的电磁场的波动方程为

$$\nabla^2\boldsymbol{A}-\mu\varepsilon\frac{\partial^2\boldsymbol{A}}{\partial t^2}=-\mu\boldsymbol{J} \tag{4.1-6}$$

微分方程频域形式解为

$$\boldsymbol{A}(r',\omega)=\frac{\mu}{4\pi}\int_{V'}\frac{\boldsymbol{J}(r',\omega)}{R}e^{\mathrm{i}kr}\mathrm{d}V' \tag{4.1-7}$$

其中，$R=|\boldsymbol{r}-\boldsymbol{r}'|$，即观察点 $\boldsymbol{r}$ 与激励源 $\boldsymbol{r}'$ 间的距离，J 为电流密度，i 为虚数单位。

4.1.2.2 均匀自由空间中电磁场场分量与能量计算公式

由式（4.1-2）、式（4.1-3），对无电流、电荷区域，辐射场分量计算公式为

$$E_x=\frac{1}{\mathrm{i}\omega\mu\varepsilon}\left[\frac{\partial^2 A_y}{\partial y\partial x}+\frac{\partial^2 A_z}{\partial z\partial x}-\frac{\partial^2 A_x}{\partial y^2}-\frac{\partial^2 A_x}{\partial z^2}\right],\quad B_x=\frac{\partial A_z}{\partial y}-\frac{\partial A_y}{\partial z} \tag{4.1-8}$$

$$E_y=\frac{1}{\mathrm{i}\omega\mu\varepsilon}\left[\frac{\partial^2 A_z}{\partial z\partial y}+\frac{\partial^2 A_x}{\partial x\partial y}-\frac{\partial^2 A_y}{\partial z^2}-\frac{\partial^2 A_y}{\partial x^2}\right],\quad B_y=\frac{\partial A_x}{\partial z}-\frac{\partial A_z}{\partial x} \tag{4.1-9}$$

$$E_z=\frac{1}{\mathrm{i}\omega\mu\varepsilon}\left[\frac{\partial^2 A_x}{\partial x\partial z}+\frac{\partial^2 A_y}{\partial y\partial z}-\frac{\partial^2 A_z}{\partial x^2}-\frac{\partial^2 A_z}{\partial y^2}\right],\quad B_z=\frac{\partial A_y}{\partial x}-\frac{\partial A_x}{\partial y} \tag{4.1-10}$$

如果 A 只有一个分量 A_x，电磁场不为零的各分量可表示为

$$E_x=\frac{\mathrm{i}}{\omega\mu\varepsilon}\left[\frac{\partial^2 A_x}{\partial y^2}+\frac{\partial^2 A_x}{\partial z^2}\right],\quad B_x=0\Rightarrow H_x=0 \tag{4.1-11}$$

$$E_y=\frac{1}{\mathrm{i}\omega\mu\varepsilon}\frac{\partial^2 A_x}{\partial x\partial y}\text{，}\quad B_y=\frac{\partial A_x}{\partial z}\Rightarrow H_y=\frac{1}{\mu}\frac{\partial A_x}{\partial z} \tag{4.1-12}$$

$$E_z=\frac{1}{\mathrm{i}\omega\mu\varepsilon}\frac{\partial^2 A_x}{\partial x\partial z}\text{，}\quad B_z=-\frac{\partial A_x}{\partial y}\Rightarrow H_z=-\frac{1}{\mu}\frac{\partial A_x}{\partial y} \tag{4.1-13}$$

如图 4.1-2 所示，设阵元天线中电流有沿 x 方向的时变电流

$$\boldsymbol{J}(x',y',z',t)=\begin{cases}\mathrm{e}_x\delta(z')f(t), & \text{辐射器有电流区域}\\ 0, & \text{辐射器无电流区域}\end{cases} \tag{4.1-14}$$

对时变电流做傅里叶变换

$$J(x',y',z',\omega)=\begin{cases}\mathrm{e}_x\delta(z')F(\omega), & \text{辐射器有电流区域}\\ 0, & \text{辐射器无电流区域}\end{cases} \tag{4.1-15}$$

其中

$$\boldsymbol{J}(x',y',z',\omega)=\frac{1}{\sqrt{2\pi}}\int_{-\infty}^{\infty}\boldsymbol{J}(x',y',z',t)\mathrm{e}^{\mathrm{i}\omega t}\,\mathrm{d}t\text{，}\quad F(\omega)=\frac{1}{\sqrt{2\pi}}\int_{-\infty}^{\infty}f(t)\,\mathrm{e}^{-\mathrm{i}\omega t}\,\mathrm{d}t \tag{4.1-16}$$

如图 4.1-2 所示天线阵的辐射元具有中心对称性时，矢量位的各阶偏导数为

$$\frac{\partial \boldsymbol{A}}{\partial z}=-\frac{\mu}{4\pi}F(\omega)\int_{\Sigma'}z\left(\frac{1}{R^3}+\frac{\mathrm{i}k}{R^2}\right)\mathrm{e}^{-\mathrm{i}kR}\mathrm{d}x'\mathrm{d}y' \tag{4.1-17}$$

$$\frac{\partial^2 \boldsymbol{A}}{\partial z^2}=-\frac{\mu}{4\pi}F(\omega)\int_{\Sigma'}\left[\left(\frac{1+k^2z^2}{R^3}-\frac{3z^2}{R^5}\right)+\mathrm{i}k\left(\frac{1}{R^2}-\frac{3z^2}{R^4}\right)\right]\mathrm{e}^{-\mathrm{i}kR}\mathrm{d}x'\mathrm{d}y' \tag{4.1-18}$$

$$\frac{\partial^2 \boldsymbol{A}}{\partial x\partial z}=\frac{\mu}{4\pi}F(\omega)\int_{\Sigma'}z(x-x')\left[\left(\frac{3}{R^5}-\frac{k^2}{R^3}\right)+\frac{3\mathrm{i}k}{R^4}\right]\mathrm{e}^{-\mathrm{i}kR}\mathrm{d}x'\mathrm{d}y' \tag{4.1-19}$$

$$\frac{\partial^2 \boldsymbol{A}}{\partial y\partial z}=\frac{\mu}{4\pi}F(\omega)\int_{\Sigma'}z(y-y')\left[\left(\frac{3}{R^5}-\frac{k^2}{R^3}\right)+\frac{3ik}{R^4}\right]\mathrm{e}^{-ikR}\mathrm{d}x'\mathrm{d}y' \tag{4.1-20}$$

$$\frac{\partial^2 \boldsymbol{A}}{\partial x\partial y}=\frac{\mu}{4\pi}F(\omega)\int_{\Sigma'}(x-x')(y-y')\left[\left(\frac{3}{R^5}-\frac{k^2}{R^3}\right)+\frac{3ik}{R^4}\right]\mathrm{e}^{-ikR}\mathrm{d}x'\mathrm{d}y' \tag{4.1-21}$$

$$\frac{\partial^2 \boldsymbol{A}}{\partial y^2}=-\frac{\mu F(\omega)}{4\pi}\int_{\Sigma'}\left[\left(\frac{1+k^2y''^2}{R^3}-\frac{3y''^2}{R^5}\right)+\mathrm{i}k\left(\frac{1}{R^2}-\frac{3y''^2}{R^4}\right)\right]\mathrm{e}^{-\mathrm{i}kR}\mathrm{d}x'\mathrm{d}y' \tag{4.1-22}$$

在式（4.1-22）中，$y''=y-y'$。

由式（4.1-11）～式（4.1-13），非零电磁场分量的频域表达式为

$$E_x=\frac{F(\omega)}{4\pi\varepsilon\omega}\int_{\Sigma'}k\left[\left(\frac{2}{R^2}-\frac{3R_2}{R^4}\right)-\mathrm{i}\left(\frac{2+k^2R_2}{R^3}-\frac{3R_2}{R^5}\right)\right]\mathrm{e}^{-\mathrm{i}kR}\mathrm{d}x'\mathrm{d}y' \tag{4.1-23}$$

$$E_y=-\frac{\mathrm{i}}{4\pi\varepsilon}\frac{F(\omega)}{\omega}\int_{\Sigma'}(x-x')(y-y')\left[\left(\frac{3}{R^5}-\frac{k^2}{R^3}\right)+\frac{3ik}{R^4}\right]\mathrm{e}^{-\mathrm{i}kR}\mathrm{d}x'\mathrm{d}y' \tag{4.1-24}$$

$$E_z=-\frac{\mathrm{i}}{4\pi\varepsilon}\frac{F(\omega)}{\omega}\int_{\Sigma'}z(x-x')\left[\left(\frac{3}{R^5}-\frac{k^2}{R^3}\right)+\frac{3ik}{R^4}\right]\mathrm{e}^{-\mathrm{i}kR}\mathrm{d}x'\mathrm{d}y' \tag{4.1-25}$$

$$H_y=-\frac{F(\omega)}{4\pi}\int_{\Sigma'}z\left(\frac{1}{R^3}+\frac{\mathrm{i}k}{R^2}\right)\mathrm{e}^{-\mathrm{i}kR}\mathrm{d}x'\mathrm{d}y' \tag{4.1-26}$$

$$H_z=\frac{F(\omega)}{4\pi}\int_{\Sigma'}(y-y')\left(\frac{1}{R^3}+\frac{\mathrm{i}k}{R^2}\right)\mathrm{e}^{-\mathrm{i}kR}\mathrm{d}x'\mathrm{d}y' \tag{4.1-27}$$

电磁场分量对应的时域表达式为

$$E_x=\frac{1}{4\pi\varepsilon}\int_{\Sigma'}\left\{\frac{1}{c}\left[\frac{2}{R^2}-\frac{3R_2}{R^4}\right]k_1(t)+\left[\frac{2}{R^3}-\frac{3R_2}{R^5}\right]k_2(t)-\frac{R_2}{R^3c^2}k_3(t)\right\}\mathrm{d}x'\,\mathrm{d}y' \tag{4.1-28}$$

$$E_y=\int_{\Sigma'}\frac{(x-x')(y-y')}{4\pi\varepsilon}\left[\frac{3}{R^4c}k_1(t)+\frac{3}{R^5}k_2(t)+\frac{1}{R^3c^2}k_3(t)\right]\mathrm{d}x'\,\mathrm{d}y' \tag{4.1-29}$$

$$E_z=\frac{1}{4\pi\varepsilon}\int_{\Sigma'}z(x-x')\left[\frac{3}{R^4c}k_1(t)+\frac{3}{R^5}k_2(t)+\frac{1}{R^3c^2}k_3(t)\right]\mathrm{d}x'\,\mathrm{d}y' \tag{4.1-30}$$

$$H_y=-\frac{z}{4\pi}\int_{\Sigma'}\left[\frac{1}{R^3}f\left(t-\frac{R}{c}\right)+\frac{1}{R^2c}\frac{\mathrm{d}}{\mathrm{d}t}f\left(t-\frac{R}{c}\right)\right]\mathrm{d}x'\,\mathrm{d}y' \tag{4.1-31}$$

$$H_z=\frac{1}{4\pi}\int_{\Sigma'}(y-y')\left[\frac{1}{R^3}f\left(t-\frac{R}{c}\right)+\frac{1}{R^2c}\frac{\mathrm{d}}{\mathrm{d}t}f\left(t-\frac{R}{c}\right)\right]\mathrm{d}x'\,\mathrm{d}y' \tag{4.1-32}$$

其中，$R=\sqrt{(x-x')^2+(y-y')^2+z^2}$，$R_2=(y-y')^2+z^2$ （4.1-33）

$$k_1(t)=f\left(t-\frac{R}{c}\right),\quad k_2(t)=\int_{-\infty}^{t}f\left(\tau-\frac{R}{c}\right)\mathrm{d}\tau,\quad k_3(t)=\frac{\mathrm{d}}{\mathrm{d}t}f\left(t-\frac{R}{c}\right) \tag{4.1-34}$$

于是，平面阵列辐射天线在空间任意点能量密度时间积分随距离衰减公式为

$$\boldsymbol{G}=\int_{-\infty}^{+\infty}(\boldsymbol{E}\times\boldsymbol{H})\cdot\mathrm{d}t=\int_{-\infty}^{+\infty}\left[(E_{sy}H_{sz}-E_{sz}H_{sy})\mathrm{e}_x-E_{sx}H_{sz}\mathrm{e}_y+E_{sx}H_{sy}\mathrm{e}_z\right]\cdot\mathrm{d}t \tag{4.1-35}$$

沿 $\boldsymbol{R}$ 方向平面阵列辐射器在空间(x, y, z)点能量密度时间积分为

$$G_R=\frac{1}{R}\int_{-\infty}^{+\infty}\left[(E_{sy}H_{sz}-E_{sz}H_{sy})(x-x')-E_{sx}H_{sz}(y-y')+E_{sx}H_{sy}z\right]\cdot\mathrm{d}t \tag{4.1-36}$$

其中，$E_{sx}=\sum E_x$，$E_{sy}=\sum E_y$，$E_{sz}=\sum E_z$，$H_{sy}=\sum H_y$，$H_{sz}=\sum H_z$ （4.1-37）

式（4.1-37）表示在各坐标轴方向上，电磁场分量值等于各单元天线在待求点产生场分量的和。

4.1.3 几种典型天线辐射的场分量与能量计算公式

在阵列天线辐射的场分量与能量一般计算公式基础上，本节给出圆形、方形和线元阵列天线辐射的场分量与能量计算公式，以便后面各节关于瞬态电磁脉冲传输规律的定量讨论。

4.1.3.1 圆形单元天线辐射的轴线场分量与能量计算公式

在 4.1.1 节中提到，将蝶形天线置于抛物面天线焦点给抛物面天线馈电，抛物面天线的辐射就可以看作为圆面均匀分布的时变电流脉冲产生的辐射（如图 4.1-3 所示）。由式（4.1-23）～式（4.1-35），容易给出圆形单元天线辐射的场分量与能量计算公式。考虑到圆形单元天线轴线能量可以解析计算，因此，本节只给出圆形单元天线轴线场分量与能量的计算公式，而近轴场分量与能量的计算可用式（4.1-35）做数值计算。

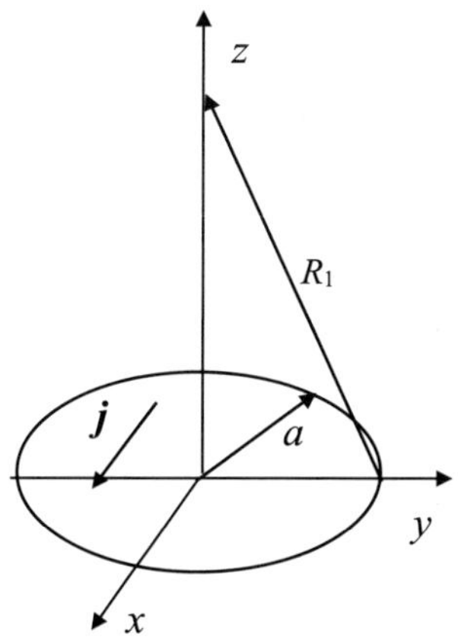

图 4.1-3　圆形单元辐射器

由式（4.1-23）～式（4.1-27），圆形单元天线轴线非零电磁场分量的频域表达式为

$$E_x = \frac{\eta}{2}F(\omega)\left[g_2(z)\mathrm{e}^{-\mathrm{i}kR_1} - \mathrm{e}^{-\mathrm{i}kz}\right] + \mathrm{i}\frac{\eta a^2}{4kR_1^3}F(\omega)\mathrm{e}^{-\mathrm{i}kR_1} \tag{4.1-38}$$

$$H_y = \frac{1}{2}F(\omega)\left[g_1(z)\mathrm{e}^{-\mathrm{i}kR_1} - \mathrm{e}^{-\mathrm{i}kz}\right] \tag{4.1-39}$$

其中，$g_1(z) = \dfrac{z}{R_1}$，$g_2(z) = \dfrac{1}{2}(1 + \dfrac{z^2}{R_1^2})$，$\eta = \dfrac{1}{\varepsilon c}$，$R_1 = \sqrt{a^2 + z^2}$，$\xi = \dfrac{R_1 - z}{c}$　（4.1-40）

式（4.1-38）～式（4.1-39）对应电磁场分量的时域表达式为

$$E_x = \frac{\eta}{2}\left[g_2(z)f(t - \frac{R_1}{c}) - f(t - \frac{z}{c})\right] - \frac{a^2}{4\varepsilon R_1^3}\int_{-\infty}^{t} f(\tau - \frac{R_1}{c})\mathrm{d}\tau \tag{4.1-41}$$

$$H_y = \frac{1}{2}\left[g_1(z)f(t - \frac{R_1}{c}) - f(t - \frac{z}{c})\right] \tag{4.1-42}$$

将式（4.1-41）、式（4.1-42）代入式（4.1-35），可得圆盘轴线能量为

$$G = \frac{\eta}{4}\left\{\int_{-\infty}^{+\infty}\left[g_1 g_2 f^2(t - \frac{R_1}{c}) + f^2(t - \frac{z}{c})\right]\mathrm{d}t - \int_{-\infty}^{+\infty}(g_1 + g_2)f(t - \frac{R_1}{c})f(t - \frac{z}{c})\mathrm{d}t\right\}$$
$$- \frac{a^2}{8\varepsilon R_1^3}\int_{-\infty}^{+\infty}\left[\int_{-\infty}^{t} f(\tau - \frac{R_1}{c})\mathrm{d}\tau\right]\cdot\left[g_1(z)f(t - \frac{R_1}{c}) - f(t - \frac{z}{c})\right]\mathrm{d}t \tag{4.1-43}$$

由数值计算可知，式（4.1-43）中最后一项值很小，可以被忽略，于是圆形单元天线轴线能量也可以表示为

$$G = \frac{\eta}{4}\left\{\int_{-\infty}^{+\infty}\left[1 + g_1(z)g_2(z)\right]f^2(t)\mathrm{d}t - \int_{-\infty}^{+\infty}\left[g_1(z) + g_2(z)\right]f(t)f(t - \xi)\mathrm{d}t\right\} \tag{4.1-44}$$

4.1.3.2　方形单元天线辐射的轴线场分量与能量计算公式

在 4.1.1 节中提到，蝶形天线的辐射，可以看作为方形均匀分布的时变电流脉冲的辐射（如图 4.1-4 所示）。

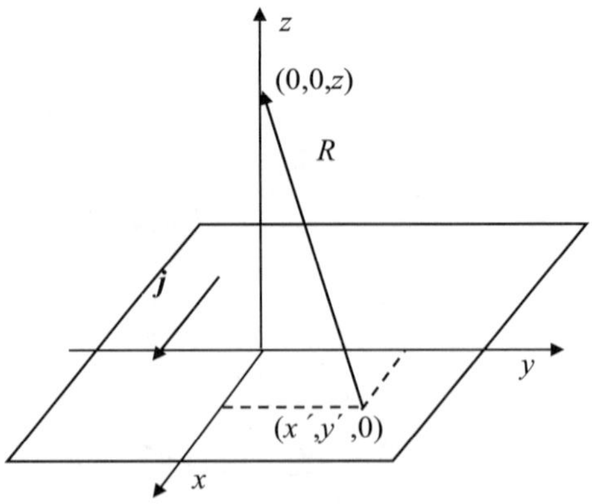

图 4.1-4　方形单元辐射器

由式（4.1-23）～式（4.1-27），方形单元辐射器轴线非零电磁场分量的频域表达式为

$$H_y = -\frac{1}{4\pi}F(\omega)\int_{\Sigma'} z\left(\frac{1}{R^3}+\frac{\mathrm{i}k}{R^2}\right)\mathrm{e}^{-\mathrm{i}kR}\mathrm{d}x'\mathrm{d}y' \tag{4.1-45}$$

$$E_x = \frac{1}{4\pi\omega\varepsilon}F(\omega)\int_{\Sigma'}\left[k\frac{R_3^2}{R^4}-\mathrm{i}\left(\frac{k^2R_4^2}{R^3}-\frac{R_3^2}{R^5}\right)\right]\mathrm{e}^{-\mathrm{i}kR}\mathrm{d}x'\mathrm{d}y \tag{4.1-46}$$

式（4.1-45）、式（4.1-46）对应的时域表达式为

$$E_x = \frac{1}{4\pi\varepsilon}\int_{\Sigma'}\left[\frac{R_3^2}{R^4c}f\left(t-\frac{R}{c}\right)-\frac{R_4^2}{R^3c^2}\frac{\mathrm{d}}{\mathrm{d}t}f\left(t-\frac{R}{c}\right)+\frac{R_3^2}{R^5}k_2(t)\right]\mathrm{d}x'\mathrm{d}y' \tag{4.1-47}$$

$$H_y = -\frac{z}{4\pi}\int_{\Sigma'}\left[\frac{1}{R^3}f\left(t-\frac{R}{c}\right)+\frac{1}{R^2c}\frac{\mathrm{d}}{\mathrm{d}t}f\left(t-\frac{R}{c}\right)\right]\mathrm{d}x'\mathrm{d}y' \tag{4.1-48}$$

将式（4.1-47）、式（4.1-48）代入式（4.1-35），方形辐射器轴线能量密度为

$$G = \frac{-z}{(4\pi)^2\varepsilon}\int_{-\infty}^{+\infty}\left\{\int_{\Sigma'}\left[\frac{R_3^2k_1(t)}{R^4c}-\frac{R_4^2k_3(t)}{R^3c^2}+\frac{R_3^2k_2(t)}{R^5}\right]\mathrm{d}x'\mathrm{d}y'\int_{\Sigma'}\left[\frac{k_1(t)}{R^3}+\frac{k_3(t)}{R^2c}\right]\mathrm{d}x'\mathrm{d}y'\right\}\mathrm{d}t \tag{4.1-49}$$

其中，$R_3^2 = 2x'^2-(y'^2+z^2)$，$R_4^2 = y'^2+z^2$　（4.1-50）

4.1.3.3　线元天线阵辐射的场分量与能量计算公式

在图 4.1-2 中，如果阵元天线为槽天线时，天线阵列可以近似看作由线元天线构成的线元天线阵（如图 4.1-5 所示）。与面元天线阵相比，线元天线阵辐射场分量与轴线、近轴能量的数值模拟计算要简便得多。

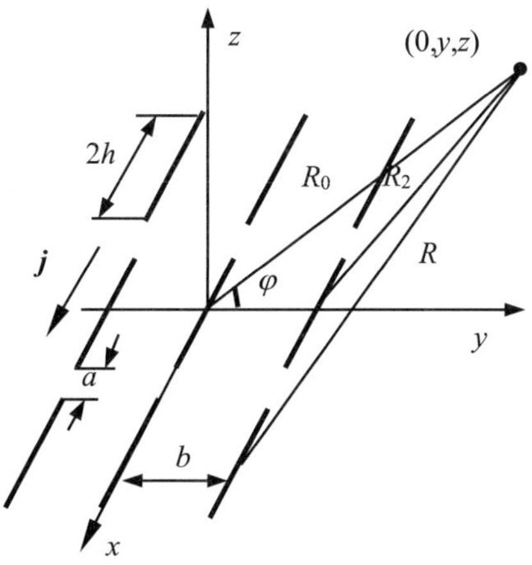

图 4.1-5 $m\times m$ 线元天线阵列

由式（4.1-23）~式（4.1-27），$(0, y, z)$点非零场分量的频域表达式为

$$H_y=-\frac{F(\omega)}{4\pi}\int_{\Sigma'}z\left(\frac{1}{R^3}+\frac{\mathrm{i}k}{R^2}\right)\mathrm{e}^{-\mathrm{i}kR}\mathrm{d}x' \tag{4.1-51}$$

$$H_z=\frac{F(\omega)}{4\pi}\int_{\Sigma'}(y-y')\left(\frac{1}{R^3}+\frac{\mathrm{i}k}{R^2}\right)\mathrm{e}^{-\mathrm{i}kR}\mathrm{d}x' \tag{4.1-52}$$

$$E_x=\frac{F(\omega)}{4\pi\varepsilon\omega}\int_{\Sigma'}k\left(\frac{2}{R^2}-\frac{3R_2}{R^4}\right)-\mathrm{i}\left(\frac{2+k^2R_2}{R^3}-\frac{3R_2}{R^5}\right)\mathrm{e}^{-\mathrm{i}kR}\mathrm{d}x' \tag{4.1-53}$$

$$E_y=-\frac{\mathrm{i}F(\omega)}{4\pi\varepsilon\omega}\int_{\Sigma'}(x-x')(y-y')\left[\left(\frac{3}{R^5}-\frac{k^2}{R^3}\right)+\frac{3\mathrm{i}k}{R^4}\right]\mathrm{e}^{-\mathrm{i}kR}\mathrm{d}x' \tag{4.1-54}$$

$$E_z=-\frac{\mathrm{i}F(\omega)}{4\pi\varepsilon\omega}\int_{\Sigma'}z(x-x')\left[\left(\frac{3}{R^5}-\frac{k^2}{R^3}\right)+\frac{3\mathrm{i}k}{R^4}\right]\mathrm{e}^{-\mathrm{i}kR}\mathrm{d}x' \tag{4.1-55}$$

式（4.1-54）、式（4.1-55）对应电磁场分量的时域表达式为

$$E_x=\frac{1}{4\pi\varepsilon}\int_{\Sigma'}\left\{\frac{1}{c}\left[\frac{2}{R^2}-\frac{3R_2}{R^4}\right]k_1(t)+\left[\frac{2}{R^3}-\frac{3R_2}{R^5}\right]k_2(t)-\frac{R_2}{R^3c^2}k_3(t)\right\}\mathrm{d}x' \tag{4.1-56}$$

$$E_y=\int_{\Sigma'}\frac{(x-x')(y-y')}{4\pi\varepsilon}\left[\frac{3}{R^4c}k_1(t)+\frac{3}{R^5}k_2(t)+\frac{1}{R^3c^2}k_3(t)\right]\mathrm{d}x' \tag{4.1-57}$$

$$E_z=\frac{1}{4\pi\varepsilon}\int_{\Sigma'}z(x-x')\left[\frac{3}{R^4c}k_1(t)+\frac{3}{R^5}k_2(t)+\frac{1}{R^3c^2}k_3(t)\right]\mathrm{d}x' \tag{4.1-58}$$

$$H_y=-\frac{z}{4\pi}\int_{\Sigma'}\left[\frac{1}{R^3}f\left(t-\frac{R}{c}\right)+\frac{1}{R^2c}\frac{\mathrm{d}}{\mathrm{d}t}f\left(t-\frac{R}{c}\right)\right]\mathrm{d}x' \tag{4.1-59}$$

$$H_z=\frac{1}{4\pi}\int_{\Sigma'}(y-y')\left[\frac{1}{R^3}f\left(t-\frac{R}{c}\right)+\frac{1}{R^2c}\frac{\mathrm{d}}{\mathrm{d}t}f\left(t-\frac{R}{c}\right)\right]\mathrm{d}x' \tag{4.1-60}$$

平面线元天线阵列在空间$(0, y, z)$点能量计算公式与式（4.1-36）相同，这里不再重复给出。

4.2 瞬态电磁脉冲的三段式传输规律

首先，给出用等腰梯形电脉冲给圆形单元辐射器馈电情况下，辐射器轴线能量的解析计算公式，通过对计算结果的讨论，得到瞬态电磁脉冲的“三段式”传输规律及慢衰减特性的物理实质；然后，对几种典型辐射器轴线能量做模拟计算，所得轴线能量随距离衰减曲线与圆形辐射器类似，说明“三段式”传输规律是瞬态电磁脉冲能量传输的普遍规律；最后，给出瞬态电磁脉冲三段式能量传输规律的实验证据。

4.2.1 圆形辐射器轴线能量的解析解

在图 4.1-3 中，如果馈电脉冲波形为如图 4.2-1 所示的等腰梯形脉冲，则由式（4.1-43），可以得到圆形辐射器轴线能量的解析解。

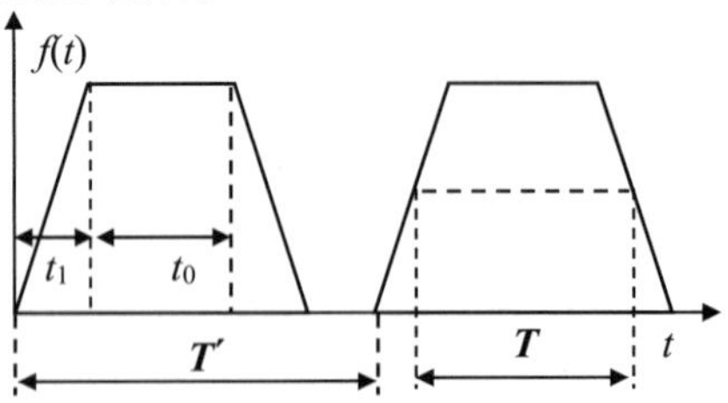

图 4.2-1 等腰梯形脉冲

设等腰梯形脉冲的脉冲宽度为 $T = t_1 + t_0$ 。等腰梯形脉冲波形函数为

$$f(t)=\begin{cases} t/t_1, & 0<t\leqslant t_1 \\ 1, & t_1<t\leqslant T \\ (-t+t_1+T)/t_1, & T<t\leqslant T+t_1 \\ 0, & t<0, t>T+t_1 \end{cases} \tag{4.2-1}$$

为便于后面讨论瞬态电脉冲能量慢衰减传输特性的物理意义，以下给出式（4.1-43）计算的详细过程。

令 $I_1=\int_{-\infty}^{+\infty} f^2(t)\mathrm{d}t$，$I_2=\int_{-\infty}^{+\infty} f(t)f(t-\xi)\mathrm{d}t$，$I_3^2=\left[\int_{-\infty}^{t} f(\tau'-\frac{R}{c})\mathrm{d}\tau'\right]^2\Bigg|_{-\infty}^{+\infty}$ （4.2-2）

$$g_3(z)=\frac{\eta}{4}[1+g_1(z)g_2(z)](t_0+\frac{2t_1}{3}),\quad g_4(z)=\frac{\eta}{4}[g_1(z)+g_2(z)] \tag{4.2-3}$$

式（4.1-43）可写为

$$G=\frac{\eta}{4}\left\{[1+g_1(z)g_2(z)]I_1-[g_1(z)+g_2(z)]I_2\right\}+\frac{(1-g_4)a^2}{16\varepsilon R^3}I_3^2 \tag{4.2-4}$$

（1）计算 I_1、I_3 的值

$$I_1=\int_{-\infty}^{+\infty}f^2(t)\mathrm{d}t=\int_0^{\tau_1}(\frac{t}{t_1})^2\mathrm{d}t+\int_{\tau_1}^{\tau_2}\mathrm{d}t+\int_{\tau_2}^{t_0}(\frac{-t+2t_1+t_0}{t_1})^2\mathrm{d}t=t_0+\frac{2t_1}{3} \quad (4.2\text{-}5)$$

$$I_3=\begin{cases} t^2/2t_1 & 0<t\leqslant t_1 \\ t-t_1/2 & t_1<t\leqslant t_1+t_0 \\ 2t-(t_1+t_0)+\dfrac{2t_0t-t^2-t_0^2}{2t_1} & t_1+t_0<t\leqslant t_0+2t_1 \\ t_0+t_1 & t>t_0+2t_1 \end{cases} \quad (4.2\text{-}6)$$

（2）计算 I_2、G 的值

① 当 $\xi\geqslant t_0+2t_1$ 或 $z\leqslant\dfrac{a^2-t_0^2c^2}{2t_0c}=z_1$ 时，积分项 I_2 对应的物理图像如图 4.2-2(a)所示，$G=g_3(z)$。

② 当 $t_0+t_1\leqslant\xi<t_0+2t_1$ 或 $z_1<z\leqslant\dfrac{a^2-[(t_0+t_1)^2c^2]}{2[t_0+t_1]c}=z_2$ 时，积分项 I_2 对应的物理图像如图 4.2-2(b)所示，$G=g_3(z)-g_4(z)\dfrac{(t_0-\xi)^3}{6t_1}$。

③ 当 $t_0\leqslant\xi<(t_0+t_1)$ 或 $z_2<z\leqslant\dfrac{a^2-t_0^2c^2}{2t_0c}=z_3$ 时，积分项 I_2 对应的物理图像如图 4.2-2(c)所示，$G=g_3(z)-g_4(z)\dfrac{(t_0-\xi)^3-2(t_1-\xi)^3}{6\tau_1^2}$。

④ 当 $t_1\leqslant\xi\leqslant t_0$ 或 $z_3<z\leqslant\dfrac{a^2-(t_1c)^2}{2t_1c}=z_4$ 时，积分项 I_2 对应的物理图像如图 4.2-2(d)所示，$G=g_3(z)-g_4(z)(t_1-\xi)$。

⑤ 当 $\xi<t_1$ 或 $z>\dfrac{a^2-t_1^2c^2}{2t_1c}=z_4$ 时，积分项 I_2 对应的物理图像如图 4.2-2(e)所示，$G=g_3(z)-g_4(z)\left[\dfrac{\xi}{t_1}(2t_1-\xi)+\dfrac{(t_1-\xi)^2}{3t_1^2}(2t_1+\xi)+t_0-\xi\right]$。

⑥ 上述结果简单记为

$$G=\begin{cases} g_3(z) & z\leqslant\dfrac{a^2-(T+t_1)^2c^2}{2(t_0+2t_1)c}=z_1 \\ g_3(z)-g_4(z)\dfrac{(T+t_1-\xi)^3}{6t_1{}^2} & z_1<z\leqslant\dfrac{a^2-T^2c^2}{2Tc}=z_2 \\ g_3(z)-g_4(z)\dfrac{(T+t_1-\xi)^3-2(T_1-\xi)^3}{6t_1{}^2} & z_2<z\leqslant\dfrac{a^2-t_0{}^2c^2}{2t_0c}=z_3 \\ g_3(z)-g_4(z)(T_1-\xi) & z_3<z\leqslant\dfrac{a^2-t_1{}^2c^2}{2t_1c}=z_4 \\ g_3(z)-g_4(z)\left[\dfrac{\xi(2t_1-\xi)}{t_1}+\dfrac{(t_1-\xi)(2t_1+\xi)}{3t_1^2}+t_0-\xi\right] & z_4=\dfrac{a^2-t_1{}^2c^2}{2t_1c}<z \end{cases} \quad (4.2\text{-}7)$$

由式（4.2-7）的计算结果及图 4.2-2 给出的 I_2 积分计算的物理图像，就可以讨论瞬态电磁脉冲及其慢衰减特性的物理实质了。

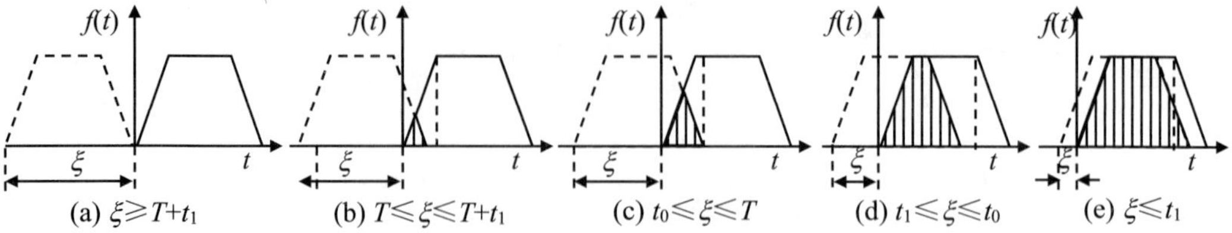

图 4.2-2　积分项 I_2 对应的物理图像

4.2.2　瞬态电磁脉冲轴线能量的“三段式”传输规律

在讨论瞬态电磁脉冲能量的“三段式”传输规律前，首先讨论对式（4.2-4）中 $1+g_1(z)g_2(z)$、$g_1(z)+g_2(z)$两个函数随距离 z 的变化情况做数值计算。由图 4.2-3 可以看出，在 z 等于 3～$5a$ 时，两个函数值迅速趋于常数值 2。或者说，在离天线距离与天线口径相当时，两个函数值迅速趋于常数值 2。

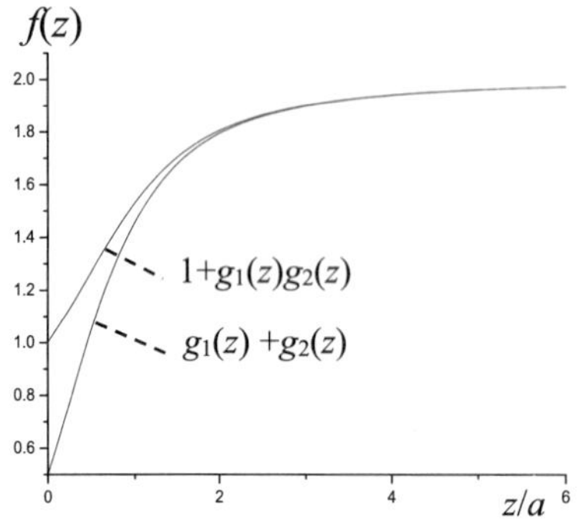

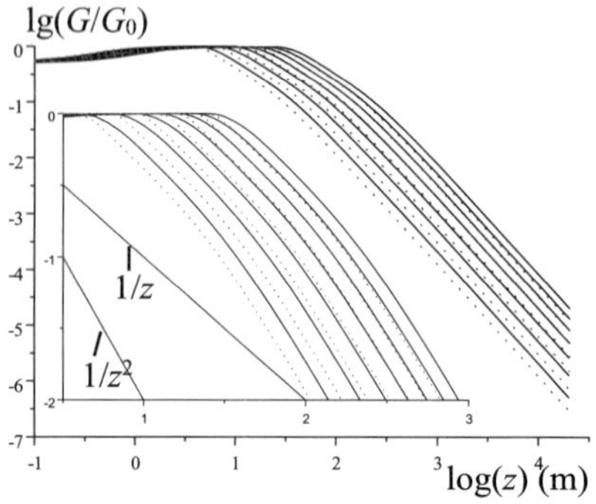

图 4.2-3　积分因子系数随 z 的变化图像　　　4.2-4　圆形、方形辐射器轴线能量

图 4.2-4 是由式（4.1-43）、式（4.1-49）分别计算圆形、方形单元辐射器辐射等腰梯形电脉冲时，其轴线能量随距离衰减的数字解结果。其中，实线、虚线分别表示边长为 $2R_0$ 的方形单元辐射器及其内切圆形单元辐射器的轴线能量随距离的衰减曲线，由左至右，内切圆的半径从 0.4 m 依次增加 0.1 m 直到 1 m，t_0=50 ps，t_1=10 ps，$G_0=\eta$（$t_0+2t_1/3$）/2。

由式（4.2-7），当 $\xi \geqslant t_0+2t_1$ 或 $z \leqslant \dfrac{a^2-t_0^2c^2}{2t_0c}=z_1$ 时，$G=g_3(z)$，除在距离天线 $5a$ 区间内有一上升段外，其数值近似为常数（图 4.2-4 中的水平段）。因此 $0 \leqslant z < z_1$ 的距离区间称为能量的“不衰减段”。如果圆形辐射器半径为 100 m 量级，瞬态脉冲宽度为亚纳秒量级，则其不衰减段长度为天线口径的几倍到几十倍。当天线口径一定时，不衰减段的长度与瞬态脉冲宽度成反比。

由式（4.2-7），当 $t_0+t_1\leqslant\xi<t_1$ 或 $\dfrac{a^2-t_0^{\ 2}c^2}{2t_0c}\leqslant z\leqslant\dfrac{a^2-t_1^{\ 2}c^2}{2t_1c}$ 时，轴线能量随距离增大而衰减，但能量衰减的速率正比于 $z^{-(1+\delta)}$（$0<\delta<1$），比能量按距离的平方反比衰减速度慢，通常把 $1\leqslant z<z_4$ 的距离区间称为能量的“慢衰减段”。在图 4.2-4 中，慢衰减段曲线的斜率介于 $1/z$ 和 $1/z^2$ 曲线对应距离段的斜率之间。当天线口径一定时，慢衰减段长度与瞬态脉冲上升沿成反比；如果能够获得上升沿比脉冲宽度小数量级的等腰梯形脉冲，则其慢衰减距离可比不衰减距离大几个数量级。

由式（4.2-7），当 $\xi<t_1$ 或 $z>\dfrac{a^2-t_1^2c^2}{2t_1c}=z_4$ 时，轴线能量 G 随 z 的变化满足 $G\propto z^{-2}$，这段距离区间，称为轴线能量的“快衰减段”。在图 4.2-4 中，快衰减段曲线的斜率与 $1/z^2$ 曲线对应距离段的斜率相等。轴线能量进入快衰减段的距离由天线口径和电脉冲上升沿决定。事实上，当 $z\gg a$ 时，无论对何种波形的瞬态电脉冲，$G\propto z^{-2}$ 都严格成立，下面给出证明。

证明：当 $z\gg a$ 时，$\xi=\dfrac{R-z}{c}\approx 0$

因 $\int_{-\infty}^{+\infty}f(t)f(t-\xi)\mathrm{d}t\approx\int_{-\infty}^{+\infty}f^2(t)\mathrm{d}t$，$1-g_1(z)=1-\dfrac{z}{\sqrt{a^2+z^2}}\approx 0$，$g_1(z)\approx g_2(z)$

$$
\begin{aligned}
G(0,0,z)&=\frac{\eta}{4}\left\{\int_{-\infty}^{+\infty}\left[1+g_1(z)g_2(z)\right]f^2(t)\mathrm{d}t-\int_{-\infty}^{+\infty}\left[g_1(z)+g_2(z)\right]f(t)f(t-\xi)\mathrm{d}t\right\}\\
&\approx\frac{\eta}{4}\left\{\left[1+g_1(z)g_2(z)\right]-\left[g_1(z)+g_2(z)\right]\right\}\int_{-\infty}^{+\infty}f^2(t)\mathrm{d}t\\
&\approx\frac{\eta}{4}\left\{\left[1-g_1(z)\right]\left[1-g_2(z)\right]\right\}\int_{-\infty}^{+\infty}f^2(t)\mathrm{d}t\\
&\approx\frac{\eta}{4}\left[1-g_1(z)\right]^2\int_{-\infty}^{+\infty}f^2(t)\mathrm{d}t=\frac{\eta}{4}\left[1-g_1^{\ 2}(z)\right]\int_{-\infty}^{+\infty}f^2(t)\mathrm{d}t=\frac{\eta}{4}\int_{-\infty}^{+\infty}f^2(t)\mathrm{d}t\cdot\frac{a^2}{z^2}\propto\frac{1}{z^2}
\end{aligned}
$$

影响不衰减段、慢衰减段和快衰减段距离的因素有天线口径和电脉冲波形两个因素，压缩电脉冲的脉冲宽度、增大天线口径可以大大增加不衰减和慢衰减距离。当然，超宽带天线的口径受其带宽约束，但在后面的讨论将会看到，合理的阵列天线布阵，其不衰减和慢衰减距离段长度仍可近似由式（4.2-7）计算，只是此时天线的口径 a 不再是单元天线的口径，而是天线阵列的口径，这就为慢衰减段的实际应用开辟了广阔的前景。

由式（4.2-7）和图 4.2-4 都可以看出，不衰减段、慢衰减段和快衰减段是逐段过渡的，没有明显的拐点。

4.2.3　瞬态电磁脉冲能量传输规律的实验测试

在这一节里，介绍瞬态电磁脉冲轴线能量传输规律的实验验证结果。这些实验包括：用 ps 电子脉冲源与 PCSS 分别产生瞬态电脉冲给几种典型天线馈电，测试经天线辐射后所产生瞬态电磁脉冲的轴线能量传输规律。

4.2.3.1 抛物面天线轴线能量传输特性测试

采用 ps 电子脉冲源给蝶形天线（或鳍形天线）馈电，蝶形天线（或鳍形天线）置于抛物面天线焦点，它们辐射的电磁脉冲经抛物面天线反射后形成瞬态电磁脉冲波束，实验测试瞬态电磁脉冲波束的轴线能量随距离的变化曲线。实验时，用激光准直仪准确确定抛物面天线的轴线；在轴线上用与馈电天线尺寸相同的蝶形天线（或鳍形天线）作为接收天线，接收到的电脉冲经宽带同轴线输入 Licory8600A 示波器；移动接收天线在轴线上的位置，记录接收波形的参数。实验测试电路与测试现场照片如图 4.2-5 所示。

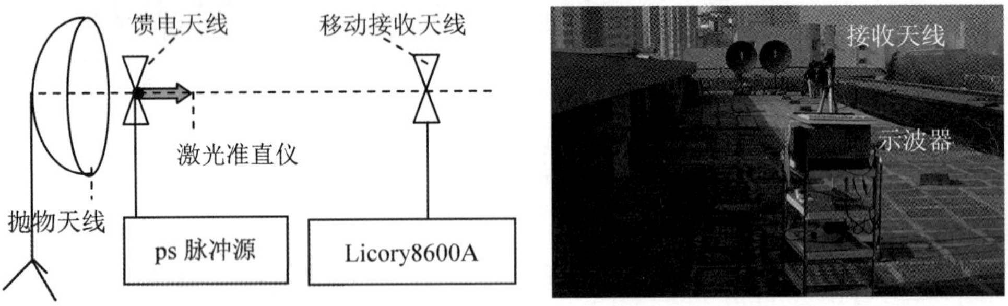

(a)慢衰减实验测试电路　　(b) 抛物面天线慢衰减实验测试现场

图 4.2-5　抛物面天线能量传输特性实验测试电路

实验用 MCPG-I 皮秒电子脉冲源是西安光机所研制的专用仪器，触发方式采用手动外触发，实物照片如图 4.2-6 所示。它将产生的 ps 电脉冲信号分 2 路 4 通道同步输出，其中的一路分为 1、2 通道输出，另一路分为 3、4 通道输出。MCPG-I 脉冲电源输出脉冲各项指标稳定性好，各通道输出电脉冲主要指标见表 4.2-1 所列，输出脉冲波形如图 4.2-7 所示。实验使用的其他仪器、元器件参数见表 4.2-2 所列，实物图如图 4.2-8 所示。

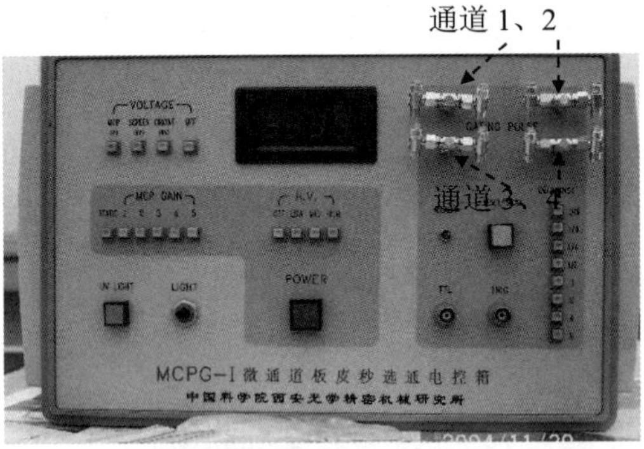

图 4.2-6　MCPG-I 皮秒电脉冲源

表 4.2–1　MCPG–I 电脉冲源输出 ps 脉冲指标

通道	上升沿/ps	脉冲宽度/ps	电压峰值/V	脉宽抖动/ps	电压抖动/V	触发抖动/ps
1 通道	161.06	363.82	2100	<10	<10	<30
2 通道	192.74	390.79	2090	<10	<10	<30
3 通道	186.08	430.12	1843	<10	<10	<30
4 通道	217.67	362.03	2134	<10	<10	<30

表 4.2–2　实验用仪器、元器件参数

抛物天线	口径 1.5 m，焦距 75 cm
双鳍天线	口径尺寸：20 cm×15 cm，高 30 cm，指数渐变缝隙起始宽度 2 mm
蝶形天线	三角形蝶形天线：长 5 cm，宽 5 cm，张角 90°，特性阻抗 150～180 Ω 三角形蝶形天线：长 12 cm，宽 12 cm，张角 90°；特性阻抗 160～220 Ω
示波器	型号：Licroy8600A；带宽 6 GHz；量程：8 V；取样频率：20 GHz
衰减器	20 dB 衰减器：带宽 12.4 GHz，功率 50 W 40 dB 衰减器：带宽 7.9 GHz，功率 400 W（研制）
同轴线	带宽 18 GHz，耐压 7 kV
SMA 接头	带宽 12.4 GHz，耐压 6 kV

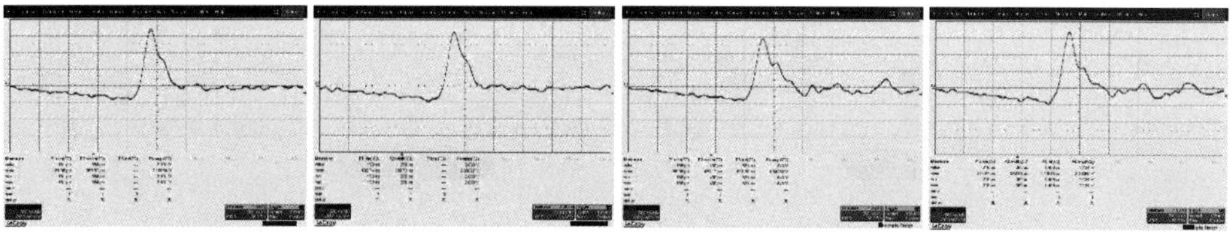

1 通道输出脉冲波形　2 通道输出脉冲波形　3 通道输出脉冲波形　4 通道输出脉冲波形

图 4.2–7　MCPG-I 脉冲源各通道输出脉冲波形

(a) 1.5 m 抛物面天线　(b) 20 mm×15 mm×30 mm 双鳍天线　(c) 8 mm×8 mm 蝶形天线　(d) Licroy8600A 示波器

图 4.2-8　实验用仪器、元器件实物照片

2004 年 11 月，在如图 4.2-5 所示的实验测试电路中，选用 MCPG-I 皮秒电子脉冲源的 1 通道给 5 cm × 5 cm 蝶形天线馈电，接收天线采用相同尺寸的蝶形天线，测得抛物面天线轴线能量随距离衰减曲线如图 4.2-9 所示，示波器显示接收波形的典型图片如图 4.2-10 所示。

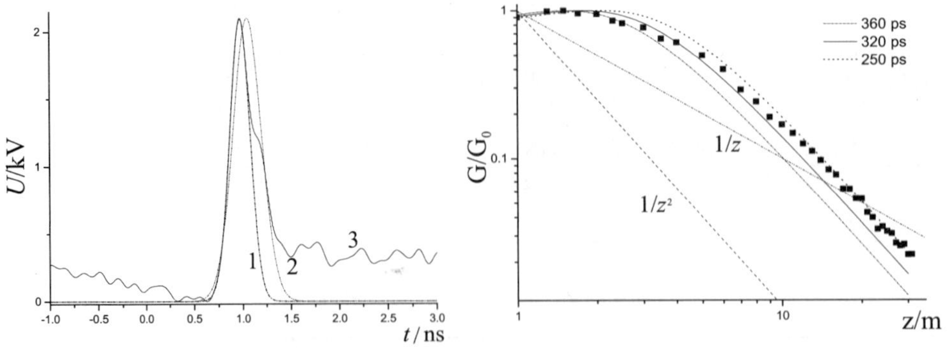

(a) 馈电电脉冲波形　　(b) 慢衰减实验测试结果与理论计算的比较

图 4.2-9　抛物面天线轴线能量传输特性实验测试结果

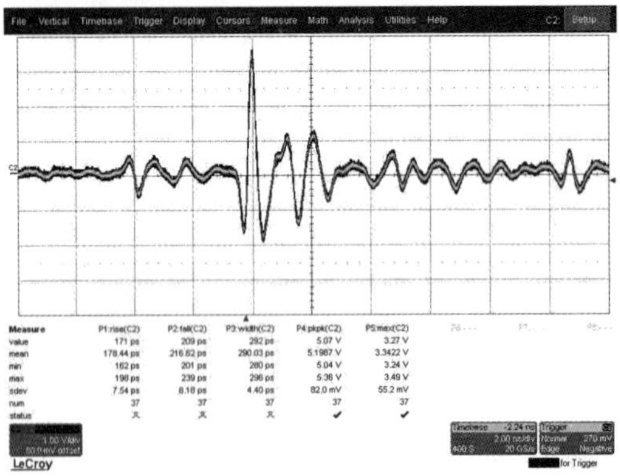

图 4.2-10　蝶形天线接收到的电磁脉冲

为与式（4.1-43）定量计算结果比较，采用不同脉冲宽度的高斯型函数对馈电脉冲进行拟合。图 4.2-9(a)中曲线 1 是脉冲宽度为 250 ps 的高斯脉冲波形曲线，其上升沿几乎完全与曲线 3 重合，下降沿的一部分与曲线 3 也重合，但脉冲宽度显然比实际馈电脉冲窄；图 4.2-9(a)中曲线 2 是脉冲宽度为 360 ps 的高斯脉冲波形曲线，脉冲宽度基本与曲线 3 相等，但上升沿和下降沿与实际馈电脉冲稍有差别；曲线 3 为实际馈电脉冲波形曲线。抛物面天线轴线能量随距离衰减的实验测试结果如图 4.2-9(b)所示的“方点”所示，三条曲线是采用拟合高斯馈电波形（由下至上分别表示脉冲宽度为 360 ps、320 ps、250 ps），由式（4.1-43）做严格数值计算得到的轴线能量衰减曲线。图中坐标采用对数坐标，纵轴表示轴线能量的相对值。轴线能量相对值的计算方法是：将轴线 z 点接收信号的电压峰值平方，再与在不衰减段接收信号电压峰值的平方求比值，认为该比值等于 G/G_0。考虑到电磁波的峰值能量密度正比于电场幅值的平方，同时，接收信号的典型波形可近似看作三角形脉冲波形（如图 4.2-10 所示）。因此，有理由认为轴线能量相对值的这种计算方法是合理的，之后所有涉及轴线能量相对值的计算都采用这种方法。

从图 4.2-9 可以得到以下结论：（1）轴线能量随距离衰减的实验曲线明显地呈现出“三段式”传输规律；（2）MCPG-I 皮秒电脉冲源 1 通道产生亚纳秒电脉冲的轴线能量衰减特性介于脉宽为 360 ps 和脉宽为 250 ps 的理想高斯脉冲之间，与脉冲宽度为 320 ps 的理想高斯脉冲轴线能量衰减曲线较好符合，在误差范围内，各衰减段传输的距离与由式（4.2-7）的定量计算相符合；（3）实验结果表明，前面各小节对瞬态电脉冲能量传输特性的理论分析（包括物理模型与理论分析方法）及相关结论与实验结果是一致的。

在如图 4.2-5 所示的实验测试电路中，馈电、接收天线采用鳍形天线，或馈电、接收天线采用不同类型的天线对抛物面天线轴线能量传输特性进行测试，得到的结果与图 4.2-9 所示曲线类似，这里就不一一给出实验测试结果。

4.2.3.2　阵列槽天线轴线能量传输特性测试

把 4.1 节的物理模型用于阵列辐射器中，只要对天线阵列合理布阵，整个天线阵列也可以近似看作一个单元天线，其口径等于天线阵列的口径，因此天线阵列也可以表现出能量传输的“三段式”传输规律，且各距离段长度满足式（4.2-7）。可见，阵列天线轴线能量传输特性测试也是瞬态电磁脉冲“三段式”能量传输规律的重要实验证据之一。2005 年 12 月，采用 PCSS 给如图 4.2-11(a)所示的阵列槽天线馈电，测试其轴线能量传输规律，再次验证了瞬态电磁脉冲能量的“三段式”传输规律。

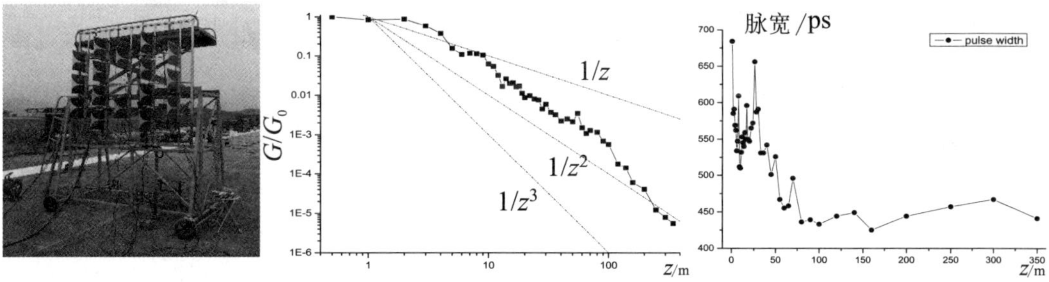

(a) 天线阵列　　(b) 阵列轴线能量衰减　　(c) 脉宽随轴线距离的变化

图 4.2-11　阵列轴线能量衰减的实验测试

如图 4.1-11 所示，天线阵列由 17 个槽天线阵元数构成，天线阵列口径为 1.6 m × 1.6 m。槽天线外形尺寸为 300 mm × 300 mm，槽天线正负极板最小缝隙宽度为 3 mm。PCSS 产生电脉冲宽度约为 450 ps，电压峰值为 300 V。实验测试最长距离为 350 m，测试场地为飞机场跑道。轴线电磁脉冲信号采用相距 20 m 的双天线接收，接收天线尺寸与辐射天线相同。接收天线接收到的电脉冲信号输入 Licroy8600A 示波器，每个实验测试数据取 5 次重复测试的平均值。

天线阵列轴线能量、接收信号脉冲宽度随距离变化的测试结果如图 4.2-11 所示，由实验测试结果可以得到以下结论。（1）与图 4.2-9 类似，天线阵列轴线能量仍然呈现出“三段式”传输规律；将天线口径尺寸、PCSS 产生电脉冲宽度和上升沿时间代入式（4.2-7）计算，可得到各衰减段长度的计算值与实验测试结果一致。（2）脉冲宽度随距离增大，在近场区先减小再增加，并在 30 m 附近出现陡增，之后逐渐减小，在远场区逼近馈电波形宽度。这里天线阵列辐射波束脉冲宽度随距离变化趋势应从两方面理解：一方面，在 30 m 左右的距离处脉冲宽度的陡增及 100 m 之后出现的立方衰减，是由地面反射因素造成的（实验时阵面离地面的高度也为 1.8 m）；另一方面，在 30 m 距离范围以内辐射波束脉宽的逐次减小，则是由于各单元天线辐射电磁脉冲在轴线 z 点叠加形成的，详细的讨论见 4.4 节利用点源近似模型对天线阵列轴线辐射波束波形参数的数值计算。（3）判断天线阵列轴线能量是否为各单元天线辐射电磁脉冲的空间同相合成采用了两个判据：其一是测试信号强度在实验误差范围内是不是各单元天线轴线对应点强度的 17 倍，其二是看接收信号的脉冲波形参数是否与馈电波形参数相当。图 4.2-12 给出典型距离处接收信号波形照片，实验测试数据与波形照片可以说明阵列轴线能量的确是各单元天线信号的合成结果，更详细的定量分析见 4.3 节的相关讨论。

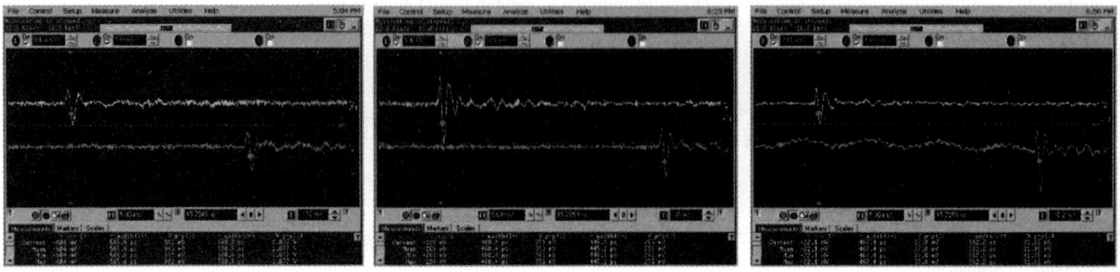

$Z = 2$ m　　$Z = 100$ m　　$Z = 300$ m

图 4.2-12　阵列不同轴线距离处接收信号波形照片

4.2.3.3　地面反射对槽天线传输特性的影响

由于实验条件限制，2004 年 11 月的实验仅测量了 30 m 距离内单元天线轴线能量传输规律，长期以来，瞬态电磁脉冲三段式能量传输规律都缺乏较长距离的实验证据。为此，2005 年 12 月，课题组利用飞机场跑道，采用西安光机所新研制的 16 通道 MCPG-II 皮秒电脉冲源直接给单元槽天线馈电，对槽天线轴线能量进行了实验测试（接收天线采用尺寸相同的槽天线，槽天线外形尺寸为 300 mm × 300 mm，馈电点处缝隙宽度为 3 mm），实验测试距离达到 600 m。实验用 MCPG-II 皮秒电脉冲源、槽天线如图 4.2-13 所示，MCPG-II 皮秒电脉冲源各通道参数见表 4.2-3 所列，实验测试结果如图 4.2-14 所示。图中给出了用 A_1、A_4、B_2、D_2、D_4 通道给同一槽天线馈电测试得到的实验曲线，曲线上各点数据为采用 30 次重复测量结果的平均值。

(a) MCPG-II 脉冲信号源照片　　(b) 槽天线实物照片　　(c) 机场跑道照片

图 4.2-13　MCPG-II 信号源、槽天线与机场跑道照片

表 4.2–3　MCPG–II 各通道输出电脉冲波形

物理量	A_1	A_2	A_3	A_4	B_1	B_2	B_3	B_4
p-p /V	725.9	800.8	816.1	861.6	927.8	924.0	397.2	551.7
脉宽 /ps	316.4	301.2	565.4	565.4	578.4	573.8	1106	446.1
上升沿 τ/ps	139.6	145.0	178.9	186.9	193.9	190.8	269.5	356.1
物理量	C_1	C_2	C_3	C_4	D_1	D_2	D_3	D_4
p-p /V	661.7	716.5	522.6	498.1	920.2	105.5	476.4	463.6
脉宽 /ps	633.0	568.5	773.5	781.8	416.4	434.9	877.2	683
上升沿 τ/ps	196.8	212.8	336.6	357.9	152.5	163.2	100.7	99.33

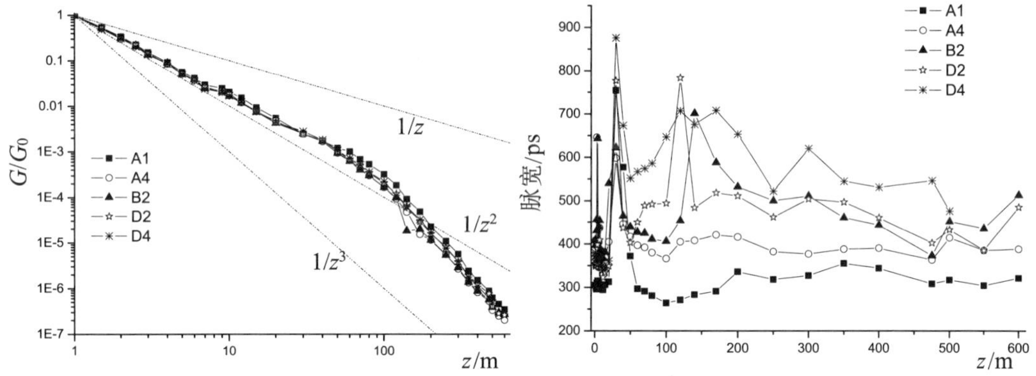

(a) 单元槽天线轴线能量传输特性测试　　(b) 单元槽天线接收波形脉宽随距离的变化

图 4.2-14　单元槽天线轴线能量传输特性测试

从图 4.2-14 可以得到如下结论：（1）由式（4.2-7），单元槽天线的慢衰减距离约为 2 m，因此，其轴线能量 z 的衰减在短距离就呈现平方反比快衰减，这与测试的结果一致；（2）在实验误差范围内，轴线能量的衰减特性与信号强度无关；（3）在近场区，脉冲宽度与馈电脉冲宽度基本相当，并随距离增加略有减小，但各通道辐射信号在 20～50 m 范围脉宽有陡然增大的现象，之后随着轴线距离增加，接收信号的脉冲宽度逐步减小，并逼近馈电脉冲宽度；（4）在大于 80 m 距离之后，轴线能量密度随

距离呈现立方衰减规律。

采用 4.1 节中的物理模型，槽天线辐射可以看作线元天线辐射，尽管线元天线辐射没有像圆形天线辐射那样直观的物理图像，但其轴线 z 点的信号强度仍可看作线元天线上不同点辐射电磁脉冲在该点的叠加结果。在近场区，随着距离的增加，各点辐射电磁脉冲到达同一轴线 z 点所经历的光程差逐步减小，因此合成的脉冲波形也逐步逼近馈电波形，脉冲宽度总体上应呈现减小的趋势。

至于接收信号脉冲宽度在 20～50 m 范围出现陡增以及 $z > 80$ m 后，轴线能量出现立方衰减的现象，可以由地面反射来解释。如图 4.2-15 所示，设天线辐射电磁波脉冲宽度为 T（半峰值宽度），机场跑道的倾斜角为α，辐射天线距地面高度为 h，发射、接收天线斜面距离为 z，水平距离为 r_1，反射点距发射天线距离为 z_1。欲使接收天线可同时接收到轴线与地面反射信号，测试距离 z 必须满足条件

$$\begin{cases} r_2 = \sqrt{(h - z_1\sin\alpha)^2 + (z_1\cos\alpha)^2} \\ r_3 = \sqrt{(h - z_1\sin\alpha)^2 + [(z - z_1)\cos\alpha]^2} \\ \dfrac{r_2^2 + z_1^2 - h^2}{r_2 z_1} = \dfrac{r_3^2 + (z - z_1)^2 - (h - z\sin\alpha)^2}{r_3(z - z_1)} \end{cases} \tag{4.2-8}$$

当$\alpha \to 0$ 时，求解式（4.2-8）可得

$$\begin{cases} z_1 = \dfrac{z}{2} \\ z = \dfrac{4h^2 - c^2\Delta t^2}{2c\Delta t} \end{cases} \tag{4.2-9}$$

其中
$$\Delta t = (r_2 + r_3 - r_1)/c \tag{4.2-10}$$

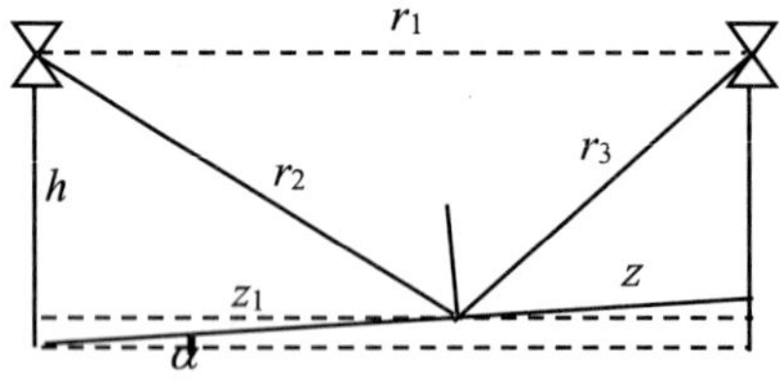

图 4.2-15　地面反射对波形的影响

考虑到机场跑道的介电常数比空气大，因而反射波与入射波之间会出现相位差，这个相位差在垂直入射或掠射时为 180°，为讨论方便，下面分析时都使半波损失假设近似。由于存在半波损失，地面反射波与沿轴线传播的电磁脉冲相位相反，所以，叠加结果表现为相消叠加。但由于跑道对反射波的吸收，使得反射波到达接收天线时的峰值要比沿 r_1 传播电磁脉冲的对应峰值小 R 倍（R 为地面的反射系数）。

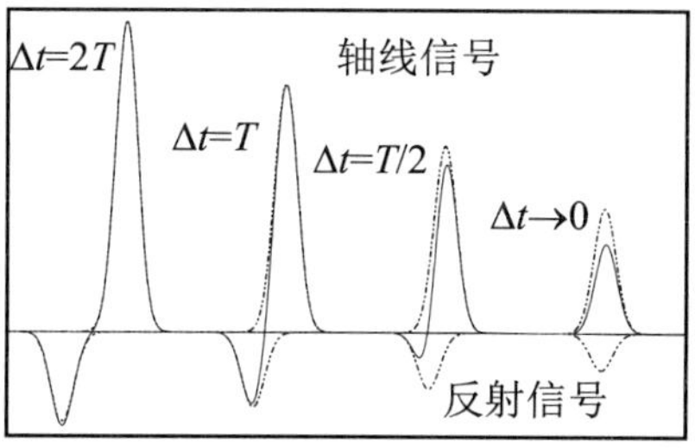

图 4.2-16　轴线与反射信号的叠加图

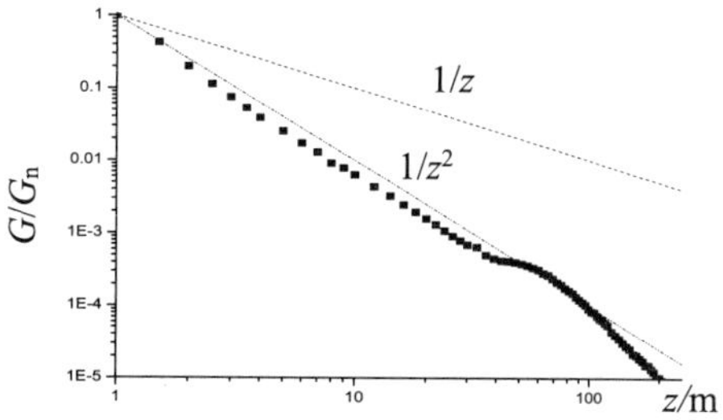

4.2-17　单元天线 p-p 值测试

如图 4.2-16 所示，图中两条虚线分别表示轴线信号与地面反射信号，实线表示合成信号。当$\Delta t > 2T$时，沿 r_1 方向（轴线信号）传递的电磁波与地面反射的电磁波刚好可以被区分为两个电磁脉冲，地面反射对轴线信号没有影响，所以接收信号脉冲宽度基本与馈电脉冲波形相等，且由于天线上各点辐射电磁脉冲到达相同轴线 z 点的波程差减小，在近场区接收信号的脉宽还有逐步减小的趋势；当 $T < \Delta t < 2T$ 时，接收天线可同时接收到沿 r_1 和地面反射的两列电磁波，示波器显示信号为两列电磁波的叠加，叠加后的脉冲宽度会明显变宽，但轴线信号峰值不会因为反射信号叠加变小，示波器显示信号的峰－峰值反而会增加（如图 4.2-17 所示）；当 $0 < \Delta t < T/2$ 时，轴线脉冲信号与反射脉冲信号峰值逐步逼近，使得合成脉冲峰值较无反射时的轴线信号峰值呈现更快的下降趋势，其结果造成之后距离的轴线能量快于平方反比衰减（实验测到立方反比衰减规律），而合成波的脉冲宽度则逐渐变窄，并逼近馈电脉冲宽度。

实验测试时，$h = 1.8$ m，由表 4.2-3 中 ps 电子源 A_1、A_4、B_2、D_2、D_4 各通道输出电脉冲参数，并认为$\Delta t \sim T$时脉冲宽度开始陡增，由式（4.2-9），可计算各通道脉冲宽度陡增的轴线距离起点为 32 m $< z <$ 68 m，这与图 4.2-14(b)的实验结果基本符合。如果认为$\Delta t \sim T/2$ 时，合成脉冲峰值迅速下降，则由式（4.2-9），轴线能量陡降的轴线距离起点为 64 m $< z <$ 136 m，由于机场跑道倾角约为 0.47°，z 值测试结果应比计算结果小，这与图 4.2-14(a)的实验结果符合。

2005 年 12 月，在相同实验条件下对单元槽天线轴线能量做更仔细的实验测试，测试结果如图 4.2-17 所示，测试结果与上述分析符合。在实验过程中，还对蝶形天线轴线能量传输特性做了实验测试，测试曲线与槽天线的类似，这里不再给出测试结果。

4.2.4　瞬态电磁脉冲慢衰减的波形条件

并不是任意波形的瞬态电脉冲辐射，都能表现出明显的慢衰减特性；具有相同脉冲宽度的瞬态电脉冲，其慢衰减特性也会因其波形参数不同而不同。研究表明，正弦脉冲串几乎没有明显的慢衰减特性，而理想的矩形脉冲理论上在离辐射源任意距离处，其能量都是慢衰减的（$G \propto z^{-1}$）。由于等腰梯形脉冲（如图 4.2-1 所示）可以代表三角形脉冲（$t_0 = 0$）、矩形脉冲（$t_1 = 0$），也可以在一定程度上近似代表高斯脉冲。因此，在本小节中，通过比较具有相同脉冲宽度的正弦脉冲串与等腰梯形脉冲在圆形单元辐射器辐射条件下，其轴线能量的传输特性，进而得到具有比正弦脉冲串更好慢衰减特性的等腰梯形脉冲的波形条件。

4.2.4.1 正弦脉冲串轴线能量的解析计算

如图 4.2-18 所示，设一次辐射的正弦脉冲串中包含 k（$k \gg 1$）个完整正弦波，单个正弦波的脉宽为 T，脉冲串重复辐射的间隔为 T_1，且 $T_1 \gg kT$（实际应用通常满足这些条件），脉冲串重复周期 $T' = kT + T_1$，正弦脉冲串的数学表达式写为

$$f(t) = \begin{cases} A\sin\omega t, & 0 \leqslant t \leqslant kT \\ 0, & kT \leqslant t \leqslant T' \end{cases} \tag{4.2-11}$$

当辐射达到稳定时，设在轴线 z 点测定能量的时间为 kT'，通过测定点的脉冲数为 k_1，将式（4.2-11）代入式（4.1-44）可得

$$G = \frac{\eta A^2 k_1}{8}\left\{[1 + g_1(z)g_2(z)]kT - [g_1(z) + g_2(z)]\cdot\left[(kT - \xi)\cos\omega\xi + \frac{\sin\omega\xi}{\omega}\right]\right\} \tag{4.2-12}$$

当满足 $z \gg a$，$T' \gg T$，$k \gg 1$，式（4.2-12）可近似为

$$G = g_0\left[1 - \frac{1}{kT_1}(kT_1 - \xi)\cos\omega\xi\right] \approx g_0(1 - \cos\omega\xi) \Rightarrow \frac{G}{g_0} \approx 1 - \cos\omega\xi \tag{4.2-13}$$

其中，$$g_0 \equiv \frac{k_1 kT}{4}\eta A^2 \tag{4.2-14}$$

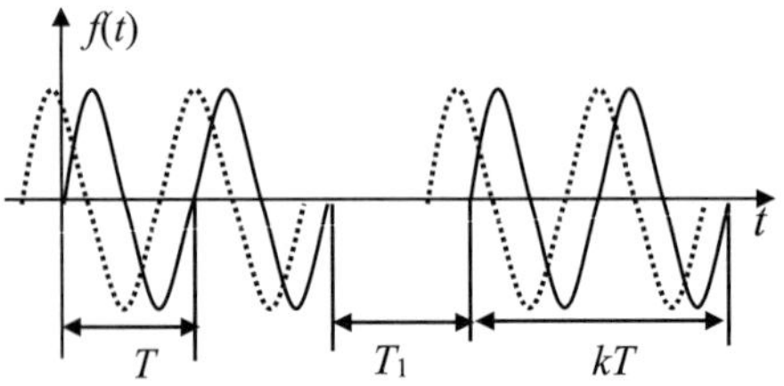

图 4.2-18 正弦脉冲串

4.2.4.2 等腰梯形脉冲轴线能量的解析计算

在 4.2.1 节中，对等腰梯形脉冲馈电情形下圆形单元辐射器的轴线能量已做了解析计算，由式（4.2-3），当等腰梯形脉冲能量传输在慢衰减区时，因 $z \gg a$，于是式（4.2-3）可简化为

$$g_3(z) = \frac{\eta}{4}[1 + g_1(z)g_2(z)](t_0 + \frac{2}{3}t_1) \approx \frac{\eta}{2}(t_0 + \frac{2}{3}t_1) \equiv G_0 \tag{4.2-15}$$

$$g_4(z)=\frac{\eta}{4}\left[g_1(z)+g_2(z)\right]\approx\frac{\eta}{2} \tag{4.2-16}$$

由式（4.2-7），等腰梯形脉冲在慢衰减区对应的轴线能量为

$$G=G_0\left(1-\frac{T-\xi}{T-t_1/3}\right)\approx G_0\frac{\xi}{T} \quad \text{或} \quad \frac{G}{G_0}=\frac{\xi}{T} \tag{4.2-17}$$

比较式（4.2-13）、式（4.2-17），要使等腰梯形脉冲的慢衰减特性优于正弦脉冲串，必须有

$$\frac{\xi}{T}\geqslant 1-\cos\omega\xi \tag{4.2-18}$$

将式（4.2-18）做级数展开并化简，得到

$$z\geqslant\frac{\pi^2a^2}{Tc} \tag{4.2-19}$$

考虑到式（4.2-19）确定的 z 值还必须处于等腰梯形脉冲的慢衰减区间内，由式（4.2-7）得

$$\frac{\pi^2a^2}{Tc}\leqslant\frac{a^2-t_1^2c^2}{2t_1c}\approx\frac{a^2}{2t_1c} \quad \text{或} \quad t_1\leqslant\frac{T}{2\pi^2}\approx\frac{T}{20} \tag{4.2-20}$$

结论：具有相同脉冲宽度的正弦脉冲与等腰梯形脉冲，当等腰梯形脉冲的上升沿小于脉冲宽度的 1/20 时，等腰梯形脉冲的慢衰减特性优于对应的正弦脉冲。

4.2.4.3 慢衰减波形条件

为了讨论不同波形瞬态电脉冲的轴线能量传输特性，下面计算几种典型脉冲在圆形辐射器条件下的轴线能量传输特性。

图 4.2-19 是由式（4.1-43）分别计算不同脉冲波形轴线能量随距离衰减的数值结果，各脉冲的脉宽均为 T=70 ps；其中，曲线 1、2 分别代表轴线能量按 z^{-1}、z^{-2} 的衰减规律，曲线 3～7 分别表示三角脉冲、高斯脉冲、正弦脉冲（T = 70 ps，k = 20）、等腰梯形脉冲（t_1 = 1 ps，t_0 = 69 ps）、矩形脉冲的轴线能量衰减曲线。

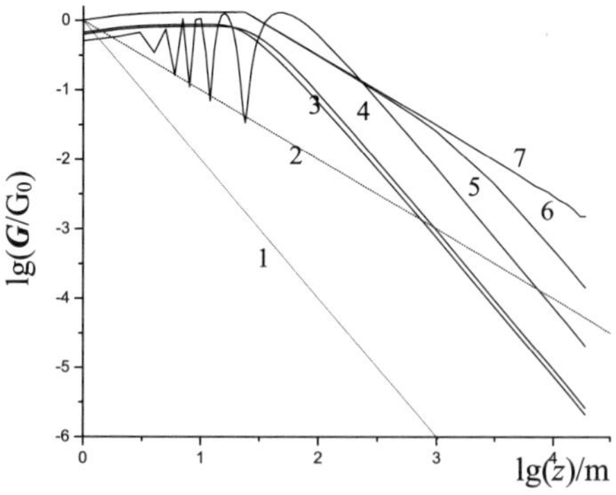

图 4.2-19 不同脉冲波形的传播特性

图 4.2-19 表明，瞬态电脉冲经超宽带天线辐射后，天线轴线能量传输呈现不衰减、慢衰减和快衰减的三段式规律，各衰减距离段逐渐过渡，没有确切的分界点。图中正弦脉冲在近辐射区表现出的振荡现象，满足式（4.2-13）的分析结果，计算表明：当 k 远大于 1 时，不同 k 值的正弦脉冲串在慢衰减区的传播特性几乎相同；三角脉冲、高斯脉冲的慢衰减特性不优于等腰梯形脉冲的衰减特性；当等腰梯形脉冲波形满足条件式（4.2-20）时，则慢衰减特性在 z 大于某一值后优于对应的正弦脉冲串；矩形脉冲的慢衰减特性最好，其慢衰减特性满足：$G\propto z^{-1}$。

4.3 瞬态电磁脉冲的高效传输特性

在阵列超宽带天线辐射的波束区域内，如果各单元天线辐射的场分量在该区域能实现同相合成，使得天线阵列在波束区域内某点的辐射能量与其中一个单元天线在对应点辐射能量之比，正比于天线阵列阵元数的平方，这一特性被称为阵列超宽带天线的高效传输特性。在本节里，首先按电磁场理论，给出阵列超宽带天线波束轴线能量的数值解，其次采用光栅方程，给出阵列超宽带天线高效传输特性的理论证明，最后介绍高效传输特性的实验测试结果。

4.3.1 瞬态电磁脉冲高效传输特性的数值计算

为减小数值计算的工作量，利用式（4.1-36）计算如图 4.1-5 所示线元天线阵列轴线和近轴能量传输特性，用以证明线元天线阵列的高效传输特性。对面元天线阵列，计算方法类似，但计算量过大（在现有性能较好的电脑上，图 4.2-7 中曲线 2～4，每一条曲线的计算时间超过 7 天），不便于数字分析。这里数字分析的方法是：对线元天线阵列高效传输特性作为数值，认为其分析结果可以推广到面元天线阵列，而其结论由实验测试加以验证。数值计算中采用的相关参数见表 4.3-1 所列。

表 4.3–1　线元天线阵列数值计算的相关参数

$m\times m$ 阵列的 m 取值	m=3、5、7、9、11 等 5 类线元天线阵列
天线阵列参数	天线阵列参数为 h=0.05 m，a=b=0.1 m，R_0=500 m
能量极大值轴线位置	波束偏离天线阵列几何轴线角度 φ_0=60°
波形参数	正弦脉冲串参数为 T=70 ps，k=20，$T_1\gg kT$
	等腰梯形脉冲参数为 t_1=1 ps，T=70 ps，$T'\gg T$
相对能量值（G/G_0）	$G_0=10^8$

利用式（4.1-36）分别计算 $m\times m$ 阵列辐射正弦脉冲串与等腰梯形脉冲，数值计算结果如图 4.3-1 所示，图中各曲线由下至上分别代表 $m = 3\sim11$ 的奇数线元阵列在 $\varphi_0 = 60°$附近区域的能量辐射。由图 4.3-1 可以看出：等腰梯形脉冲辐射的电磁能量几乎全部集中在波束轴线（$\varphi_0 = 60°$）附近区域，副瓣峰值能量很低；而正弦脉冲串辐射的电磁能量除主要集中于波束轴线附近区域外，还在 60° ± 14.5°位置出现两个副瓣，副瓣能量与主瓣能量值在同一量级，这一现象与光栅衍射现象相似。

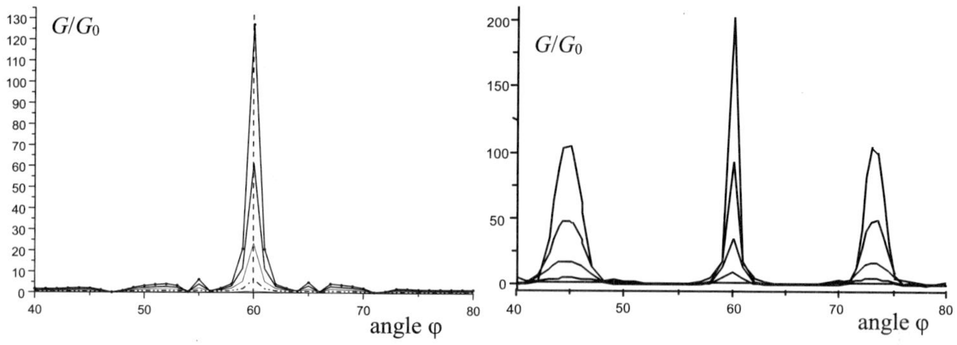

(a) 等腰梯形脉冲在φ_0=60° 的能量辐射　　(b) 正弦形脉冲串在φ_0=60° 的能量辐射

图 4.3-1　等腰梯形脉冲、正弦形脉冲串在 $m\times m$ 阵列的能量辐射

将图 4.3-1 中各天线阵列主瓣、副瓣峰值能量绘制在同一图中，得到图 4.3-2。图中，横坐标表示 $m\times m$ 天线阵列的 m 取值，纵坐标表示相对能量（G / G_0）的对数值。曲线 1 是根据阵列天线高效传输特性（$G\propto m^4$，$G = 4\cdot\lg m$）所做的理论推算，曲线 2、曲线 3 分别表示图 4.3-1(b)中正弦脉冲串主瓣、副瓣的峰值能量（$\varphi = 60°$，$60° \pm 14.5°$），曲线 4 表示 4.3-1(a)中等腰梯形脉冲主瓣的峰值能量（$\varphi = 60°$）。由图 4.3-2 可知，各天线阵列的主瓣、副瓣峰值能量随 m 的变化曲线（曲线 2、3、4）都与理论推算曲线（曲线 1）平行，数值计算结果验证了阵列超宽带天线的高效传输特性。

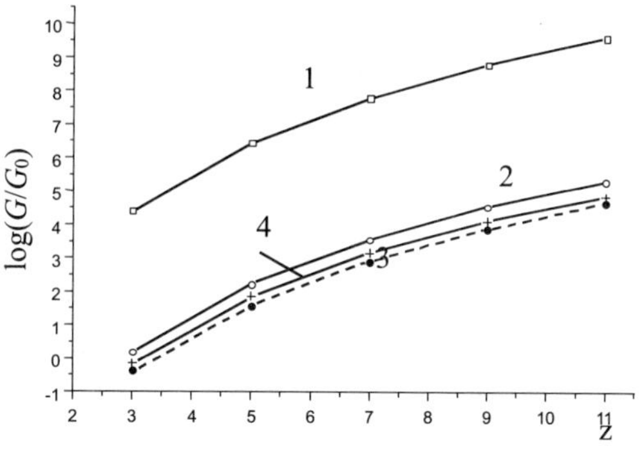

图 4.3-2　阵列天线的高效传输特性

阵列天线的高效传输特性不仅表明各单元天线在轴线及其附近区域可以实现同相合成，同时也提示了计算阵列天线轴线能量的一种新方法：首先计算出单元天线在轴线待求点的能量值，然后将该能量值与 m^4 相乘，就得到了阵列超宽带天线在该点的能量值，这可以大大简化天线阵列轴线能量的计算。

4.3.2　瞬态电磁脉冲高效传输特性的理论证明

如图 4.3-3 所示，m^2 个超宽带天线单元沿 x、y 方向分别以 b_x、b_y 间距排列成 $m\times m$ 的天线阵列（行、列间距与阵元天线几何尺寸相当）。由天线理论，天线的外形尺寸应该与辐射的电磁脉冲波长相似，而只要电磁波遇到几何尺寸与波长相似的障碍物所发生的干涉、衍射现象，都可以用光的干涉、衍射理论做定量研究，这就为采用光的干涉、衍射理论来分析阵列天线高效传输特性奠定了理论基础。

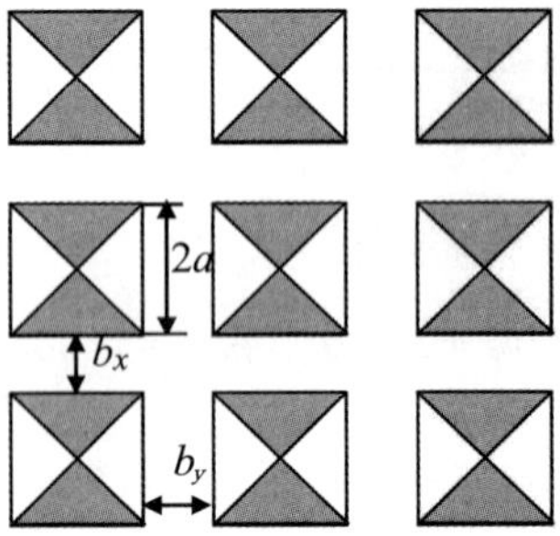

图 4.3-3　$m\times m$ 天线阵列

阵列天线轴线上某点的能量，主要来自以下两方面的贡献：（1）沿 x 方向的同一列 L（$L=m$）个阵元对观察点能量的贡献，包括 L 个阵元之间的干涉和每一阵元在观察点的衍射效应；（2）将沿 x 方向的同一列阵元作为一个整体列阵元，沿 y 方向 m 列这样的列阵元对观察点光强的贡献，同样包括 m 个列阵元之间的干涉和每个列阵元的衍射作用。

对贡献（1），依光的干涉、衍射理论，容易得到光强的计算公式为

$$I_x = I_0\left(\frac{\sin\alpha_x}{\alpha_x}\right)^2\left(\frac{\sin(L\delta_x/2)}{\sin(\delta_x/2)}\right)^2 \tag{4.3-1}$$

其中

$$\delta_x = \frac{2\pi}{\lambda}(2a+b_x)\sin\theta\text{，}\ \alpha_x = \frac{2\pi a}{\lambda}\sin\theta \tag{4.3-2}$$

式中，θ 为衍射角，对轴线上的点，当 $z\gg a$ 时，按光的衍射理论，$\theta\to 0$。此时，$(\sin\alpha_x/\alpha_x)^2=1$，式（4.3-1）取得极大值

$$I_{x\max}=\lim_{\theta\to 0}\left(\frac{\sin(L\delta_x/2)}{\sin(\delta_x/2)}\right)^2 I_0=L^2I_0 \tag{4.3-3}$$

其中，I_0为单个阵元衍射光强在轴线待求 z 点光强的最大值。

类似地，对 m 个列阵元的贡献（2），依光的干涉、衍射理论，容易得到光强的计算公式为

$$I=I_{x\max}\left(\frac{\sin\alpha_y}{\alpha_y}\right)^2\left(\frac{\sin(m\delta_y/2)}{\sin(\delta_y/2)}\right)^2 \tag{4.3-4}$$

其中
$$\alpha_y=\frac{2\pi a}{\lambda}\sin\theta',\ \delta_y=\frac{2\pi}{\lambda}(2a+b_y)\sin\theta' \tag{4.3-5}$$

式中，θ'为衍射角，对轴线上的点，按光的衍射理论，当 $z\gg a$ 时，$\theta'\to 0$。此时，$(\sin\alpha_y/\alpha_y)^2=1$，同时式（4.3-4）取得极大值

$$I=I_{x\max}\lim_{\theta'\to 0}\left(\frac{\sin(m\delta_y/2)}{\sin(\delta_y/2)}\right)^2=L^2m^2I_0 \tag{4.3-6}$$

式（4.3-6）证明了阵列天线的高效传输特性。

4.3.3 瞬态电磁脉冲高效传输特性的实验验证

多束电磁波的空间合成，必须满足相干条件。从频域观点来看，瞬态电磁脉冲原则上包含了从 0 到∞所有频率的电磁波，这些电磁波在轴线各点很难同时满足相干条件。因此，长期以来瞬态电磁脉冲的空间同相合成一直受到某种程度的怀疑，能够较好实现瞬态电磁脉冲空间同相合成的实验研究报道也不多见。但是，从时域观点来看，在超宽带天线阵列轴线 z 点接收到的电磁辐射，总可以被看作是各单元天线辐射的时域电磁脉冲在该点的叠加，随着轴线距离的增加，各单元天线辐射时域脉冲的波程差减小，时间相干性增强。因此，只要各天线极化方向相同，它们在波束轴线上实现同相合成并不是很困难的。这一节介绍瞬态电磁脉冲场量实现空间同相合成的实验测试结果。

在图 4.3-3(a)中，用两级 SMA“T 形”接头将 MCPG-I 皮秒电脉冲源的每一通道分为 4 路电脉冲输出（MCPG-I 皮秒电脉冲源各通道输出电脉冲波形参数见表 4.2-1 所列）；每路电脉冲经 50 cm 长的同轴线给一个蝶形天线馈电（蝶形天线尺寸为 8 cm×8 cm），MCPG-I 的同一通道给天线阵列的同一列天线馈电；接收天线与辐射天线尺寸相同。依次测试 4×1、4×2、4×3、4×4 稠密天线阵列（$b_x=b_y=0$）的轴线能量，得到如图 4.3-4(b)所示的实验结果。

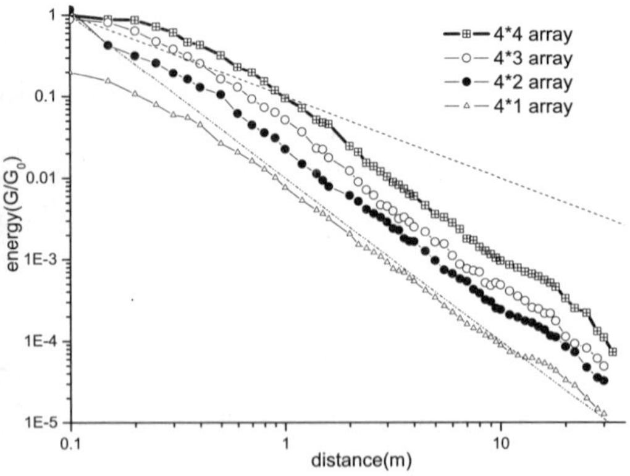

(a) 瞬态脉冲空间同相合成实验　　　(b) 阵列天线高效传输特性实验结果

图 4.3-4　阵列天线高效传输特性实验

在图 4.3-4(b)中，如果以 4×4 阵列轴线能量为标准，将 4×3、4×2、4×1 阵列轴线能量值分别乘以系数$\frac{16}{9}$、4、16，除近场距离段外，4 条曲线可基本重合，考虑到 MCPG-I 皮秒电脉冲源各通道输出脉冲波形并不完全相同。因此，可以得到结论：在实验误差范围内，天线阵列在轴线 z 点的能量，正比于天线阵列阵元数的平方，阵列天线能量的高效传输特性得以实验验证。

类似地，在图 4.3-4(a)中，依次测试 1×1、2×2、3×3、4×4 稠密布阵天线阵列的轴线能量，或测试稀疏布阵情况下的轴线能量（b_x=b_y=8 cm），实验结果也较好验证了阵列天线高效传输特性，这里不再给出图片。利用 PCSS 阵列做更大阵列、更远距离的实验验证，测试结果也很好证实了阵列天线的高效传输特性。

4.4　阵列超宽带天线的点源近似模型

由于天线阵列轴线能量数值计算繁杂，又不易利用已有电磁场仿真软件仿真计算含大量辐射单元的天线阵列，使得对天线阵列参数的计算变得较为困难。在这一节里，对 3.6.1 节提到的点源辐射近似模型进行详细描述，并以此对典型布阵方式的天线阵列参数做数值计算（包括轴线能量传输特性、天线阵列波束的半角宽度、单元天线间的耦合等），以期得到关于天线阵列参数计算方法的一些结论，最后和实验结果相结合对点源近似模型进行验证。

4.4.1　点源辐射模型

由 4.1.3 节可知，圆形辐射器等天线可以被等效地看作两个点源的辐射；在 z≫a 时，理论与实验都证明单元天线能量传输按点源天线能量衰减，下面给出对点源近似模型的详细描述。

阵列天线点源辐射近似模型是基于以下理论和实验结果提出的。第一，按瞬态电磁脉冲辐射理论，瞬态电脉冲经超宽带天线辐射后所得的电磁脉冲，应该仍为一瞬态电磁脉冲，且其波形是馈电脉冲波形的一阶导数或高阶导数。图 4.4-1(a)给出高斯脉冲各阶导数的计算结果，图中幅度做了适当放大或缩小；图 4.4-1(b)和 4.4-1(c)分别给出实验接收的一阶和二阶微分的辐射波形。第二，式（4.2-7）指出，对亚 ns 量级电磁脉冲，单元天线的不衰减与慢衰减距离是很短的，在图 4.2-17 的实验测试结果中，单元天线在 $z<1$ m 的距离处，就体现出快衰减特性，因此，对单元超宽带天线而言，认为其辐射电磁波场量随 z 的变化按反比例衰减是合理的。第三，对实际的单元天线，其辐射波束的方向图总可以用一个含立体角度的函数因子加以考虑。第四，按波的独立性原理和瞬态电磁脉冲的传输规律，阵列天线辐射的电磁脉冲波形，可被认为是各单元天线独自辐射瞬态电磁脉冲的空间叠加。基于上述方面考虑，提出点源辐射近似模型如下：

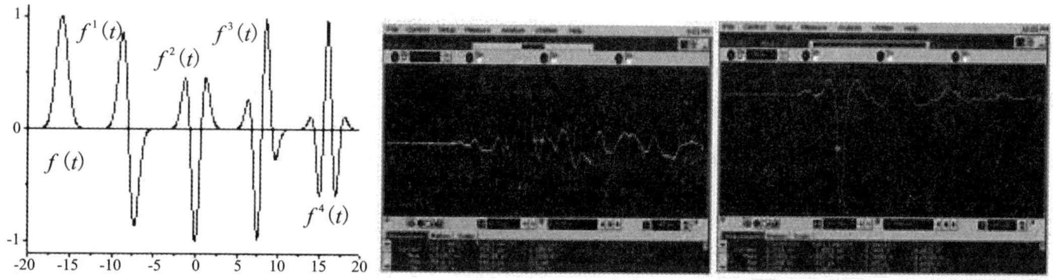

(a) 高斯脉冲及各阶导数　(b) 接收到的一阶高斯脉冲　(c) 接收到的二阶高斯脉冲

图 4.4-1　高斯脉冲经超宽带天线辐射后的电磁脉冲波形

（1）由 $m\times m$ 个单元天线构成的阵列，在给定点的辐射，可以等效看作 $m\times m$ 个点源天线在给定点辐射场量的叠加；

（2）单元天线辐射瞬态电磁脉冲的场量幅值随距离衰减遵守反比规律，辐射波形是时间和空间坐标的函数；

（3）在时间 t 内，通过天线阵列给定点的能量密度值，正比于合成脉冲场量的平方对时间的积分，合成脉冲是指各点源天线辐射电磁脉冲在给定点叠加后形成的电磁脉冲；

（4）点源近似模型不考虑各单元天线之间的耦合效应。

设单元天线辐射电磁脉冲通过其轴线 z_0 点的时域波形为

$$E_s(z_0)=E_0 f\left(t-\frac{z_0}{c}\right) \tag{4.4-1}$$

式（4.4-1）中，z_0 通常取单元天线不衰减距离的最大值。按点源近似模型，单元天线辐射电磁脉冲通过待测点的时域波形为

$$E_s(r_{i,j})=z_0 E_0 / r_{ij}\cdot f(t-r_{ij}/c,\Omega) \tag{4.4-2}$$

第 i 行、j 列的单元天线到待测点的距离为 $r_{i,j}$，Ω 表示单元天线时域方向图的半峰值角宽度（立体角），式（4.4-2）中电场的方向被看作单元天线的极化方向。天线阵列辐射电磁脉冲通过待测点的时域波形为

$$E(r_{ij}) = \sum_{i,j} \frac{z_0 E_0}{r_{ij}} f(t - \frac{r_{ij}}{c}, \Omega) \tag{4.4-3}$$

点源辐射近似模型下，天线阵列能量的传输规律可表示为

$$\frac{G}{G_0} = \frac{\int_{r_{\min}/c-T}^{r_{\max}/c+T} E^2(r_{ij})\mathrm{d}t}{\sum_{i,j}\int_{z_0/c-T}^{z_0/c+T} E_s^2(z_0)\mathrm{d}t} \tag{4.4-4}$$

4.4.2 用点源近似模型计算阵列天线参数

4.4.2.1 天线阵元的弱耦条件

在点源近似模型中未考虑阵列天线中单元天线的耦合。在不考虑单元天线耦合前提下，图 4.4-2(a)和图 4.4-2(b)的布阵方式对天线阵列的轴线能量传输特性、场量的同相合成及辐射电磁波束的半角宽度等一系列特性影响并不明显。因此，在其他条件相同的情况下，考虑单元天线间的相对位置，主要的目的是减小阵列天线的互耦。

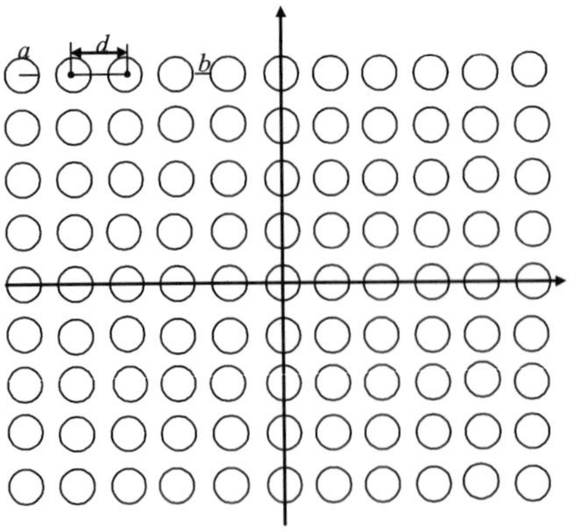

(a) 均匀布阵（11×11）

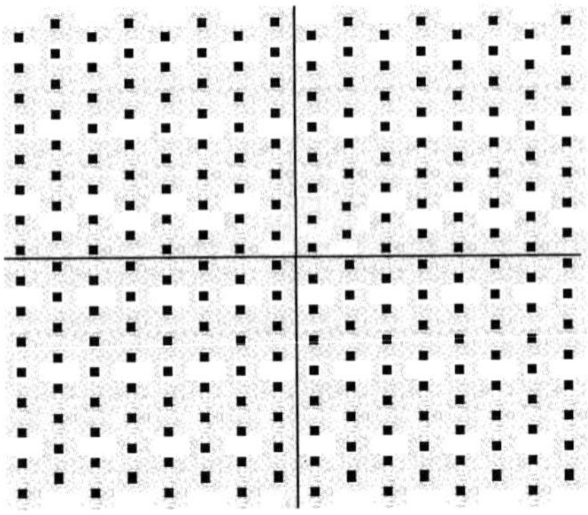

(b) 间错布阵（16×16）

图 4.4-2 阵列布阵方式示意图

按瞬态电磁脉冲传输的时域观点，如果 A、B 两相邻天线同时馈电辐射（如图 4.4-3 所示），当 A 天线辐射的电磁脉冲传输到 B 天线时，B 天线的馈电过程还未结束，那么，此后 B 天线辐射的电磁脉冲应该是 B 天线的馈电电流与 A 天线在 B 天线上产生的感应电流共同辐射的结果，这种效应就是天线互耦的物理实质。如果仍然采用瞬态电磁脉冲可区分的瑞利判据，那么，单元天线的最小间距应该满足

$$a \geqslant \frac{cT}{2} \tag{4.4-5}$$

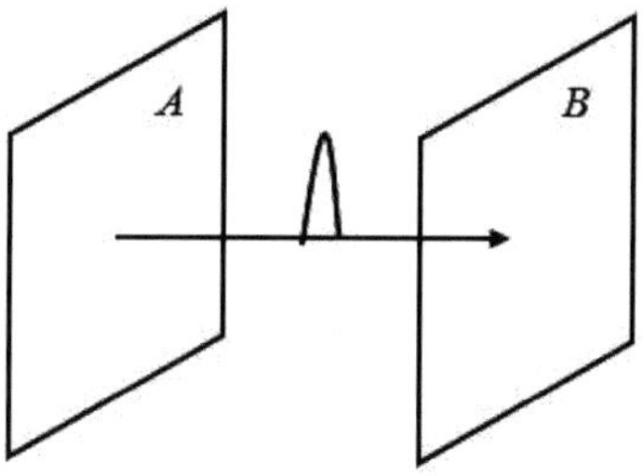

图 4.4-3　天线互耦的物理实质

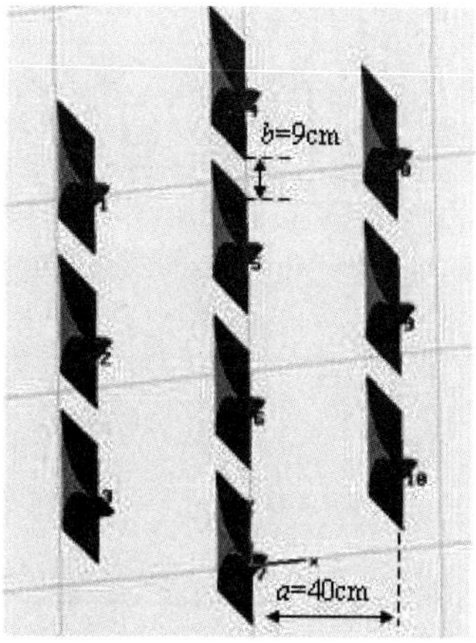

图 4.4-4　间错布阵方法

取 $T = 2$ ns，则 $a \geqslant 33$ cm，这也是研制阵列微波实验系统所取单元天线间距的依据。

单元天线间的互耦，除与它们之间的间距有关以外，单元天线的方向图也有重要影响。阵列天线布阵时，相邻单元天线应尽可能相互避开单元天线的波束主瓣，并设计定向性能好的单元天线。所以，图 4.4-2(b)的间错布阵方式应该优于图 4.4-2(a)的方形行列对称布阵方式。间错布阵通常采用等边三角形。

采用 CST 电磁仿真软件，仿真计算如图 4.4-4 所示的间错布阵天线阵列中，各单元天线之间的互耦效应，图中各单元天线尺寸为 30 cm × 30 cm，各单元天线的行列间距及各单元天线编号如图标注。图 4.4-5(a)给出纵向（y 方向）同一列单元天线的 S_{ij} 图，仿真计算结果表明，纵向天线间耦合总体上比较弱，且纵向相邻天线比非相邻天线的耦合强；图 4.4-5(b)给出横向相邻单元天线间的 S_{ij} 图，总体上，单元天线间横向耦合比纵向耦合弱，这与间错布阵方式及单元天线在垂直极化方向的方向图有关；图 4.4-5(c)给出纵向和横向都不相邻单元天线间的 S_{ij} 图，这些单元天线间的耦合远小于相邻天线的耦合强度。

仿真计算结果表明，满足式（4.4-5）的间错布阵方式基本可以忽略天线阵面上各单元天线的耦合，这为定向微波系统关于阵列天线布阵提供了依据，也为阵列天线布阵以及单位面积上最多可设计的单元天线数提供了分析方法。

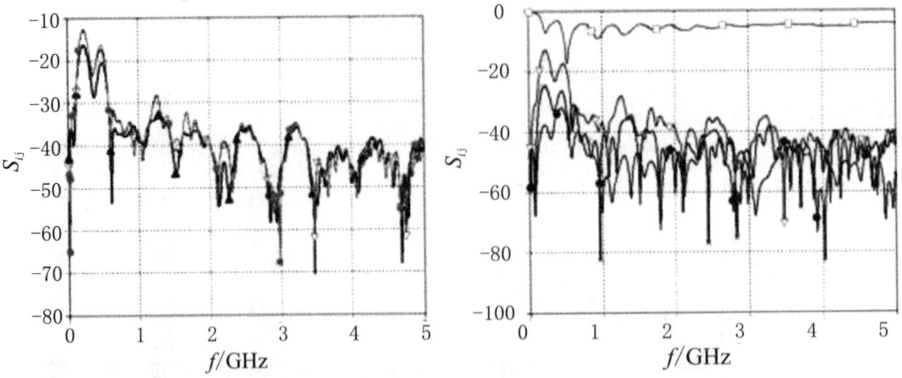

(a) 纵向单元天线间的耦合

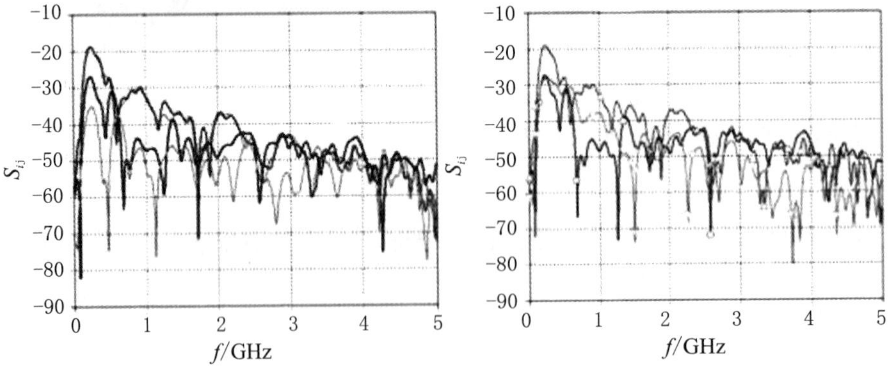

(b) 横向单元天线间的耦合

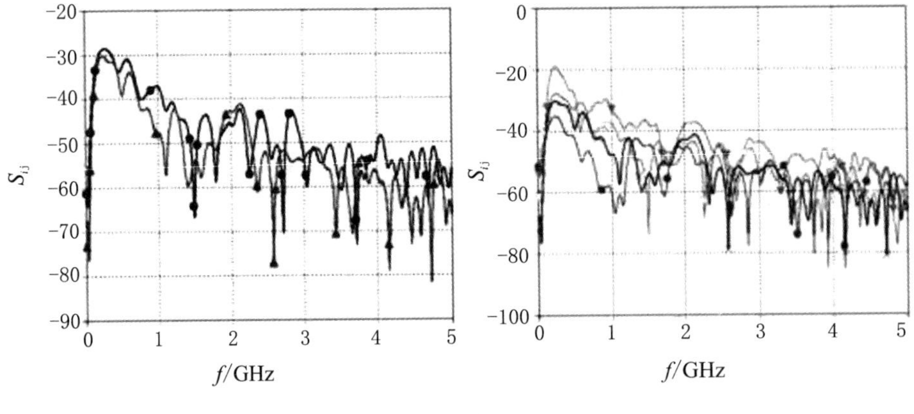

(c) 不相邻单元天线间的耦合

图 4.4-5　间错布阵方式下单元天线间的耦合

4.4.2.2 阵列天线辐射脉冲波形参数

单元天线辐射电磁脉冲信号波形照片如图 4.4-1 所示，它们为高斯脉冲波形的某阶导数。为计算方便，仍把接收波形看作零阶高斯脉冲，代入式（4.4-3）可以计算阵列轴线上任意 z 点的接收信号参数及其随轴线距离的变化规律。

图 4.4-6 给出单元天线辐射不同脉宽的高斯脉冲情况下，16 × 16 均匀布阵天线阵列在轴线上各点接收到的电磁脉冲波形的计算结果与实验测试结果的比较[图 4.4-6(b)给出的是 $T = 500$ ps，$z = 2$ m，272 个天线单元的间错布阵阵列的测试结果。而在轴线的远距离点，接收波形见图 4.4-1(c)，点源近似模型对接收信号波形参数的计算结果与实验测试结果是吻合的。在近距离点，测试波形是一串“杂波”[比较图 4.4-6(a)、图 4.4-6(b)]。而在远距离处，接收信号为准高斯脉冲波形[比较图 4.4-6(a)(b)(c)与图 4.4-1(c)]。图 4.4-7 给出接收信号的脉冲宽度随轴线距离变化的计算结果，尽管计算采用的参数与图 4.2-11 的实验条件不同，但计算结果与实验测试结果的变化趋势是完全一致的（图 4.2-11 中有地面反射的影响，这一点也与图 4.4-7 的计算条件不同）。

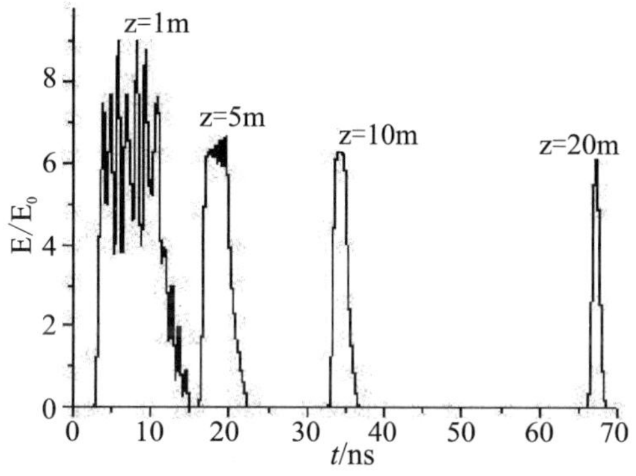

(a) 16 × 16 均匀阵列，d=0.4 m，T=500 ps

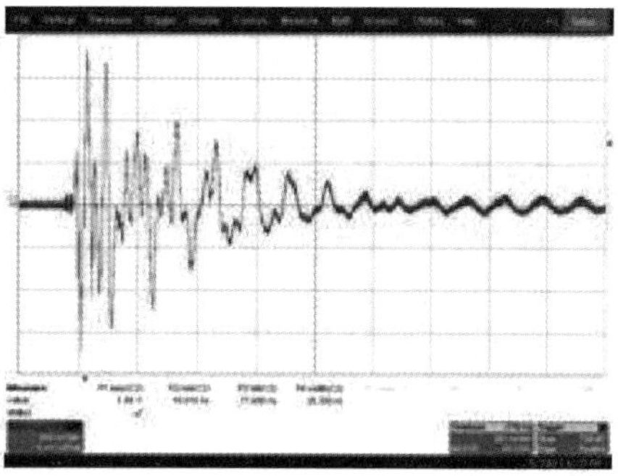

(b) 272 间错阵轴线 2 m 处接收信号照片

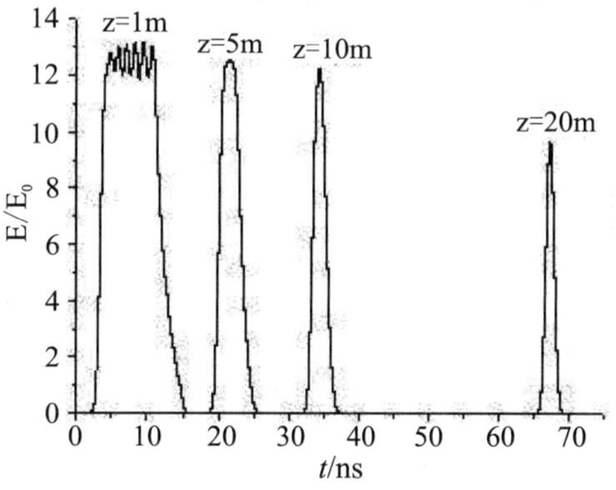

(c) 16 × 16 均匀阵列，d=0.4 m，T=1 ns

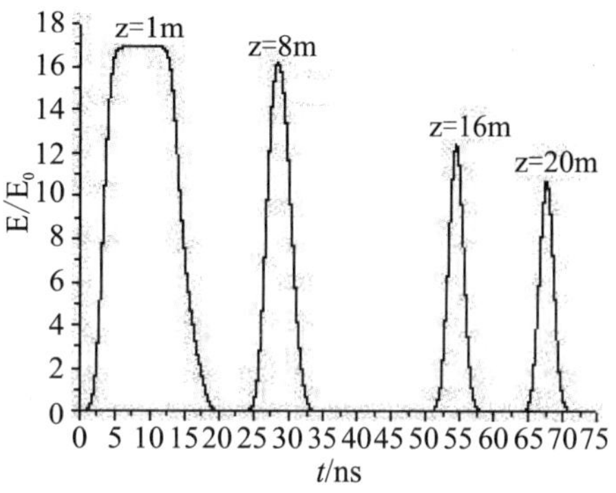

(d) 16 × 16 均匀阵列，d=0.4 m，T=2 ns

图 4.4-6 16 × 16 天线阵列轴线不同距离处电磁脉冲波形参数计算

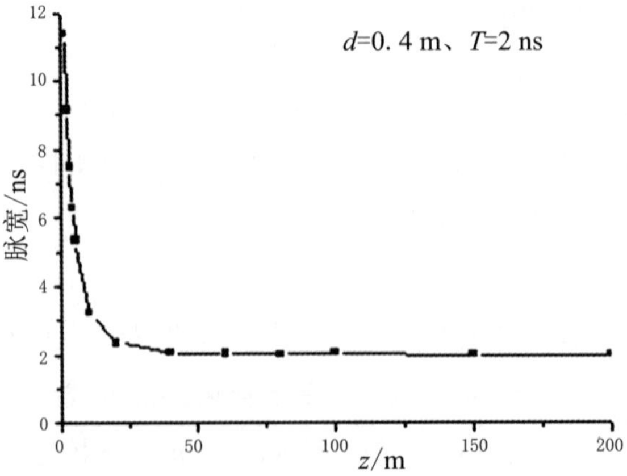

图 4.4-7　16×16 天线阵列电磁脉冲脉宽随距离的变化

如果把布阵方式中具有相同波程 r_k 的单元天线归为一组，每一组中包含β_k个单元天线，并不考虑式（4.4-3）中单元天线的方向图参数Ω（对槽天线而言，在天线的极化方向，Ω值较大，这个假设是合理的），那么，式（4.4-3）可简单写为

$$E(r_{ij}) = \sum_k \beta_k \frac{z_0 E_0}{r_k} f(t - \frac{r_k}{c}) \tag{4.4-6}$$

式（4.4-6）表明：轴线 z 点接收信号波形与阵列天线口径、馈电脉冲宽度（波形参数）及布阵方式有关。馈电脉冲宽度、阵列口径对轴线接收信号波形的影响通过各单元天线辐射电磁脉冲传递到轴线 z 点的波程差 r_k、波形函数 $f(t-r_k/c)$来体现，在相同阵列口径与布阵方式前提下，馈电脉冲宽度愈窄，近距离 z 点接收信号的场分量愈不容易实现同相合成，波形呈现为振荡的脉冲串；在相同布阵方式和馈电脉冲波形前提下，阵列口径愈大，近距离 z 点接收信号的幅值波动则愈频繁。而布阵方式的影响则是通过β_k来体现的，它影响近距离点接收波形波峰的数目及其相对幅值[如图 4.4-6(a)、图 4.4-6(c)前两个接收信号波形的幅值波峰数目]，因为具有相同 r_k 的单元天线辐射的电磁脉冲总是同时到达给定的轴线 z 点，它们同相合成后构成的一个脉冲信号与另一组类似信号（波程为 r_k'）再合成，形成近距离处总合成信号的波动脉冲波形。

按光学理论中两个瞬态电磁脉冲可识别的瑞利判据（如图 4.4-8 所示），设阵列半口径为 l，则当阵元天线间最大光程差满足

$$l \sin\theta \leqslant c \cdot T / 2 \tag{4.4-7}$$

阵列天线轴线上辐射电磁脉冲宽度接近馈电电脉冲脉宽。其中，T 为辐射电磁脉冲脉宽，θ满足（如图 4.4-9 所示）

$$\sin\theta = \frac{l}{\sqrt{l^2 + z^2}} \approx \frac{l}{z} \tag{4.4-8}$$

将式（4.4-8）代入式（4.4-7），得

$$z \geqslant \frac{2l^2}{cT} \tag{4.4-9}$$

取 $l = 3.2$ m，$T = 2$ ns，按式（4.4-9）计算有 $z \geqslant 34$ m，这一计算结果与图 4.4-7 中采用点源近似所得结果很好符合，也与图 4.2-11 所得实验测试结果很好符合。这样，通过式（4.4-9）很容易计算任意均匀、对称布阵方式下，各单元天线辐射电磁脉冲合成为一个脉冲波形的轴线距离点。

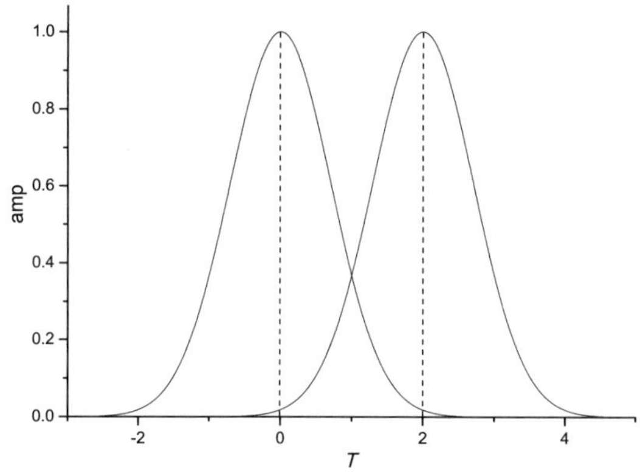

图 4.4-8　可识别脉冲的瑞利判据

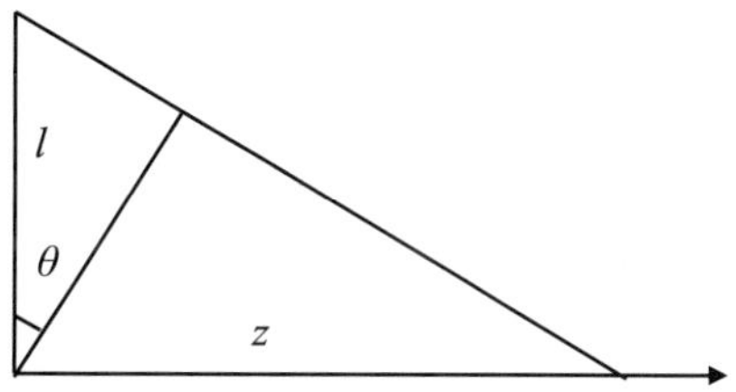

图 4.4-9　天线阵列辐射波束合成模型

4.4.2.3　阵列天线辐射轴线能量

阵列天线的布阵方式主要讨论在馈电脉冲波形参数一定的条件下，不同布阵方式对天线阵列轴线能量传输特性的影响，进而讨论是否可以通过优化布阵方式来改善天线阵列的轴线能量传输特性。布阵方式包括阵列口径相同而单元天线间空间位置不同，以及阵列包含阵元数相同但单元天线间间距不同两方面内容。利用式（4.4-4），容易对这两方面内容做定量讨论。

总结关于瞬态电磁脉冲能量传输特性的物理实质分析及其理论计算与实验结果的比较，不难预期以下结论。（1）对天线口径相同、对称布阵的天线阵列，不同的布阵方式最多改变天线阵列轴线能量的近距离传输特性，不可能改变其远距离轴线传输特性。布阵方式对天线阵列轴线能量的影响是通过 r_k 和 β_k 来体现的。在近距离处，不同组天线间的 r_k 不同，导致它们在轴线相同 z 点的合成结果可能不同，每一组的 β_k 值不同，导致该组脉冲对轴线合成场分量幅值的贡献不同；而在远距离处，这些差别逐步缩小以致可以被忽略，因而远距离处不同布阵方式的能量传输曲线应该重合。（2）对相同阵元数和布阵方式的天线阵列，采用稀疏布阵方式或稠密布阵方式，同样不可能改变阵列天线的远距离传输特性；但稀疏布阵方式可以延长不衰减与慢衰减段的距离，只是不衰减与慢衰减距离段的延长，是通过牺牲阵列天线近距离处的场分量幅值来实现的。

天线的典型对称布阵方式包括环形布阵、方形行列对称布阵[如图 4.4-2(a)所示]和方形间错布阵[如图 4.4-2(b)所示]。下面采用点源近似方法，进一步计算对称和间错布阵的 16×16 天线阵列的轴线能量传输曲线，计算结果如图 4.4-10 所示，图中参数 a、b 分别表示相邻单元天线的行列间距。不同布阵方式的计算结果都验证了上面的理论分析，并与式（4.2-7）的计算及相应的实验结果符合。

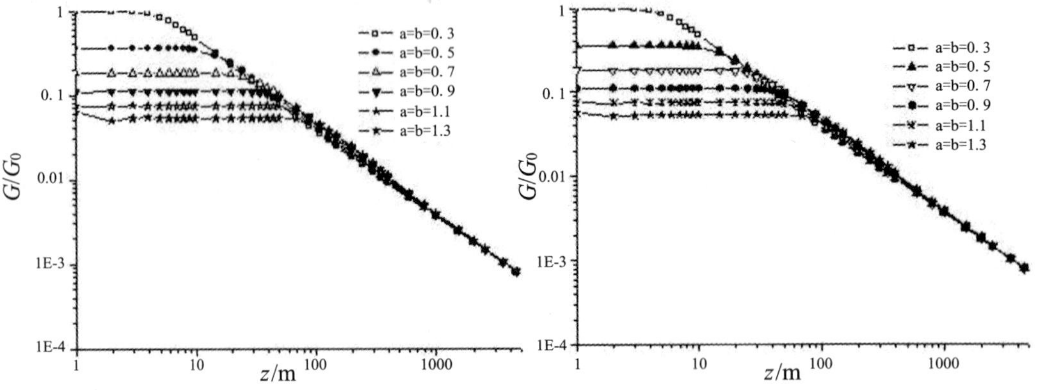

(a) 16 × 16 方形行列对称布阵轴线能量传输曲线　(b) 16 × 16 方形行列间错布阵轴线能量传输曲线

图 4.4-10　16 × 16 方形行列对称布阵、方形间错布阵轴线能量传输曲线

4.4.2.4　天线阵列辐射波束的半角宽度

一方面，对定向微波传输系统，其辐射波束场量（或能量）的半角宽度是该系统重要的性能参数之一（特别对波束扫描步长的确定很重要）；另一方面，阵列瞬态电磁脉冲具有波束聚焦特性，研究影响阵列瞬态电磁脉冲波束聚焦特性的影响因素及它们之间的定量关系，是讨论阵列瞬态电磁脉冲传输特性的重要内容之一。

为后面定量分析方便，我们先利用式（4.4-6）对 16×16 方形对称布阵阵列的场量半角宽度作数值计算。辐射波束的半角宽度这里被定义为电场半峰值的角宽度；对角度θ的扫描计算沿图 4.4-11 中位于 xoz 平面的圆弧进行，即计算槽天线阵列极化方向的半角宽度。

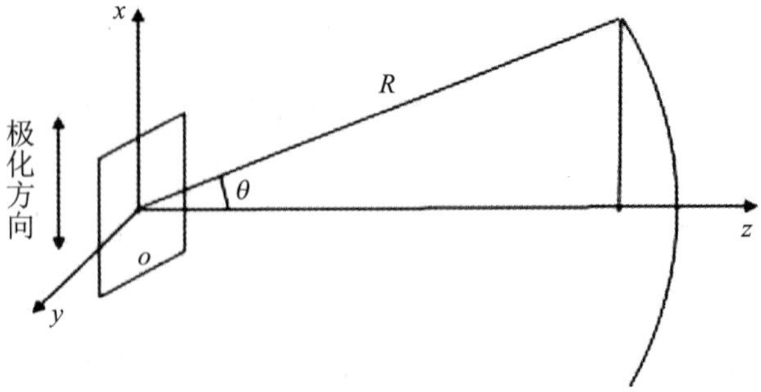

图 4.4-11　天线阵列辐射电磁波束的半角宽度

图 4.4-12 给出在轴线不同距离点处，天线阵列辐射电磁波束半角宽度的数值计算结果。在近距离处，天线阵列的半角宽度随距离增大略有缩小[如图 4.4-12(a)所示]；但随着距离的增加，阵列的半角宽度很快趋于一固定值[如图 4.4-12(b)所示]。

图 4.4-13(a)给出阵列辐射电磁波束半角宽度随馈电脉冲宽度变化的数值计算结果：半角宽度随馈电脉冲宽度增加呈线性增加的变化规律。图 4.4-13(b)给出阵列辐射电磁波束半角宽度随阵列口径 l 变化的数值计算结果：半角宽度随阵列口径增加呈线性减小的变化规律，且这一计算结果[如图 4.4-13(b)所示]与按严格电磁理论计算所得的数字结果[如图 4.3-1(a)所示]保持一致。

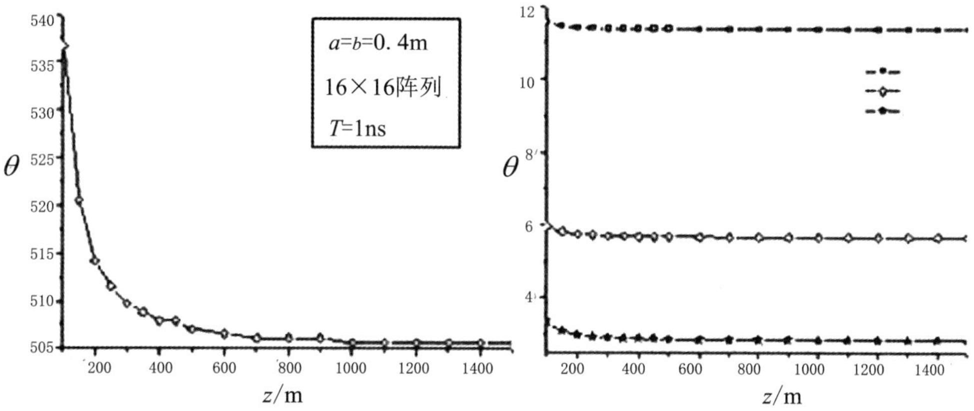

(a) 半角宽度随轴线距离的变化　(b) 不同馈电波形的半角宽度随轴线距离的变化

图 4.4-12 天线阵列半角宽度随轴线距离的变化

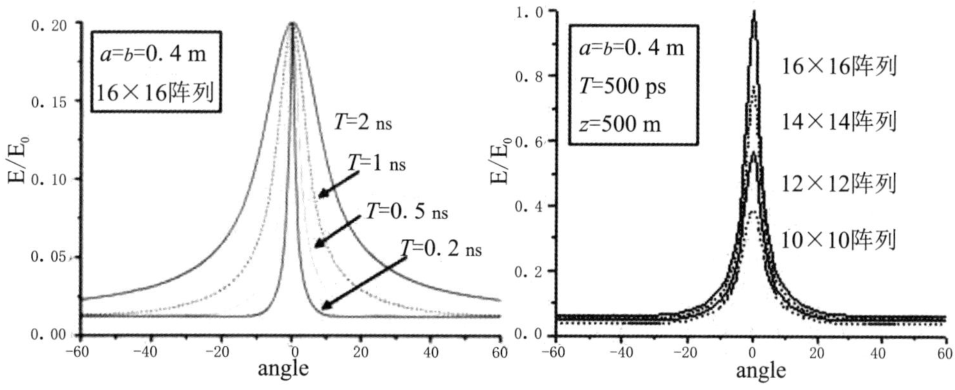

(a) 阵列半角宽度随馈电脉宽的变化　(b) 阵列半角宽度随阵列口径的变化

图 4.4-13 天线阵列半角宽度随馈电脉宽与阵面口径的变化

从瞬态电磁脉冲传输的时域观点来看，阵列天线辐射电磁波束的半角宽度应遵守如下约束条件。(1)位于半角宽度范围内的天线单元数应不小于阵面总天线单元数的 50%。如图 4.4-11 所示，以 A 点为圆心、以 R 为半径所做的圆面应包含天线阵面上天线单元总数的 50%及以上。（2）处于半角宽度以外的天线辐射的瞬态电磁脉冲落后于最先到达 A 的电磁脉冲时间延迟应不小于 T。依图 4.4-12 的数值计算结果，由于 $z\to\infty$时，半角宽度与轴线测试距离无关。因此，在 $z\gg l$ 时，半角宽度所张立体角应能包含天线阵面上（下）半平面的所有天线单元，所以，计算半角宽度时可只考虑半个阵面内天线单元辐射的贡献。而按点源近似模型，只有当半角宽度以外天线单元辐射电磁脉冲比最先到达 A 点的电磁脉冲延迟时间超过 T 时，它们在公共区域内合成脉冲的峰值才不大于脉冲峰值的一半（如图 4.4-8 所示）。依据上述分析，并设阵列辐射电磁脉冲波束的半角宽度为θ，由图 4.4-14，可得

$$l\sin\theta \leqslant cT \Rightarrow \theta \leqslant \arcsin\frac{cT}{l} \tag{4.4-10}$$

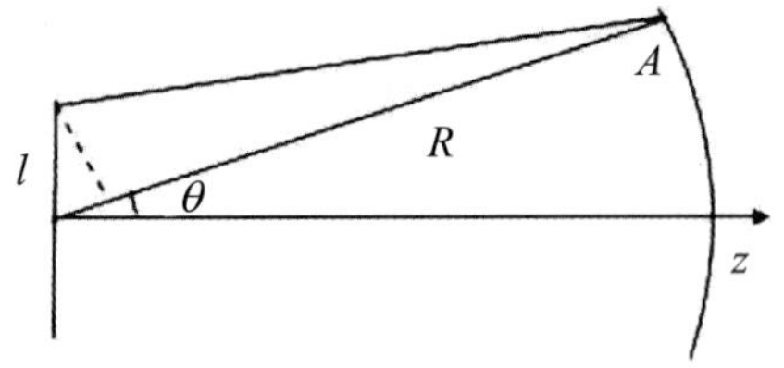

图 4.4-14　天线阵列半角宽度的计算

将图 4.4-13 计算时所取参数代入式（4.4-9），发现解析计算结果与数值计算结果是完全一致的。如果θ值很小，取 $\sin\theta\approx\theta$，则由图 4.4-13 得到的关于$\theta\sim T$、$\theta\sim l$ 的相关结论就可以得到解释了。需要强调的是式（4.4-10）只适用于对称均匀布阵及等幅馈电情形。

4.4.3　阵列辐射冲激电磁脉冲实验验证

4.4.3.1　阵列辐射冲激脉冲波形参数

对冲激雷达系统进行实验测试，辐射系统中子阵的结构如图 4.4-15 所示。在轴线 $z=100$ m 处接收的冲激脉冲波形如图 4.4-16 所示。实验得到阵列轴线上合成冲激电磁脉冲脉宽随距离的变化规律如图 4.4-17 所示，在 $z<50$ m 的轴线范围内，接收到的冲激电磁脉冲脉宽迅速减小；当 $z>100$ m 后随轴线距离增大，冲激电磁脉冲脉宽逐步减小并趋于单元天线辐射电磁脉冲的脉宽为 1.8 ns。图 4.4-17 中采用点源近似模型计算得到的数值结果，在实验误差范围内与实验测试结果较好符合。

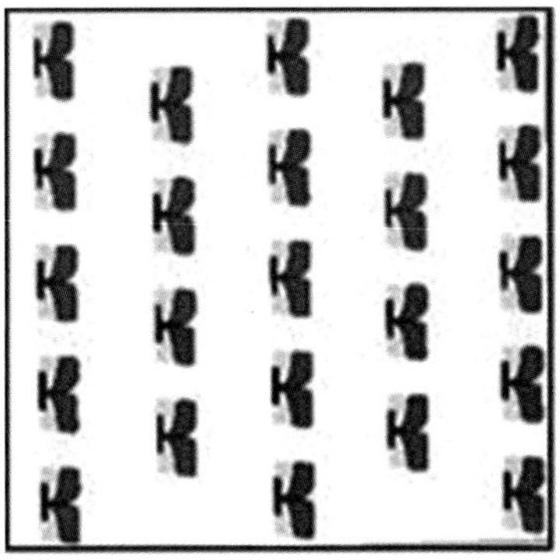

4.4-15　阵列冲激雷达子阵结构

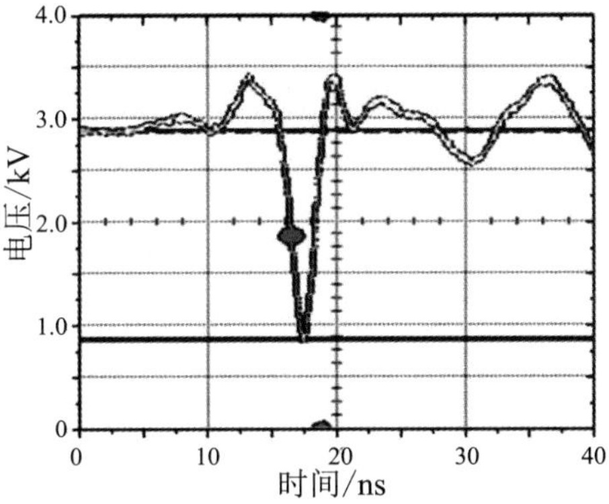

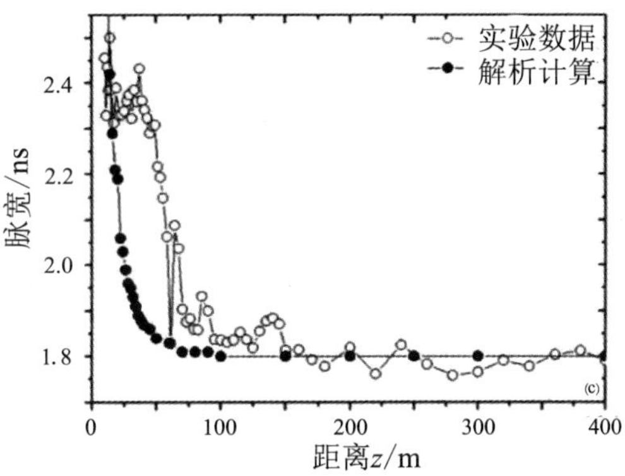

图 4.4-16　z=100 m 处接收的电磁脉冲波形　图 4.4-17　冲激电磁脉冲脉宽随轴线距离的变化

4.4.3.2　阵列辐射冲激脉冲能量传输特性

实验系统轴线能量传输特性如图 4.4-18 所示，阵列辐射的冲激脉冲轴线能量随传输距离变化依次呈现不衰减、慢衰减和快衰减的“三段式”传输特性，最初采用点源近似模型得到的解析计算结果与实验结果在 $z > 300$ 后差距很大。通过对实际测试情况下的地面反射进行分析，得到的计算结果和实验结果完全吻合。

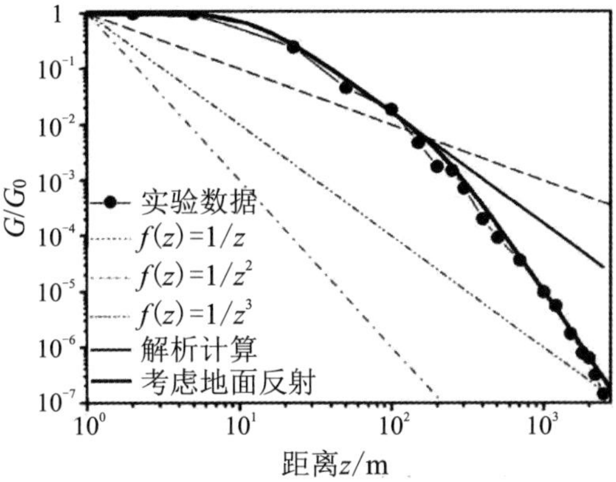

图 4.4-18　冲激脉冲能量传输特性

4.4.3.3 阵列辐射冲激脉冲波束聚焦特性

阵列冲激雷达的一个显著特点是其角分辨率比较高，而阵列冲激雷达的角分辨率与冲激雷达的时域波束宽度相关。实验过程中对超宽带天线阵列的时域方向图进行测试，由于实验条件限制，仅对阵列的 H 面方向图进行了实验测试，而未测试阵面的 E 面方向图。测试时接收天线初始位置位于阵列的轴线上 200 m 的位置，并在该位置画一条直线和阵列轴线相垂直，在阵列右侧每间隔 3 m 测试一组数据，实验结果如图 4.4-19 所示，图中同时给出了用点源近似模型计算的 E 面和 H 面的方向图，解析计算结果和实验测试结果基本吻合，再次证明了点源近似模型计算冲激脉冲参数的正确性与合理性。

另外，由图 4.4-19 可以看出 E 面和 H 面的波束宽度几乎相同，大致是 3.5°。而采用点源近似模型计算的单元天线的 E 面方向图中，半功率波束宽度为 50°左右，这表明阵列高效叠加效应带来了阵列冲激脉冲波束的聚焦特性。阵列波束宽度明显变窄，阵列冲激雷达角分辨率显著提高。

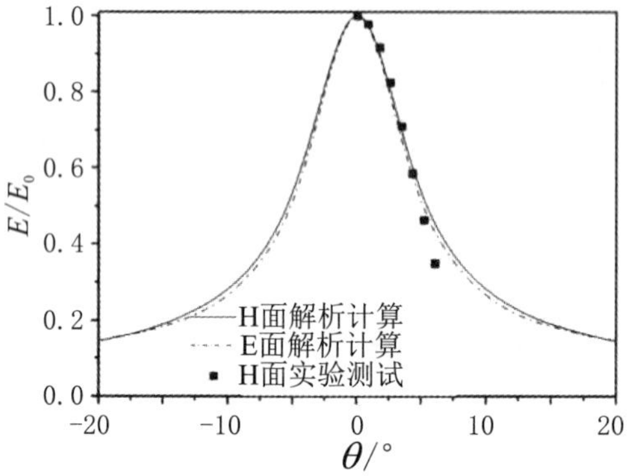

图 4.4-19 阵列冲激雷达时域方向图

4.5 瞬态电磁脉冲波束合成及波束扫描实验验证

4.5.1 阵列传输与合成特性实验测试与分析

阵列冲激信号传输及合成特性已在 4.3 节中详细讨论，在本节中，主要通过样机系统实验平台验证：其一，阵列冲激信号在空间点可以实现时间同步的场分量合成；其二，合成的冲激信号场分量在非近场区随距离增加按反比例衰减。

4.5.1.1 阵列冲激信号合成特性实验测试

图 4.5-1 (a) 给出阵列冲激信号合成特性实验电路，图 4.5-1 (b)、(c)分别为样机系统辐射天线阵面和接收天线支架，天线阵面的辐射、接收天线编号如图 3.6-7 (a)所示。辐射天线阵面距

离地面的高度为 3.5 m；接收天线与发射天线参数相同，接收天线支架高度可调范围为 3.5～6 m；实验场地为新建但未投入使用的郊区公路[如图 4.5-1 (c)所示]，实验场地直线长度为 1 km，用激光测距仪逐段测试公路坡度，起点与终点海拔落差约为 2.5 m，公路 300～600 m 间路面有落差 1 m 左右缓变凹凸路面。在这一节中，如无特别说明，实验场地参数均为上述参数。

实验测试时，按图 4.5-1 连接实验电路并检查，对天线阵列各单元天线编号[如图 3.6-7(a)所示]，校准各单元辐射天线的触发时间（确保在误差范围内同步辐射），将接收天线置于辐射阵面轴线上，保证它们高度相等且极化方向保持一致。给定接收天线距辐射阵面中心距离 z，测试每一个单元天线在接收天线处产生的辐射电场；保持 z 值不变，改变辐射阵元数，测量辐射单元在接收天线处的合成效率；改变 z 值，重复上述实验内容；选定两组(或多组)辐射阵元数，固定辐射阵元数不变，在不同轴线点测试选定组辐射单元的合成效率。

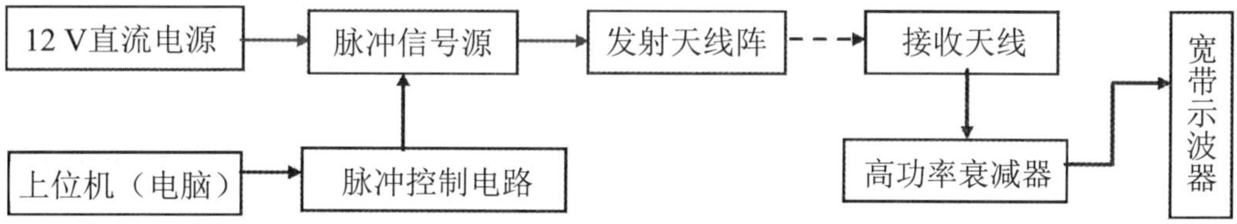

(a) 收发天线时域参数实验测试电路原理图

(b) 发射天线阵列

(c) 接收天线支架与实验场地照片

图 4.5-1　阵列天线波束合成实验测试原理图与现场实验照片

4.5.1.2　阵列冲激信号合成效率实验结果

在近距离范围，图 4.5-2(a)给出给定距离点（7～15 m 距离范围内）、不同阵元数（3～9 个阵元）的冲激信号场分量合成效率；图 4.5-2(b)给出阵元数给定情形下，各辐射组在 7～15 m 的不同距离点冲激信号场分量合成效率。

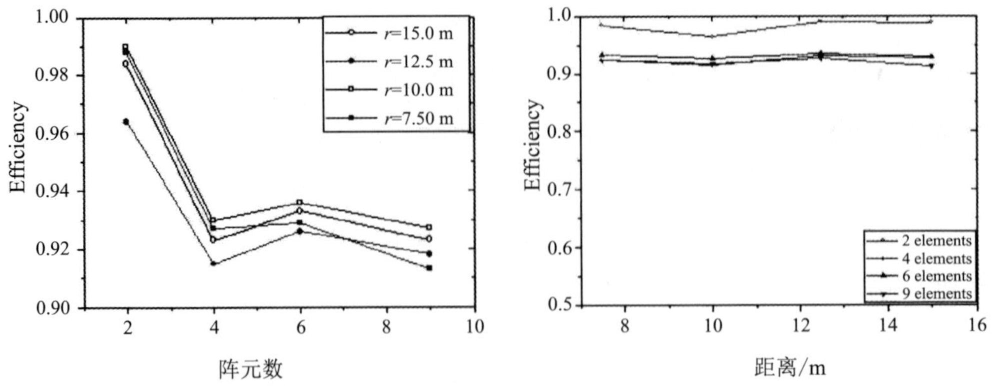

(a) 给定距离点，不同阵元数的合成　　(b) 给定阵元数，不同距离点的合成

图 4.5-2　阵列辐射脉冲信号空间合成效率实验测试结果

实验测试结果表明，在近距离范围内，无论是给定距离点不同阵元数的场分量合成，还是给定阵元数的辐射阵面在不同距离点的合成，实验测得的合成效率都在 92%及以上。考虑到测试所用辐射源触发抖动为 49～57 ps，以及 3.6.1.2 节中关于信号源触发抖动与冲激信号合成效率的定量分析，可知实验测试结果与理论分析很好符合。

为检验冲激信号场分量是否能在远距离时间同步合成，图 4.5-3 给出不同阵元数在 50 m～1 km 距离范围内的实验测试结果。实验测试表明，合成效率的确降低到 85%左右，但其主要原因不在于冲激信号场分量可以实现在空间同步合成的这一原理性概念上，而更多的是源于实验误差。原因有四点：其一，即便是在 1 km 距离点，不同阵元数的辐射单元仍能保持 85%左右的合成效率；其二，实验场地在 300～600 m 距离范围，有高度差 1 m 左右的缓变凹凸路面，而图 4.5-3(b)实验测试结果就显示在 490 m 距离点，各阵元数组成的辐射阵面，其合成效率都偏低；其三，在如图 4.5-1 所示的发射阵面，如果俯仰角、水平角稍有偏转，则距离愈远，测试点偏离轴线位置情形就愈严重；其四，距离愈远，地面、环境反射引起的误差就愈大。

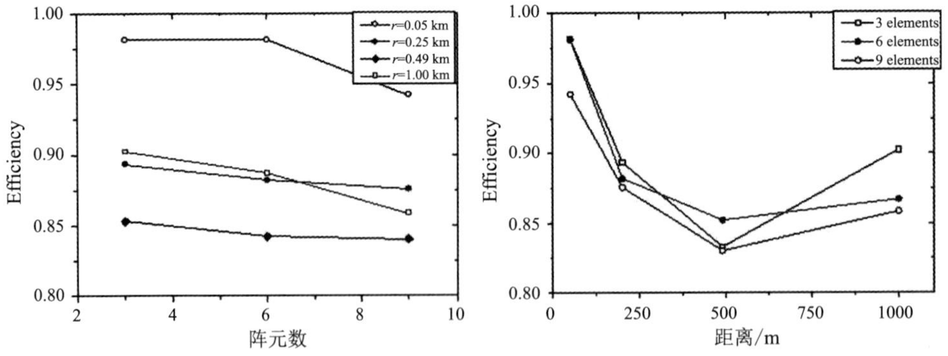

(a) 给定距离点，不同阵元数的合成　　(b) 给定阵元数，不同距离点的合成

图 4.5-3　阵列辐射脉冲信号空间合成效率实验测试结果

综合图 4.5-2 和图 4.5-3 的实验测试结果，可以得到结论：冲激信号场分量可以实现空间同步合成。

4.5.1.3　阵列冲激信号传输特性实验测试

关于冲激信号场分量可以实现空间同步合成，一种观点认为：冲激信号包含了带宽很宽的各种电磁波频谱，而不同频率电磁波在媒质中传输速度不同，因而冲激信号场分量就不可能实现空间的同步合成。

这个问题的关键是分析冲激信号各频谱成分在各种媒质的色散特性，这一方面取决于冲激信号的带宽范围，另一方面取决于媒质的色散特性。对 1 ns 甚至亚 ns 冲激信号，其频带分布在 10^2～10^3 MHz 量级，在空气中的色散很弱，因而，就冲激雷达而言，冲激信号场分量在空间可同步合成这一结论是成立的。

图 4.5-4(a)给出单元与阵列天线（9 单元）辐射冲激信号经时间对齐、幅度归一化后的波形曲线比较。实验测试表明，同一距离点处的单元和阵列天线辐射信号波形相同；在不同距离点单元与阵列天线辐射的信号经时间对齐和幅度归一处理后，波形也相同[图 4.5-4(a)就是该实验条件下的测试结果，因而，辐射信号跟随的“拖尾”信号不同，所以地杂波不同]。这就验证了冲激信号不仅可以实现场分量的空间合成，而且合成信号可以以不变的波形曲线“独立”传播，这就是冲激信号在空气中传播的“聚焦波模理论”观点，也是作者在 3.6.1.1 节以及 4.4 节时域信号传输分析中引入“点源近似”假设的实验基础。

图 4.5-4 (b)给出 9 单元天线合成冲激信号沿轴线距离衰减特性的实验测试结果，图中实心点为不同距离处冲激信号幅值实验测试结果，实线为反比例拟合函数。可见，在误差范围内，冲激信号幅度随距离的衰减满足反比例规律。这一实验结论有助于分析一个争论：冲激雷达的目标探测距离到底应该由辐射阵面的峰值功率确定，还是由平均功率确定。

冲激雷达通过冲激回波信号探测目标，按如图 4.5-4(b)所示，冲激信号波束幅度随距离成反比例衰减，与频域雷达信号场幅值衰减满足相同规律，而冲激雷达对回波信号采集的灵敏度，取决于回波信号的峰值功率。因此，冲激雷达目标探测的距离，应由辐射阵面的峰值功率确定。

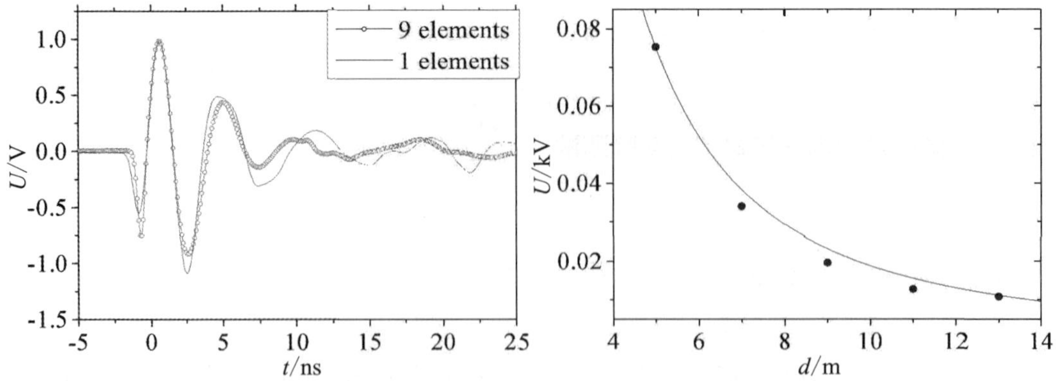

(a) 单元与阵列天线辐射信号波形曲线　　(b) 合成信号幅度随距离的衰减

图 4.5-4　阵列天线合成信号衰减特性及其与单元天线辐射信号波形比较

4.5.2　天线阵面波束控制与扫描特性实验测试

4.5.2.1　天线阵面波束角实验测试

在 3.6.1 节中，作者通过引入点源近似模型，分析了单元天线与阵列天线时域方向图之间的关系，并得出在适当时延情形下，单元天线与阵列天线时域方向图相等的结论。

图 4.5-5 给出了天线阵面辐射波束在中心轴线上时，天线阵面辐射波束 E 面时域方向图的实验测试结果（图中实心点）及波束的拟合函数（图中虚线）。实验时，收发天线中心点距地面高度为 2.8 m，收发天线间距为 12 m。

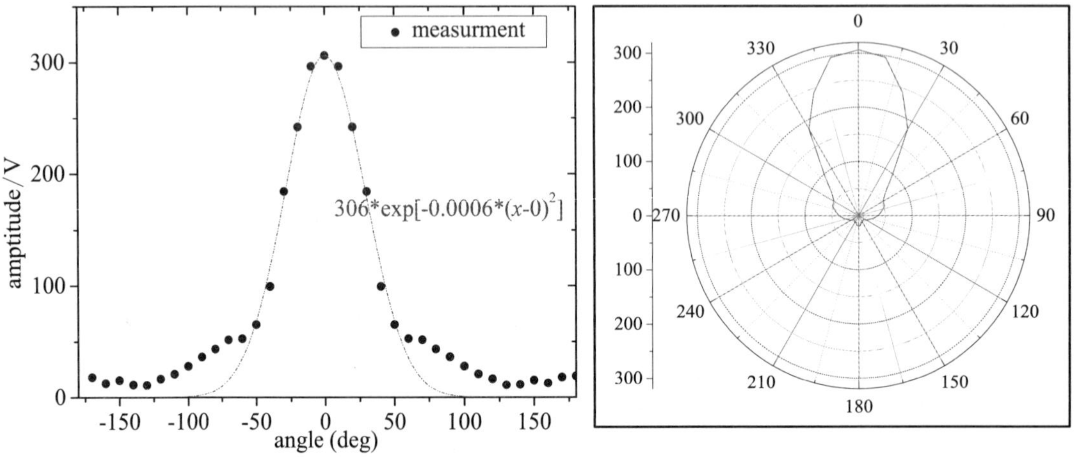

图 4.5-5　天线阵面中心轴线波束时域角宽度实验测试

图中拟合函数为

$$\Theta(\theta)=\theta_0\cdot\exp\left(-0.0006\cdot\theta^2\right) \tag{4.5-1}$$

由式（4.5-1）可得到阵面波束的半角宽度

$$\delta=\sqrt{\frac{\ln(2)}{0.0006}}=33.99^{\circ} \tag{4.5-2}$$

实验测试结果表明：其一，单元或阵列天线的时域方向图可以用高斯函数近似表示；其二，阵面波束宽度约为 34°，与单元天线幅值半峰值的半角宽度（35°）近似相等。

4.5.2.2　天线阵面波束扫描试验测试

在 3.6-3 节中讨论了通过对各辐射阵元馈电延迟，实现阵面波束场分量的同步合成，在这一节中，通过相似方法，验证可以将阵面波束控制在预期希望的辐射方向上，即可以通过程序控制，实现阵面波束的电扫描。

实验测试电路如图 4.5-1 所示，波束扫描计算程序按 3.6-3 节讨论的程序编写方法编写；输入各单元天线馈电延迟量至控制程序，并核对延迟时间是否满足布拉格公式；在波束预期指向方位，由测量时域方向图的实验步骤，测试阵面波束的时域方向图；记录并处理实验数据。

波束扫描实验分为校内和校外两部分，在校内、校外测试时辐射天线阵面与接收天线相距分别为 12 m 和 50 m，天线高度为 2.8 m，接收天线连接示波器或数据采集系统的同轴线长度为 24 m。控制波束指向 0°、10°、20°、30°和 45°时，测试天线阵列的时域方向图，0°时校内测试结果参照图 4.5-5，其他波束扫描角度实验测试结果如图 4.5-6 所示。

图 4.5-6 (e)、(f) 为校内、校外两次实验分别测试 0°、30°阵面波束指向及角宽度结果的比较，可见，在误差范围内，两次实验测试结果基本相同。

在图 4.5-6 (a)～(d) 中，均给出阵面波束的拟合函数，可见，在所测试的不同波束方位，波束角拟合公式均满足式（4.5-1）的高斯函数形式，波束半角宽度均满足式（4.5-2）。这就在更普遍意义上验证了阵面波束时域方向图按高斯函数分布，以及在适当时延情形下，阵面波束时域角宽度与单元天线相等的这一结论，而这些结论，均纳入了 4.4 节中“点源近似模型”的假设。

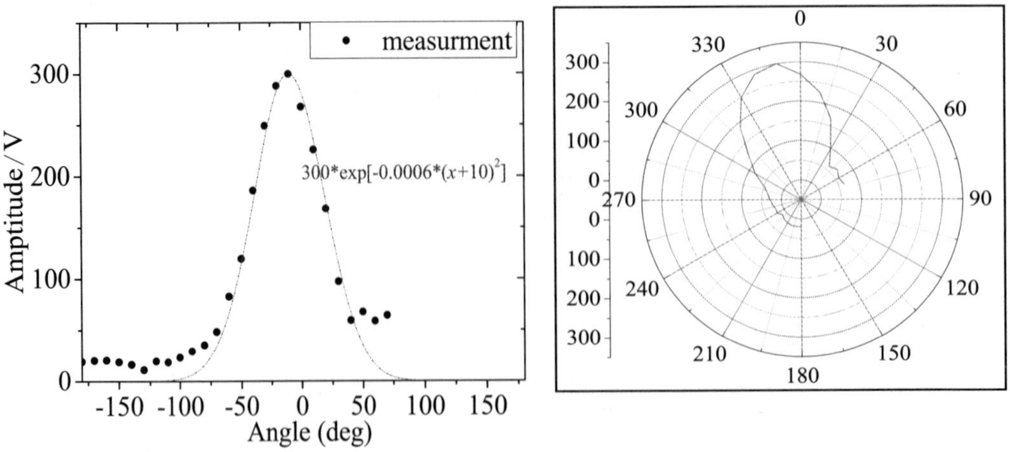

(a) 10°波束扫描实验测试结果

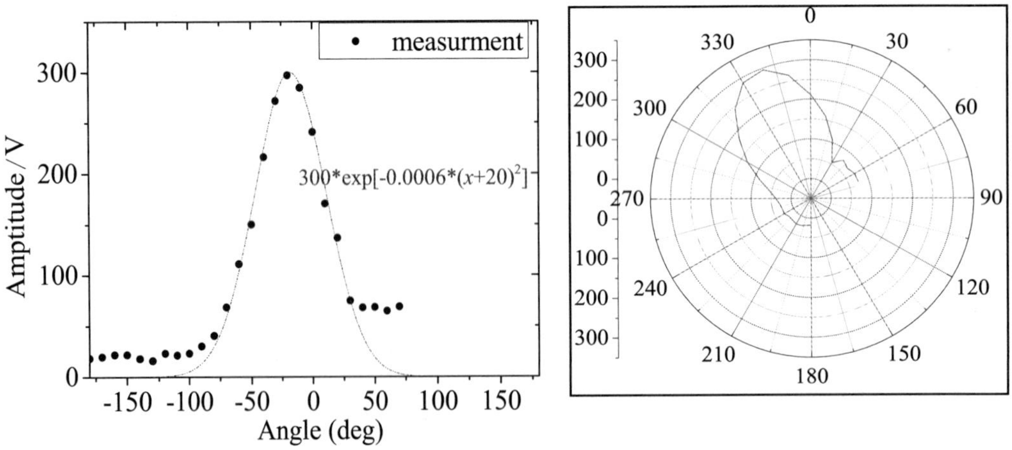

(b) 20°波束扫描实验测试结果

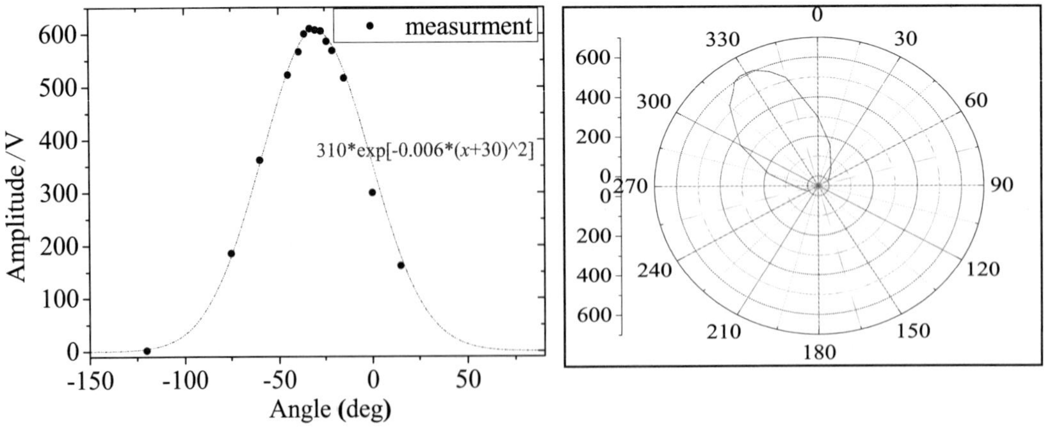

(c) 30°波束扫描实验测试结果

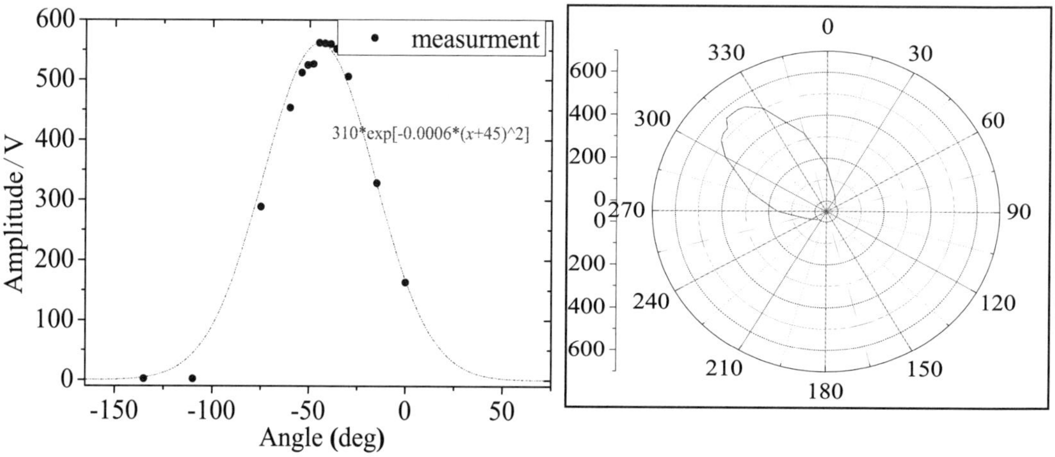

(d) 45°波束扫描实验测试结果

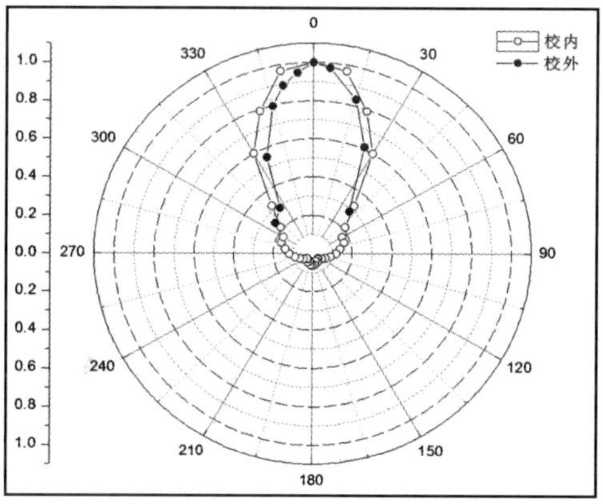

(e) 校外实验 0°波束扫描实验测试结果

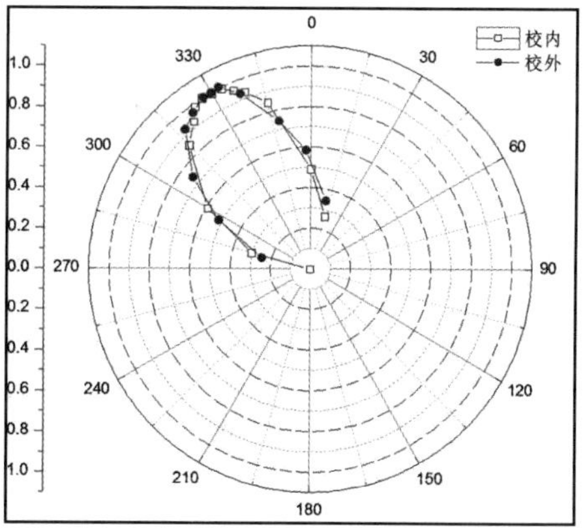

(f) 校外实验 30°波束扫描实验测试结果

图 4.5-6　校内、校外波束扫描实验测试及拟合结果

4.6　瞬态电脉冲在传输线中的色散与损耗

事实上，对瞬态电磁脉冲在微带线、同轴线等传输线中的色散与损耗，已经有相当深入的研究，并有适用范围很宽的经验公式[3]。尽管如此，因为实验测试过程中要经常涉及微带线、耦合微带线及同轴线传输瞬态电磁脉冲问题，在这一节仍对文献所给的经验公式做简单的数字计算，并给出部分实验测试和 CST 仿真计算结果，为后面相关章节实验设计、分析提供参考数据和方法。

4.6.1　瞬态电脉冲在微带线中传输色散与损耗的分析方法

设输入传输线的信号波形为 $x(t)$，则其对应频域函数(做傅里叶变换)为

$$x(\omega) = \int_{-\infty}^{+\infty} x(t)\exp(-\mathrm{i}\omega t)\mathrm{d}t \tag{4.6-1}$$

系统的传递函数为 $G(\omega)$，则经传输线传递后输出波形为

$$y(t)=\frac{1}{2\pi}\int_{-\infty}^{+\infty}x(\omega)G(\omega)\exp(\mathrm{i}\omega t)\mathrm{d}\omega \tag{4.6-2}$$

由式（4.6-2），如果传递函数具有函数形式 $A(\omega)\exp[-\mathrm{i}\varphi(\omega)]$，则当且仅当模与频率无关且相位因子$\varphi(\omega)$是$\omega$的线性函数时，传输线才不对输入瞬态电脉冲产生色散，否则，传输线都对输入瞬态电磁脉冲有畸变效应。

求解传输线的色散与损耗问题可归结为求传输函数 $G(\omega)$。

4.6.2　瞬态电脉冲在同轴线中传输的色散与损耗

1. 同轴线的等效电路与传输函数

按传输线理论，同轴线的等效电路可由图 4.6-1 表示，其中，分布参数 R、G、L、C 分别表示同轴线单位长度的串联电阻、并联电导、电感、电容，它们的计算公式可写为

$$R=\frac{R_s}{2\pi}(\frac{1}{a}+\frac{1}{b}) \tag{4.6-3}$$

其中，a、b 分别表示同轴线的内外导体半径；R_s 表示表面电阻率，如果用ρ表示金属电阻率，R_s 的计算公式为

$$R_s=\sqrt{\pi\mu_0\rho f} \tag{4.6-4}$$

$$G=\frac{2\pi\sigma_d}{\ln(b/a)}=2\pi\omega\varepsilon_0\varepsilon_r\tan\delta/\ln(b/a) \tag{4.6-5}$$

$$C=2\pi\varepsilon/\ln(\frac{b}{a}) \tag{4.6-6}$$

其中，σ_d 为介质的电导率，ε_0、ε_r 分别为真空、介质的介电常数。

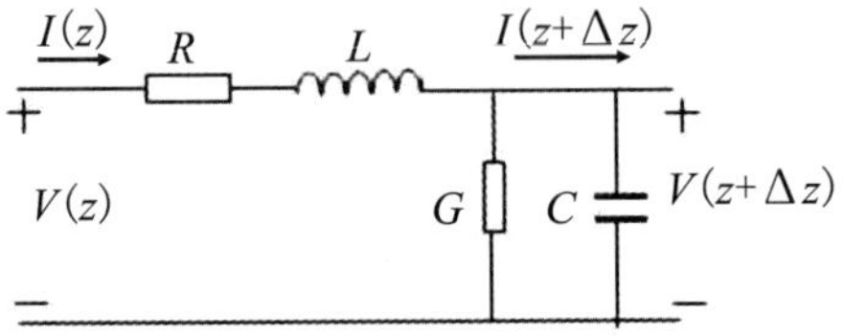

图 4.6-1　同轴线等效电路

同轴线的特性阻抗 Z_0 表示为

$$Z_0=\frac{\eta}{2\pi}\ln(\frac{b}{a})=\sqrt{\frac{\mu}{\varepsilon}}\ln(\frac{b}{a}) \tag{4.6-7}$$

由图 4.6-1，同轴线的传输方程满足

$$\begin{cases}\dfrac{\mathrm{d}U(z)}{\mathrm{d}z}=-(R+\mathrm{i}\omega L)I(z)\\ \dfrac{\mathrm{d}I(z)}{\mathrm{d}z}=-(G+\mathrm{i}\omega C)U(z)\end{cases}\tag{4.6-8}$$

方程式（4.6-8）的解为

$$\begin{cases}U(z)=A_1e^{\gamma z}+A_2e^{-\gamma z}\\ I(z)=\dfrac{1}{Z_0}(A_1e^{\gamma z}-A_2e^{-\gamma z})\end{cases}\tag{4.6-9}$$

其中

$$\gamma=\alpha+\mathrm{i}\beta=\sqrt{(R+\mathrm{i}\omega L)(G+\mathrm{j}\omega C)}\tag{4.6-10}$$

认为同轴线无限长、无端点反射，并传递右行波，则瞬态电磁脉冲电压的传递函数 $G(\omega)$为

$$G(\omega)=\exp(-\gamma z)\tag{4.6-11}$$

给定输入同轴线的瞬态脉冲波形 $x(\omega)$，将其与 $G(\omega)$代入式（4.6-2），就可以求得输出脉冲波形函数。

2. 瞬态电磁脉冲在同轴线的色散与衰减

考察传递函数中的γ因子，当介质和导体的损耗都很小，即 $G\ll\omega C$、$R\ll\omega L$ 时，化简式（4.6-10）可得

$$\gamma=\alpha+\mathrm{i}\beta=\frac{1}{2}(\frac{R}{Z_0}+GZ_0)+\mathrm{i}\omega\sqrt{LC}\tag{4.6-12}$$

在式（4.6-12）中，实部表示同轴线对瞬态电脉冲的损耗，虚部表示瞬态电脉冲的相位传递函数，与色散紧密联系。导体损耗因子α_c、介质损耗因子α_d及总损耗因子α分别为

$$\alpha=\alpha_c+\alpha_d=\frac{R}{2Z_0}+\frac{GZ_0}{2}=\frac{R}{2Z_0}+\pi\sqrt{\varepsilon_\mathrm{r}}\tan\delta/\lambda_0\,(\mathrm{N/m})\tag{4.6-13}$$

或

$$\alpha=8.686(\alpha_c+\alpha_d)\,(\mathrm{dB/m})\tag{4.6-14}$$

由式（4.6-4）和式（4.6-13）可以计算同轴线对瞬态电脉冲的衰减，这里采用雷达信号处理中关于高斯脉冲中心频率 f_0、频带下限 $f_{\min}$ 和频带上限 $f_{\max}$ 与脉宽参数的经验公式

$$\begin{cases}f_0=\dfrac{500}{T(\mathrm{ps})}(\mathrm{GHz})\\ f_{\max}=\dfrac{500}{\tau(\mathrm{ps})}(\mathrm{GHz})\\ f_{\max}=\dfrac{f_{\max}^2}{f_0}(\mathrm{GHz})\end{cases}\tag{4.6-15}$$

将式（4.6-4）、式（4.6-15）代入式（4.6-13），就可以计算同轴线对某一脉宽高斯电

脉冲的损耗大小。

式（4.6-12）表明，色散项的相位因子$\varphi(\omega)\propto\omega$，即波形畸变是因为$x(\omega)$中不同$\omega$成分的谐波，其幅值是非线性损耗而造成的。也正因为如此，同轴线对瞬态电脉冲的波形畸变影响很小，对 ns 脉冲和实验常用同轴线，传递几米距离时，脉冲波形畸变可以被忽略。图 4.6-2 给出采用 CST 仿真计算不同脉宽的瞬态电脉冲经相同同轴线传输不同距离后，输入、输出脉冲波形的仿真结果。相关仿真计算参数为同轴线内导体半径 a=0.45 mm，外导体半径 b=1.5 mm，同轴线介质介电常数ε_r=2.26，介质损耗正切角 tanδ=0.0005，导体电导$\sigma_c=5.8\times10^7$，同轴线阻抗 Z_0=48.7 Ω。

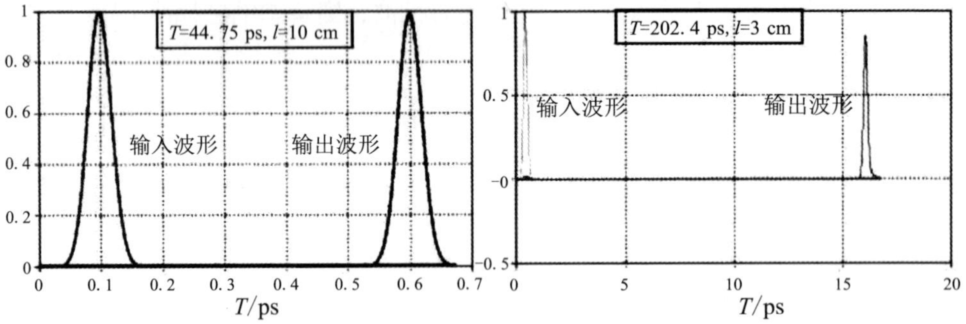

图 4.6-2　同轴线传输瞬态电脉冲的典型图片

由于同轴线对 ns 或亚 ns 电脉冲波形的畸变较小，而定向微波系统传输的电脉冲宽度为 ns 量级。因此，对同轴传输线而言，重点考虑的影响是它对瞬态电脉冲的损耗，而不是波形畸变。

针对图 4.6-2 中的同轴线参数，采用 CST 仿真计算不同长度（l=3～100 mm）同轴线对 44.75 ps 电脉冲的损耗（当 PCSS 工作在线性模式时，激励光脉冲脉宽为 40 ps，理论上输出电脉冲宽度在 100 ps 左右，实验测得输出电脉冲为 146 ps，此时就必须考虑传输线路的损耗），并把输出、输入脉冲幅值之比绘制成曲线，得到结果如图 4.6-3(a)所示。拟合计算结果得到的拟合函数为 y=1-0.1x，按衰减常数α的定义，得到同轴线对该脉冲的衰减常数α=1.938 dB/m；而按式（4.6-15），44.75 ps 电脉冲的中心频率为 f_0=11.17 GHz，将 f_0 代入式（4.6-14），计算得到的衰减常数为α = 1.91 dB/m。在误差范围内，按经验公式计算的结果和按 CST 仿真的结果是一致的。

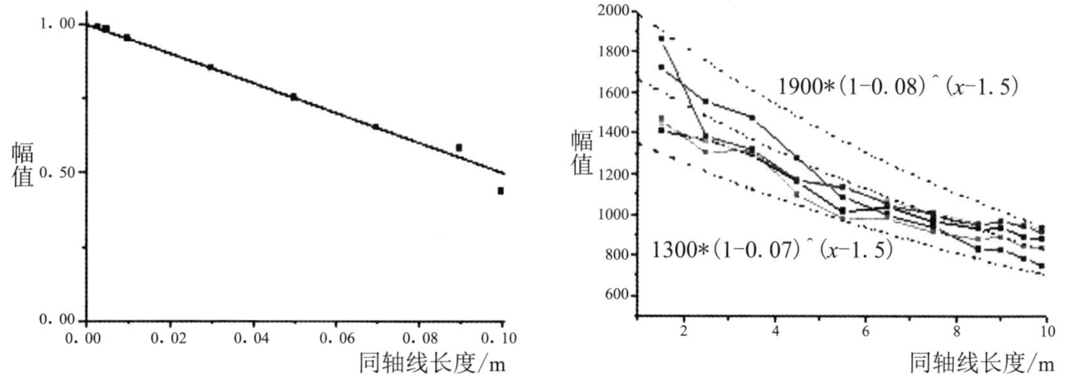

图 4.6-3 同轴线传输瞬态电脉冲的典型图片

为了更进一步检测经验公式与实验测试结果的一致性，采用 ps 电子源产生 200～300 ps 不同脉宽的电脉冲，用图 4.6-2 仿真计算采用的同轴线传输这些电脉冲，并改变同轴线长度（1.5～10 m），测得图 4.6-5(b)所示输出、输入电脉冲的幅值比及拟合函数，可见同轴线损耗为 7%～8%，换算为衰减常数为 0.63～0.724 dB/m。而将馈电脉冲波形参数和同轴线参数代入式（4.6-14）的经验公式计算，衰减常数应为 0.5635～0.7134 dB/m。这再一次证明经验公式与实验测试结果也是符合的。

综上所述可以得到以下结论：（1）对 ns、亚 ns 量级的瞬态电脉冲，在不长距离的同轴线中传输时，可以不考虑其色散效应；（2）同轴线对瞬态电脉冲的衰减，可以通过经验公式（4.6-14）和式（4.6-15）计算，其计算结果与用 CST 仿真计算结果及实验测试结果是一致的。

4.6.3 瞬态电脉冲在微带线中传输的色散与损耗

在高频情况下（$f \geqslant 2.14\varepsilon_r^{0.25}/h$ GHz），由于波导波型和表面波型等高次谐波的存在，使得微带线传输 TEM 波的前提不再严格成立。因此，与同轴传输线的色散与损耗讨论不同，微带线的传递函数很难用统一、简洁的解析式表达，而是针对不同的具体情况，求得一系列经验公式来处理微带线的色散与衰减问题。

由于传输线一系列性能参数都与介质的介电常数有关，在微波传输理论中，通常引入等效相对介电常数ε_{ef}来考虑色散与损耗问题，即认为考虑介电常数修正后，微带线仍传输 TEM 波，这样就可以求解微带线的传递函数问题了。下面沿用文献[1]和文献[3]关于传递函数的经验公式，对微带线色散与损耗问题做简单的数值计算和基于 CST 软件的仿真计算。

1. 瞬态电脉冲在微带线中传输的损耗

微带传输线对瞬态电磁脉冲的损耗要大于同轴线、波导等传输线，通常损耗不能忽略。微带线对瞬态电脉冲的损耗包括介质损耗（交替极化与晶格碰撞）、导体损耗（导体热损耗，特别是高频情况下趋肤效应）及辐射损耗，其中，导体损耗和介质损耗起主要作用。

定义衰减常数α为

$$\alpha = \frac{1}{2l}\ln\frac{p_0}{p_l} \tag{4.6-16}$$

其中，α的单位为奈培每单位长度(N/单位长度)，p_0为微带线输入端功率，p_l是经微带线传输长度 l 后的信号功率。用α_c、α_d分别表示微带线的介质损耗与导体损耗，据文献的结果，α_c、α_d可分别表示为[4]

$$\alpha_d = \frac{\varepsilon_{\mathrm{e}}-1}{\varepsilon_{\mathrm{r}}-1}\cdot\frac{\varepsilon_{\mathrm{r}}}{\varepsilon_{\mathrm{e}}}\cdot\frac{\pi\tan\delta}{\lambda_g}\ \text{(N/cm)} \tag{4.6-17}$$

其中，$\tan\delta$为损耗正切角，λ_g为相应的波长，h 和 w 如图 4.6-4 所示。ε_{e}为有效介电常数

$$\varepsilon_{\mathrm{e}} = \frac{1+\varepsilon_{\mathrm{r}}}{2} + \frac{\varepsilon_{\mathrm{r}}-1}{2}\left(1+\frac{10h}{w}\right)^{-\frac{1}{2}} \tag{4.6-18}$$

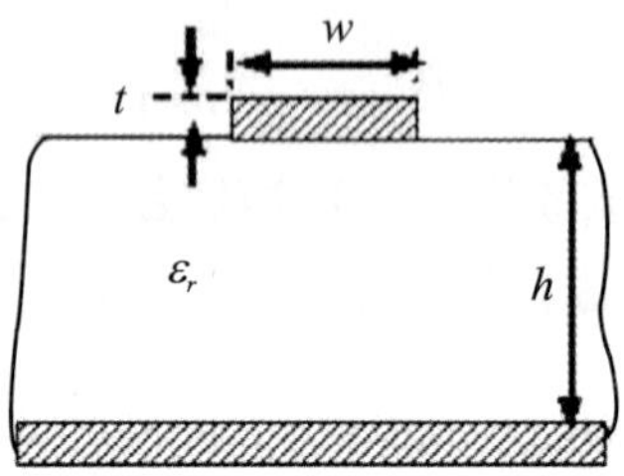

图 4.6-4　微带线几何参数

对α_c，在下列情况下取值分别如下：

当 $w/h \leqslant 0.5\pi$时

$$\frac{\alpha_c Z_0 h}{R_s} = \frac{1}{2\pi}\left[1-\left(\frac{w'}{4h}\right)^2\right]\left\{1+\frac{h}{w'}+\frac{h}{\pi w'}\left[\ln\left(\frac{4\pi w}{t}+1\right)-\frac{1-t/w}{1+t/4\pi w}\right]\right\}\ \text{(N/cm)} \tag{4.6-19a}$$

当 $0.5\pi < w/h \leqslant 2$ 时

$$\frac{\alpha_c Z_0 h}{R_s} = \frac{1}{2\pi}\left[1-\left(\frac{w'}{4h}\right)^2\right]\left\{1+\frac{h}{w'}+\frac{h}{\pi w'}\left[\ln\left(\frac{2h}{t}+1\right)-\frac{1+t/h}{1+t/2h}\right]\right\}\ \text{(N/cm)} \tag{4.6-19b}$$

当 $2 \leqslant w/h$ 时

$$\frac{\alpha_c Z_0 h}{R_s}=\frac{\frac{w'}{h}+\frac{w'/\pi h}{w'/(2h)+0.94}\left\{1+\frac{h}{w'}+\frac{h}{\pi w'}\left[\ln(\frac{2h}{t}+1)-\frac{1+t/h}{1+t/2h}\right]\right\}}{\left\{\frac{w'}{h}+\frac{2}{\pi}\ln\left[2\pi e(\frac{w'}{2h+0.94})\right]\right\}^2}\text{(N/cm)} \quad (4.6\text{-}19c)$$

式（4.6-19a）至式（4.6-19c）式中，w'为考虑金属微带厚度 t 后的有效宽度，比 w 稍大，其修正计算方法为

$$w'=w+\Delta w=\begin{cases} w+\frac{t}{\pi}(\ln\frac{4\pi w}{t}+1) & w/h\leqslant 1/(2\pi), w/h>2t/h \\ w+\frac{t}{\pi}(\ln\frac{2h}{t}+1) & w/h>1/(2\pi) \end{cases} \quad (4.6\text{-}20)$$

主要考虑微带线介质损耗与导体损耗时，利用式（4.6-19）和式（4.6-20）可计算总衰减常数

$$\alpha=\alpha_c+\alpha_d \quad (4.6\text{-}21)$$

2. 瞬态电脉冲在微带线中传输的色散与有效相对介电常数

等效相对介电常数表示为

$$\begin{cases} \varepsilon_{\mathrm{ef}}=\varepsilon_{\mathrm{r}}-\frac{\varepsilon_{\mathrm{r}}-\varepsilon_{\mathrm{e}}}{1+Gf^2/f_{\mathrm{p}}^2} \\ f_{\mathrm{p}}=\frac{0.4Z_0}{h(\mathrm{mm})}(\mathrm{GHz}), G=0.6+0.009Z_0 \end{cases} \quad (4.6\text{-}22)$$

当频率 $f\to\infty$时，$\varepsilon_{\mathrm{ef}}\to\varepsilon_{\mathrm{r}}$ (介质基片的相对介电常数)；当频率 $f\to 0$ 时，$\varepsilon_{\mathrm{ef}}\to\varepsilon_{\mathrm{e}}$，即式(4.6-18)表示的$\varepsilon_{\mathrm{e}}$，$Z_0$是微带线特性阻抗。

引入有效相对介电常数后，微带线的阻抗也随之发生变化，其修正公式为

$$Z_{0f}=Z_0\frac{\varepsilon_{\mathrm{ef}}-1}{\varepsilon_{\mathrm{e}}-1}\sqrt{\frac{\varepsilon_{\mathrm{e}}}{\varepsilon_{\mathrm{ef}}}} \quad (4.6\text{-}23)$$

利用有效介电常数$\varepsilon_{\mathrm{ef}}$便可求出传递函数中的相位因子$\beta(f)$

$$\beta(f)=2\pi f\sqrt{\varepsilon_{\mathrm{ef}}(f)}/c \quad (4.6\text{-}24)$$

将式(4.6-21)和式(4.6-24)得到传递函数 $G(w)$，将输入微带线的瞬态脉冲波形 $X(w)$，与 $G(w)$代入式（4.6-2），就可得到瞬态电脉冲经微带线传输后的输出信号波形，并得到相应的色散与损耗情况。

3. 瞬态电脉冲在微带线传输中色散与衰减的仿真计算

不同文献给出微带线色散与衰减的经验公式不同，下面一方面根据引用文献的经验公

式做数值计算，以讨论影响微带线色散与衰减的各个因素；另一方面，对相应的讨论内容做 CST 仿真计算，以验证经验公式的可靠性。

在以下 CST 仿真计算中，在未做特别说明的情况下，微带线的几何参数和电参数取值为：微带线长度 l_0=108 mm，宽度 w=9.14 mm，介质厚度 h=2 mm，金属带厚度 t=0.035 mm，介质正切角损耗 $\tan\delta$=0.0005，微带金属电导率 $\sigma_c=5.8\times10^7$，微带线阻抗 Z_0=25 Ω，介质介电常数 ε_r=2.2，电脉冲宽度 T=34 ps。为了比较直观反映微带线对瞬态电脉冲的波形畸变特性，引入脉宽相对展宽百分比参数($\eta_T=\Delta T/T\times100\%$)，输出电脉冲宽度按脉冲半峰值宽度计算。

对不同介电常数的介质，微带线输入输出波形的 CST 仿真图片如图 4.6-5 所示。对不同介电常数的电介质衬底材料，传输 108 mm 距离后 η_T 变化的 CST 仿真结果及拟合曲线如图 4.6-6 所示。图 4.6-7 给出相同条件下输出脉冲幅值随 ε_r 衰减的 CST 仿真结果及按式（4.6-21）的计算结果。计算结果表明：随着 ε_r 增大，瞬态电脉冲的色散与损耗加剧，η_T 与幅值都以指数规律增加。因此，在电脉冲脉宽很小的情况下（对应 PCSS 的 fs 激光激励在线性状态下工作），不宜选择 ε_r 过大的衬底材料研制微带线。

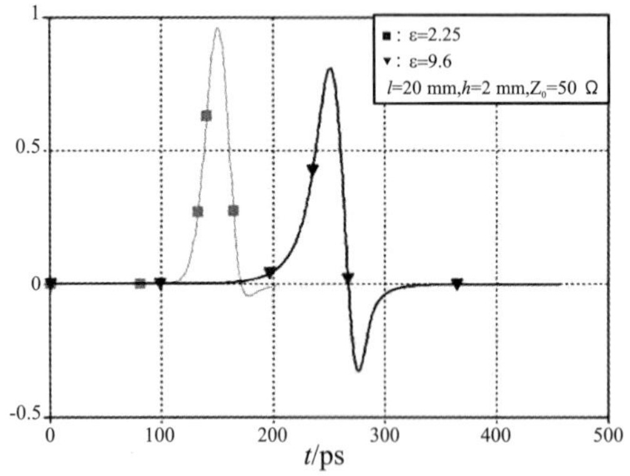

图 4.6-5　给定 ε_r 的输入输出波形

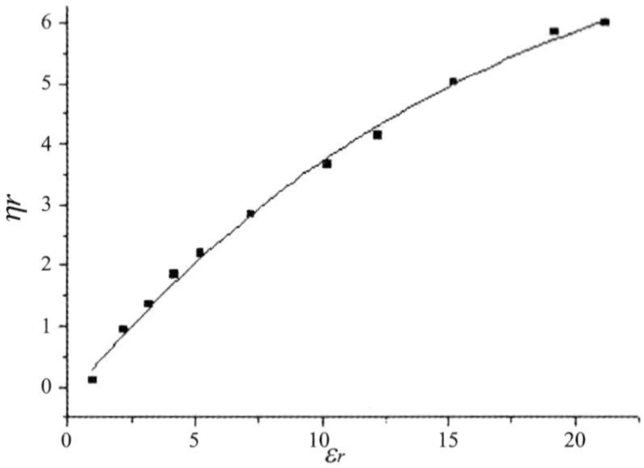

图 4.6-6　不同 ε_r 的 η_T 及拟合曲线

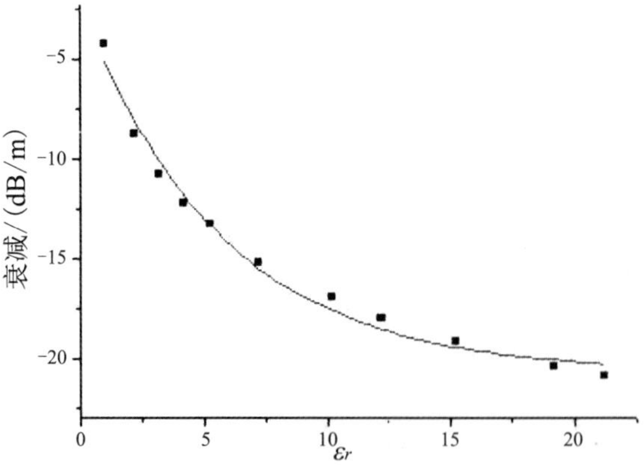

(a) 幅值随 ε_r 衰减的 CST 仿真结果

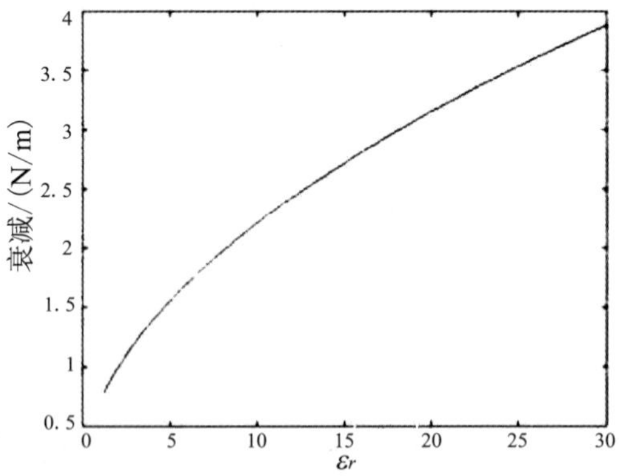

(b) 幅值随 ε_r 衰减的 CST 仿真结果

图 4.6-7　微带线损耗随 ε_r 的变化

瞬态电脉冲在微带线中传输不同距离后输出波形的 CST 仿真结果如图 4.6-8 所示。采用 CST 仿真计算传输不同 l 后，输出脉冲宽度的相对展宽百分比，得到图 4.6-9(a)的仿真结果及其拟合函数曲线，对应输出脉冲幅值损耗的 CST 仿真计算结果及其拟合曲线如图 4.6-9(b)所示。随着传输距离的增加，脉冲宽度与幅值衰减也增加，并同样呈现出指数变化趋势。但与介电常数对脉冲的色散与衰减相比，传输距离的影响要小将近 1 个数量级。

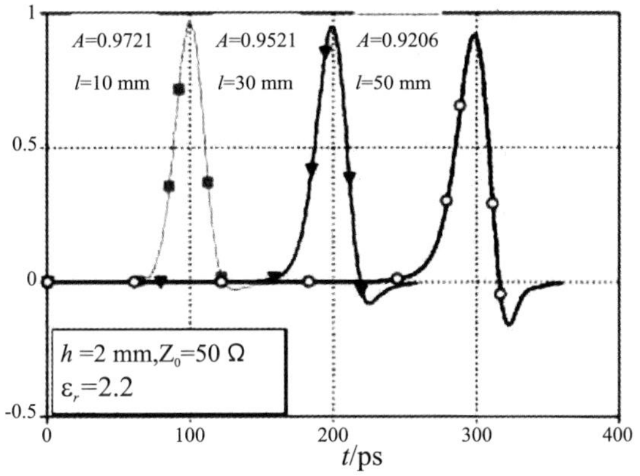

图 4.6-8 传输不同 l 后脉冲波形 CST 仿真

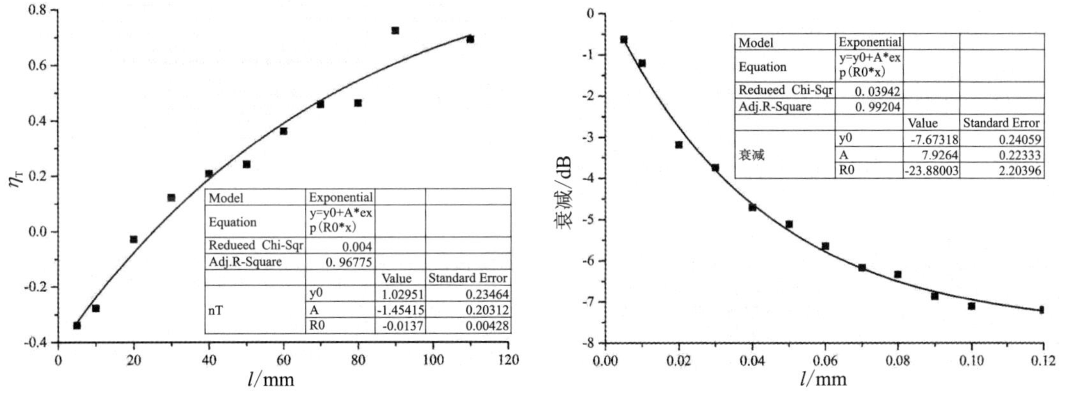

(a) η_T 随 l 变化的 CST 仿真与拟合曲线　　(b) 幅值随 l 变化的 CST 仿真与拟合曲线

图 4.6-9 微带线色散与衰减随 l 变化的 CST 仿真计算

对不同脉冲宽度的瞬态电脉冲，微带线对其的色散与衰减作用区别很大，图 4.6-10 给出 CST 的仿真计算结果。随着脉冲宽度的增加，微带线对瞬态电脉冲的损耗迅速减弱，而对 ns 或 10^2 ps 量级的电脉冲，微带线的损耗已经很小；但是对 ps 或 10^1ps 量级的电脉冲，微带线的损耗是很大的[如图 4.6-10(a)所示]。类似地，微带线对瞬态电脉冲脉宽的展宽也随输入脉冲宽度的增加迅速减弱，对 ns 或 10^2ps 量级的电脉冲，微带线的色散甚至可以忽略；而对 ps 或 10^1ps 量级的电脉冲，微带线的波形展宽效应是非常明显的，此时，微带线已经不再适合用于传输这样脉宽的瞬态电脉冲。采用经验公式对图 4.6-10 做计算，所得结果相同，这里不再给出计算结果图片。

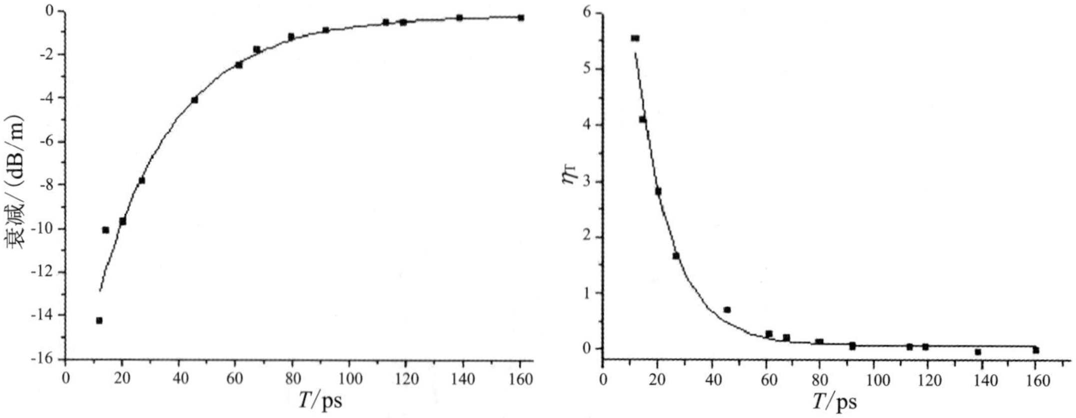

(a) 幅值随 T 变化的 CST 仿真与拟合曲线　　(b) η_T 随 T 变化的 CST 仿真与拟合曲线

图 4.6-10　衰减、η_T 随 T 变化的 CST 仿真与拟合曲线

除输入波形的脉冲宽度、微带线介质衬底材料的介电常数、电脉冲传输距离等因素以外，介质衬底材料的厚度、微带线阻抗、金属导体厚度及电导率、微带线宽度等因素都会影响微带线的色散与损耗。这些影响因素要么可以通过上述结果分析出来，要么影响相对较小，这里不再一一给出仿真计算结果。因为在实验设计中，依据设计目标，都必须做优化计算，上面给出的这些计算结果，仅为实验设计做方向性参考。

4.7　本章小结

本章描述了瞬态电磁脉冲在自由空间中的传输规律，给出阵列冲激信号的传输与合成特性，波束扫描等特性的理论描述，并分别进行了实验验证，实验结果和理论分析结果保持一致。另外，描述了瞬态电磁脉冲在微带线、同轴线中的色散与衰减规律，并做了实验进行验证。

○ 参考文献

[1]　钟顺时. 微带天线理论与应用[M]. 西安: 西安电子科技大学出版社, 1991: 4-18.

[2]　Boryssenko A, time domain studies of ultra-wide band antennas[C]. In: Proc. Of the 1999 IEEE candian Conference on Electrical and Computer Engineering, 1999: 95-100.

[3] 章玉兴，赵宏飞[译]. 射频与微波功率放大器设计[M]. 北京：电子工业出版社,2007:112-114.

[4] Robert A.Pucel, Daniel J.Masse, Curtis P.Hartwig. Losses in Microstrip[J]. IEEE Transactions on Microwave Theory and Techniques, 1968, 16(6): 342-350.

第五章 宽带高速时域接收机设计

5.1 接收机子系统技术指标分配

该章节对接收机子系统各关键部件技术指标分配及设计、研制情况进行讨论。接收机子系统包括滤波器、射频开关、低噪声放大器、增益放大器、可变增益放大器和采样保持模块六部分，子系统的整体框图如图 5.1-1 所示。

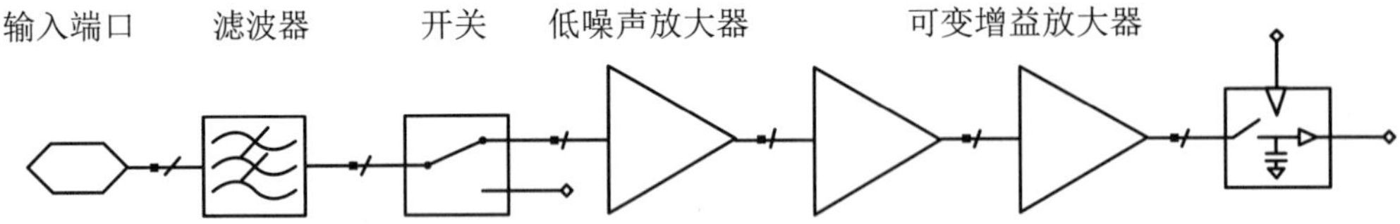

图 5.1-1 接收机子系统射频部分框图

依 ADC 信噪比经验计算公式

$$S = 6 \cdot \text{ENOB} + 1.76 + 10 \cdot \lg\left(\frac{f_s}{2B}\right) \tag{5.1-1}$$

式中，ENOB 为采样分辨率（取 8 位），f_s 为采样率（取 6 GHz），B 为待采信号带宽（取 0.8 GHz），于是，AD 芯片的 $S = 55.5$ dB。

系统中使用的 ADC 满量程输入幅度为 $P_{\text{ADM}}= 16$ dBm，于是，AD 满量程输出的噪声功率 N_{AD} 为

$$N_{\text{AD}} = \frac{p_{\text{ADM}}}{S} = 16 - 55.5 = -39.5 \quad (\text{dBm}) \tag{5.1-2}$$

外界输入噪声功率经放大器（50 dB）放大后的噪声功率 N_{out} 为

$$N_{\text{out}} = k_0 TB + 50 = -34.8 \quad (\text{dBm}) \tag{5.1-3}$$

AD 输出噪声功率 N_{SAD} 为

$$N_{\text{SAD}} = N_{\text{out}} + N_{\text{AD}} = -33.5 \quad (\text{dBm}) \tag{5.1-4}$$

AD 输出信号的总信噪比 S_s 为

$$S_s = \frac{p_{\text{ADM}}}{N_{\text{SAD}}} = 16 + 33.5 = 49.5 \quad (\text{dB}) \tag{5.1-5}$$

按 Albersheim 雷达系统信噪比下限 $S_{\min}$ 经验公式

$$\begin{cases} S_{\min} = -5\lg(n) + \left(6.2 + \dfrac{4.54}{\sqrt{n-0.44}}\right) \cdot \lg\left[A + 0.21lA \cdot B_1 + 1.7B_1\right] \\ A = \ln\left(\dfrac{0.62}{p_f}\right) \\ B_1 = \ln\left(\dfrac{p_d}{1-p_d}\right) \end{cases} \tag{5.1-6}$$

取虚警概率 $P_f = 10^{-7}$，检测概率 $P_d = 0.99$，数据累计次数为 $n = 10$，可得 $S_{\min} = 7.2$ dB。于是，AD 能正常采样所需的最小输入功率 p_{Amin} 为

$$p_{\mathrm{A\min}} = \frac{p_{\mathrm{ADM}}}{S_s - S_{\min}} = 16 - (49.5 - 7.2) = -26.3 \text{（dBm）} \tag{5.1-7}$$

考虑放大器增益，雷达系统可检测信号的最小输入功率 $p_{r\min}$ 为

$$p_{r\min} = -26.3 - 50 = -76.3 \text{（dBm）} \tag{5.1-8}$$

雷达系统的动态范围 κ_p 为

$$\kappa_p = p_{\mathrm{ADM}} - p_{r\min} = 16 + 76.3 = 92.3 \text{（dB）} \tag{5.1-9}$$

如果目标离雷达系统很近，回波信号幅度很强，此时，可变增益放大器增益最小设置为−20 dB。它与低噪放（增益 20 dB）组成模块的总增益为 0 dB，则雷达系统能探测信号的最大输入功率为 16 dBm。

5.2 接收机射频前端设计

5.2.1 接收机射频前端关键部件设计

1. 滤波器设计

对于超宽带冲激雷达系统，从 5.1 节中关于接收机系统指标分配可知，信号的带宽决定着外界输入接收机的噪声功率，而且也与 ADC 的信噪比相关，因此会在接收机射频模块的最前端和末尾增加带通滤波器或者低通滤波器来提升整个接收机的性能。由于接收机的瞬时功率大，且对于地质探测雷达来说，电磁波传不远的原因都是探测近距离目标；且探测目标一般都是大面积的矿物或者断层所以其回波信号较大。当这些回波信号经过增益模块进行放大以后，其功率比较大，所以选择低通滤波器需要功率容量比较大。

本设计采用的低通滤波器是 mini-circuits 公司生产的超高功率容量（10 W）的 LFCN-1000，该滤波器的 S 参数如图 5.2-1 所示，从图中可以看出在其工作频带上插入损耗低于 1 dB，带内微波小且在图中的变化相当平坦。这个滤波器还有一个优点就是体积小（3.2 mm×1.6 mm×0.94 mm），在微波频段寄生参数小。

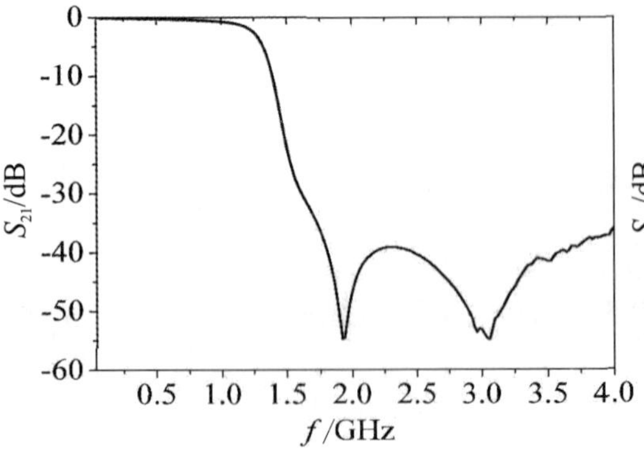

(a) S_{21} 参数

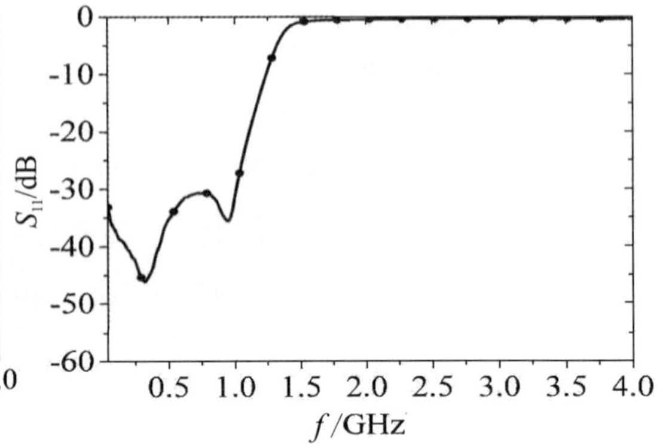

(b) S_{11} 参数

图 5.2-1　低通滤波器 LFCN-1000 的 S 参数

2. 射频开关设计

由于雷达系统的发射天线与接收天线安置在同一个天线阵面上，当发射机工作时，会有很强的发射信号通过接收天线耦合进入接收机，如果不采取保护措施，轻则会导致射频前端饱和，重则会烧毁射频前端。为了保护接收机，并提高整个系统的动态范围，需要在射频放大电路中加入隔离开关，以在发射机发射时关闭接收天线通路，保护接收机。这里选用的开关是 Hittite 公司生产的单刀双掷开关 HMC784。其功率容量为 40 dBm，带宽 DC 为 4 GHz，典型工作电压为 5 V，采用 MSOP8 小型封装。如图 5.2-2 所示是这款产品的回波损耗 S_{11}，插入损耗 S_{21}，及一三端口隔离度 S_{31} 和二三端口隔离度 S_{32}。

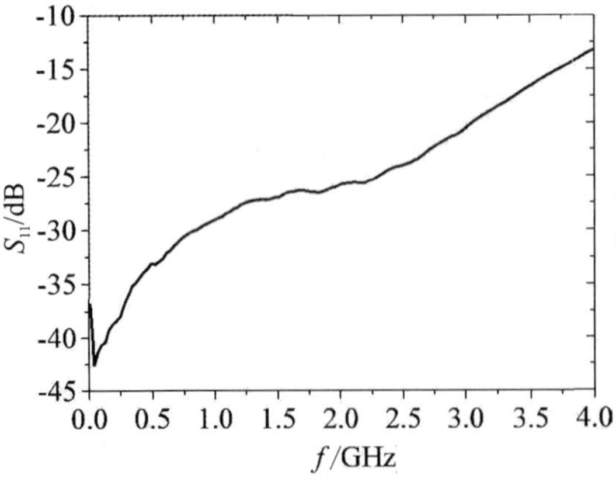

(a) 回波损耗 S_{11}

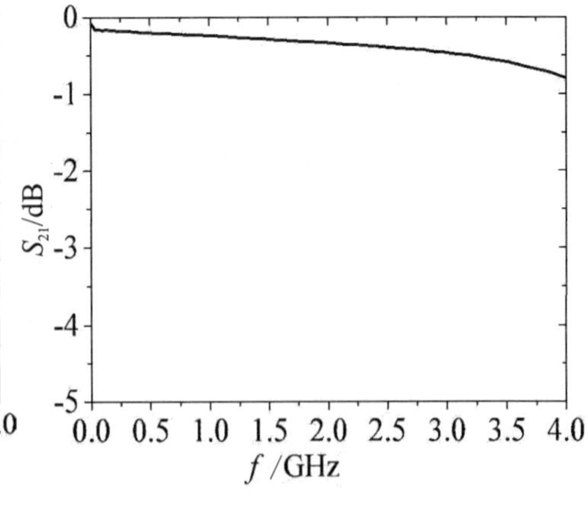

(b) 插入损耗 S_{21}

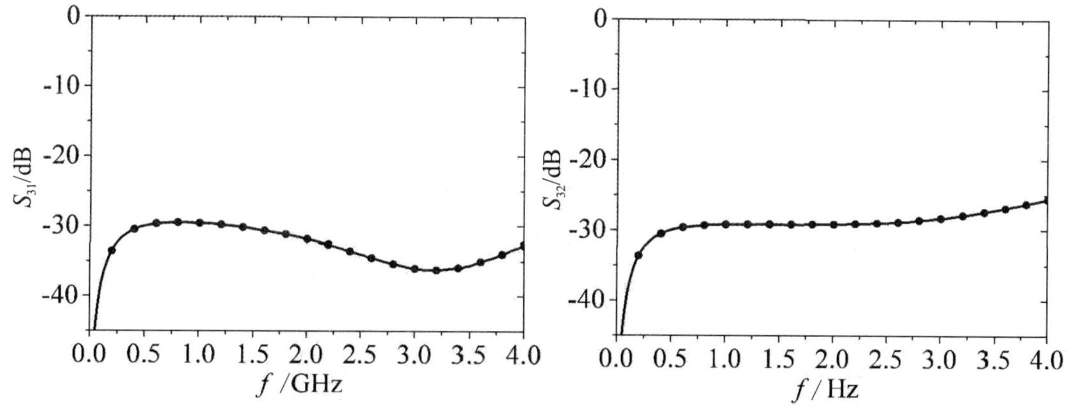

(c) 一三端口隔离度 S_{31}　　(d) 二三端口隔离度 S_{32}

图 5.2-2　射频开关 HMC784 性能参数

3. 低噪声放大器设计

低噪声放大器在射频前端中的主要作用是对天线接收下来的信号进行初步放大，同时尽量少地引入噪声，以便降低整个系统的噪声系数。在超宽带系统中，低噪声放大器的选择主要需要考虑噪声系数、增益平坦度和相位线性度等几个指标。这里选择的放大器是 mini-circuits 公司生产的 PGA-105+。这款放大器的特点是增益平坦、噪声低、动态范围大，并且器件内部已经完成了匹配，使用方便。其工作频段为 0.04～2.6 GHz，典型增益为 15 dB，在 0.1～2 GHz 频段内增益变化小于 0.25 dB，同时噪声系数小于 2.0 dB。如图 5.2-3 所示是放大器的 S_{21}，S_{11} 及噪声系数。

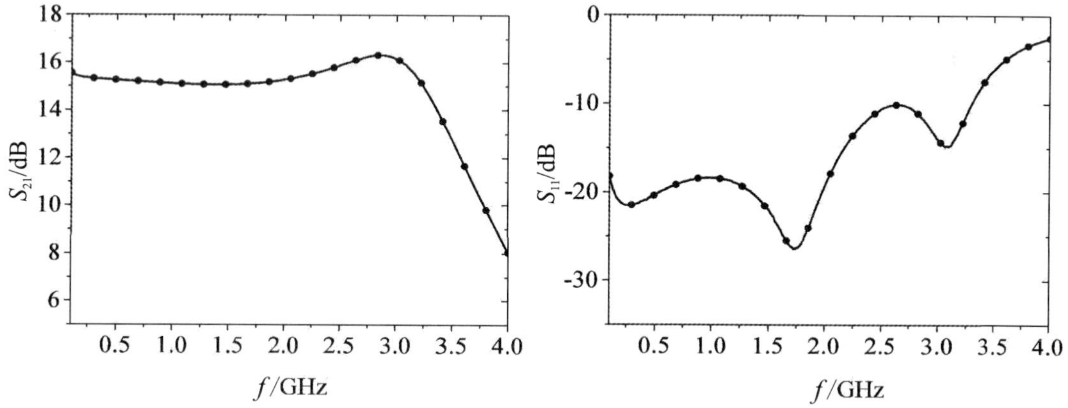

(a) S_{21} 参数　　(b) S_{11} 参数

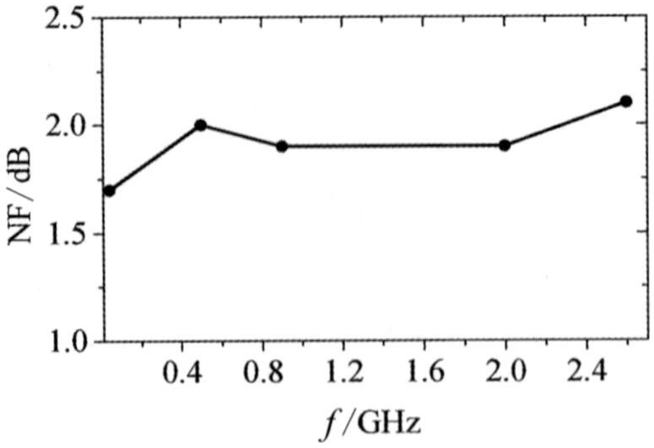

(c) 噪声系数 NF

图 5.2-3 低噪声放大器的性能参数

4. 增益放大器设计

在射频模块中，仅依靠低噪声放大器提供的增益通常是不够的，因此需要在低噪声放大器后面增加增益放大器，以便对微弱信号进行足够的放大，选择增益放大器时主要考虑的是放大器的带宽、增益、功率容量以及相位线性度。这里使用的是 Avago 公司生产的高线性度增益放大模块 MGA30889。其工作带宽为 0.04～2.6 GHz，工作频段内典型增益为 16 dB，增益变化小于 0.25 dB，1 dB 压缩点 20.3 dBm，噪声系数小于 2 dB。如图 5.2-4 所示是该放大器的增益、驻波曲线及工作频段内的噪声系数的参数。

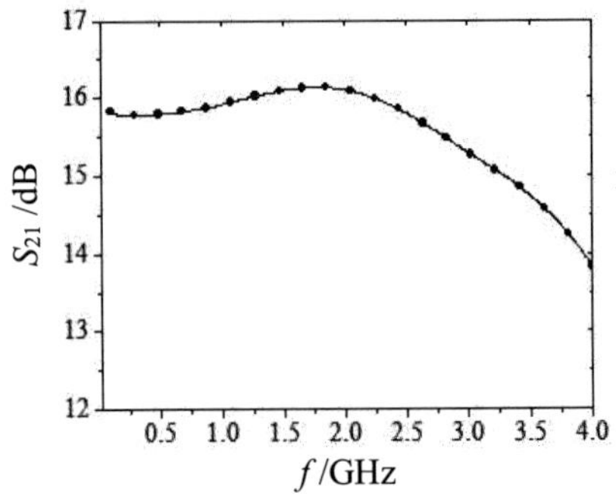

(a) S_{21} 参数

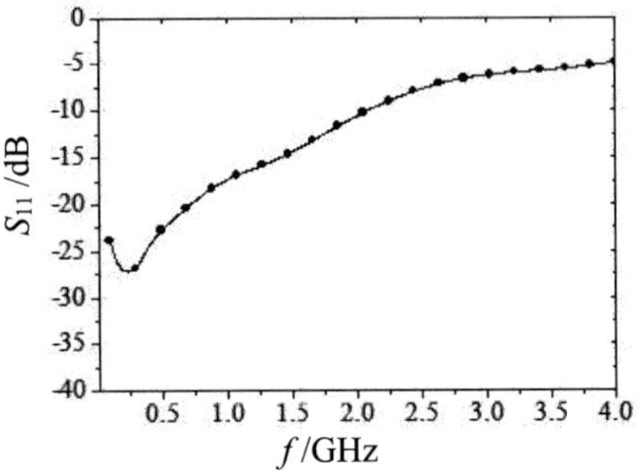

(b) S_{11} 参数

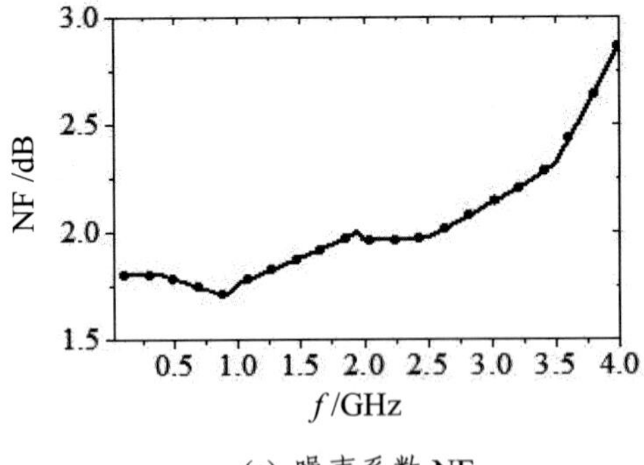

(c) 噪声系数 NF

图 5.2-4 增益放大模块的 S_{21}、S_{11} 及噪声系数参数

5. 可变增益放大器设计

接收机射频模块的最后一级是一个数字可变增益放大器，使用可变增益放大器是为了扩大接收机系统的动态范围。当探测近距离目标时，回波信号较强，可以使用较低的增益；当探测远距离目标时，回波信号较弱，需要切换至高增益。这里选用的可变增益放大器是 Hittite 公司生产的 DVGA2-33+。这款芯片是由一个 6 bit 数字衰减器和 19 dB 固定增益放大器组成，衰减器的可调范围为 0～31.5 dB，调节步长为 0.5 dB，放大器的增益调节范围为−12.5 dB～19 dB。如图 5.2-5 所示是此放大器在增益设置为−12.5 dB 和 19 dB 时的 S 参数。

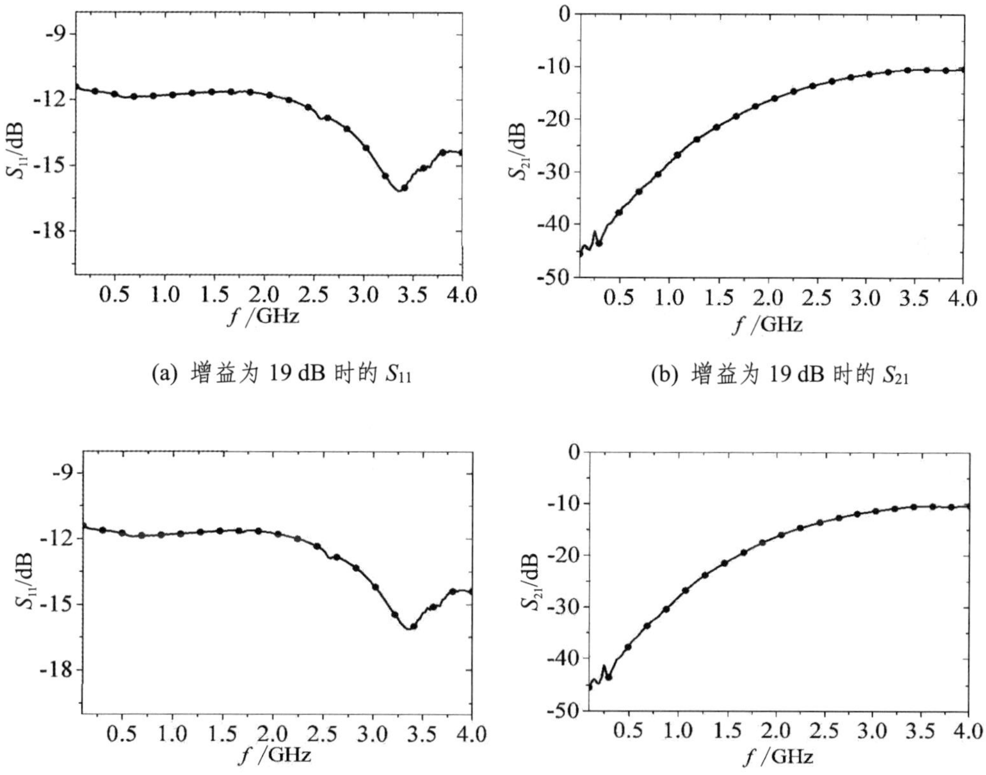

(a) 增益为 19 dB 时的 S_{11}　(b) 增益为 19 dB 时的 S_{21}

(c) 增益为−12.5 dB 时的 S_{11}　(d) 增益为−12.5 dB 时的 S_{21}

图 5.2-5　DVGA2-33+性能参数

从图中可以看到，当增益设置为 19 dB 时，回波损耗 S_{11} 在 0.1～4 GHz 都小于−13 dB；增益 S_{21} 在 0.1～4 GHz 变化范围为 20～11.5 dB；但系统的主要工作频段在 1 GHz 以下，在 0.1～1 GHz 范围内 S_{21} 变化范围为 20～19 dB，满足要求。当增益设置为−12.5 dB 时，回波损耗 S_{11} 在 0.1～4 GHz 都小于−11.5dB，增益 S_{21} 在 0.1～4 GHz 变化范围为−45～10 dB，在 0.1～1 GHz 变化范围为−45～−28 dB，可以很好地满足隔离度的要求。

6. 射频模块系统仿真计算

这一部分对接收机射频模块的性能进行计算，计算的内容包括射频模块的 S_{11} 参数、S_{21} 参数、噪声系数和灵敏度。计算 S 参数考虑开关导通时增益设置为最大值和开关断开时增益设置为最小值两种情况。噪声系数和灵敏度的计算均为开关导通时增益设置为最大值的情况。计算使用的软件是 Agilent 公司出品的微波电路仿真软件包 ADS。

当接收信号十分微弱时，噪声是限制接收机灵敏度的主要因素，因此接收机的低噪声设计十分重要。在计算系统的噪声系数时，需要将滤波器的插损 L_1、开关的插损 L_2、低噪声放大器的增益 G_1、噪声系数 F_1、增益放大器的增益 G_2、噪声系数 F_2、可变增益放大器的增益 G_3、噪声系数 F_3 等参数代入式（5.2-1）进行计算。

$$F = L_1 \times L_2 \times F_1 + \frac{F_2 - 1}{G_1} + \frac{F_3 - 1}{G_1 G_2} \tag{5.2-1}$$

由式（5.2-1）可以看到，整个接收机系统的噪声系数主要由接收天线到低噪声放大器以前的滤波器、开关的插损以及低噪声放大器的噪声系数决定，而后端增益放大器和可变增益放大器的噪声系数则要除以各自前端的增益，所以对整个系统的噪声系数影响不大。因此可以得出结论：要降低整个系统的噪声系数，最有效的方法是降低接收天线到低噪声放大器之间的插损，降低低噪声放大器的噪声系数以及提高低噪声放大器的增益。

得到系统噪声系数后，系统灵敏度可以由式（5.2-2）计算得到，公式中 B 表示工作带宽，单位为 MHz，这里根据系统的实际情况取 1 000 MHz，F 为系统总的噪声系数，由式（5.2-1）得到。最后的灵敏度单位为 dBm。

$$S_{\min} = -114 + 10\log B + F \tag{5.2-2}$$

射频模块的 S_{11} 参数、S_{21} 参数、噪声系数和灵敏度如图 5.2-6 所示。如图 5.2-6(a) 所示是当开关导通，增益设置为最大时系统的 S_{21}，在频率 1 GHz 以下，系统的总增益均大于 47 dB。如图 5.2-6(b)所示，S_{11} 同样在 1 GHz 以下，系统的反射系数均小于 −15 dB。如图 5.2-6(c)所示是当开关断开，增益设置为最小时系统的 S_{21}，这项参数主要是为了测试接收机的隔离度，即能否承受发射机通过接收天线耦合进入的能量，这里的测试结果为小于−10 dB，加上收发天线之间隔离度为−13 dB，所以发射机与接收机之间总的隔离度为−23 dB，基本满足要求。如图 5.2-6(d)所示是此时接收机的反射系数，在 1 GHz 以下均小于−25 dB，满足要求。如图 5.2-6(e)所示是系统的噪声系数，在 1 GHz 以下最小为 2 dB，最大为 3.4 dB。如图 5.2-6(f)所示是系统的灵敏度，1 GHz 以下均小于−81 dBm，满足设计需求。

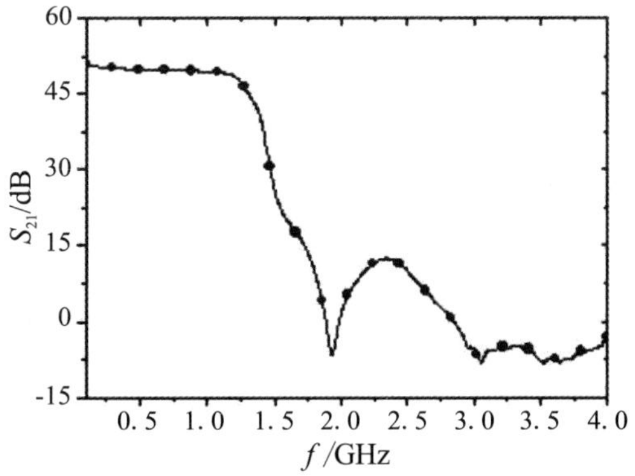

(a) 增益设置最大时系统的 S_{21}

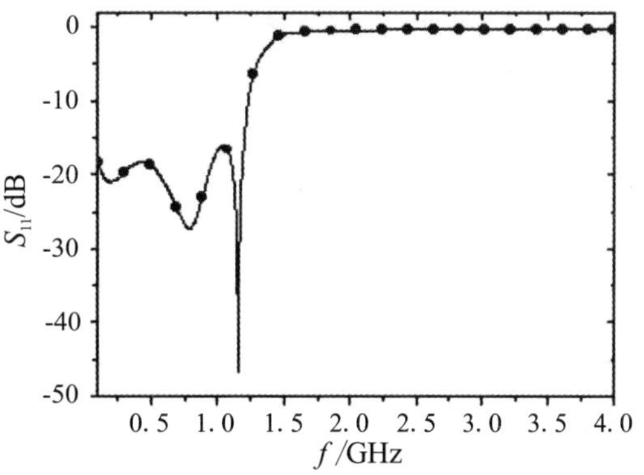

(b) 增益设置最大时系统的 S_{11}

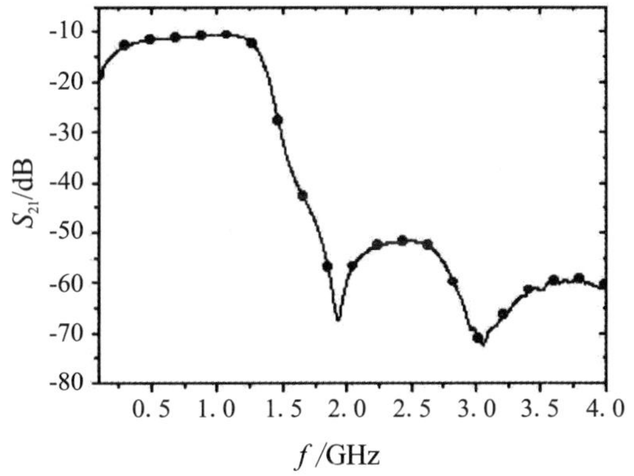

(c) 增益设置最小时系统的 S_{21}

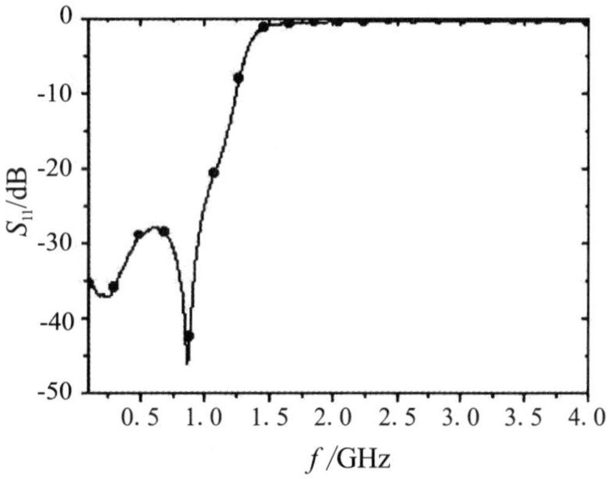

(d) 增益设置最小时系统的 S_{11}

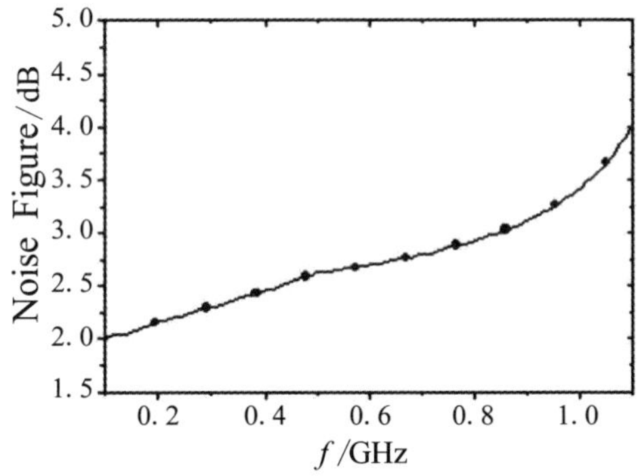

(e) 增益设置最大时系统的噪声系数

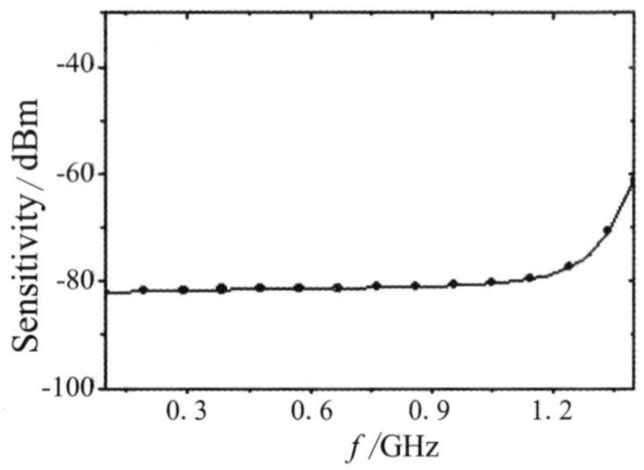

(f) 增益设置最大时系统的灵敏度

图 5.2-6　系统指标性能参数

5.2.2　接收机射频前端模块研制

这一节将详细介绍接收机子系统的电路设计，包括隔离开关 HMC784、低噪声放大器 PGA-105+、增益放大器 MGA30889、可变增益放大器 DVGA2-33+、采样保持模块的核心电路、外围电路和控制电路的原理以及设计的注意事项。

1. 隔离开关 HMC784 电路设计

HMC784 有 8 个引脚，采用 MSOP 封装，典型应用电路原理图如图 5.2-7 所示。RFC 为射频输入端，V_{dd}为供电引脚，供电电压为 3～8 V。RF1 为射频输出端口 1，RF2 为射频输出端口 2，GND 为接地端，引脚 A、B 为信号控制引脚。当 A 为低电平，B 为高电平时，RFC 端口与 RF1 相连；当 A 为高电平，B 为低电平时，RFC 端口与 RF2 相连。由于 A 与 B 信号始终相反，所以为了简化控制，这里用了两个非门 74HC04 分别连接至 A、B 端口。

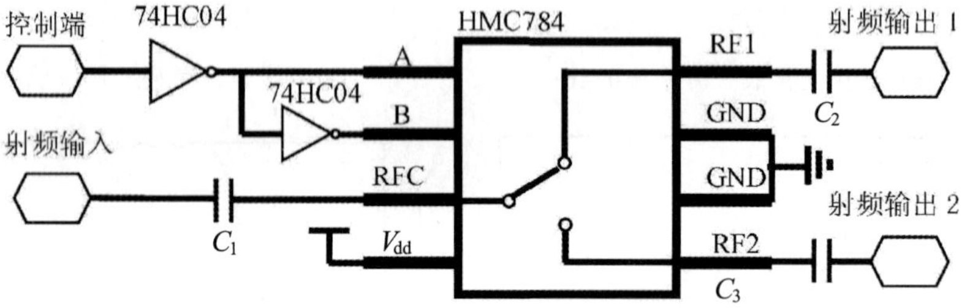

图 5.2-7　HMC784 电路原理图

图 5.2-7 中的电容 C_1、C_2和 C_3为隔直电容，根据系统的低频截止频率取值，这里选取 1nF 的电容。

2. 低噪声放大器 PGA105+电路设计

低噪声放大器 PGA105+的电路原理图如 5.2-8 所示。这款芯片采用 SOT89 封装，工作电压为 5 V，功耗为 0.47 W。芯片共有 4 个引脚，其中 1 脚为射频信号输入脚，2、4 脚为接地端，3 脚为供电脚和射频信号输出脚。

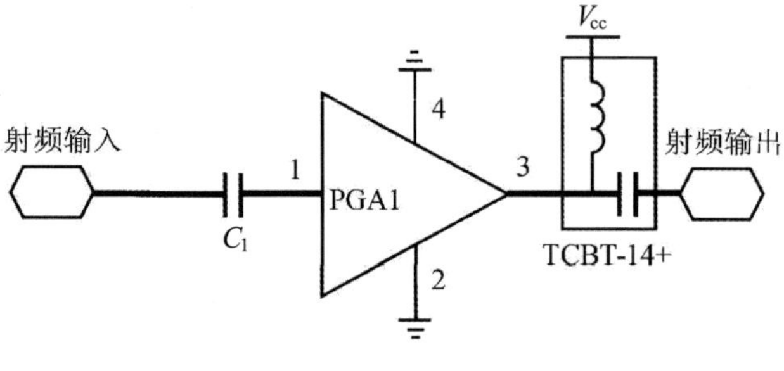

图 5.2-8　PGA105+电路原理图

设计时，射频输入端口 1 脚需要配置一个隔直电容，容值大小需要根据低频截止频率进行计算，这里使用的是 1 nF 的电容。芯片供电端口需要通过射频扼流电感与 5 V 电源相连，而同时射频输出端口也要从同一个端口输出，需要使用一个隔直电容。所以，这里使用了一个 mini-circuits 公司出品的直流偏置芯片 TCBT-14+，可以同时满足这两项要求。

3. 增益放大器电路设计

射频放大器 MGA30889 工作带宽为 40～2 600 MHz，额定工作电压为 5 V，最大功耗为 0.47 W。芯片共有 3 个引脚，1 脚为射频输入端、2 脚为电源接地端、3 脚为射频输出端和电源端。MGA30889 电路原理图如图 5.2-9 所示。

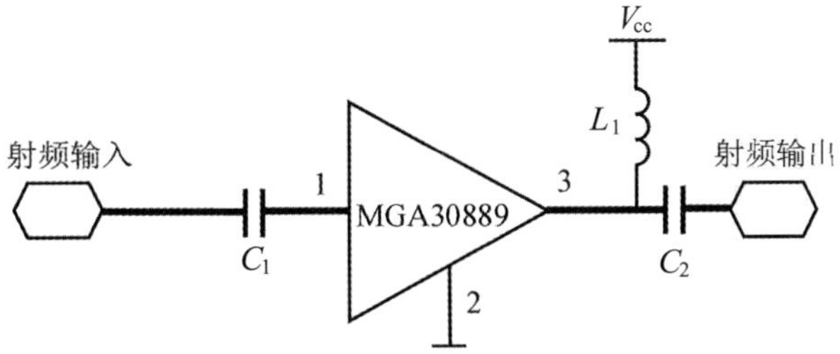

图 5.2-9 MGA30889 电路原理图

图中电容 C_1 和 C_2 为射频输入和输出端的隔直电容，L_1 为射频扼流电感，V_{CC} 为供电电源。根据低频截止频率，C_1 和 C_2 取值为 1 nF，L_1 取值为 820 nH。

4. 可变增益放大器设计

可变增益放大器电路设计在射频前端模块中是比较复杂的一个部分，这里使用的芯片为 Hittite 公司生产的 DVGA2-33+数字可调可变增益放大器，这款新品共有 32 个引脚，采用 MCLP 封装，额定电压为 5 V，使用串行端口对增益进行控制。可变增益放大器电路原理图如图 5.2-10 所示。

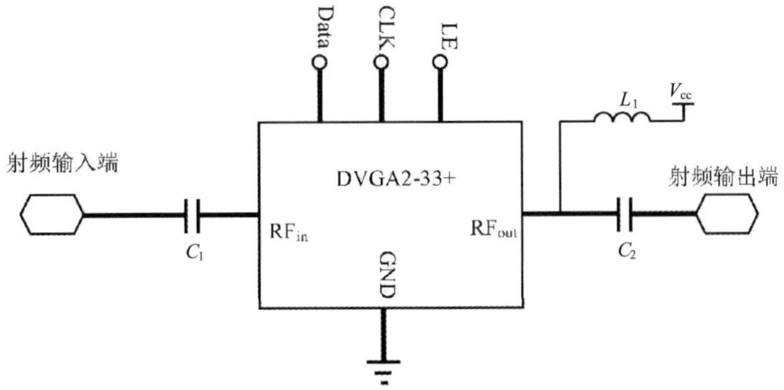

图 5.2-10 可变增益放大器电路原理图

图中 C_1 和 C_2 为射频输入输出端的隔直电容，这里取 1 nF，对应的低端截止频率约为 30 MHz，L_1 为扼流电感，这里取 390 nH。引脚 Data、CLK 和 LE 为增益控制端口，其中 LE 为使能端，Data 和 CLK 为数据和时钟端口，使用 SPI 协议与芯片进行通信，每帧数据包括 6 位二进制数，从高位至低位依次发送 B5～B0，控制真值表见表 5.2-1 所列。

表 5.2-1　DVGA2-33+增益控制真值表

衰减倍数 / dB	B4	B3	B2	B1	B0
0	0	0	0	0	0
0.5	0	0	0	0	1
1	0	0	0	1	0
2	0	0	1	0	0
4	0	1	0	0	0
8	1	0	0	0	0
16	0	0	0	0	0
31.5	1	1	1	1	1

5. 射频前端电路板图设计

接收机射频模块的 PCB 板图如图 5.2-11 所示。介质基板选用 Rogers 4350B，厚度为 0.508 mm，相对介电常数为 3.5，这种板材是常见的高频板，具有介电常数一致性好、损耗小等优点。电路中的射频信号通路都按照 50 Ω特性阻抗设计，并在完成板图设计后，将其导入 ADS Momentum 进行仿真优化。

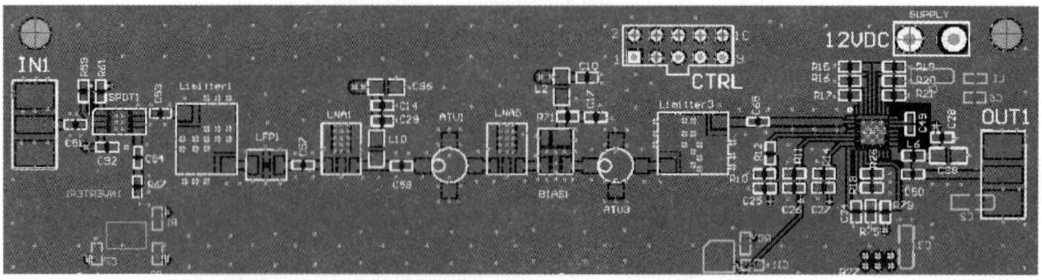

图 5.2-11　射频接收机模块 PCB 板图设计

5.3　宽带高速时域等效采样接收机设计

5.3.1　电采样技术概述

电采样技术是在信息论、电子学和半导体器件基础上发展起来的一门新兴工程技术。在近代科技的许多领域中，例如电子测量、无线电通信、微波技术、超快脉冲技术、激光、遥测遥感和物理学等方面，电采样技术都获得了重要的应用。

电采样技术是指在不同时刻对被测量的电信号瞬时值进行抽取，并按时间顺序排列，最终复现被测信号的一种技术。示波器就是人们最常用的一种电采样设备。按照采样方法，电采样技术可以分为两大类：实时采样与等效采样，等效采样又可以分为顺序等效采样和随机等效采样两类，如图 5.3-1 所示。

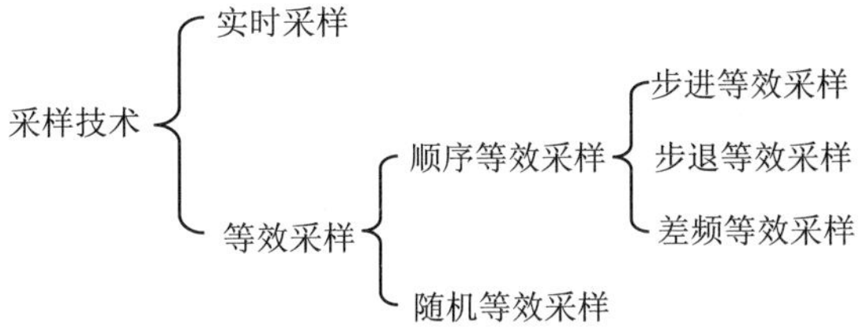

图 5.3-1　采样技术的分类

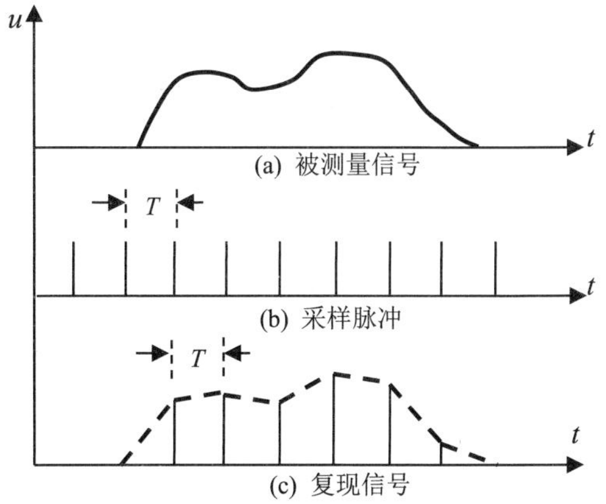

图 5.3-2　实时采样原理图

如图 5.3-2 所示，实时采样的特点是采样频率必须大于被测量信号的重复频率，在被测量信号出现的某次有效持续时间内进行多次采样，并将取得的一系列样品存储并按时间先后顺序排列，实现被测信号的还原。

实时采样的优点是速度快、效率高，只需要捕捉单个波形就可以将信号还原。因此，对于不能重复出现的信号必须使用实时采样技术进行测量；缺点是要在被测信号的一次持续时间内取出足够多的样品，采样频率必须足够高，如果被测信号持续时间很短，产生高频率的重复采样始终会比较困难。

如果是对周期信号进行观测，则可以使用等效采样方法。等效采样的原理是对每一个或每几个被测信号采样一次，通过调整采样时间间隔，使不同的采样点依次取到被测信号的不同位置上，再将取到的样品按照时间排序，复现被测信号。由于采样时钟重频可以等于或者小于被测信号，所以得到的复现信号将在时间轴上被拉长。如图 5.3-3 所示是等效采样的时序原理图。

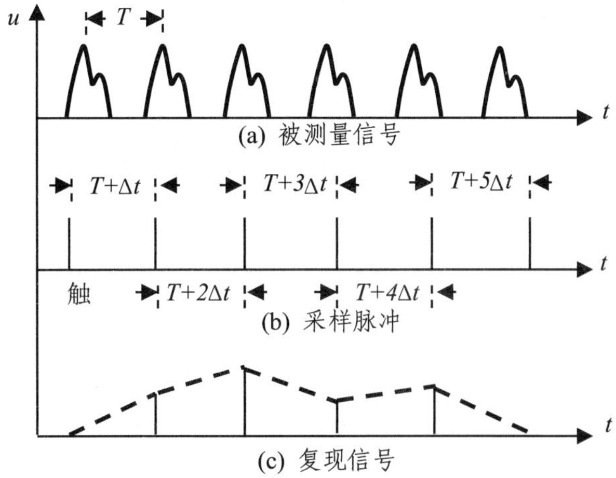

图 5.3-3　等效采样的时序原理图

等效采样的优点是采样脉冲频率不需要高于被测信号的重复频率，可与其处于同一量级，甚至更低。复现信号的时间精度由Δt决定，等效采样率为$1/\Delta t$，因此只要保证Δt很小就可以用较低的实际采样率得到时间分辨率很高的波形。其缺点是被测信号必须是周期信号，而且需要采集多个周期才能得到足够多样品，所以采集时间较长。由于不同周期信号的幅度，频率方面的波动性，所以噪声比实时采样要大。

若希望采集的冲激信号上升沿大约为 130 ps，带宽为 2.7 GHz 左右。由 Nyquist 采样定律可知，如果要无失真地还原波形，采样率至少要达到 5.4 Gsps 以上。如此高的采样率用实时采样方法是很难实现的。首先目前市场上 ADC 芯片的最高采样率通常在 4 Gsps 以下，要实现 5.4 Gsps 的采样率必须使用时间交错技术将多个 ADC 并联使用，但是这样会由于器件的不一致性引入采样误差，严重影响其有效位数；其次，高速采样率会带来海量的数据，高速数据传输与处理也是目前的一个难点；最后，高速 ADC 芯片技术属于敏感器件，售价高昂且不容易取得。因此，考虑等效采样的方法对超宽带冲激脉冲进行采集。

5.3.2 高速超宽带采样保持电路的结构

目前，绝大多数的雷达与通信系统都已经实现了数字化，因此不管是实时采样还是等效采样，最终都要使用 ADC 把模拟信号转换为数字信号才能进行储存、滤波和解码等处理。由于等效采样的实时采样率较低，市面上对应的 ADC 芯片带宽普遍较窄（MHz 量级）、转换时间较长（数 ns 至数十 ns 之间）、采集窗口很宽（ns 量级），直接使用这种 ADC 对变化迅速、带宽很宽的冲激信号进行采样是不现实的，必须在其前端加上一个宽带采样保持电路才能对信号实现无失真地还原，所以采样保持电路是等效采样系统中的关键部件。采样保持电路的原理是利用电容快速充电、慢速放电的工作过程，把某一瞬间捕捉到的输入信号幅度保持较长一段时间，便于后续处理。采样保持电路的作用与频域接收机里面的下变频器作用类似，区别在于前者利用时域概念将高速信号转换为低速信号，而后者利用频域概念将高频信号转换为低频信号，但两者都是为了减轻 ADC 芯片数据采集的压力。

采样保持电路的基本原理框图如图 5.3-4 所示，一个完整的采样保持电路由三部分组成，分别是采样门、选通脉冲发生器和时序控制单元。被测信号由输入端口输入，采集到的样品由输出端口输出。时序控制单元触发选通脉冲发生器，产生选通脉冲控制采样门中的快速开关断开与导通，导通时间由选通脉冲的有效宽度决定。快速开关控制输入到输出通路的通断，初始时刻没有选通脉冲，因此开关断开，输出端口没有输出。经过 T 时刻后，时序控制单元触发选通脉冲发生器，产生一个有效宽度为τ的选通脉冲，使开关导通。此时被测信号就会通过开关对保持电容充电，由于开关导通时内阻很小，电容充电速度很快，充满后电容上的电压就反映了开关导通时刻被测信号的幅度。选通脉冲结束后，开关断开，保持电容对保持电阻放电，由于保持电阻通常远大于开关的导通电阻，所以电容上的电压可以保持较长时间，便于 ADC 完成模数转换过程。

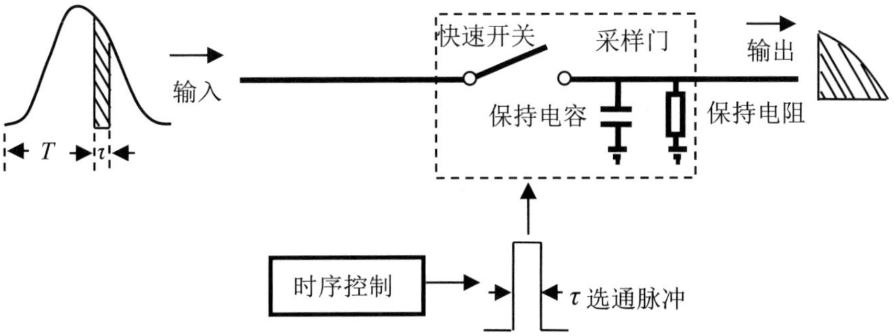

图 5.3-4　取样过程原理图

在采样保持电路中，采样门和选通脉冲发生器的性能决定了电路的带宽和响应速度，时序控制单元决定了采样保持电路的时间分辨率，这三个部分的设计决定了整个采样保持电路的性能，需要加以详细研究。

5.3.3　超宽带采样门研究

采样门的核心器件是一个快速可控开关。能够作为可控开关使用的半导体器件有很多，例如双极型晶体管、结型场效应管、MOS 场效应管、肖特基二极管等。双极型晶体管和场效应管的速度较低，一般为纳秒量级，在超宽带采样系统中较少使用。带宽超过 1 GHz 的采样系统大都使用肖特基二极管作为开关器件[1-5]。根据管子的数量和结构不同，采样门可以分为单管非平衡门、双管非平衡门、双管平衡门和四管平衡门等几种类型[6]。

5.3.3.1　单管非平衡门的结构与性能

肖特基单管非平衡门是器件数量最少，结构最简单的一种采样门，其基本电路结构和等效电路如图 5.3-5 所示。图中 u_s 表示被测信号源电压，R_s 为信号源内阻，u_t 表示选通脉冲源，τ为产生有效宽度的选通脉冲，R_t 为选通脉冲源内阻，C_t 为选通脉冲的耦合电容，D 为肖特基二极管，$-E_p$ 表示偏置电压，C_h 为保持电容。未出现选通脉冲时，二极管 D 被偏置电源 $-E_p$ 反偏截止，由于 u_s 幅度较小，不足以导通 D，此时输出端 u_k 没有信号。当选通脉冲输出时，如果满足式（5.3-1）的二极管开通条件，则 D 导通，被测信号在选通脉冲的有效宽度τ内到达输出端，被保持电容 C_h 所积分。二极管导通时的等效电路如图 5.3-5(b) 所示。

$$u_t + u_s \geq V_\Phi + E_p \tag{5.3-1}$$

式中，V_Φ表示二极管的势垒电压。

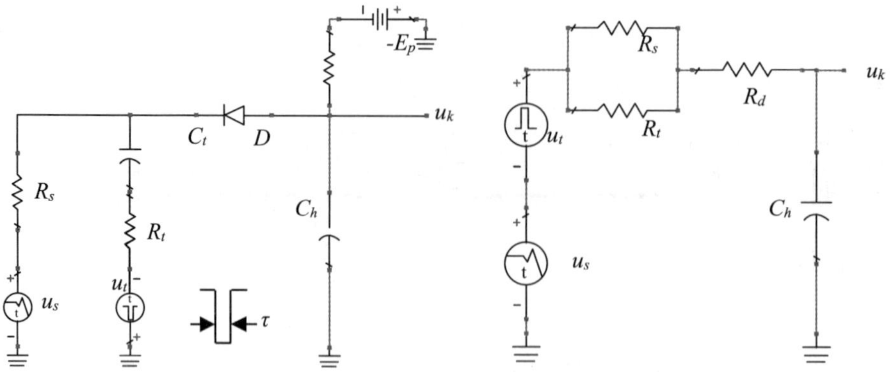

(a) 单管非平衡门结构　　(b) 等效电路

图 5.3-5　单管非平衡门结构与等效电路

当二极管被打开后，选通脉冲和被测信号同时给 C_h 充电，电流 i_d 大小可由式（5.3-2）计算得到

$$i_d = \frac{u_s + u_t}{\dfrac{R_t R_s}{R_t + R_s} + R_d} \tag{5.3-2}$$

因此，采样门输出端电压为

$$u_k = \frac{1}{C}\int_{-\frac{\tau}{2}}^{\frac{\tau}{2}} i_d \mathrm{d}t \tag{5.3-3}$$

定义输出端电压 u_k 与输入电压 u_s 之比为采样效率，假设二极管电流在时间段 τ 内恒定，则最后得到采样门效率为

$$\eta = \frac{u_k}{u_s + u_t} = \frac{\tau}{\left(\dfrac{R_t R_s}{R_t + R_s} + R_d\right) C_h} \tag{5.3-4}$$

由式（5.3-4）可以看出，采样门的效率由被测信号源内阻、选通脉冲源内阻、二极管导通电阻、选通脉冲有效宽度和保持电容决定。当信号源和选通脉冲源内阻确定时，通过减小二极管导通阻抗和保持电容的大小可以提高采样效率。增加选通脉冲的有效宽度也可以提高采样效率，但后面会提到，增加有效宽度反过来会降低采样门的带宽，因此采样效率和采样门带宽是一对矛盾。

单管非平衡采样门的优点是结构简单、器件少、可以充分发挥二极管的开关性能。缺点有三点：第一，由于选通脉冲是单极性的，所以取样门打开后被测信号与选通脉冲同时给保持电容充电，选通脉冲的噪声会影响测量结果；第二，单个二极管的隔离度不高，所以当没有选通脉冲时也会有少量的被测信号到达输出端，旁通效应较为严重；第三，选通脉冲发生器与被测信号源直接相连，选通脉冲会直接输出到被测信号源中，造成取样泄露，可能影响其工作状态。

5.3.3.2 双管非平衡门的结构与性能

双管非平衡门的结构如图 5.3-6(a)所示。取样门由两只肖特基二极管 D_1 和 D_2 组成，这两只管子都由偏置电压 E_p 反偏截止。当选通脉冲通过 C_t 耦合到两只管子中间时，二极管导通，被测信号通过采样门对保持电容 C_h 充电，由输出端输出。

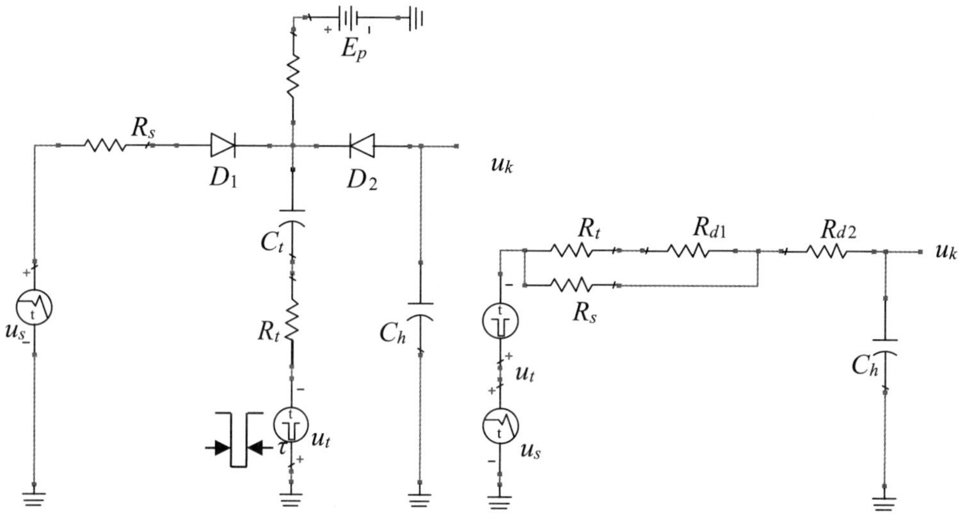

(a) 双管非平衡门的结构　　(b) 等效电路

图 5.3-6　双管非平衡门的结构与等效电路

当有选通脉冲输入时，双管非平衡门的等效电路如图 5.3-6(b)所示。类似于单管非平衡门的推导过程，可以得到双管非平衡门取样效率为

$$\eta = \frac{\tau}{\left[\dfrac{(R_s + R_{d1})R_t}{R_s + R_{d1} + R_t} + R_{d2}\right]C_h} \tag{5.3-5}$$

可以看到，由于加入了第二只二极管，与单管非平衡门相比，双管非平衡门的取样效率降低了，这是其缺点。其优点在于因为加入了二极管 D_1，在取样选通脉冲与被测信号源之间有了一道隔离，降低了取样泄露效应。被测源与输出端有两个二极管，降低了旁通效应，但选通脉冲仍然为单极性，依然存在噪声较大的问题。

5.3.3.3 双管平衡门的结构与性能

双管平衡门的结构如图 5.3-7(a)所示。直流电源 E_p、$-E_p$ 和电阻 R_1、R_2、R_3、R_4 组成的分压电路使 D_1 和 D_2 两只二极管反偏截止。极性相反的一对选通脉冲 u_{t1} 和 u_{t2} 通过耦合电容 C_t 加到二极管两端，当脉冲幅度超过反偏电压与二极管势垒电压之和时，管子进入导通状态，被测信号分成两路在电容 C_t 上进行存储。在这种取样门中，

C_t既是选通脉冲的耦合电容，也是取样门的保持电容。选通过程结束后二极管关断，样品从 C_t上通过 R_2和 R_3向 C_h传递。由于 R_h值远大于 R_2和 R_3，所以可以忽略 R_2及 R_3，近似认为其短路。

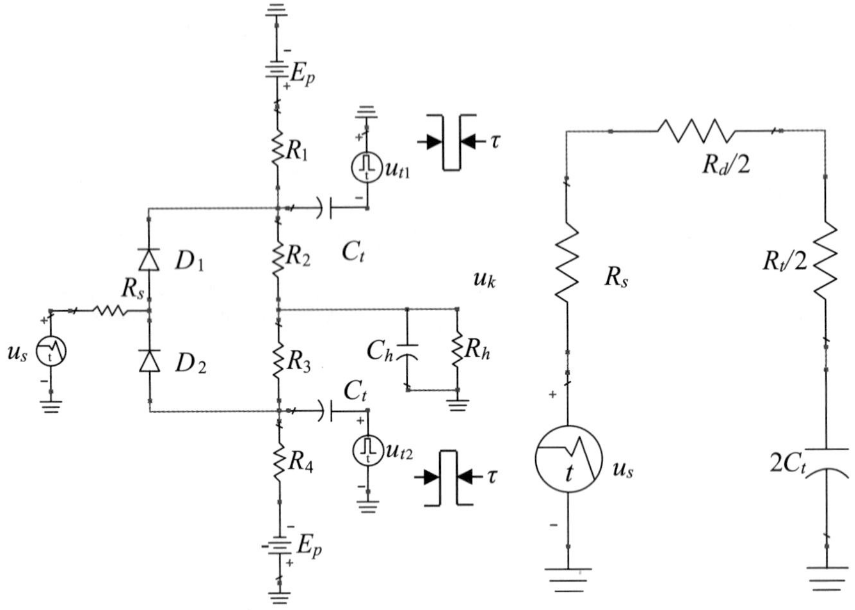

(a) 双管平衡门的结构　　(b) 等效电路

图 5.3-7　双管平衡门的结构与等效电路

等效电路如图 5.3-7(b)所示。由于双管平衡门结构的对称性，可以只考虑一半电路，这时二极管的导通电阻和保持电容是并联的，因为选通脉冲为双极性的，所以在电路对称面互相抵消，只有被测信号给电容充电。计算得到的取样效率为

$$\eta = \frac{u_k}{u_s} = \frac{\tau}{\left(R_s + \frac{R_d}{2} + \frac{R_t}{2}\right) \times 2C_t} = \frac{\tau}{(2R_s + R_d + R_t) \times C_t} \tag{5.3-6}$$

由于通常有 C_t远小于 C_h，所以双管平衡门的效率一般要大于单管非平衡门，并且随着取样门带宽的增加，取样脉冲更窄，C_t可以取更小的值，效率更高，因此高频率的宽带采样门多采用这种形式。由于选通脉冲是正负双极性的，所以在输出端可以互相抵消，避免了选通脉冲引入的噪声。双管平衡门的缺点是每条通路只有一只二极管，所以隔离度较差，旁通效应较严重。

5.3.3.4　四管平衡门的结构与性能

四管平衡门的结构如图 5.3-8(a)所示。当没有选通脉冲时，四只二极管由 E_p和 $-E_p$反偏截止。对称的取样脉冲由耦合电容 C_t加入二极管两端，当脉冲幅度 u_t+u_s大于偏置电

压 E_p+V_Φ时，二极管导通，被测信号由 D_1、D_3 和 D_2、D_4 组成的两条通路向保持电容 C_h 充电。

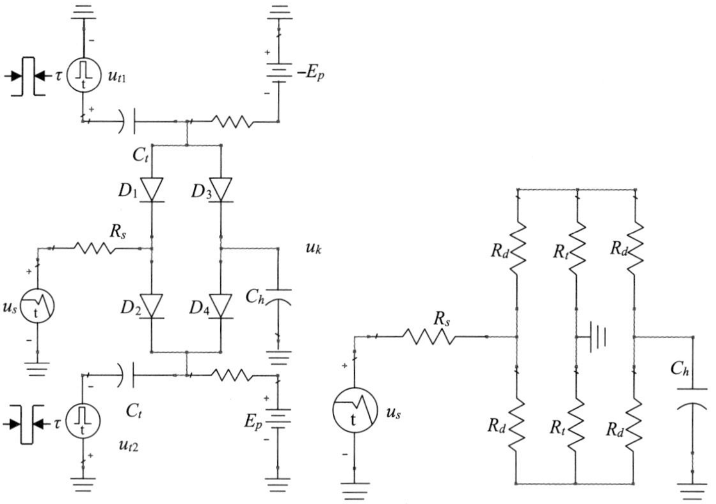

(a)四管平衡门结构　　(b) 等效电路

图 5.3-8　四管平衡门的结构与等效电路

二极管导通时的等效电路如图 5.3-8(b)所示。根据等效电路可以计算四管平衡门的取样效率为

$$\eta=\frac{\tau}{\left(R_s+\frac{R_d}{2}+\frac{R_tR_d}{2\left(R_t+R_d\right)}\right)C_h} \tag{5.3-7}$$

可以看到，四管平衡门的取样效率要大于双管非平衡门，但小于双管平衡门。与双管平衡门相比，四管平衡门的优点是每条输入输出通路上有两只二极管，隔离度更高。缺点除了效率较低以外，还有结构复杂、寄生参数影响大、管子数量多、一致性难以保证等。

通过比较，选择了效果最好但设计难度较大的四管平衡门作为采样门的结构。为了最大可能地保证管子的一致性，减小寄生参数的影响，很多半导体器件生产商提供了将四只管子封装在一个芯片内的产品，例如 Avago 公司的 HSMS28XP，M-pulse 公司的 MP26XX 系列等。综合性能、成本和供货周期等各方面的因素，最终选择 HSMS282P 作为采样门二极管。HSMS282P 芯片原理图与寄生参数如图 5.3-9 所示[7-8]。

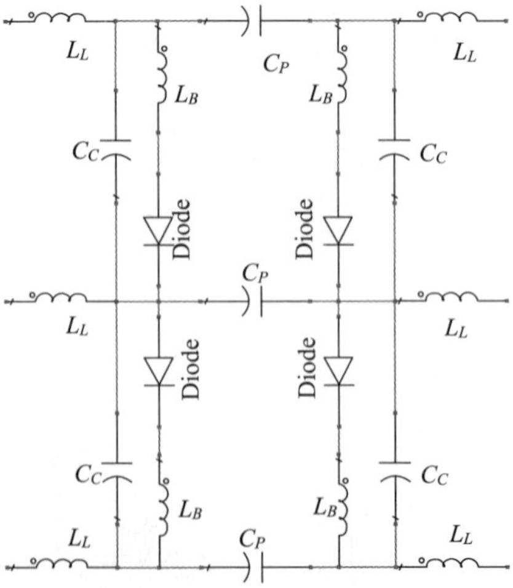

图 5.3-9　HSMS282P 芯片原理图与寄生参数

图中二极管的参数为正向导通电流最大 1 A，反向击穿电压为 15 V，结电容为 0.7 pF，势垒电压为 0.69 V，反向漏电流为 22 nA，等效串联电阻为 6 Ω。L_L表示引脚串联电感，为 0.4 nH；C_P表示封装电容，为 0.03 pF；C_C表示耦合电容，为 0.035 pF；L_B表示芯片键合电感，为 0.7 nH。根据这些参数可以在 Pspice，ADS 等电路仿真软件中建立器件模型，并进行电路的仿真与设计。

如图 5.3-10(a)所示是基于 HSMS282P 的采样门电路原理图。$+V$与$-V$是二极管的反偏电压，选通脉冲由耦合电容 C_1和 C_2输入。如图 5.3-10(b)所示，没有信号输入时，正负选通脉冲在对称面抵消，对输出端没有影响；有信号输入时，肖特基二极管在选通脉冲的控制下导通，由于其导通电阻很小，所以在脉冲有效宽度内的信号分量迅速对保持电容 C_h进行充电。选通脉冲结束后，二极管关断，保持电容通过 R_h放电。由于 R_h远大于二极管导通电阻，所以 C_h上的电压能够保持较长时间。

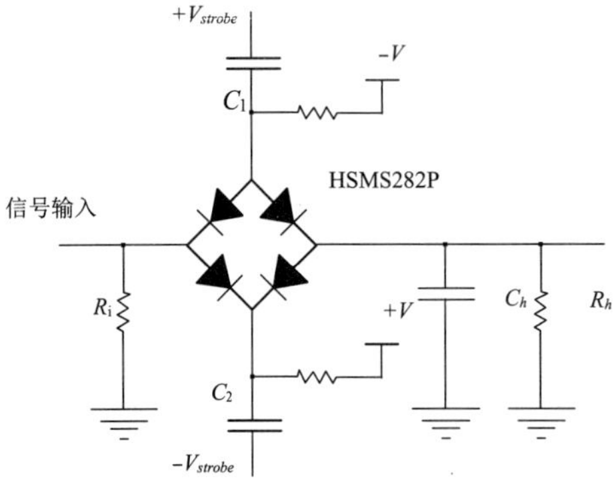

(a) 四管平衡采样门原理图

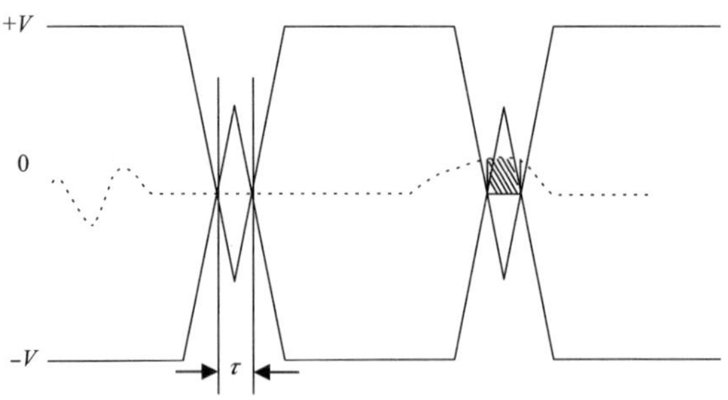

(b) 采样时序图

图 5.3-10　采样门电路原理图

如图 5.3-11 所示是加工得到的电路实物图。介质材料使用的是 Fr4，相对介电常数为 4.3，厚度为 1 mm。为了保证工作带宽与信号完整性，高频信号通路的特性阻抗均设计为 50 Ω。

图 5.3-11 采样门电路实物图

5.3.4 选通脉冲发生器研究

采样保持电路的频率特性是由采样门和取样脉冲的性能共同决定的，因此确定采样门的结构以后，需要研究不同的采样脉冲对取样头特性的影响，这样才能根据系统的实际需求设计选通脉冲发生器。

5.3.4.1 选通脉冲对采样保持电路频率响应的影响

为了简化分析，首先做如下假设：（1）选通脉冲为矩形脉冲，有效宽度为τ；（2）导通期间，开关二极管工作在线性区，其内阻为 R_d，保持不变；（3）保持电容充电的时间常数远大于选通脉冲的有效宽度，因此二极管导通期间保持电容上的电压基本不变，充电电流恒定。采样门导通时被测信号 u_s 对保持电容充电的等效电路如图 5.3-12 所示。

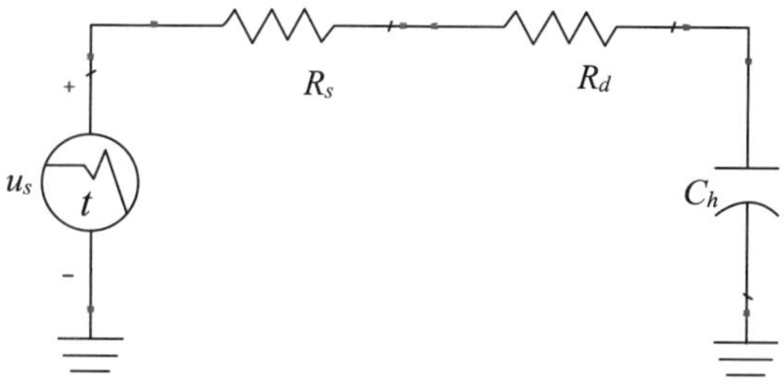

图 5.3-12 保持电容充电等效电路

假设被测信号 u_s 为正弦波，如图 5.3-13 所示。波形表达式为

$$u_s(t) = U_{\mathrm{m}} \sin(\omega t) \tag{5.3-8}$$

保持电容的充电电流为

$$i_d(t)=\frac{u_s(t)}{R_s+R_d}=\frac{U_\mathrm{m}}{R_s+R_d}\sin(\omega t) \tag{5.3-9}$$

假设选通脉冲在 t_1 时刻出现，有效宽度为τ。保持电容 C_h 在有效时间内所充的电压为

$$u_{Ch}=\frac{1}{C_h}\int_{t_1-\frac{\tau}{2}}^{t_1+\frac{\tau}{2}}i_d(t)\mathrm{d}t=\left(\frac{U_\mathrm{m}\tau}{(R_s+R_d)C_h}\frac{\sin\left(\frac{\omega\tau}{2}\right)}{\frac{\omega\tau}{2}}\right)\sin(\omega t_1) \tag{5.3-10}$$

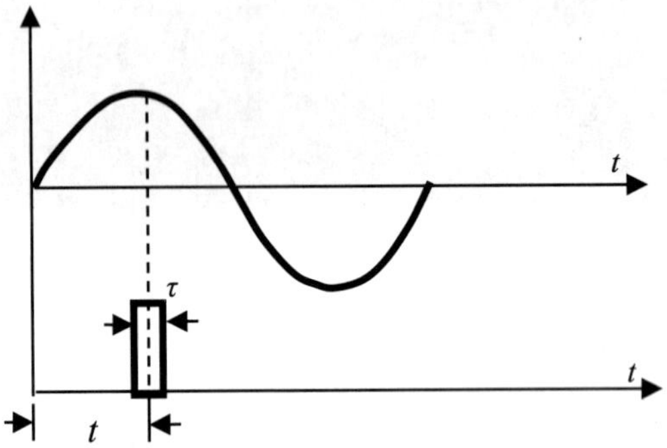

图 5.3-13　正弦波采样时序图

当取样脉冲对应不同的时刻 t_1 时，保持电容电压 U_{Ch} 对应不同的数值。显然 U_{Ch} 也是正弦波，其振幅为

$$U_{Ch}(\omega)=\frac{U_\mathrm{m}\tau}{(R_s+R_d)C_h}\frac{\sin\left(\frac{\omega\tau}{2}\right)}{\frac{\omega\tau}{2}} \tag{5.3-11}$$

$U_{Ch}(\omega)$与被测量信号的频率有关，当$\omega\to 0$ 时

$$U_{Ch}(\omega)=U_{Ch}(0)=\frac{U_\mathrm{m}\tau}{(R_s+R_d)C_h} \tag{5.3-12}$$

由 3 dB 带宽的定义得到

$$\frac{U_{Ch}(\omega)}{U_{Ch}(0)}=\frac{\sin\left(\frac{\omega\tau}{2}\right)}{\frac{\omega\tau}{2}}=0.707 \tag{5.3-13}$$

求解式（5.3-13）可得

$$B=\frac{0.44}{\tau} \tag{5.3-14}$$

从式（5.3-14）可以看到，如果想要获得带宽更宽的取样系统，必须使用有效持续时间更短的选通脉冲。

5.3.4.2　选通脉冲对采样保持电路瞬态响应的影响

假设条件与 5.3.4.1 节相同，被测信号为幅度 U_m 的理想阶跃信号，取样脉冲为矩形，有效宽度为τ。Δt 为选通脉冲与阶跃信号高电平重合的时间，也就是保持电容充电的时间。根据等效电路图 5.3-12，可得充电电流 i_d 为

$$i_d = \frac{U_m}{R_s + R_d} \tag{5.3-15}$$

保持电容 C_h 上的电压为

$$u_{Ch} = \frac{1}{C_h}\int_0^{\Delta t} i(t)\mathrm{d}t = \frac{1}{C_h}\frac{U_m}{R_s + R_d}\Delta t \tag{5.3-16}$$

当选通脉冲沿时间轴依次对阶跃信号取样时，其与高电平的重合部分越来越多，电容的充电时间越来越长，其充电电压也越来越高，最终等于 U_m。

由图 5.3-14 可以看到，输出端保持电容上的电压从 0 到 U_m 的响应时间就是选通脉冲的有效宽度τ，若定义上升沿从 10%幅度到 90%幅度的过渡时间为上升时间，则有

$$t_r = 0.8\tau \tag{5.3-17}$$

将式（5.3-17）代入式（5.3-14），得

$$B = \frac{0.352}{t_r} \tag{5.3-18}$$

与信号带宽和上升时间关系的经验公式相吻合。

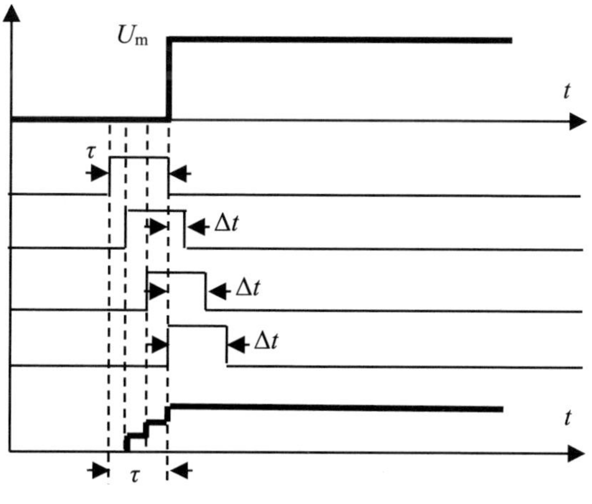

图 5.3-14　取样头的阶跃响应时序图

5.3.4.3　双极性选通脉冲发生器研制

由于准备在采样保持电路中使用平衡采样门，所以选通脉冲必须是双极性的。目前，文献报道中产生双极性脉冲的方法大多是先产生一个单极性脉冲，然后再用宽带巴伦将其变换为正负对称的双极性脉冲[9-11]。这种方法虽然简单，但是受到巴伦带宽的限制，采样

脉冲不能做得很窄，限制了采样系统的带宽。为了克服此困难，设计了一种新型的双极性脉冲发生器，利用一只阶跃恢复二极管即可产生一对正负对称的双极性脉冲，电路结构简单，性能优良。

电路原理图如图 5.3-15 所示，图中 Q 为开关晶体管，SRD 为阶跃恢复二极管，V_b 为偏置电压；R_b、R_{c_1}、R_{c_2} 为给 SRD 充电的限流电阻；C_1 和 C_2 为储能电容；C_3 和 C_4 为脉冲的输出耦合电容。为保证输出正负脉冲的一致性，需要取 $R_{c_1}=R_{c_2}$，$C_1=C_2$。从图中看到，双极性脉冲发生器与第三章介绍的基于 SRD 的超宽带脉冲发生器结构类似，只是多了一半对称结构。电路的工作原理可以解释如下：当触发信号为低电平时，晶体管 Q 断开，电源 V_b 通过 R_b，Rc_1，Rc_2 通路向 SRD 充电，充电电流为

$$I=\frac{V_b-V_\Phi}{R_b+R_{C_1}+R_{C_2}} \tag{5.3-19}$$

式中，V_Φ 为 SRD 的势垒电压。SRD 中 PN 结两端储存的电荷量为

$$Q=I\tau_{\mathrm{SRD}} \tag{5.3-20}$$

式中，τ_{SRD} 为 SRD 的少数载流子寿命。

V_b 同时也给 C_1 和 C_2 充电，充满时电容上的电压为

$$\begin{aligned} V_{C_1}&=\frac{V_b-V_\Phi}{R_b+R_{C_1}+R_{C_2}}\times R_{C_1}\\ V_{C_2}&=\frac{V_b-V_\Phi}{R_b+R_{C_1}+R_{C_2}}\times R_{C_2} \end{aligned} \tag{5.3-21}$$

由于 $R_{C_1}=R_{C_2}$，所以 $V_{C_1}=V_{C_2}$，C_1 上的电压极性为左正右负，C_2 上的电压极性为右正左负。

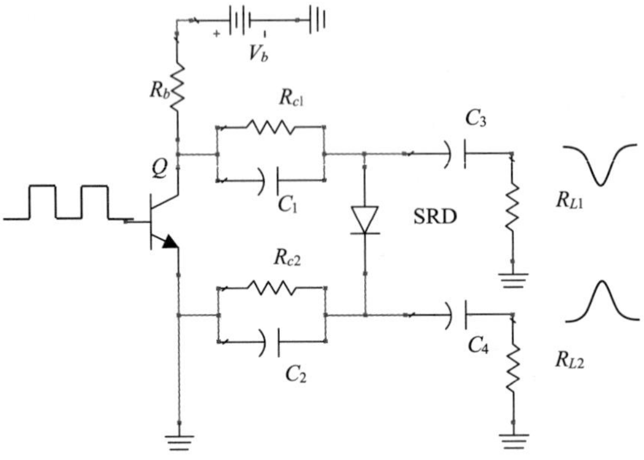

图 5.3-15　双极性脉冲发生器原理图

当触发脉冲为高电平时，晶体管导通，而 SRD 由于储存有过剩电荷，因此短时间内处于导通状态，电容 C_1 和 C_2 开始反向放电，电流以逆时针方向沿着 C_2、SRD、C_1 通路流动。当 PN 结两边储存的电荷被耗尽后，SRD 突然进入开路状态，而电容两端电压不能

突变，所以 C_1 的剩余电压通过耦合电容 C_3 瞬间加在负载 R_{L_1} 上面，极性为负；C_2 的剩余电压通过耦合电容 C_4 瞬间加在负载 R_{L_2} 上面，极性为正。因为 SRD 上存储的电荷量很少，所以储能电容 C_1 和 C_2 中和掉 SRD 的过剩载流子后电压基本不变，负载上得到的脉冲幅度约等于储能电容充满电的电压值。

为验证设计思路的正确性，首先使用 Pspice 仿真软件对电路进行了仿真。仿真设置为：偏置电压 12 V，R_b=100 Ω，$R_{C_1}=R_{C_2}$=220 Ω，$C_1=C_2$=1 nF，$C_3=C_4$=5 pF，$R_{L_1}=R_{L_2}$=50 Ω。SRD 使用 M-pulse 公司生产的 MP4043，其反向耐压 40 V，阶跃时间为 120 ps，少数载流子寿命 60 ns，结电容 1 pF，等效串联电阻 0.5 Ω。在负载 R_{L_1} 与 R_{L_2} 上得到的电压波形如图 5.3-16 所示。

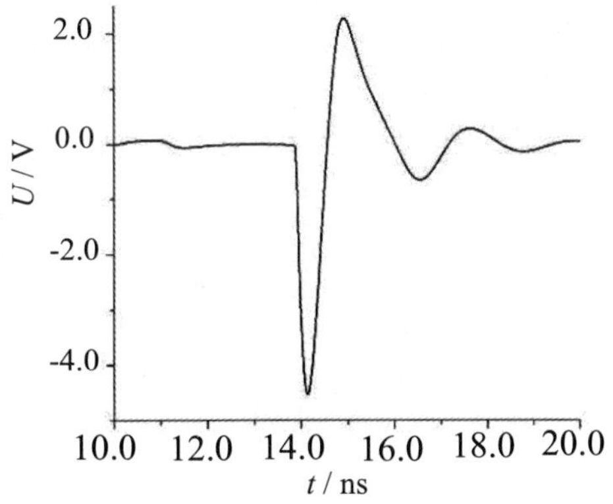

(a) 负脉冲波形图

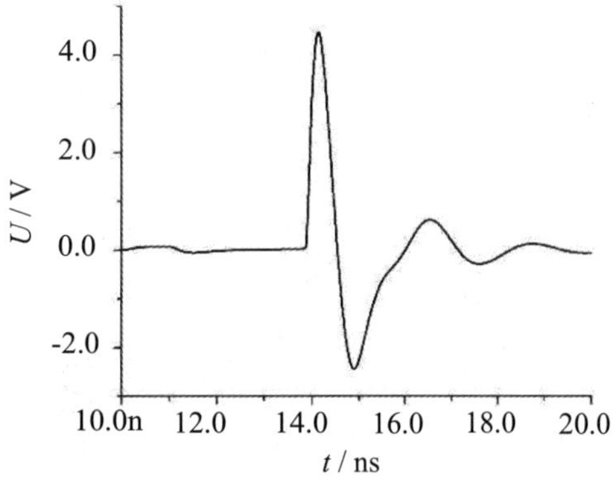

(b) 正脉冲波形图

图 5.3-16 基于 SRD 的双极性脉冲发生器仿真结果

仿真得到的负脉冲幅度为−4.53 V，正脉冲幅度为 4.46 V，二者前沿的 10%～90%上升时间均为 160 ps，对称性很好。按照第三章介绍的方法，理论计算得到的脉冲幅度应为 4.89 V，上升沿的过渡时间应为 144.2 ps，与仿真结果基本吻合。由于 MP4043 的少数载流子寿命为 60 ns，所以为了不影响脉冲输出幅度，SRD 的充电时间至少为 60 ns，相应的触发信号低电平持续时间也至少为 60 ns。储能电容 C 为 1 nF，其对 50 Ω负载放电的时间常数为 50 ns，考虑工程余量，触发信号的高电平持续时间需要保证约 3 倍的时间常数，这里选择为 140 ns。所以可得到双极性脉冲发生器的最大重频为 5 MHz，周期为 200 ns。

随后作者对电路实物进行了加工和测试。最终的电路图如图 5.3-17 所示，介质基板材料为 Fr4，相对介电常数为 4.3，厚度为 1 mm。双极性脉冲发生器测试结果如图 5.3-18 所示。

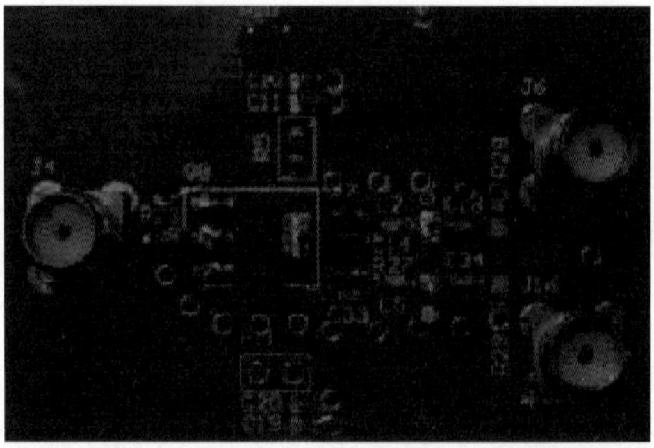

图 5.3-17　基于 SRD 的双极性脉冲发生器电路实物

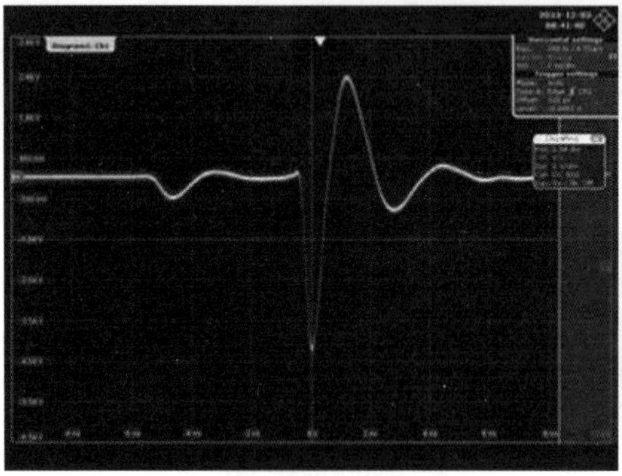

(a) 负脉冲输出波形

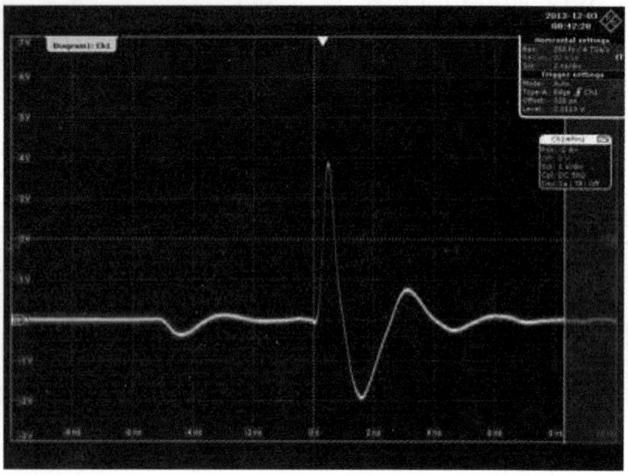

(b) 正脉冲输出波形

图 5.3-18　双极性脉冲发生器测试结果

在测试中使用的仪器为一台 Rohde-Schwarz 公司生产的实时高速宽带示波器 RTO1024，模拟带宽为 2 GHz，最高实时采样率为 10 Gsps。考虑到输出脉冲幅度较低，在示波器量程之内，所以没有使用衰减器对信号进行衰减。实验中所加的偏置电压为 12 V。实验测试得到的负脉冲幅度为–4.27 V，脉冲前沿 10%～90%上升时间为 182 ps。正脉冲幅度为 4.15 V，上升时间为 177 ps，两者具有很好的对称性，并与仿真结果和理论预测基本吻合。

对于高速采样系统来说，选通脉冲的时基稳定性对系统的信噪比具有非常重要的影响。系统信噪比的计算公式如下[12]

$$SNR_{\text{Total}} = -20\log\sqrt{10^{-\frac{SNR_{\text{ADC}}}{10}} + 10^{-\frac{SNR_{\text{jitter}}}{10}}}\ \left(\text{dB}\right) \qquad (5.3\text{-}22)$$

式中，SNR_{Total} 表示系统总的信噪比，SNR_{ADC} 表示模数转换芯片本身的信噪比，SNR_{jitter} 表示由于时钟抖动引入的信噪比。SNR_{jitter} 可以按下面的公式计算

$$SNR_{\text{jitter}} = -20\log\left(t_{\text{jitter}} \times 2\pi f_{\text{in}}\right)\ \left(\text{dB}\right) \qquad (5.3\text{-}23)$$

式中，t_{jitter}表示采样时钟的均方抖动，f_{in}表示被采样信号的频率。可以看到，时钟抖动对系统信噪比的影响很大。为了对系统信噪比进行定量计算，实验中测量了双极性脉冲发生器脉冲输出与触发信号之间的抖动，结果如图 5.3-19 所示。

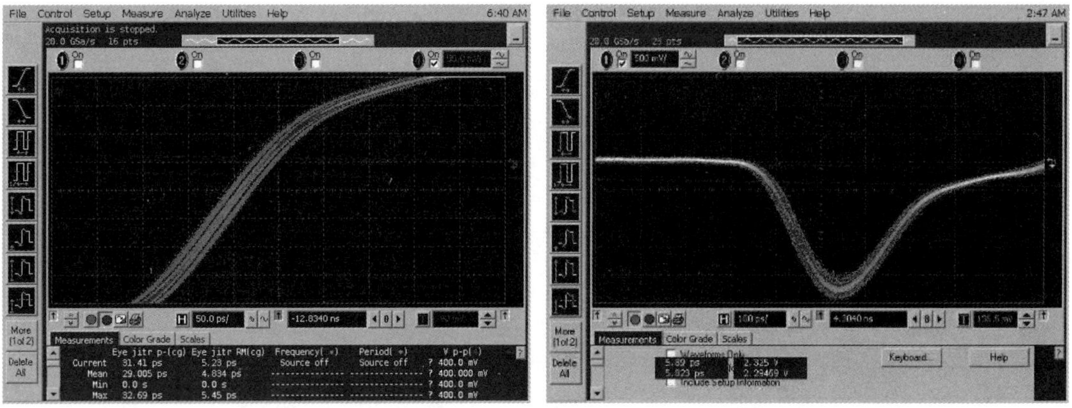

(a) 触发信号抖动　　　　(b) 输出信号抖动

图 5.3-19　双极性脉冲发生器时基抖动测试结果

测试使用的仪器是 Agilent 公司生产的宽带高速实时示波器 Infinium 54855A，带宽为 6 GHz，最高采样率为 20 Gsps。触发信号由一块 FPGA 芯片产生，图 5.3-19(a)测量的是 FPGA 产生的触发信号的抖动，均方值为 4.834 ps。图 5.3-19(b)测量的是脉冲发生器输出信号的抖动，均方值为 5.823 ps。由于二者的抖动时间是不相关的，所以脉冲发生器引入的抖动均方值为

$$t_{jitter} = \sqrt{5.823^2 - 4.834^2} = 3.247\ \text{ps} \tag{5.3-24}$$

5.3.5　时序控制单元研究与设计

5.3.5.1　时序控制原理研究

时序控制单元是等效取样系统中的关键部分之一，它的性能决定了系统的等效采样率，但由于要求精度很高，所以也是设计难点之一。

等效采样系统的时序关系如图 5.3-1 所示，可以分为顺序等效采样和随机等效采样两大类，而顺序等效采样又可以分为步进等效采样、步退等效采样和差频等效采样三种。其中步进等效采样时序图如图 5.3-3 所示，每次的采样时刻都比前一次落后Δt。步退等效采样则与步进等效采样相反，每次的采样时刻都比前一次提前Δt，如图 5.3-20 所示。

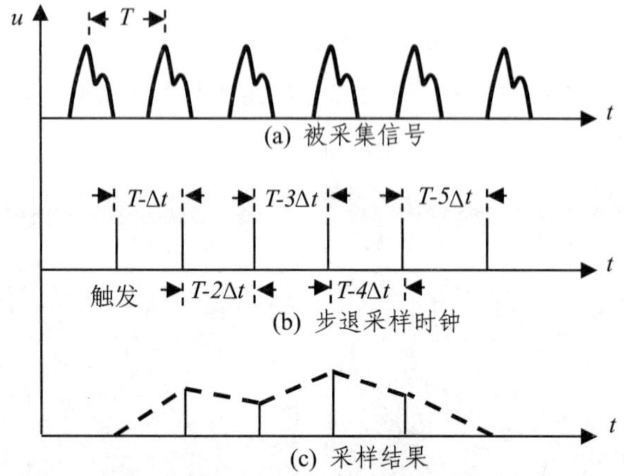

图 5.3-20　步退等效采样时序图

从图中可知，步退采样与步进采样所采到的波形一样，但是时间轴是相反的。差频采样的原理是产生一个周期与被测信号周期相差Δt 的采样信号，这样每个采样信号相对于被测信号都会比前一个周期延迟或超前Δt，等效于采样信号在被测信号的时间轴上移动。但是差频采样需要事先知道被测信号的周期，这在很多情况下是不方便的，所以差频采样方法现在已经很少使用了。

随机等效采样的时序图如图 5.3-21 所示，其实现原理比较复杂。取样脉冲周期与被测信号周期不相关，采样点随机地分布在被测信号上，而不是沿时间轴某一方向顺序排列，因此称为随机等效采样。

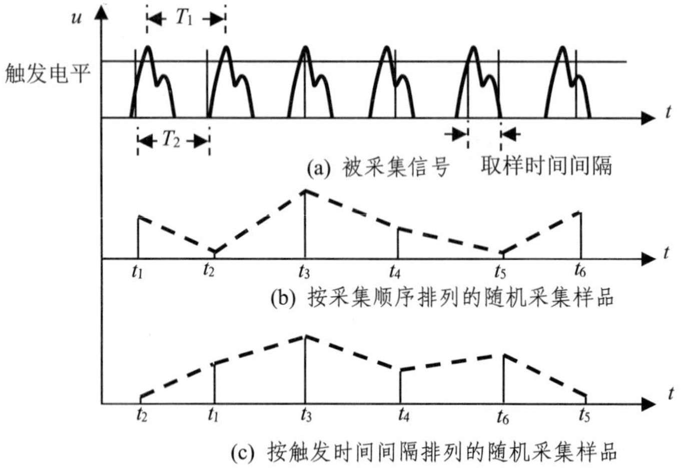

图 5.3-21　随机等效采样时序图

如图 5.3-21(a)所示，被测信号的周期为 T_1，采样脉冲的周期为 T_2，二者之间没有相关性。采样脉冲每次对被测信号进行取样时，不仅要记录信号的幅度，还要计算采样时刻与触发时刻之间的时间间隔。如图 5.3-21(b)所示是由原始采样数据还原的波形，由图可知，由于时间是混乱的，所以复现波形完全变形了。如图 5.3-21(c)所示是按照采样间隔时间顺序排列的样品，这时还原的波形才是被测信号的真实波形。

随机等效采样方法的关键在于计算被测信号触发点与采样点之间的时间间隔，并按照时间的先后顺序将采到的样品重新排列，然后才能得到正确的波形。随机等效采样的优点是不受延时器件的精度限制，等效采样率可以做到很高，并且能够采集到触发点以前的信号，而步进或步退采样只能在触发点以后向一个方向采集。其缺点是电路和算法实现起来比较复杂，如果被测信号与采样信号周期差别很小，则需要很长时间才能采集一个完整的周期。目前，这种方法主要是应用在高端等效采样示波器中。

由于作者设计的等效采样电路应用在冲激雷达接收机中，需要满足信号采集速度快、时间稳定度高等要求，并且必须在满足性能的前提下降低成本，所以最终选择步进等效采样的方式。

5.3.5.2　步进等效采样的实现方法

目前，常见的步进信号产生方式主要有两种：第一种是使用模拟电路的方法，第二种是使用专用数字延时芯片的方法。

通过模拟电路产生步进信号是比较传统的一种方法，最早出现的采样示波器就是使用的这种方法[13]。它由三部分组成，分别是快斜波发生器、慢斜波发生器和比较器，如图 5.3-22 所示。

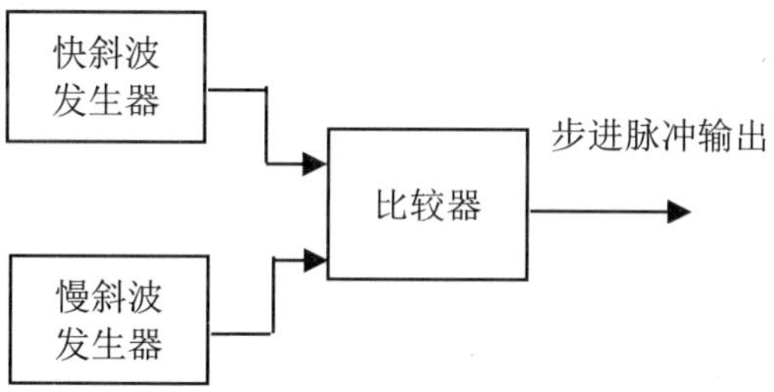

图 5.3-22　步进脉冲产生器原理图

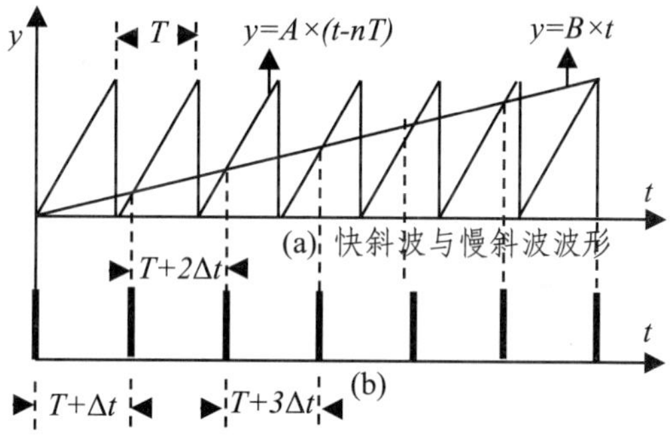

(b) 经过比较器后的步进时钟波形

图 5.3-23　步进脉冲产生原理

这种步进信号产生器的原理如下。如图 5.3-23(a)所示，慢斜波发生器产生一个上升速度较慢的线性斜波，假设其函数为

$$y = B \times t \tag{5.3-25}$$

快斜波发生器产生一列上升速度较快的斜波，周期为 T，函数表达式为

$$y = A \times (t - nT) \tag{5.3-26}$$

比较器在每次快斜波与慢斜波上升沿相交的地方产生一个脉冲信号。由式（5.3-25）

与式（5.3-26）可以计算得到每次相交的时刻为

$$t = \frac{nT}{A - B} \tag{5.3-27}$$

可以看到，每个周期的相交时间比上一周期滞后Δt，即

$$\Delta t = \frac{T}{A - B} \tag{5.3-28}$$

使用模拟电路生成步进时钟信号的优点是原则上通过提高慢斜波与快斜波斜率之差，步进精度Δt可以做到很高。其缺点是模拟电路稳定性较差，受外界环境影响大，实际工程中达到高精度比较困难。

除此以外，使用专用的可编程数字延时芯片也是一种产生步进时钟的方法。众多半导体厂商开发了一系列可编程数字延时电路，例如 ADI 公司的 AD9500/9501[14]、On Semiconductor 公司的 MC10EP195[15]、Micrel 公司的 SY100EP195V[16]等。这些芯片的功能是通过数字或模拟的方法编程控制信号通过芯片的精确时间。表 5.3-1 是一些可编程延时芯片的性能比较。

表 5.3–1　几种常见的可编程延时芯片性能

生产厂商	产品型号	最小延时精度	最大延时量程	时钟抖动	电平格式
ADI	AD9500/9501	10 ps	2.5 ns	10 ps	ECL
On Semi	MC10EP195	10 ps	10 ns	1.16 ps	ECL
Micrel	SY100EP195V	10 ps	10 ns	0.2 ps	PECL

使用可编程延时芯片的优点是精度高、使用方便、稳定性好。但从上表可以看出，其缺点是延时量程太短，这样就限制了采样系统的采样时间范围，缩短了雷达的可探测距离。如果要克服这种缺点，可以使用多个延时芯片串联使用，但这样又会增加系统的复杂程度。

除了专用的可编程数字延时芯片以外，目前市场上的很多锁相环(PLL)芯片都具有相位动态调整功能，例如 Texas Instruments 公司的 CDCF5801A 芯片[17]，灵活使用此功能也可以产生精度很高的步进时钟，并且具有频率稳定、抖动小、配置方便、延时范围大等优点。根据需要动态调整时钟的移动方向，可以实时产生步进或步退时钟，实现时间窗的扫描功能。

CDCF5801A 功能原理图如图 5.3-24 所示。REFCLK 为输入时钟引脚，频率范围为 12.5～240 MHz，输入时钟进入 PLL 进行倍频，倍频系数由 MULT[0:1]两个引脚确定。经过倍频的信号输入 Delay 模块以实现动态调整，信号调整功能由 LEADLAG 引脚和 DLYCTRL 引脚控制，LEADLAG 引脚控制时钟的移动方向，当其引脚上为高电平时，时钟向前移动，当其引脚上为低电平时，时钟向后移动，DLYCTRL 引脚上每检测到一次上升沿，时钟就会移动一个最小分辨单位，经过调整后的时钟信号输入分频器，分频系数由

P[1:2]确定，经过分频的时钟信号由 CLKOUT 和 CLKOUTB 输出，为 LVCMOS 格式的差分信号，频率范围为 25～280 MHz。MULT[0:1]引脚与倍频系数，P[1:2]引脚与分频系数的关系见表 5.3-2 所列。

表 5.3–2　分频、倍频系数的确定

MULT[0:1]	倍频系数	P[1:2]	分频系数
10	16	11	2
11	8	10	4
00	4	01	8
01	2	00	N/A

时钟移动的最小步长由输出时钟频率和分频系数 P[1:2]共同决定，当 P[1:2]=11 时，时间分辨率为输出时钟周期的 1/768；P[1:2]=10 时，分辨率为输出时钟周期的 1/1536；P[1:2]=01 时，分辨率为输出时钟周期的 1/3072，时钟抖动均方值最小可达 3 ps。

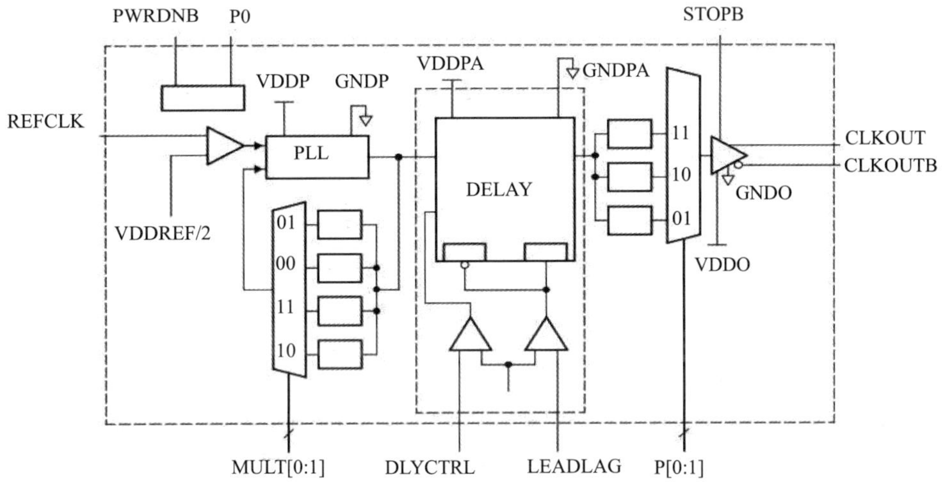

图 5.3-24　CDCF5801A 功能原理图

当输入时钟频率为 25 MHz 时，选择倍频系数为 4，分频系数为 4，则输出时钟频率仍为 25 MHz，周期为 40 ns，最小分辨率为输出时钟周期的 1/768，即大约为 52 ps。但前面曾经提到，选通脉冲发生器的最大重频只能达到 5 MHz，所以 25 MHz 的信号频率太高，需要分频后才能使用。这里使用的分频芯片是 IDT 公司生产的 ICS87001I-01[18]，最大输入时钟频率为 250 MHz，分频比可以配置为 1 倍、2 倍、3 倍、4 倍、5 倍、6 倍、8 倍或 16 倍，电平格式为 LVCMOS/LVTTL，供电电压为 3.3 V，功耗约为 200 mW，使用 TSSOP 封装，具有体积小、重量轻、功耗小等优点。时序控制功能框图如图 5.3-25 所示。

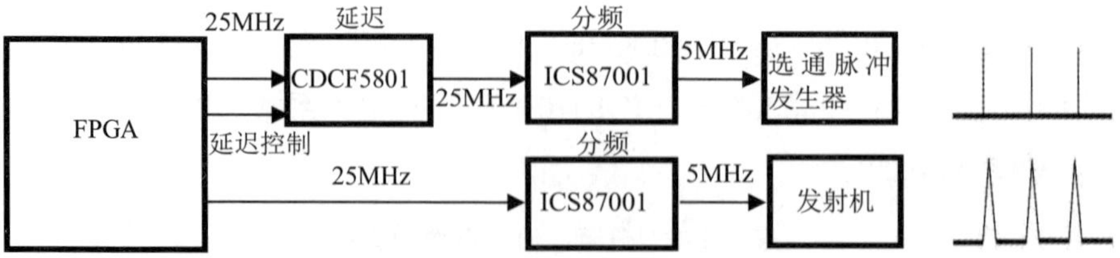

图 5.3-25　时序控制功能框图

FPGA 产生两路同步的信号，频率均为 25 MHz，一路直接分频后降至 5 MHz 控制发射机，另一路经过 CDCF5801A 延迟后再分频，控制接收机中的选通脉冲发生器。延时芯片的控制信号由 FPGA 提供，每触发一次发射机，就使接收机选通脉冲延时一次，这样就可以控制发射机与接收机触发信号之间的时间差，实现等效采样。由于最小延时步长为 52 ps，所以等效采样率约为 19.23 Gsps。

实际上，如果对时钟精度要求不高，FPGA 芯片内自带的锁相环模块也可以产生效果很好的步进时钟，并且具有成本低、使用方便和配置灵活的优点。以 Altera 公司的 Cyclone III 为例，其锁相环模块的结构框图如图 5.3-26 所示[19]。外部参考时钟由 Clkin 引脚输入，经过预分频器 N 和预倍频器 M 后输入压控振荡器（VCO），VCO 频率由式（5.3-29）计算

$$f_{\mathrm{VCO}}=\frac{f_{\mathrm{Clkin}}\times M}{N} \tag{5.3-29}$$

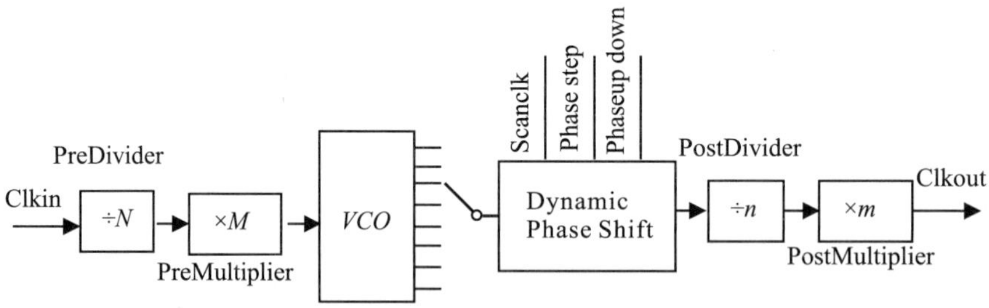

图 5.3-26　Altera Cyclone III 中的锁相环结构框图

压控振荡器将每个输出时钟周期分为 8 等份，分出 8 个抽头，抽头位置由动态相位偏移模块控制，通过 Scanclk、Phase step 和 Phaseup down 三个引脚选择不同的抽头位置就可以调整相位，实现输出时钟的动态移动。经过相位调整的 VCO 时钟再由后分频器 n 和后倍频器 m 转换为所需要的时钟频率，由 Clkout 引脚输出。时钟每次移动的最小步长可以由式（5.3-30）计算

$$t=\frac{T_{\mathrm{VCO}}}{8}=\frac{1}{8f_{\mathrm{VCO}}}=\frac{N}{8Mf_{\mathrm{Clkin}}} \tag{5.3-30}$$

例如，外部时钟频率 f_{Clkin} 为 125 MHz，M=200，N=20，则 f_{VCO}=1250 MHz，T_{VCO}=800 ps，于是步进时钟的最小步长为 $T_{\mathrm{VCO}}/8$=100 ps。如图 5.3-27 所示是通

过 Scanclk、Phasestep 和 Phaseupdown 引脚控制时钟相位的时序图[20]。

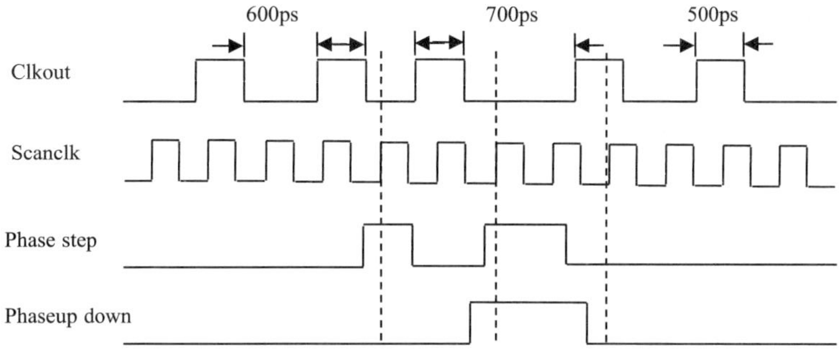

图 5.3-27　Clkout 相位移动时序图

图中 Clkout 为输出时钟，时钟高电平持续时间为 500 ps，低电平初始的持续时间为 600 ps。Scanclk 为动态相位偏移控制模块的工作时钟，Phase step 为相位移动控制引脚，Phaseup down 为相位移动方向引脚。控制模块在 Scanclk 的每个上升沿检测 Phase step 的状态，如果 Phase step 为低电平，则输出时钟相位保持不变；如果 Phase step 为高电平，并且 phaseup down 为低电平，则输出时钟相位每次提前 $T_{VCO}/8$；如果 Phase step 为高电平，并且 phaseup down 为高电平，则输出时钟相位每次滞后 $T_{VCO}/8$；如果 Phase step 在数个 Scanclk 的上升沿都保持高电平，则 Clkout 可以实现相位的连续调整，从而产生所需要的步进时钟。由于最小步长为 $T_{VCO}/8$=100 ps，所以等效采样率最高为 10 Gsps。

5.3.6　采样保持电路的仿真与实验测试

5.3.6.1　采样保持电路的仿真结果

完成采样保持电路的设计后，首先使用 ADS 电路仿真软件对其进行仿真，电路原理图如图 5.3-28 所示。

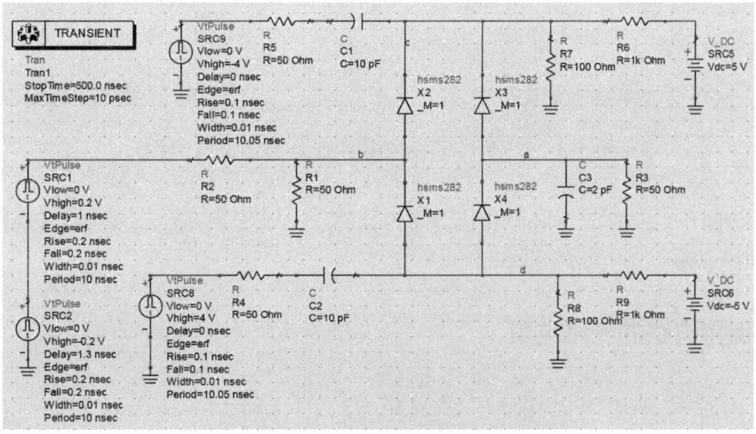

图 5.3-28　采样保持电路原理图仿真

仿真时的电路参数均按照实际情况设置，肖特基二极管使用的是 HSMS-282P。被测信号设置为上升沿 200 ps 的一阶高斯脉冲，幅度为 0.1 V，如图 5.3-29(a)所示；选通脉冲设置为上升沿 150 ps 的高斯脉冲，极性为正负对称，幅度为 4 V，如图 5.3-29(b)所示；二极管反向偏置电压为正负 2 V，步进时钟每次延时 50 ps。输出端保持电容上的电压波形如图 5.3-29(c)所示，波形由保持电容充、放电所产生的一系列脉冲组成，脉冲的包络表示被测信号的波形，与被测信号 ps 量级的变化速度相比，经过采样保持电路后的信号变化速度降低到了 100 ns 量级。

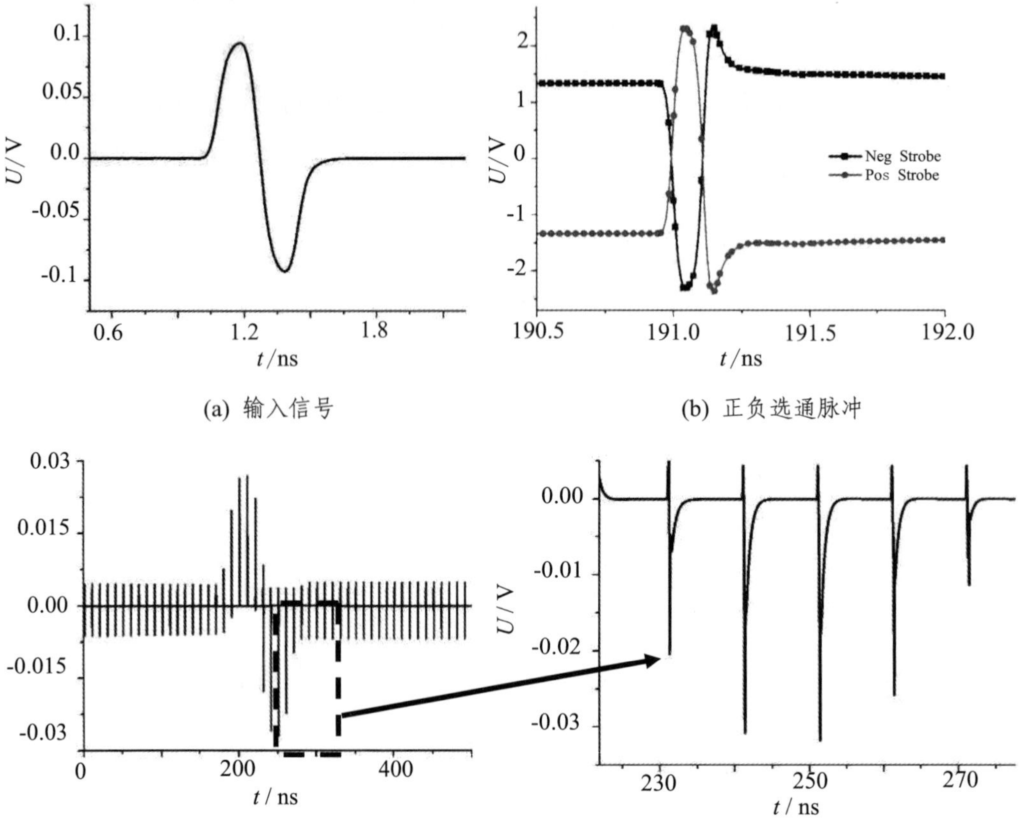

(a) 输入信号　　(b) 正负选通脉冲

(c) 保持电容上的波形　　(d) 保持电容波形的局部放大

图 5.3-29　采样保持电路各部分的仿真波形图

如图 5.3-29(d)所示是图 5.3-29(c)的局部放大，从图中可以很清晰地看到保持电容的充、放电过程和对输入信号的采样保持过程。

5.3.6.2　采样保持电路的测试结果

如图 5.3-30 所示是将选通脉冲发生器和采样门集成在一块电路板上制作的采样保持电路，电路板使用的材料是 Fr4，相对介电常数为 4.3，厚度为 1 mm。为了保证信号完整性，电路板上的高频信号路径的特性阻抗均按 50 Ω设计。

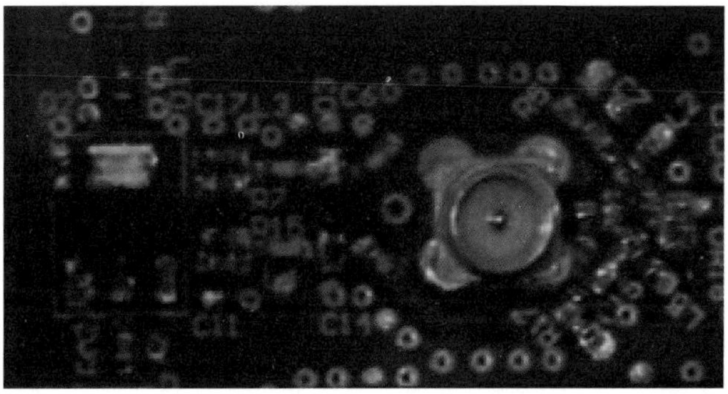

图 5.3-30　采样保持电路实物图

首先对采样保持电路的频域特性进行了测试，使用的测试设备为 Rohde & Schwarz 公司生产的宽带矢量网络分析仪 ZVB20，最大测量范围为 10～20 GHz。S 参数的测量结果如图 5.3-31 所示。如果以 S_{11} 小于−10dB 为标准定义通带，则采样保持电路的通带范围为 DC-2.2GHz。

结合前面关于选通脉冲的研究内容，由选通脉冲有效宽度所决定的系统带宽可以由公式（5.3-14）计算得到。实验中通过调整偏置电路，选通脉冲的有效宽度为脉冲的半峰值脉宽，约为 180 ps，所以由选通脉冲计算的系统带宽为

$$B = \frac{0.44}{180\text{ps}} = 2.4\ \text{GHz} \tag{5.3-31}$$

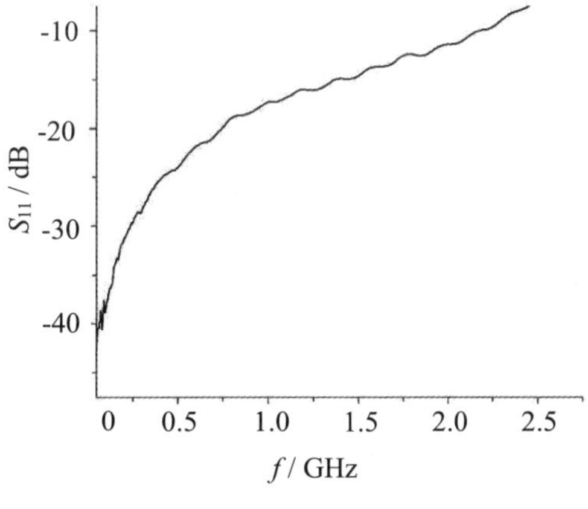

图 5.3-31　采样保持电路 S 参数测量结果

综合两种结果，系统带宽为 2.2 GHz。随后进行采样保持电路时域特性的测试。实验测试设备为 Rohde & Schwarz 公司生产的宽带高速实时示波器 RTO1024，模拟带宽为 2 GHz，最高采样率为 10 Gsps。超宽带皮秒级脉冲发生器一台，脉冲幅度为 7.2 V，脉冲上升沿为 200 ps。宽带衰减器一台，衰减倍数为 10 dB，带宽为 4 GHz。

使用 FPGA 芯片产生两路周期为 200 ns 的方波，一路用来触发脉冲发生器，另一路通过延时芯片后产生步进时钟触发选通脉冲发生器，步进精度为 52 ps。首先观测经过衰减后的脉冲发生器输出波形在示波器上的显示结果，与实验测试结果吻合。

如图 5.3-32 所示，主脉冲宽度约为 500 ps。然后将经过衰减的超宽带脉冲馈入采样保持电路的输入端，观察采样保持电路的输出信号，此信号应该是超宽带脉冲在时间轴上展宽后的结果。

如图 5.3-33(a)所示，经过展宽的波形由电容充、放电的包络构成，与被测波形基本吻合，并与仿真结果非常类似。如图 5.3-33(b)所示是展宽后的主脉冲局部放大波形，可以很清楚地观察到保持电容的充、放电过程。展宽后的主脉冲宽度应该为

$$t = 200\ \text{ns} \times \frac{500\ \text{ps}}{50\ \text{ps}} = 2\ \mu\text{s} \qquad (5.3\text{-}32)$$

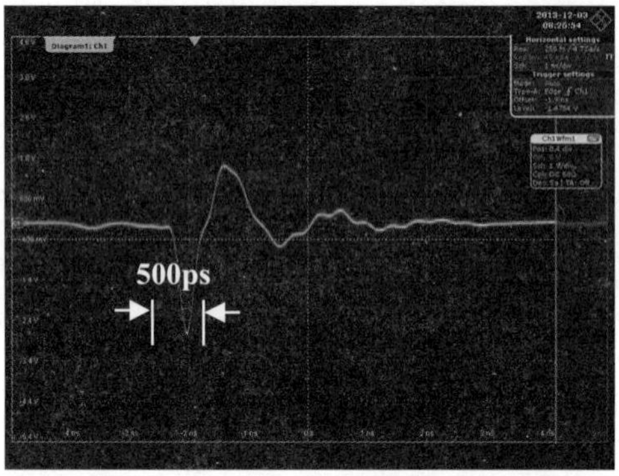

图 5.3-32　经过衰减后的脉冲发生器输出波形

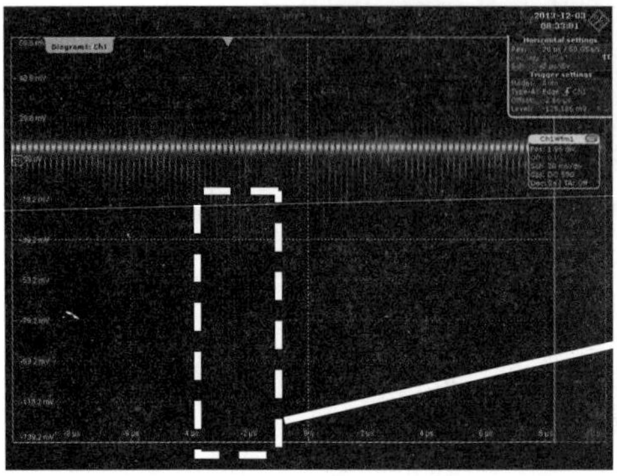

(a) 采样保持电路的展宽波形

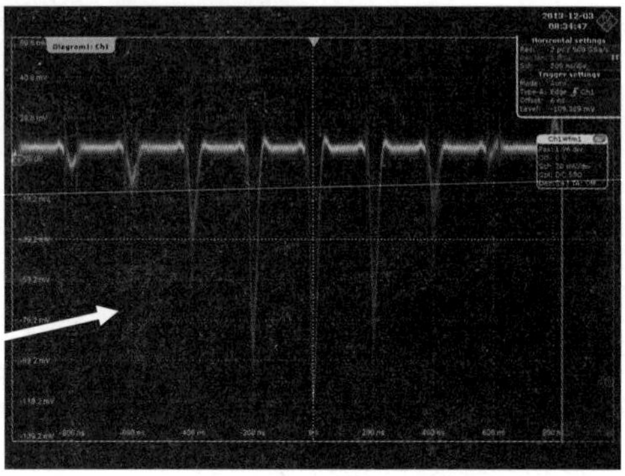

(b) 展宽波形的局部放大

图 5.3-33　经过采样保持电路后的展宽波形及局部放大

除了频域特性与时域特性以外，采样保持电路的噪声特性也是非常重要的。由于雷达回波信号一般都很微弱，所以需要尽量提高接收机的信噪比才能有效地将回波与噪声区分开来。如图 5.3-34 所示是在没有信号馈入时采样保持电路的输出噪声。测试结果是噪声电

压均方值为 3.3 mV，由于示波器本身的本底噪声电压均方值为 1.77 mV，所以采样保持电路引入的噪声为

$$V_{\mathrm{RMS}}=\sqrt{3.3^2-1.77^2}=2.79(\mathrm{mV}) \tag{5.3-33}$$

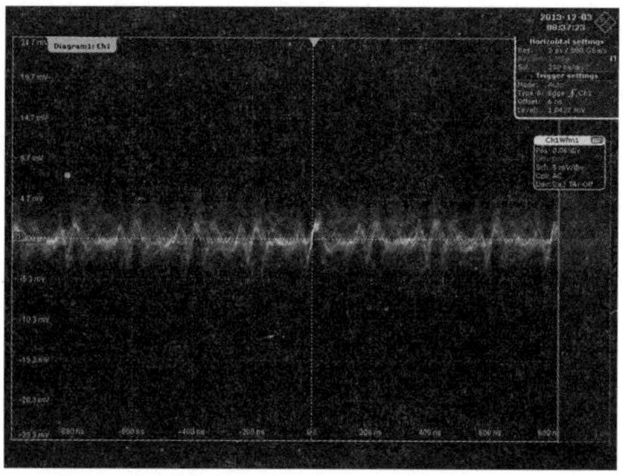

图 5.3-34　采样保持电路输出噪声测试结果

5.3.7　时域等效采样接收机的设计与测试

采样保持电路设计完成之后，再加上缓冲放大器和 ADC 就组成了一个完整的时域脉冲等效采样接收机，如图 5.3-35 所示。

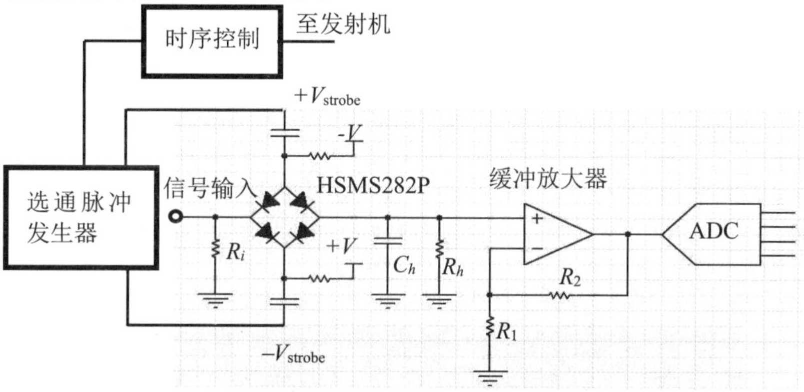

图 5.3-35　时域脉冲取样系统原理图

缓冲放大器的作用主要有两点：第一，由于采样保持电路的效率很低，所以保持电容 C_h 上的电压幅度远小于被测信号的幅度，需要对其进行放大，还原被测量信号的真实幅值；第二，保持电容 C_h 上的电压需要保持一段时间，以满足 ADC 芯片的转换时序。如果电容 C_h 后面的电路输入阻抗很小，那么其电压会迅速降低，不能满足 ADC 的要求，所以保持电容后面的电路必须保证高输入阻抗。由此可见，选择缓冲放大器主要有两条标准：一是放大倍数大，二是输入阻抗高。由于经过采样保持电路的信号已经被降速了，所以对放大器的带宽要求不高，有很多运算放大器都可以满足这些条件。

首先确定缓冲放大器的带宽。由于系统设计的采样周期为 200 ns，所以保持电容上面的电必须在 200 ns 内放完，考虑 4 倍的工程余量，可得到 R_hC_h 的放电时间常数为 50 ns，根据式(5.3-18)，模拟带宽应为 7 MHz。作者选择了 Texas Instruments 公司生产的 LMH6645 运算放大器芯片来设计缓冲放大器。LMH6645 芯片的参数：−3dB 带宽 55 MHz，输出摆率为 22 V/μs，输入电阻为 3 MΩ，输入电容为 2 pF，输出电压噪声为 $17\ \text{nV}\sqrt{\text{Hz}}$，输出电流噪声为 $0.75\ \text{pA}/\sqrt{\text{Hz}}$，最大输出电流为 42 mA。如图 5.3-35 所示，LMH6645 配置为同相放大器的形式，放大倍数由电阻 R_1 和 R_2 决定，计算公式为[21]

$$Gain = 1 + \frac{R_2}{R_1} \tag{5.3-34}$$

在选择模数转换芯片时主要考虑如下几点：（1）信噪比高；（2）由于采样保持电路为单端输出，所以 ADC 最好可以单端输入，这样可以减少一个单端转差分的环节；（3）考虑其他项目，采样率调节范围要大，最低采样率最好为 10 Ksps；（4）为了便于后端信号处理部分的实施，ADC 输出端最好为并行输出格式。经过对几种产品的对比，最终选用的是 Texas Instruments 公司生产的 ADS930[22]。这是一款分辨率为 8 bit 的 ADC 芯片，最高采样率为 30 Msps，最低采样率为 10 Ksps，输入信号幅度为−1 dBFS 时 SNR 为 46 dB，信号满幅度输入量程为 1 V_{pp}，供电电压为 3.3 V，功耗为 66 mW，具有体积小、功耗低、信噪比高、采样率可调范围大的优点，并且可以根据需要方便地配置成差分或者单端输入形式，转换完成的数字信号从 8 位输出端口并行输出，格式为直接偏移二进制[23]。

考虑时钟抖动以及 ADC 芯片本身的信噪比，再加上采样保持电路的输出噪声，可以根据式(5.3-22)～式(5.3-24)计算得到整个接收机的信噪比。对于输入信号频率为 2 GHz，幅度为 0.89 V_{pp} 的正弦波来说，时域等效采样接收机的信噪比为 27.62 dB。

如图 5.3-36 所示是等效采样接收机的电路实物图。

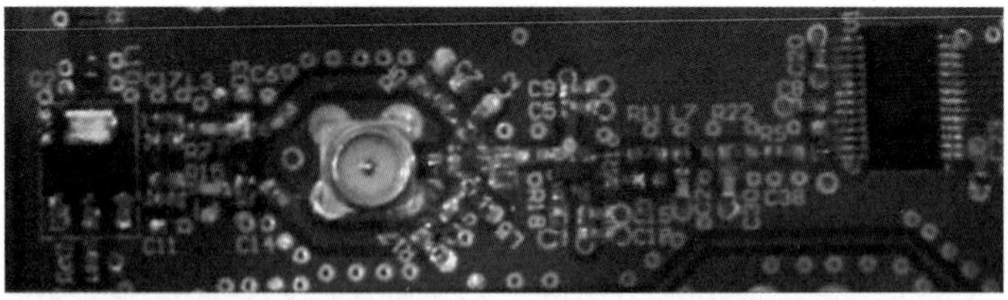

图 5.3-36　等效采样接收机电路实物图

最后进行的是使用接收机对冲激信号进行接收的实验。为了验证接收机的性能，分别使用 Rohde & Schwarz 公司生产的模拟带宽为 2 GHz，实时采样率为 10 Gsps 的宽带高速实时示波器 RTO1024 和本章设计的等效采样接收机对超宽带冲激信号进行接收并对比。如图 5.3-37 所示的实线为示波器测试结果，点状线表示取样接收机接收结果。可以看到，二者的吻合度很好。

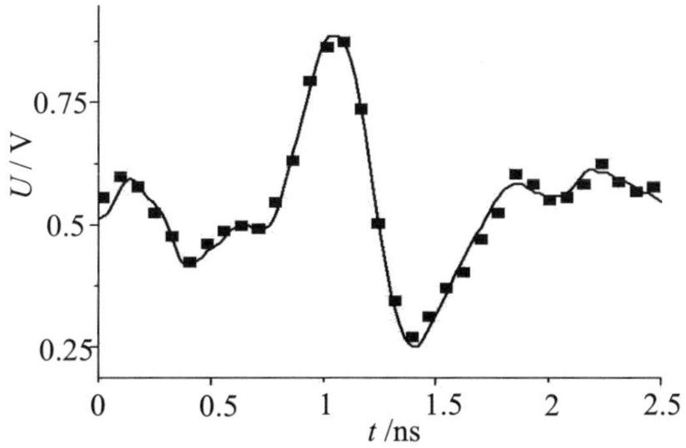

图 5.3-37　示波器与取样接收机接收波形对比

5.4　接收机系统实验测试

这一部分对接收机系统进行了实验测试与分析，测试主要包括两个部分：第一部分对射频接收系统进行测试，第二部分对采样保持模块进行了测试。

5.4.1　射频模块实验测试

在不同增益设置的情况下，首先使用频谱仪测量了射频模块的噪声特性和信噪比，然后使用矢量网络分析仪测量了射频模块的增益和驻波特性，实验装置原理图和测试照片如图 5.4-1 所示。

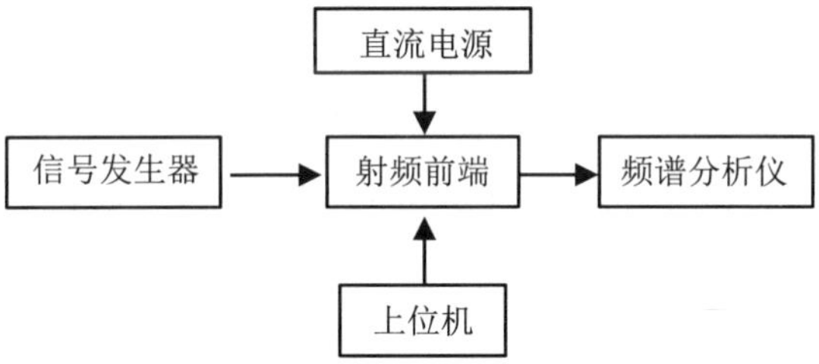

(a) 频点特性测试原理图

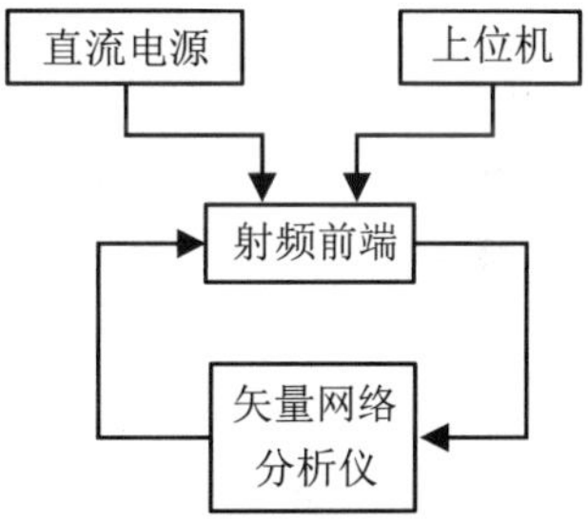

(b) 宽频带特性测试原理图

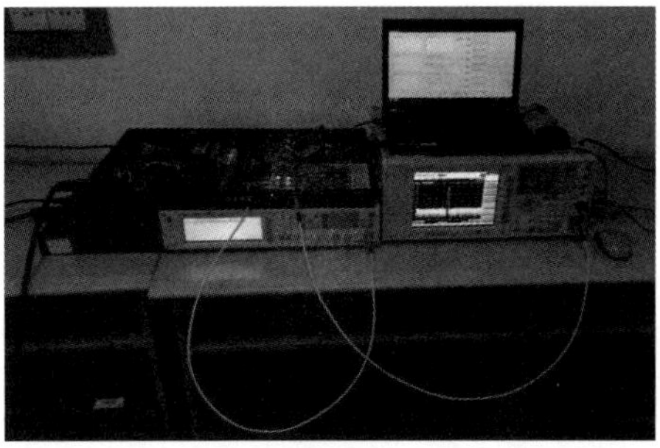

(c) 频点特性测试照片

(d) 宽频带特性测试照片

图 5.4-1　射频前端性能参数测试原理图及实验照片

首先给出噪声特性和信噪比的测试结果，如图 5.4-2 所示。由于数据量很大，篇幅所限，图中只给出射频前端增益设置：100 MHz 时为 44 dB，500 MHz 时为 34 dB，1 GHz 时为 24 dB，1.5 GHz 时为 13 dB，信号发生器发射功率为–40 dBm 时，频谱分析仪测试得到的波形。

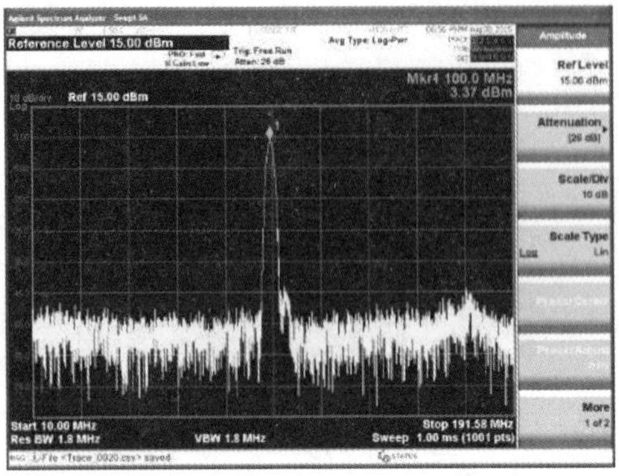

(a) 增益为 44 dB，频率为 100 MHz

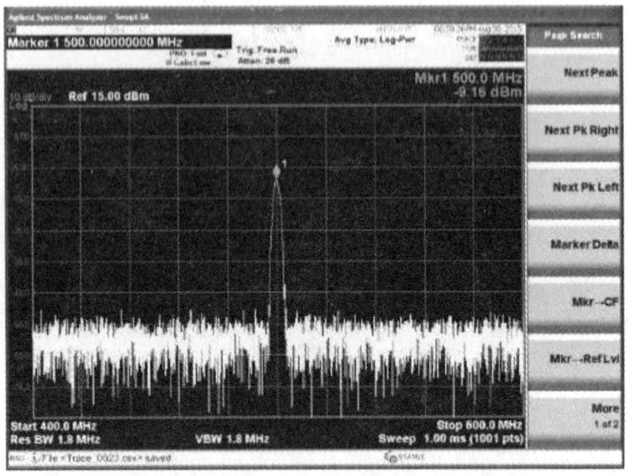

(b) 增益为 34 dB，频率为 500 MHz

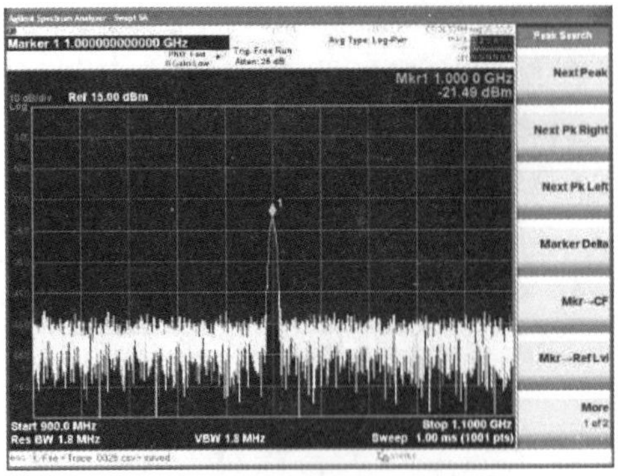

(c) 增益为 24 dB，频率为 1 GHz

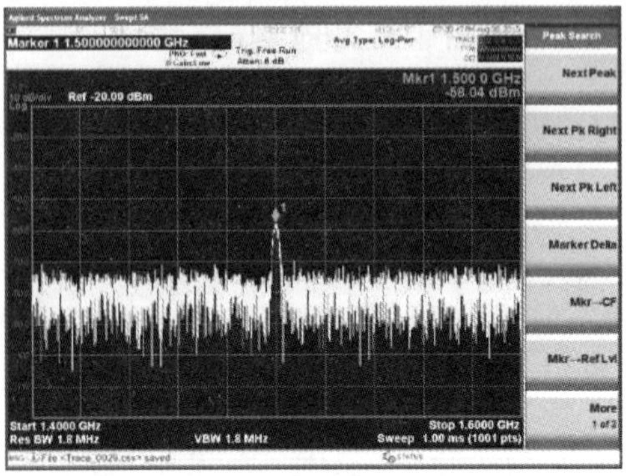

(d) 增益为 13 dB，频率为 1.5 GHz

图 5.4-2 几个典型频点和典型增益状态下测得的射频前端参数

图 5.4-3 给出的是射频前端增益分别设置为 44 dB、34 dB、24 dB 和 13 dB 时，使用矢量网络分析仪测试得到的电路 S_{11} 和 S_{21} 参数。

射频前端放大器的测试结论如下：前端本底噪声–70 dBm，增益为 44 dB 时信噪比为 73.37 dB。当上位机设置增益为 44 dB、34 dB、24 dB 和 13 dB 时，放大器在 100 MHz 处的实际增益为 42.5 dB、31.9 dB、22.6 dB 和 12.5 dB。根据 S_{11} 小于–10 dB 的定义，放大器带宽为 50 MHz～1.38 GHz，根据 S_{21} 衰减 3 dB 的定义，放大器带宽为 50 MHz～1.15 GHz。

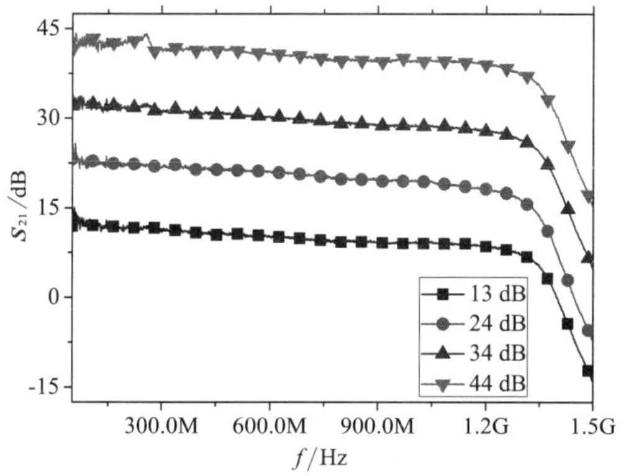

(a) S_{21} 的测试结果

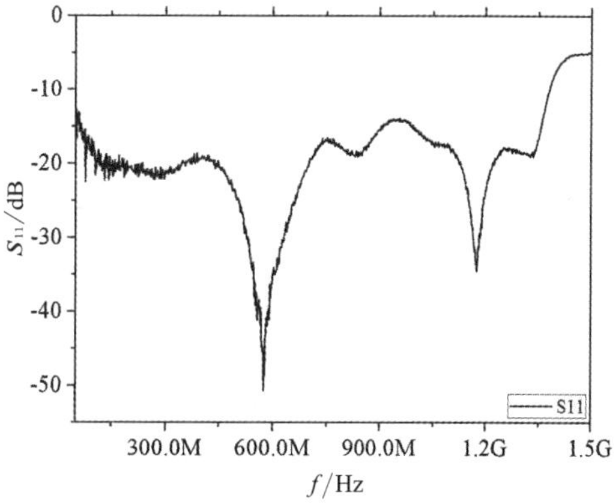

(b) S_{11} 的测试结果

图 5.4-3 50 MHz～1.5 GHz 范围内不同增益时的 S_{21} 和 S_{11} 测试结果

5.4.2 采样保持模块实验测试

采样保持模块的实验测试也分为两个部分：第一部分是使用矢量网络分析仪测量模块的 S 参数，第二部分是使用示波器测量模块的本底噪声和采样率。实验原理图和实验照片如图 5.4-4 所示。

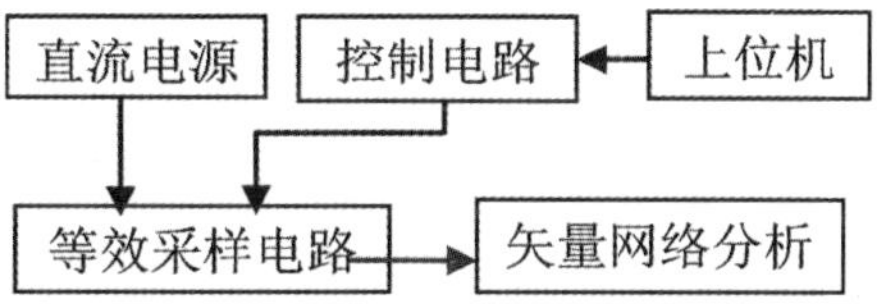

(a) 采样电路频域测试原理图

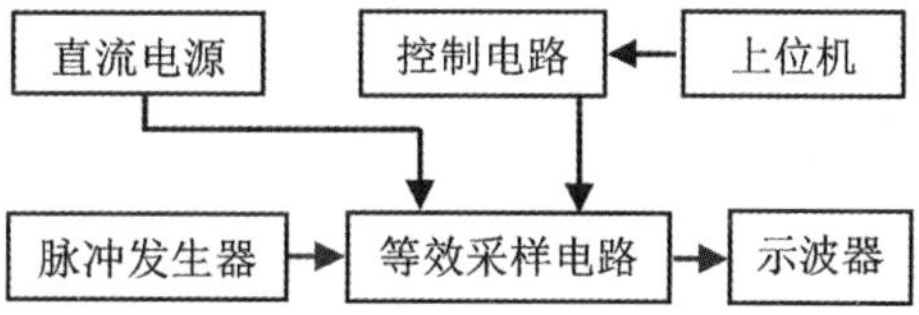

(b) 采样电路时域测试原理图

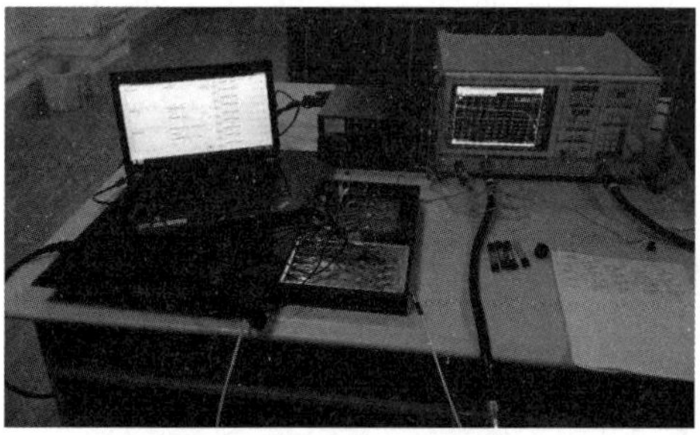

(c) 采样电路频域测试照片

(d) 采样电路时域测试照片

图 5.4-4 等效采样电路参数测试实验原理图及照片

图 5.4-5 给出的是使用矢量网络分析仪测量的采样电路 10 MHz～2.5 GHz 频率范围内的 S_{11} 参数。从图中可以看到，被测电路的−10 dB 带宽为 10 MHz～2.2 GHz。

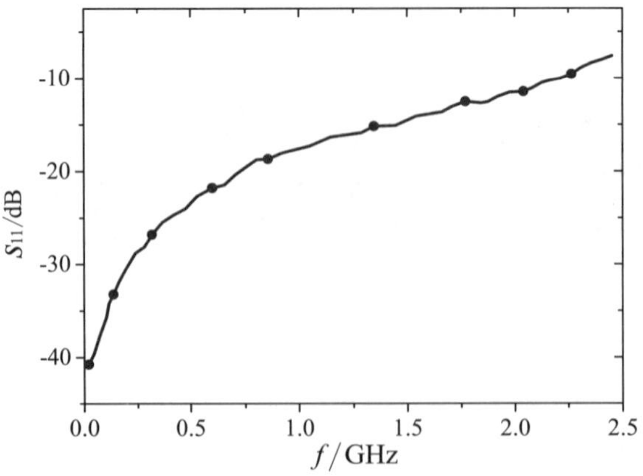

图 5.4-5　采样电路 S_{11} 测试结果

图 5.4-6 是采样电路的时域测试结果，分别给出：图 5.4-6(a)等效采样电路在没有输入信号时的本底噪声，图 5.4-6(b)为选通脉冲发生器产生的采样脉冲，图 5.4-6(c)为通过等效采样电路后的展宽信号，图 5.4-6(d)为等效采样电路经过 ADC 以后还原的波形。从图 5.4-6(a)可以看到，采样电路的本底噪声为 3.3 mV（rms），由于示波器本身的本底噪声为 1.77 mV（rms），所以通过计算可以得到，采样电路本身产生的噪声为 2.79 mV（rms）。从图 5.4-6(b)看到，选通脉冲发生器产生的脉冲半峰值脉宽为 200 ps 左右，并具有良好的对称性。由图 5.4-6(c)可知，经过采样电路处理后，输出信号为一列脉冲，每个脉冲的幅度表示对应的各个采样时刻被测信号的幅度，这一列脉冲的包络重现了被测信号的波形。如图 5.4-6(d)所示是将图 5.4-6(c)中采样保持模块输出的信号使用 ADC 进行还原后得到的波形，可以看到最后的结果和图 5.4-6(c)中实际被采样的信号（浅色细线表示的信号）波形基本一致，实验中使用的示波器带宽为 2 GHz，采样率为 10 Gsps，采样保持模块采集信号的质量基本与之相当。

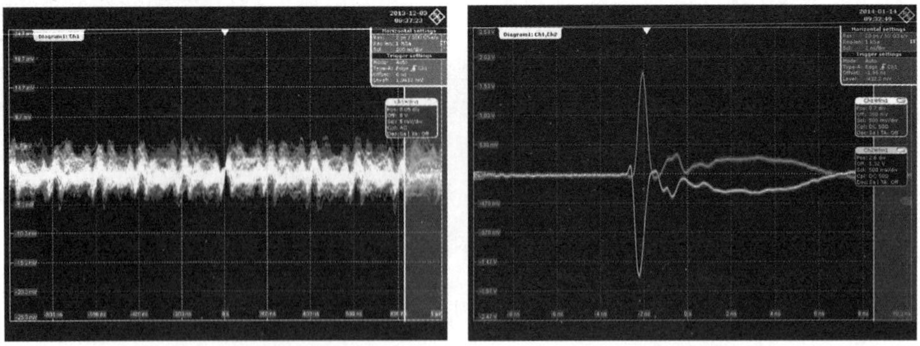

(a) 采样电路的本底噪声　　(b) 采样脉冲波形

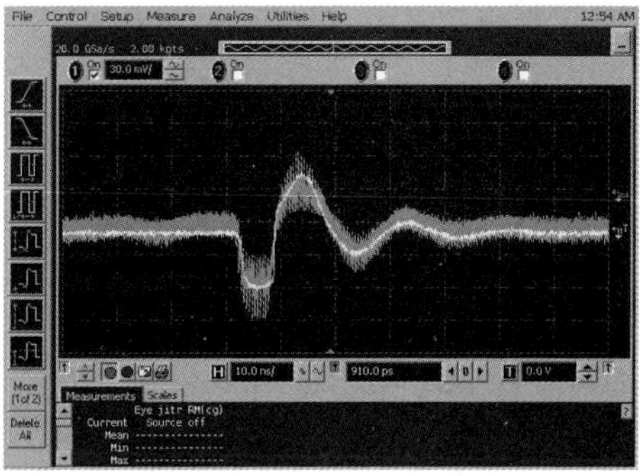

(c) 采样电路输出的展宽波形

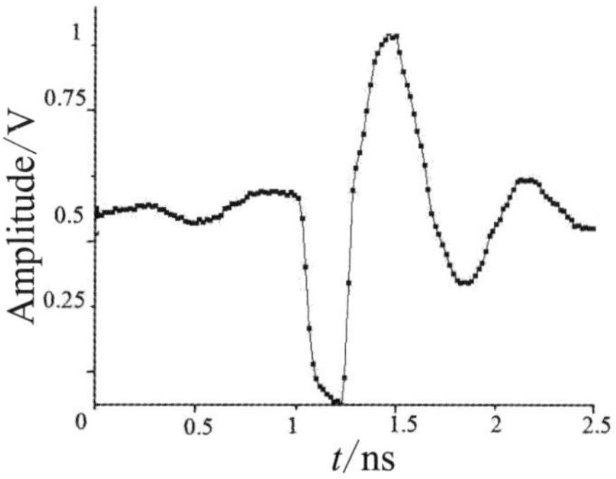

(d) 采样电路经过 ADC 还原的波形

图 5.4-6　采样电路时域性能测试结果

5.5　本章小结

本章首先对接收机子系统各关键部件指标进行分配，把接收机分为射频前端和等效采样两部分进行讨论。其次，对射频前端的关键部件分别进行了设计与研制，对时域等效采样进行了详细的研究与设计，实验结果和仿真结果的吻合度都很好。

○ 参考文献

[1] Madani, K.C.S. Aitchison. A 20GHz Microwav Sampler[J]. IEEE Transactions on Microwave Theory and Techniques, 1992, 40(10): 1960-1963.

[2] Lee, J.S.,C. Nguyer. A Low-cost Uniplanar Sampling Down-Converter with Internal Local Oscillator, Pulse Generator and IF Amplifier[J]. IEEE Transactions on Microwave Theory and Techniques, 2001, 49(2): 390-392.

[3] Jeongwoo, H.,N. Cam. Integrated Balanced Sampling Circuit for Ultra-Wideband Co-mmunications and Radar Systems[J]. IEEE Microwave and Wireless Components Letter-s, 2004, 14(10): 460-462.

[4] Jeongwoo, H.,N.Cam. Coupled-Slotline-Hybrid Sampling Mixer Integrated with Step-Recovery-Diode Pulse Generator for UWB Applications[J]. IEEE Microwave Theory an-d Techniques, 2005, 53(6): 1875-1882.

[5] Cemin, Z., A. E. Fathy. Performance Enhancement of a Sub-Sampling Circuit for Ultr-a Wideband Signal Processing[M]. IEEE Microwave and Wireless Components Letters, 2007, 17(12): 873-875.

[6] 刘文生，李锦林. 取样技术原理与应用[M]. 北京：科学出版社，1981: 147-150.

[7] Avago Technology. HSMS282x, RF Surface Mount RF Schottky Barrier Diodes Data Sheet[J]. Avago Technology, 2009, 5(28): 1-15.

[8] Avago Technology. Linear Models for Diode Surface Mount Packages[J]. Avago Technology Application Notes, 2010, 7(21): 1-3.

[9] 周维，王赤. 基于等效时间采样的探地雷达回波信号采样方法研究[J]. 雷达科学与技术，2004, 2(1): 43-47.

[10] 严明，田茂. 冲击型探地雷达回波信号的等效采样方法研究[D]. 武汉：武汉大学学报(信息科学版)，2007, 32(4): 373-375.

[11] 屈义萍，刘四新. 冲击脉冲型探地雷达等效采样方法的研究[J]. 电子测量技术，2010, 33(1): 8-10.

[12] Azeredo-Leme, C.Clock Jitter Effects on Sampling: A Tutorial[J]. IEEE Circuits and Systems Magazine, 2011, 11(3): 26-37.

[13] J. Mulvey. Sampling Oscilloscope Circuits[J]. Beaverton: Tektronics, 1970: 4-6.

[14] Analog Devices. Digitally Programmable Delay Generator AD9500[J]. Analog Devices Data Sheet, 1999, 1(4): 1-11.

[15] On Semiconductor. MC10EP195: 3.3V ECL Programmable Delay Chip[J]. On Semiconductor Data Sheet, 2009, 9(4): 1-20.

[16] Micrel. 3.3V/5V Programmable Delay SY100EP195V[J]. Micrel Data Sheet, 2005, 5(12): 1-18.

[17] Texas Instruments. Clock Multiplier with Delay Control and Phase Alignment[J]. Texas Instruments Data Sheet, 2006, 6(3): 1-20.

[18] IDT. LVCMOS/LVTTL Clock Divider ICS87001I-01[J]. IDT Data Sheet, 2013, 1(23): 1-14.

[19] Altera. Cyclone III Device Handbook[P]. San Jose: Altera Corporation, 2009: 65-99.

[20] Altera. AN-507[P]. Altera Corporation, 2011, 7(2): 1-18.

[21] Franco, S. Design with Operational Amplifier and Analog Integrated Circuits[M]. New York: McGraw-Hill, 2002: 35-42.

[22] Texas Instruments. 8 Bit, 30MHz Sampling Analog-To-Digital Converter[J]. Texas Inst-ruments Data Sheet, 2001, 1(3): 1-15.

[23] Jason Albanus. Coding Schemes used with Data Converters[J]. Texas Instruments Application Bulletin, 1991, 12(3): 1-6.

第六章　超宽带时域雷达目标成像与数据处理

6.1　短距离冲激雷达成像实验及穿墙成像实验

本节首先对测试采用的雷达系统样机进行简单介绍，随后分别在有障碍物、无障碍物两种情况下对单目标、双目标及三个目标的场景进行了短距离成像实验，并对单目标场景进行了穿墙探测实验，都取得了良好的实验效果。

6.1.1　雷达系统样机

最终完成的短距离冲激成像雷达系统电路部分如图 6.1-1 所示，共由四块电路板组成，滤波器采用自行设计的基于缺陷地结构的宽阻带低通滤波器，负责对天线接收到的回波信号进行滤波，抑制带外干扰。射频放大板为两个级联的 HMC374A 低噪声放大器，负责对天线接收的回波信号进行放大。主系统板包括了基于阶跃恢复二极管的超宽带脉冲发生器和等效采样接收机，负责产生天线的激励信号和接收经过射频放大后的回波信号。FPGA 控制板是在市场上购买的最小系统板，与主系统板连接，负责时序控制和经过 ADC 数字化以后的回波信号的处理、存储和与计算机的通信传输。低通滤波器的尺寸为 8.2 cm × 4 cm，射频放大板的尺寸为 7 cm × 3.5 cm，主系统板的尺寸为 12 cm × 7 cm，FPGA 控制板的尺寸为 10 cm × 7.5 cm，整个系统十分紧凑。

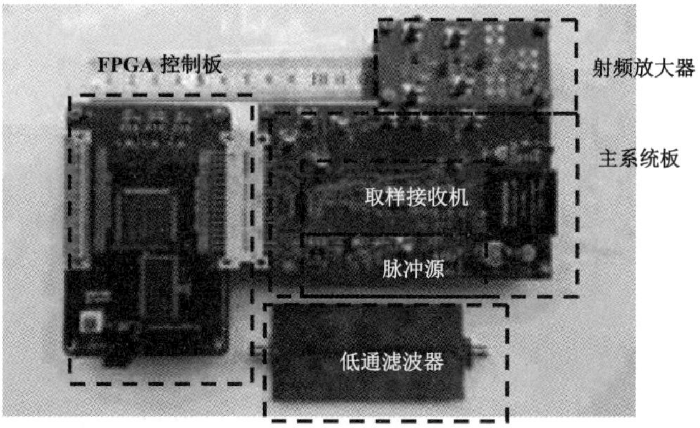

图 6.1-1　冲激雷达系统样机实物图

如图 6.1-2 所示是连接收发天线和计算机的整套冲激雷达系统。后面的成像实验都是按图片所示进行配置的。在进行本次实验测试时，还未对数据处理和成像算法进行深入研究。为了简化后端的数字信号处理工作，本节所涉及的实验都是在距离较近或者目标反射面较大的情况下进行的，主要目的是对雷达系统硬件进行原理性验证。

图 6.1-2 包括收发天线与上位机的冲激雷达系统

6.1.2 目标成像实验

目前，使用冲激雷达对目标进行探测主要有三种扫描方式：A-Scan、B-Scan 和 C-Scan，如图 6.1-3 所示[1]。当天线固定在 xoy 面某一位置(x', y')进行扫描并记录单道数据时称为 A-Scan，此时进行的是一维扫描，如图 6.1-3(a)所示。当天线固定 x 轴的坐标，沿着 y 轴移动，并连续记录数据时，称为 B-Scan，一组 B-Scan 数据由多道 A-Scan 数据组成，是二维扫描，如图 6.1-3(b)所示。当天线沿着 xoy 面内的多条平行线进行扫描并记录数据时称为 C-Scan，一组 C-Scan 数据由多组平行的 B-Scan 数据组成，是三维扫描，如图 6.1-3(c)所示。后面进行的实验主要采用 A-Scan 和 B-Scan 的扫描方式进行数据采集。

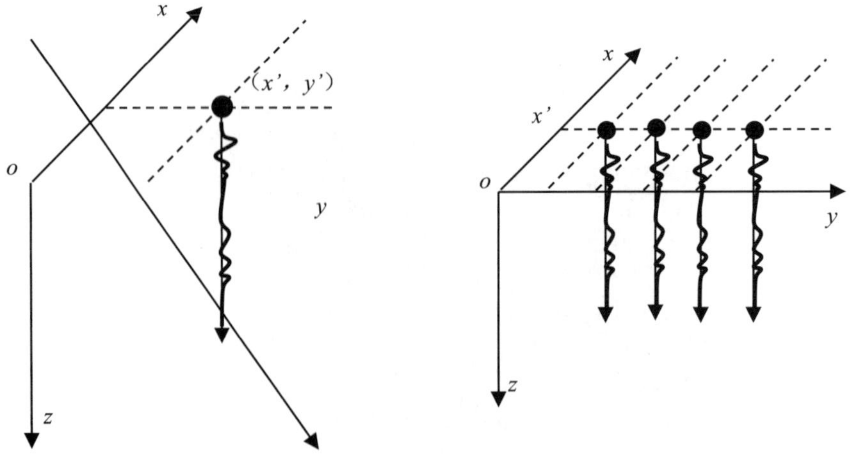

(a) A-Scan (b) B-Scan

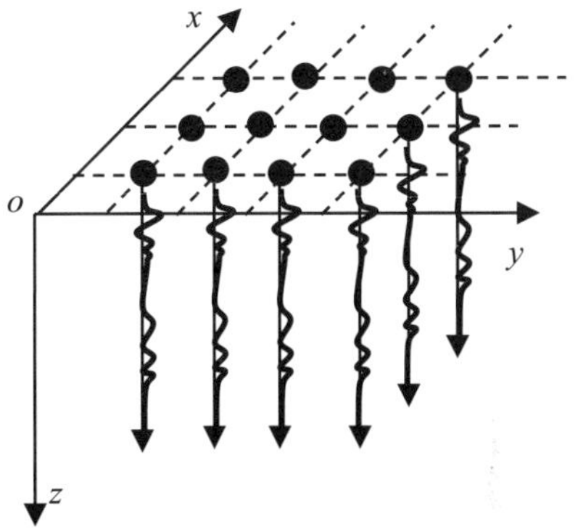

(c) C-Scan

图 6.1-3　三种扫描方式示意图

1. 单目标成像实验（实验 1）

如图 6.1-4 所示，首先对一个距离天线为 4 m、直径为 1 m 的金属圆盘进行扫描成像实验。天线固定在两个木头支架上，距离地面为 1.5 m，两支天线之间相距 0.5 m。

图 6.1-4　成像实验 1 现场

如图 6.1-5 所示，使用 B-Scan 扫描方式通过合成孔径的方法对目标进行成像。总的扫描距离为 5 m，每次移动 0.2 m，每移动一次记录一道 A-Scan 波形，共记录了 25 道波形数据。

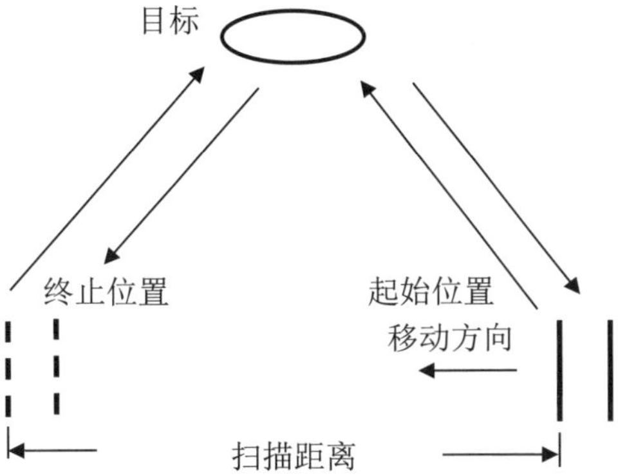

图 6.1-5　B-Scan 扫描示意图

如图 6.1-6 所示是几组典型的 A-Scan 扫描波形。从上到下分别移动距离为 0 m、1.25 m、2.5 m、3.75 m 和 5 m 时记录的波形数据。

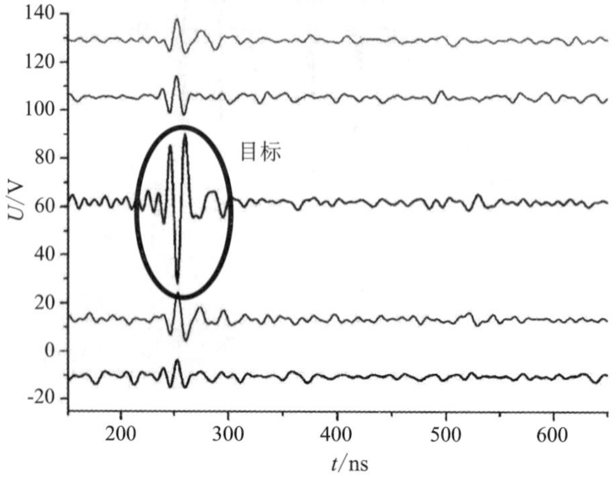

图 6.1-6　实验 1 中几个典型位置的 A-Scan 波形数据

使用 MATLAB 编程对接收数据进行滤波、去直耦波、插值等处理，最后得到的成像结果如图 6.1-7 所示。

图 6.1-7　实验 1 的成像结果

从上图中可以清楚地观察到目标的位置。由于距离较近、反射面较大，所以回波很强，目标与周围环境的对比相当明显。

2. 单目标成像实验（实验 2）

进行实验 2 时将目标与天线的距离拉远至 5 m，其他设置保持不变。再次使用 B-Scan 扫描方式通过合成孔径的方法对目标进行成像。同样总扫描距离 5 m，每次移动 0.2 m，共记录 25 道波形数据。如图 6.1-8 所示是几个典型位置的 A-Scan 数据波形，从上到下分别移动距离为 0 m、1.25 m、2.5 m、3.75 m 和 5 m 时的接收回波信号。

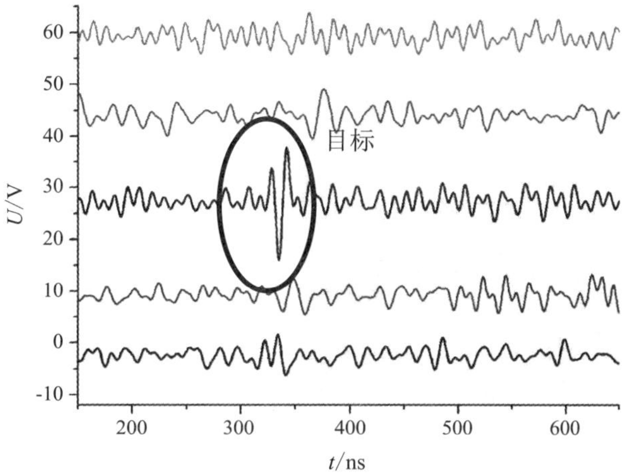

图 6.1-8　实验 2 中几个典型位置的 A-Scan 波形数据

使用与实验 1 相同的程序对数据进行处理，得到的成像结果如图 6.1-9 所示。由图 6.1-9 可以观察到，由于距离拉远、回波信号减弱、噪声影响比较明显，目标所成的像不如实验 1 清楚，但仍然可以被分辨出来。

图 6.1-9　实验 2 的成像结果

3. 双目标成像实验（实验 3）

实验 3 是对两个物体进行扫描成像，测试雷达的分辨能力。实验现场如图 6.1-10(a) 所示。

(a) 成像实验 3 现场照片

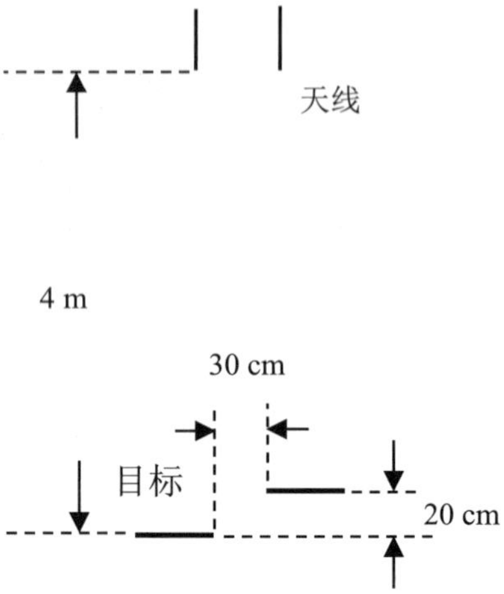

(b) 目标间距

图 6.1-10　实验 3 的成像现场

两物体均为面积 40 cm×40 cm 的金属板。横向间隔 30 cm，纵向间隔 20 cm。天线与最远的目标相距 4 m。利用合成孔径的方法进行成像，天线横向扫描距离为 5 m，每次移动 0.2 m，共记录 25 组数据。如图 6.1-11 所示是几个典型位置的 A-Scan 数据波形，从上到下分别移动距离为 0 m、1 m、2 m、2.5 m、3.75 m 和 5 m 时接收的回波信号。

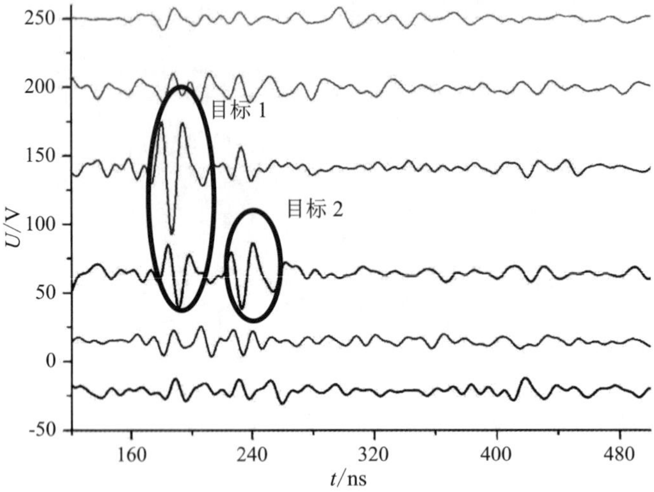

图 6.1-11　实验 3 中几个典型位置的 A-Scan 波形数据

经过处理后的成像结果如图 6.1-12 所示。可以看到，两个目标可以很清晰地被分辨开，效果良好。

图 6.1-12　实验 3 的成像结果

4. 三目标成像实验（实验 4）

实验 4 是对 3 个目标进行扫描成像，实验现场如图 6.1-13(a)所示。

(a) 成像实验 4 现场照片

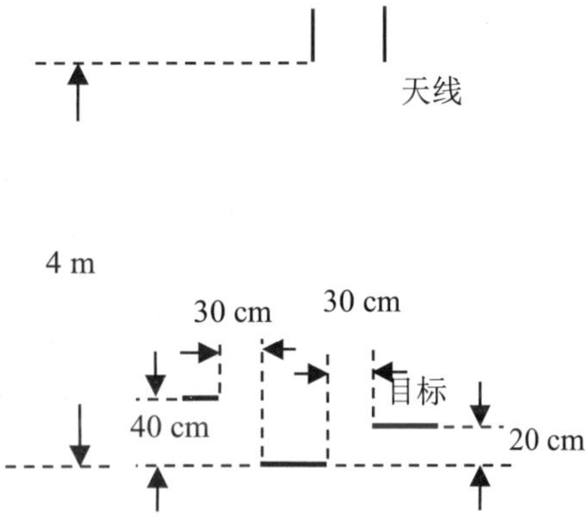

(b) 目标间距

图 6.1-13　实验 4 的成像现场

三个目标中较小的一个为面积 20 cm×30 cm 的金属板，另外两个为面积 40 cm×40 cm 的金属板，目标间距如图 6.1-13(b)所示。B-Scan 扫描距离为 5 m，步长为 0.2 m，共记录 25 组数据。如图 6.1-14 所示是几个典型位置的 A-Scan 数据波形，从上到下分别移动距离为 0 m、1 m、2 m、2.5 m、3.75 m 和 5 m 时接收的回波信号。

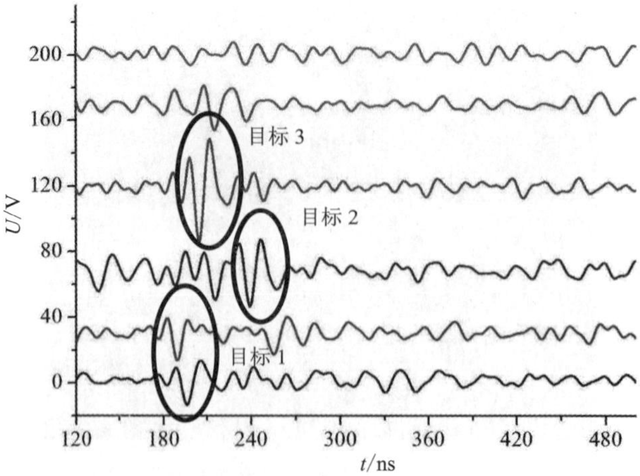

图 6.1-14　实验 4 中几个典型位置的 A-Scan 波形数据

经过处理后得到的成像结果如图 6.1-15 所示。从图中可以看出，3 个目标可以清晰地被分辨出来，效果良好。

图 6.1-15　实验 4 的成像结果

6.1.3　冲激信号穿透能力检测成像实验

1. 穿越障碍单目标成像实验（实验 5）

为了检验冲激信号的穿透能力，进行实验 5 时在天线与目标之间放置了一块厚为 10 cm 的木板，木板面积为 180 cm×90 cm，距离天线为 1 m，距离目标为 3 m，天线与目标之间距离为 4 m。其他设置与实验 1 相同，实验现场如图 6.1-16 所示。

图 6.1-16　实验 5 现场

为了保证木板对天线的遮挡效果，进行实验 5 时没有移动天线，而是将目标横向移动，总移动距离为 5 m，每次移动 0.2 m，共记录了 25 道 A-Scan 数据波形。如图 6.1-17 所示是几个典型位置的 A-Scan 数据波形，从上到下分别移动距离为 0 m、1 m、2 m、3 m、4 m 和 5 m 时接收的回波信号。

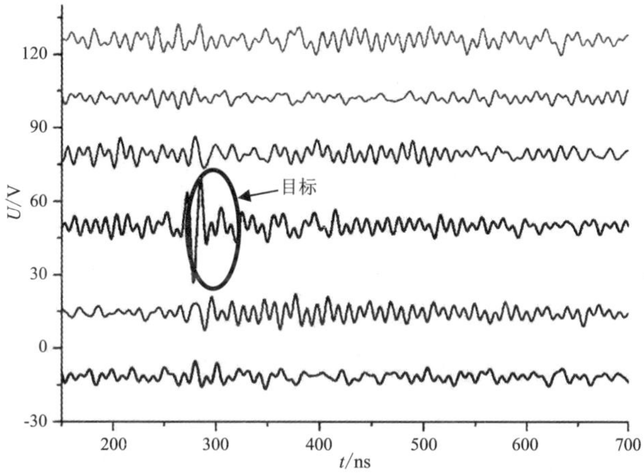

图 6.1-17　实验 5 中几个典型位置的 A-Scan 波形数据

使用与前面相同的程序对数据进行处理后，得到的成像结果如图 6.1-18 所示。从成像结果中看到，使用木板做障碍物对成像没有明显影响，目标仍然可以清楚地被分辨出来，但由于目标的回波信号变弱了，所以对噪声信号的影响较大。

图 6.1-18　实验 5 的成像结果

2. 穿越障碍双目标成像实验（实验 6）

实验6考察冲激信号穿过障碍物后对两个目标的分辨能力，实验现场如图6.1-19所示。天线与最远的目标相距 3.5 m，障碍物与天线距离 50 cm。两个目标的相对位置与实验 3 相同，如图 6.1-10(b)所示。横向移动目标进行扫描，总扫描距离为 5 m，步长为 0.2 m，共记录数据 25 组。如图 6.1-20 所示是几个典型位置的 A-Scan 数据波形，从上到下分别移动距离为 0.5 m、1.5 m、2.5 m、3.5 m 和 4.5 m 时接收的回波信号。

图 6.1-19　实验 6 现场

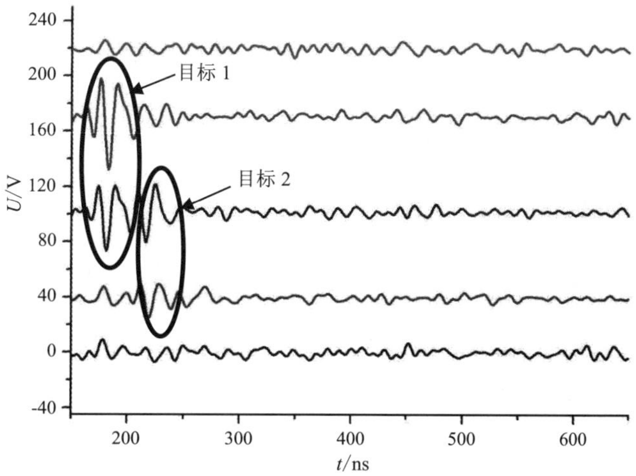

图 6.1-20　实验 6 中几个典型位置的 A-Scan 波形数据

最终的成像结果如图 6.1-21 所示。可以看到冲激信号的穿透能力很强，目标可以很清楚地被分辨出来，但与没有障碍物的情况相比，穿透障碍物使得回波拖尾信号幅度增大，所以目标像的后沿展宽，成像变模糊了。

图 6.1-21　实验 6 的成像结果

3. 穿越障碍三目标成像实验（实验 7）

实验 7 测试的是冲激信号在有障碍物的情况下对两大一小三个障碍物进行成像的能力，对比实验现场如图 6.1-22 所示。天线与最远的目标相距 3.5 m，障碍物与天线距离为 50 cm。3 个目标的相对位置与实验 4 相同，如图 6.1-13(b)所示。横向移动目标进行扫描，总扫描距离为 5 m，步长为 0.2 m，共记录数据 25 组。如图 6.1-23 所示是几个典型位置的 A-Scan 数据波形，从上到下分别移动距离为 0 m、1.25 m、2.5 m、3.75 m 和 5 m 时接收的回波信号。

图 6.1-22　三目标穿透探测实验

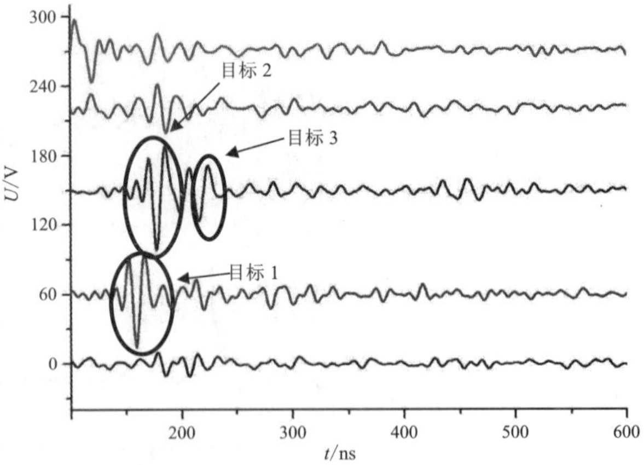

图 6.1-23　实验 7 中几个典型位置的 A-Scan 波形数据

成像结果如图 6.1-24 所示，图中可以比较清楚地分辨出 3 个目标之间的相对位置，穿透效果良好。与双目标穿透成像实验一样，穿透障碍物使得回波拖尾信号幅度增大，目标像的后沿展宽，不同目标的像有部分发生重叠，成像变模糊了。

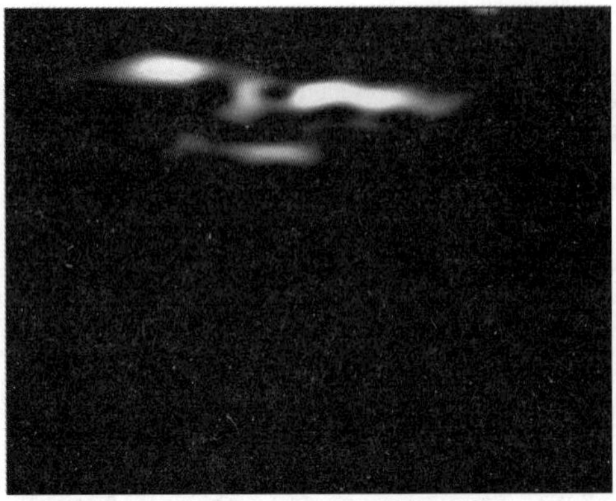

图 6.1-24　实验 7 的成像结果

6.1.4　穿墙成像实验（实验 8）

最后对目标进行了穿墙成像实验，如图 6.1-25 所示，冲激雷达系统放置在室内，反射目标放置在走廊上，中间隔了一道厚度为 30 cm 的钢筋混凝土结构墙壁。天线距离墙壁为 1 m，反射物距离墙壁为 1.2 m。由于空间限制，横向移动距离共为 3.6 m，每次平移 0.2 m，共记录了 18 道回波数据。相对于前面的实验，穿墙成像环境更为复杂，需要使用数据处理算法去除背景环境的干扰，否则不能对目标进行有效成像。如图 6.1-26 所示是几个典型位置的 A-Scan 扫描得到的原始波形，从上到下分别移动距离为 0 m、0.9 m、1.8 m、2.7 m 和 3.6 m。从图中可以看到，直耦波、直达波和环境噪声完全淹没了目标信号。

(a) 室内的冲激雷达系统　　　　(b) 走廊上的反射物

图 6.1-25　穿墙成像实验

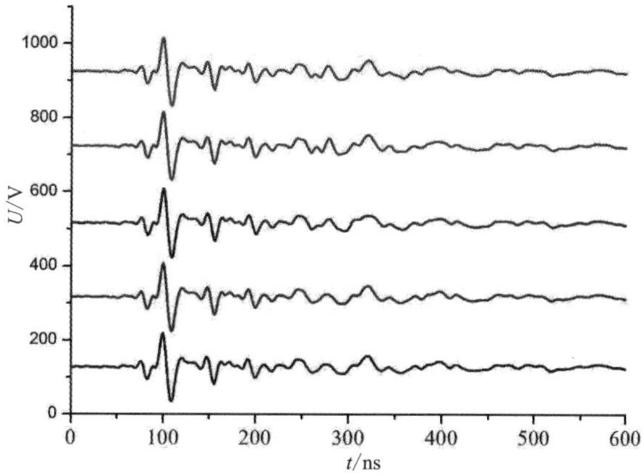

图 6.1-26　几个典型位置的 A-Scan 原始数据

去除直耦波、直达波和环境噪声后，几个典型位置的 A-Scan 数据波形如图 6.1-27 所示。这时目标回波就可以比较清楚地被分辨出来了。

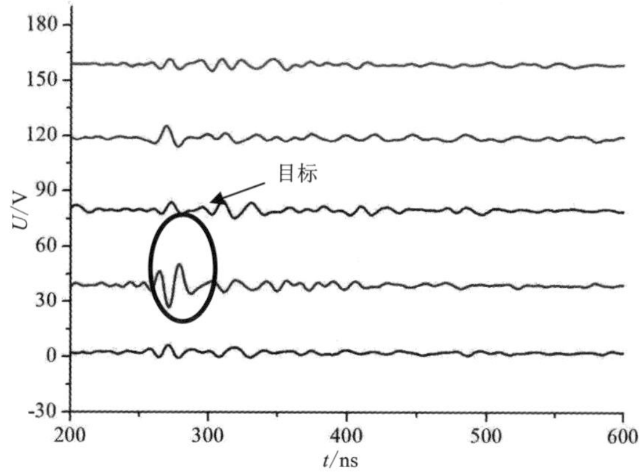

图 6.1-27　几个典型位置经过处理后的 A-Scan 数据波形

使用与前面相同的程序对数据进行处理后，得到的成像结果如图 6.1-28 所示。从结果来看，目标可以比较清楚地从环境噪声中被分辨出来，成像效果良好。

图 6.1-28　实验 8 的成像结果

6.2　阵列冲激雷达原理样机目标探测性能测试

在这一节，主要讨论以冲激雷达原理样机系统为实验平台，测试分析样机系统目标探测的探测距离、分辨率等关键参数，以衡量冲激雷达系统的目标探测性能。

6.2.1　多接收天线目标定位

冲激雷达以冲激信号的时间参数和波形参数信息来进行目标探测[2]，以下讨论通过多天线接收到目标信号的时差与波形参数差别的目标定位。

6.2.1.1　多天线接收信号的时差定位

1. 多天线接收信号的时差的定位公式

如图 3.6-1 所示，位于(r,θ,ϕ)点的目标，其散射回波信号到达天线阵面非共线的 3 个及以上接收天线具有时间差，利用该时间差，可以确定目标位置。

在阵面中心(0,0,0)处设置一接收天线，设从馈电时刻到该天线接收到目标信号的时差为 t_{00}（本书中一直以该天线馈电时刻为计时起点）。那么，目标距离阵面中心的径向距离为

$$r=\frac{t_{00}c}{2} \tag{6.2-1}$$

其中，记录 t_{00} 值，可由式（6.2-1）求出目标物径向距离 r 值。

设编号为“i”的接收天线接收到信号的时刻与计时起点的时间差为 t_{i0}，则该天线测试到目标的径向距离 r 为

$$r=ct_{i0}-\sqrt{(x-x_i)^2+(y-y_i)^2+z^2} \tag{6.2-2}$$

依式（3.6-17），编号分别为“i”“j”的天线接收到目标信号的时间差 t_{ij} 为

$$\begin{cases} t_{ij} = t_{i0} - t_{j0} = \dfrac{(\rho_i^2 - \rho_j^2) - 2r\rho_{ij}\sin\theta \cdot \sin(\phi + \gamma_{ij})}{c(r_i + r_j)} \\ \rho_{ij} = \sqrt{(x_i - x_j)^2 + (y_i - y_j)^2} \\ \tan\gamma_{ij} = \dfrac{x_i - x_j}{y_i - y_j} \end{cases} \tag{6.2-3}$$

为了方便求解出目标位置坐标(r,θ,ϕ)，取图 3.6-7(a)所示编号为“①”“②”“③”的三个接收天线作为接收天线，如图 3.6-7(b)所示，选取天线编号“①+③”作为组合，可得

$$x = \frac{rc}{l}t_{13} = \frac{t_{00}c^2}{2l}t_{13} \tag{6.2-4}$$

其中，l 为方形阵面天线的边长。

类似地，选取天线编号“①+②”作为组合，可得

$$y = \frac{rc}{l}t_{12} = \frac{t_{00}c^2}{2l}t_{12} \tag{6.2-5}$$

于是，目标位置坐标为

$$\begin{cases} x = \dfrac{rc}{l}t_{13} = \dfrac{t_{00}c^2}{2l}t_{13} \\ y = \dfrac{rc}{l}t_{12} = \dfrac{t_{00}c^2}{2l}t_{12} \\ z = \dfrac{t_{00}c}{2l}\sqrt{l^2 - c^2(t_{12}^2 + t_{13}^2)} \end{cases} \tag{6.2-6}$$

式（6.2-6）中，t_{12}、t_{13} 可由式（6.2-3）计算得到

$$\begin{cases} t_{12} = \dfrac{l}{c}\sin\theta \cdot \sin\phi \\ t_{13} = \dfrac{l}{c}\sin\theta \cdot \cos\phi \end{cases} \tag{6.2-7}$$

将式（6.2-6）变换为球坐标系参量，可得

$$\begin{cases} r = \dfrac{t_{00}c}{2l} \\ \theta = \arcsin\left(\dfrac{c}{l}\sqrt{t_{12}^2 + t_{13}^2}\right) \\ \phi = \arctan\left(\dfrac{t_{12}}{t_{13}}\right) \end{cases} \tag{6.2-8}$$

任意 3 个非共线的接收天线就可以给定目标的一个位置参数(r,θ,ϕ)，如果有 n（$n \geqslant 3$）个接收天线，则可以给出 C_n^3 目标位置，按各位置参数方均根误差取极小的条件，可拟合得到误差最小的目标位置。

2. 时差定位精度讨论

（1）径向距离误差

利用式（6.2-1）或式（6.2-2）确定目标径向距离（即由每根接收天线接收信号与馈电计时起点的时间差来确定目标镜像距离），为确定径向距离测试误差，对式（6.2-1）做全微分可得

$$\delta r = \frac{c}{2}\delta t_{00} \tag{6.2-9}$$

取δt_{00}=50 ps，δr=7.5 mm。因此，采用各接收天线发射与接收信号的时间差确定目标的径向距离，具有 cm 量级的测试精度。

（2）角向定位精度

对式（6.2-8）中的第二式做全微分，可得θ角向定位精度

$$\delta\theta = \frac{c}{l\cdot\cos\theta}\frac{t_{12}\cdot\delta t_{12} + t_{13}\cdot\delta t_{13}}{\sqrt{t_{12}^2 + t_{13}^2}} \tag{6.2-10}$$

考虑到接收天线接收的信号由同一接收机采集，可以认为接收机的时间抖动对不同的接收天线近似相等，即假设$\delta t_{12} = \delta t_{13}$，则式（6.2-10）可化简为

$$\delta\theta = \frac{c}{l\cdot\cos\theta}\frac{1}{\sqrt{1-\dfrac{2t_{12}t_{13}}{(t_{12}+t_{13})}}}\delta t_{12} \tag{6.2-11}$$

当 $r_i \gg \rho_i$ 时，取近似 $r_i + r_j \approx 2r$，式（6.2-3）中第一式化简为

$$t_{ij} = \frac{-\rho_{ij}\sin\theta\cdot\sin(\phi+\gamma_{ij})}{c} \tag{6.2-12}$$

当$\theta=k\pi$或$\phi+\gamma_i=k\pi$时，取$\delta t_{12}=\delta t_{13}$=5 ps，$l$=2 m，则$\delta\theta$=0.75 mrad。图 6.2-1(a)给出上述计算条件下，任意(θ,ϕ)方位的θ角向定位误差。计算结果表明，时差定位方法给出的θ角向误差为 2 mrad 左右。

类似地，对式（6.2-8）中的第三式做全微分，可得ϕ角向定位精度

$$\delta\phi = \frac{\cos^2\theta(t_{13}-t_{12})}{t_{13}^2}\delta t_{12} = \frac{\cos^2\theta\cdot t_{23}}{t_{13}^2}\delta t_{12} \tag{6.2-13}$$

图 6.2-1(b)给出与图 6.2-1(a)同样计算条件下，任意(θ,ϕ)方位的ϕ角向定位误差。计算结果表明，时差定位方法给出的ϕ角向误差在 3 mrad 量级。

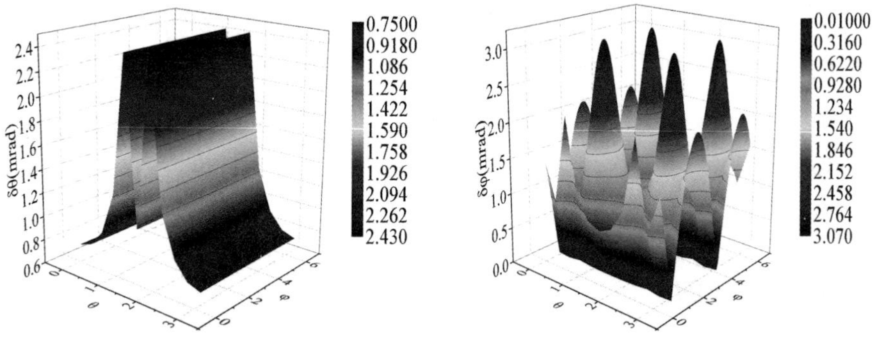

(a) θ角向定位误差　　　　(b) ϕ角向定位误差

图 6.2-1　时差定位方法的角向误差

3. 时差定位方法

① 由式（6.2-8）确定目标(r,θ,ϕ)；

② 如(θ,ϕ)测试值接近角方位误差最大角度时，将波束指向(θ,ϕ)修改为$\theta+\pi/4$，或$\phi+\pi/4$重新扫描测试；

③ 对目标坐标(r,θ,ϕ)进行多次测量，计算多次测量值的方均根误差，当方均根误差达到最小时，认为该(r,θ,ϕ)值为目标坐标测试值。

6.2.1.2　利用回波信号幅度差的目标方位定位

依据目标处于波束不同方位角下回波信号的幅度差来确定目标方位，是阵列雷达目标定位的重要手段之一。

1. 阵面波束空间分布函数

通常情况下，时域天线阵列的辐射波束，在空间维度上均可用高斯函数来描述。为了简便起见，把沿(θ,ϕ)方位的阵列时域波束做归一化处理，这样，波束场分量幅度的空间分布函数可写为

$$\begin{cases} E(\theta,\phi)=\exp\left(-\alpha_\theta\theta^2-\alpha_\phi\phi^2\right) \\ \alpha_\theta=\dfrac{2}{\theta_h^2},\ \alpha_\phi=\dfrac{2}{\phi_h^2} \end{cases} \tag{6.2-14}$$

其中，θ_h、ϕ_h分别为单元天线脉宽、θ和ϕ角向的半峰值角宽度。

2. 目标回波信号幅度差定位方法

图 3.6-3 数值计算结果表明，只要各阵元馈电时延得到精确控制，阵面波束在扫描角

度范围内，其参数在误差范围相同。因此，只需要对目标在短时间内多次扫描（至少两次），就可以按式（6.2-14）确定目标方位角(θ,ϕ)。也可以对同一目标，以高重频在短时间内多次改变阵面波束方位，对式（6.2-14）中所有参数$(\alpha_\theta,\alpha_\phi,\theta_h,\phi_h)$进行拟合，再由回波信号幅度和拟合的波束函数，按多次测试结果的方均根误差最小为标准，拟合得到目标的方位参数值，并以此作为测试值输出结果。

6.2.2 目标信息提取

在这一节里，提出采用时间对准、幅度归一、时变放大 3 个步骤提取目标信息的简便方法以及与之对应的数据处理程序编译方法。

6.2.2.1 目标信息提取方法

图 6.2-2(a)给出相同实验条件下，放置或不放置目标时，冲激雷达系统探测到的信号曲线，可见，在通常情况下，目标信息隐藏于环境噪声之中。目标信息提取就是将目标散射的回波信息从包含环境和雷达系统固有噪声中分离出来。

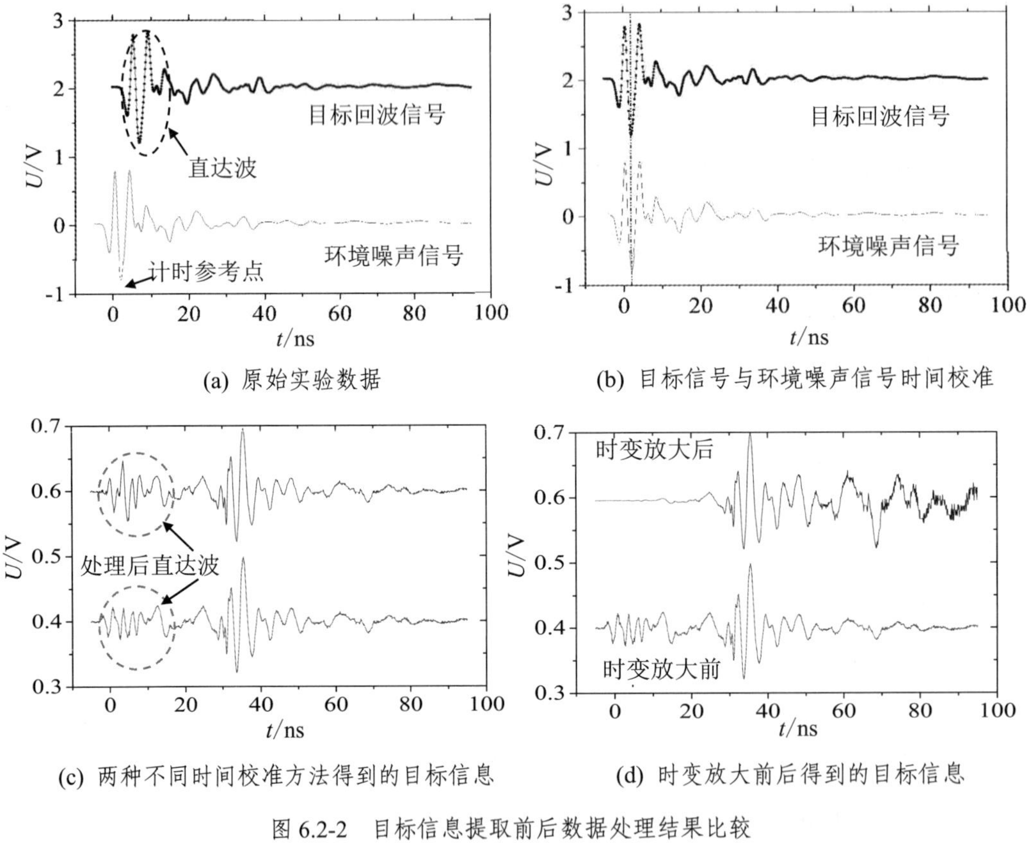

图 6.2-2 目标信息提取前后数据处理结果比较

冲激雷达系统采用时域波形相关接收方式来探测目标，结合实验样机系统工作特点：其一，雷达系统静止，在短时间内，环境杂波保持不变；其二，接收信号为时域信号，便于环境随机噪声信号抑制甚至消除。为此，作者提出以下目标信息提取方法：其一，利用发射天线与接收天线的直达波信号特征点[如图 6.2-2(a)所示的曲线极小值点]作为系统计时起点的参考点；其二，事先采集环境噪声信号背景；其三，在包含目标信息的回波信号中去除环境噪声信号，并获取目标有效信息。

1. 时间校准

在背景噪声采集以及目标回波信号采集的两个过程中，阵面发射天线辐射的电磁信号，同时也被位于辐射阵面上的接收天线接收，该信号被称为“直达波”信号[如图 6.2-2(a)所示]。当辐射、接收天线在阵面位置坐标给定时，直达波信号与信号源触发信号的时间差就被确定。因此，直达波信号曲线上的特征点，可以用作系统每次工作时的计时起点，以代替信号源触发信号时刻的计时起点。用直达波特征点作为计时起点有如下优点：其一，直达波信号由阵面天线布阵的几何参数确定，受环境噪声信号影响很小；其二，可以减小信号源触发信号因触发抖动而带来的计时误差（触发信号上升沿为 10 ns 量级，时间抖动大约为 50 ps）。

目标回波信号的时间校准，就是在各次目标探测过程中，将包含目标信息的回波信号，以直达波信号特征点为标准，将计时起点校准，确保每次探测获得的目标回波信号是同时刻由阵面辐射出去的。

设直达波信号波形函数为 $E(t)$，系统两次采集时，触发抖动时间为 $\tau \ll T$（研制的脉冲源，$\tau = 50$ ps），T 为回波信号半峰值脉宽，$E(t_0)$表示直达波特征点的电场幅值，则因触发抖动引起的特征点幅度差为

$$E(t_0+\tau)-E(t_0)=\left.\frac{\mathrm{d}E(t)}{\mathrm{d}t}\right|_{t=t_0}\tau \tag{6.2-15}$$

由式（6.2-15），可根据包含目标信息的回波信号直达波特征点电场幅值与环境噪声信号曲线中直达波特征点电场幅值之差，确定信号源的时间抖动值τ[因直达波信号 $E(t)$为已知，式（6.2-15）右端求导结果为已知]。这样，只需将各次目标探测的回波信号在时间轴上相应平移τ，就可以确保各次目标探测时信号源触发时刻相同。

采用式（6.2-15）的时间校准方法，原则上在冲激信号源没有幅度抖动的情形下，可以很好确保时间校准[如图 6.2-2(b)所示]。但在两次目标探测过程中，可能冲激信号源每次提供的馈电信号幅度存在抖动（研制的信号源幅度抖动 1%），这就导致用式（6.2-15）计算出来的时间抖动τ值出现较大偏差。

为减小信号源幅度抖动引起的时间校准误差，研究过程中采用了对各次目标信号直达波公式"拟合方法"来校准计时起点的方法：在直达波出现的固定时间段内，对采集信号场幅值由大到小排序，并在极小值点对应时刻的前、后各取13个坐标点（共计27个坐标点）；用给定的直达波信号波形函数（如二阶高斯信号），对选取的27个坐标点拟合，按方均根值最小的标准给出拟合函数；依据拟合函数，给出直达波信号特征点（即极值点）时间坐标和场幅值坐标；以环境噪声信号直达波极值点为计时起点，对各次目标回波信号的特征点时间做平移，使它们计时起点保持相等。

图6.2-2(c)分别给出采用式（6.2-15）和采用直达波信号拟合方法进行时间校准，然后再减去环境噪声信号后的数据结果。可见，两种处理方法得到的目标信息波形曲线差异并不大，但包含目标信息的回波信号减去环境噪声信号后，采用式（6.2-15）时间校准方法处理得到的直达波信号幅度要比拟合方法得到的强。这表明冲激信号源幅度抖动对时间校准精度仍存在影响，且随着冲激信号源幅度抖动增大，时间校准误差也增大。因此，在时间校准程序编制中，采用了对直达波信号拟合方法进行时间校准。

2. 幅度归一与目标信息提取

将各次目标探测的回波信号时间校准后，用各次目标回波信号中的直达波特征点幅值（或峰-峰值）对回波信号幅度归一，即

$$E_{hi}{}'(t+\tau)=\frac{E_{hi}(t+\tau)}{E_{hi}(t_0)} \tag{6.2-16}$$

其中，t_0表示直达波信号特征点对应的采样时刻，τ表示回波信号时间校准时的时间平移量，$E'_{hi}(t+\tau)$表示归一化后、第"i"次采集得到的信号波形曲线函数。

各次目标探测的回波信号经时间校准、幅度归一后，减去环境噪声信号，就可以提取得到目标信息$E_{ai}(t)$

$$E_{ai}(t)=E_i'(t+\tau)-E_0'(t) \tag{6.2-17}$$

其中，$E_0'(t)$表示归一化后的环境噪声信号波形曲线函数。

3. 时变放大

目标回波信号电场分量随距离r^2成反比衰减，可以通过数据处理方式，将目标反射信号做时间放大处理，以抵消辐射电磁波场分量随距离的衰减，使各距离点的目标回波信号幅值相等。

按时域雷达方程，用$f(\theta,\phi)$表示天线阵列合成电磁波束的时域方向图函数，则不同距离点目标回波信号幅度为

$$E_{ai}(r,\theta,\phi)=\frac{E_{ai}(r_0,0,0)r_0^2}{r^2}f(\theta,\phi) \tag{6.2-18}$$

以直达波信号最大负幅值点为计时起点，时变放大的公式应该为

$$E_{ai}(r,\theta,\phi)=\frac{E_{ai}(r_0,0,0)r_0^2}{r^2}f(\theta,\phi)\left[\frac{c(\tau+t-t_0)}{2}+r_0\right]^2 \tag{6.2-19}$$

其中，t 表示任意幅值对应的时间采集点，r_0 表示接收天线距离最近发射天线的距离，τ 表示直达波信号时间基准点与辐射天线辐射时间起点的时间延迟。

图 6.2-2(d)给出目标信息经时变放大前后的波形曲线，可见，目标信息前的噪声信号（包括直达波信号）得到很好抑制，但目标信号后的噪声信号由于时变放大得到大幅度加强，不便于多目标探测时的目标信息提取。是否可以通过目标信息波形函数的保真系数来区分目标信号和环境噪声信号，并只对目标信号做时变放大，以及通过提高对目标信息积累来抑制杂波信号等方法，来克服时变放大引起的杂波信号放大，是今后数据处理中需要进一步解决的问题。

6.2.2.2　目标信息提取程序编制

根据目标信息提取方法，采用以下步骤编制目标信息提取程序：

① 输入直达波信号的起止时刻点，在各次目标探测回波信号中，读取该时间段内各采集点时间、场幅值坐标；

② 在直达波信号出现的时间段内，对采集信号场幅值由大到小排序，并在极小值点对应时刻的前、后各取 13 个坐标点（共计 27 个坐标点）；

③ 用给定的直达波信号波形函数（如二阶高斯信号），对选取的 27 个坐标点拟合，按方均根值最小的标准给出拟合函数；

④ 依据拟合函数，给出直达波信号特征点（即极值点）时间坐标和场幅值坐标；

⑤ 以环境噪声信号直达波极值点为计时起点，对各次目标回波信号的特征点时间做平移，使它们计时起点保持相等；

⑥ 各目标回波信号（包括环境噪声信号）时间校准后，用直达波信号特征点幅值去除回波信号各采集点幅值，得到归一化回波信号；

⑦ 用归一化目标回波信号减去环境噪声信号，获得目标信息；

⑧ 对目标信息做时变放大处理；

⑨ 用时变放大后的数据对目标成像。

6.2.3　静态目标探测实验测试与分析

在这一节，主要介绍样机系统对静态目标距离及距离分辨率、位置坐标及角向分辨率的实验测试结果。

1. 目标距离探测实验测试与分析

静态下，目标距离实验测试装置如图 4.5-1 所示。实验采用单接收天线接收目标回波信号，发射天线阵面距离地面高度参数参照图 4.5-1 的实验条件说明，接收天线位于辐射阵面中心。

图 6.2-3(a)给出将目标分别放置与距离辐射阵面 5～13.1 m 不同距离点时，采用 6.2.2 节介绍的目标信息提取方法，获得的目标回波信息的实验测试结果，表 6.2-1 给出如图 6.2-3(b)所示实验测试结果和理论计算值的差异比较。

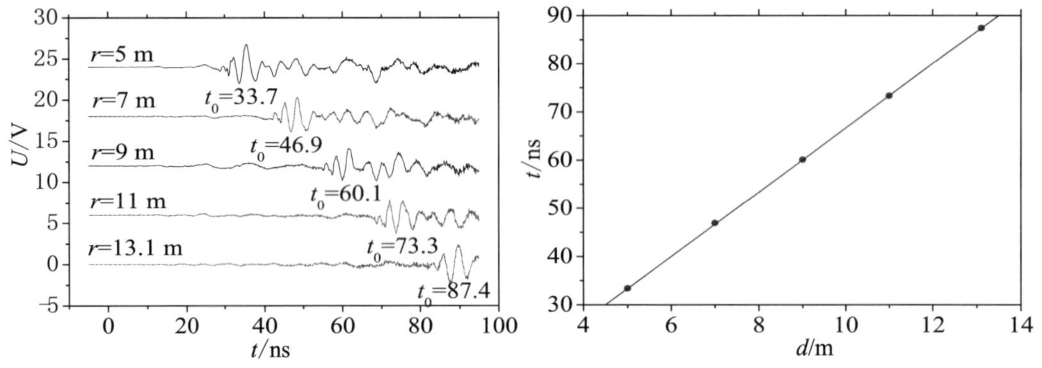

(a) 目标距离天线不同距离的回波信号　　(b) 实验测试结果与理论值的比较

图 6.2-3　静态目标距离及距离分辨率实验测试

表 6.2-1　静态目标距离实验测试与理论计算的比较

目标距离 / m	5	7	9	11	13.1
理论回波时刻/ns	33.6	46.7	60.0	73.3	87.3
测试回波时刻/ns	33.7	46.9	60.1	73.3	87.4
回波时刻误差/ns	0.1	0.2	0.1	0	0.1
距离测试误差/cm	1.5	3	1.5	0	1.5

表 6.2-1 实验测试与理论计算的比较结果表明：冲激雷达距离测试精度可以达到 cm 量级，验证了 1.3.2 节论述的该类雷达距离测量的优势结论。

2. 目标距离分辨率实验测试与分析

目标径向距离分辨率衡量雷达系统对径向相距很近的两目标（或多目标）的识别能力，可由多目标回波信号的波峰或波谷是否能分辨为两个回波信号来判定。

实验测试时，可分别测量两个单目标在较小距离差（如相距 10 cm）情形下的目标信号，然后同时放置两个目标物，测量双目标下回波信号，考查双目标回波信号波峰或波谷是否可以分辨为两个冲激信号，以此确定系统的径向距离分辨率。

图 6.2-4(a)给出两个单目标距离天线阵面距离分别为 5 m 和 5.15 m 时，样机系统接收到的目标信号；图 6.2-4(b)给出同时将两个目标物分别放置在距离天线阵面距离为 5 m 和 5.15 m 时的目标回波信息；图 6.2-4(c)、(d)是将两个目标径向距离差增大到 30 cm，重复图 6.2-4(a)、(b)的实验测试的结果，实验测试条件与图 6.2-3 的测试条件相同。

图 6.2-4(b)实验测试结果表明：两个相距 15 cm 目标的回波信号，其脉宽比单目标回波信号明显变宽，但其波峰只有 1 个，此时的双目标被系统测试为 1 个单目标。当两目标间距增大到 30 cm 时，如图 6.2-4(d)所示双目标回波信号波峰明显分裂为 2 个，脉宽也接近单目标回波信号的 2 倍，此时雷达系统已经能够判别目标为双目标。

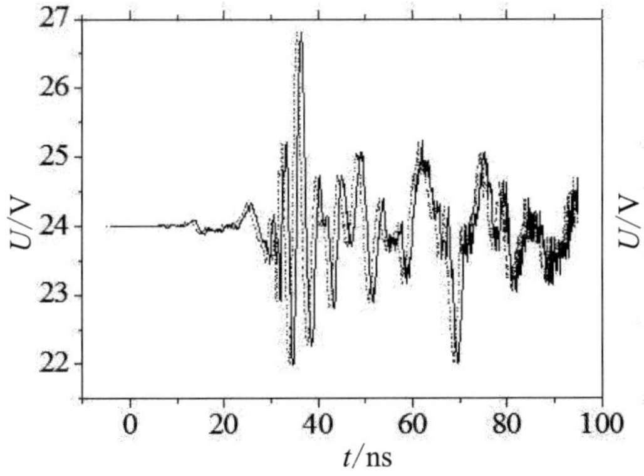

(a) 单目标相差 15 cm 分别测试波形

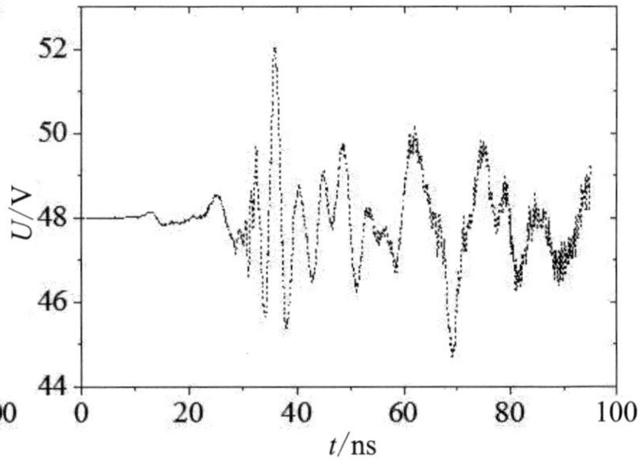

(b) 相距 15 cm 双目标回波信号波形

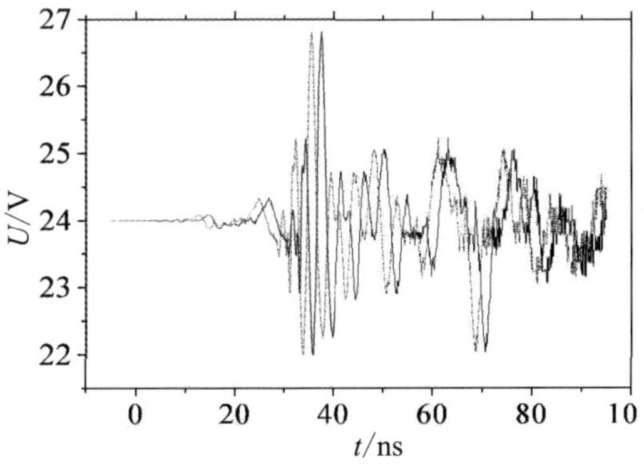

(c) 单目标相差 30 cm 分别测试波形

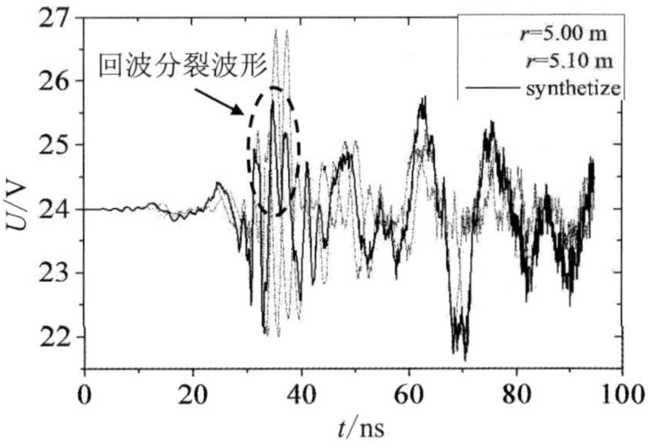

(d) 相距 30 cm 双目标回波信号波形

图 6.2-4　目标距离分辨实验测试

根据瑞利判据，雷达径向分辨率可表示为

$$\delta_r = \frac{\tau \cdot c}{2} \tag{6.2-20}$$

其中，τ为雷达辐射电磁脉冲的脉冲宽度，c 为光在空气中的传输速度。考虑到实验样机系统辐射脉冲信号的半峰值宽度为 2 ns，按式（6.2-20），其径向距离分辨率为 30 cm，这与图 6.2-4(d)实验测试结果完全吻合。这样，冲激雷达距离分辨率由双脉冲可识别的“瑞利判据”确定，这一结论就得到了实验验证。

3. 目标角向分辨率实验测试与分析

多目标的径向距离或距离差可由它们回波信号的时间差确定，但当多目标距离辐射阵面距离相等，而所处方位角(θ,ϕ)不相同时，这些目标回波信号达到辐射阵面的时间几乎相同，不能由单接收天线接收到不同目标的时间差来确定。在频域雷达中，通常依据不同方位目标因处于阵面波束角中的位置不同，因而回波信号的幅度存在差异，通过分析不同目标的幅度差异来确定各目标方位。考虑到冲激信号时间差可以精确测量（如图 6.2-3、图 6.2-4 的实验测试结果），采用 6.2.1 节的多天线接收信号的时间差来确定目标坐标或方位的方法。

实验测试时，采用位于天线正面中心的单元天线辐射，3 个接收天线接收目标回波信号的实验方案，3 个接收天线位置分布参照图 3.6-1(a)，位置坐标见表 6.2-2 所列。其他实验测试条件与图 6.2-3 测试参数相同。

表 6.2–2　目标方位实验测试的收发天线坐标

天线编号	发射天线	接收天线 1	接收天线 2	接收天线 3
位置坐标	（0，0）	（−1，−1）	（−1，1）	（1，−1）

3 个接收天线分别接收到的目标回波信号与如图 6.2-4(a)所示波形曲线类似，为节省篇幅，这里不再罗列实验测试的波形图，而只将目标放置位置坐标与实验测试得到的位置坐标比较罗列在表 6.2-3 中，表中“接收天线 i 时延”是指第“i”编号接收天线接收到的目标信息与直达波特征计时起点的时间差，单位为 ns；目标位置坐标（目标实际放置坐标，目标实验测试坐标）是指目标的(r,θ,ϕ)，其中，距离坐标单位为 m，角度坐标单位为“度”，目标坐标计算公式参考式（6.2-8）。

表 6.2-3 实验测试结果表明：其一，冲激雷达的径向距离测试精度可以保持在 0.5 m 范围内；其二，当目标放置在一些特殊位置，如（10，0，0）时，方位角偏差较大（如将目标放置于轴线）；其三，在系统扫描角度范围内，且目标放置于非特殊角度，时差定位方法还是能够准确定位目标方位，角向定位误差能够保证在 mrad 量级，与 6.2.1 节理论分析结果吻合。

表 6.2-3　目标方位实验测试结果及分析

接收天线时延 / ns			目标实际放置坐标			目标实验测试坐标		
天线 1	天线 2	天线 3	r	θ / mrad	ϕ / mrad	r / mrad	θ / mrad	ϕ / mrad
62.280	62.295	62.273	10	0	0	10.09	0.15	85.95
65.440	62.290	62.285	10	45	45	10.35	42.4	44.90
65.325	63.120	61.410	10	45	30	10.37	42.4	29.90
131.02	129.390	128.171	20	30	30	20.27	29.5	29.80

需要指出，表 6.2-3 实验测试数据误差与 6.2.1 节解析分析结果还是存在差距，原因大致包括以下几点：其一，在 6.2.1 节分析中，将系统冲激信号触发抖动设置成为 5 ps，但实验测试时，系统抖动达到 10 ps 量级；其二，在对该实验数据处理时，直接由程序读取直达波信号特征点时间，未对直达波信号波形曲线进行公式拟合并以此读取其特征点时间，导致系统触发抖动（30～50 ps）直接包括在定位参数值中，大幅度提升了误差。因此，考虑通过降低硬件系统引起的触发抖动误差，增加接收天线数量，同时优化时差定位算法程序，实现对目标定位算法的改进。

6.2.4　动态目标探测实验测试与分析

在 6.2.3 节中，讨论了样机系统对静态目标径向距离分辨率与角向方位分辨率的实验测试结果，在这一节里，讨论样机系统对角向目标探测的实验测试情况。

1. 单运动目标探测实验

单运动目标实验现场如图 6.2-5(a)所示，采用 3×3 单元阵面辐射冲激信号，接收天线固定在发射天线阵面正上方；探测对象为一辆运动家用小汽车。实验测试时，小汽车由近及远或由远及近运动，小汽车运动速度在 60 km/h 以内变化。图 6.2-5(b)给出小汽车由远及近运动时，成像算法软件给出的灰度图。由图可见，研制的冲激雷达系统可以对运动目标成像。

(a) 单运动目标实验现场照片

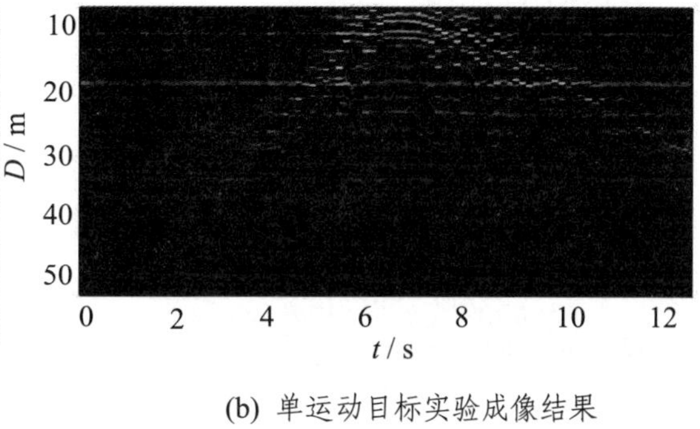

(b) 单运动目标实验成像结果

图 6.2-5　单运动目标实验现场照片及成像结果

2. 双运动目标探测实验

双运动目标成像实验测试条件、方法与单目标对应实验测试相同。实验对两辆运动的小汽车并行、前后跟随等情形都分别进行了测试，测试现场照片及典型实验测试结果如图 6.2-6(a)所示。图 6.2-6(b)较为清晰显示了两辆汽车的两条运动曲线，且两辆汽车运动途中减速、停顿的信息也得到明显显示，这不仅表明冲激雷达系统可以对两个及以上运动目标清晰成像，也提供了样机系统具有较好的角分辨的实验证据。

(a) 双运动目标成像实验现场

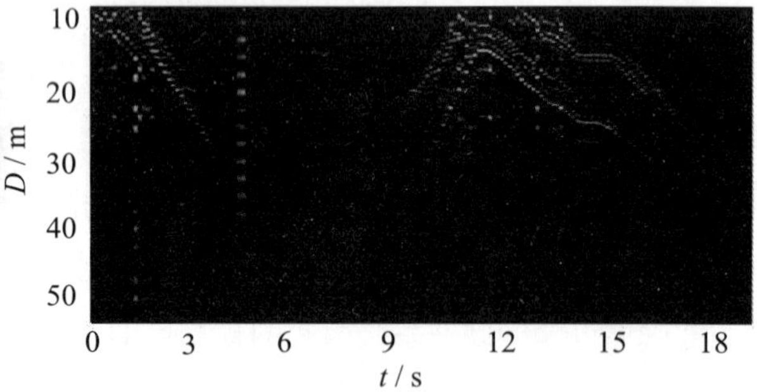

(b) 双运动目标成像实验结果

图 6.2-6 双运动目标成像实验现场照片及实验测试结果

6.3 钻孔测井雷达目标成像研究

冲激体制雷达对目标的成像主要依靠目标反射的时域波形，然而雷达接收机接收到的时域波形涵盖太多反射信号[3]，这些反射信号重叠让目标信号面目全非，甚至相互抵消。时域信号随传输距离增加而衰减，目标距离雷达越远，回波信号越小，目标信号越难以分辨[4-5]。

越远的目标其回波信号越小，对目标信号的分辨越难分辨。本节主要针对这些难点对钻孔测井雷达算法成像做初步研究，从硬件角度和软件算法上对冲激体制雷达的成像做简单探索。

6.3.1 不同冲激信号源对目标反射研究

本节通过研究不同冲激信号源在空气中对目标的反射实验，从硬件上研究冲激信号源对目标成像的影响。表 6.3-1 给出三种冲激信号源的关键参数：1 号源和 2 号源脉宽大致相同，频谱相对比较接近，峰值脉冲幅度差别较大；3 号源峰脉宽和峰值脉冲幅度和 1 号、2 号源的差别比较明显。

表 6.3-1　三种冲激信号源的关键参数表

冲激信号源	幅度 /V	半峰值宽度/ns	频谱/GHz
No.1	1530	1.58	0.18～1
No.2	661	1.54	0.12～1
No.3	229	0.52	0.2～2.5

收发天线之间距离为 3 m，为了便于识别地面反射信号，将收发天线架在离地面 1.7 m 木架上。冲激信号源与发射天线之间用 2 m 的同轴线相连接，接收天线接收到的信号经 2 m 同轴线以及 40 dB 衰减器在示波器显示，目标物(1 m × 1 m 铁板)放置在收发天线连线的中垂线上。测试过程中，保持收发天线位置不变，由近及远依次改变目标位置，测试不同位置处目标的反射波形信号变化情况，用示波器保存记录，图 6.3-1 是实验测试方案和现场测试照片。

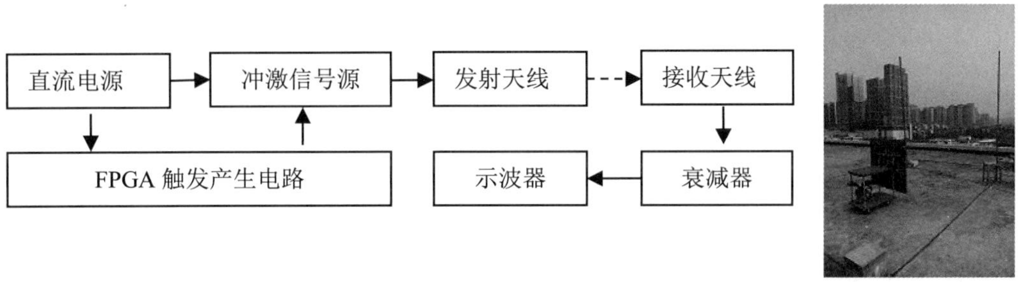

(a) 测试方案　　(b) 现场照片

图 6.3-1　冲激信号目标反射特性实验

在无目标时，以及目标距收发天线 2 m 处时，用三个信号源分别激励发射天线，示波器上接收到的时域波形如图 6.3-2 所示。从图 6.3-2(a)和(b)中可以大致看出在三个脉冲源分别激励下，直达波位置保持一致，波形大致相似，幅度略有不同；地面反射波位置也大致相同，波形略相似，但随后不同时刻的波形差距非常大。虽然 1 号源与 2 号源的直达波幅度差距有点大，但从图中可以看出 2 个源激励的接收波形从 15 ns 以后波形走势比较接近。

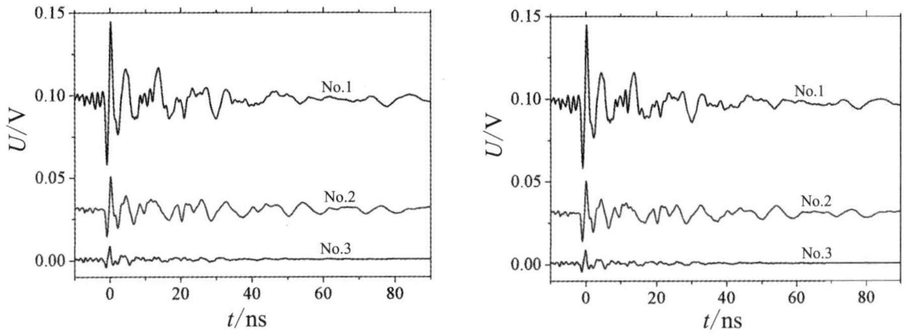

(a) 无目标时辐射波形　　(b) 目标在 2 m 处的辐射波形

图 6.3-2　冲激信号源辐射波形

根据实验结果可知，接收天线接收到的目标反射波形与信号源的频谱分布相关，不同的冲激信号源、辐射频谱不同，接收到的信号波形也会有所区别。由表 6.3-1 可知 1 号源和 2 号源的频谱大致相同，虽然幅度差别比较大，但是在 2 个源的激励下，测试得到的目标反射信号的波形基本相同。3 号源的脉宽比较窄，由图 6.3-2 可以看出，3 号源的辐射波形自直达波以后波形非常干净，即信号源的波形不仅影响目标位置的波形还影响整体波形。

1. 冲激信号源的目标反射波形

以下各图（图 6.3-3 至图 6.3-5）数据均为经衰减器衰减 40 dB 后示波器测试得到的数据，图 6.3-3(a)直接给出背景信号以及目标距天线不同位置的波形数据，图 6.3-3(b)是目标距天线不同位置的波形数据直接减去目标在 10 m 处的数据。图 6.3-3 中目标不同位置时的波形曲线按照图内给出的位置标注顺序，从上到下依次排列。

① 1 号源

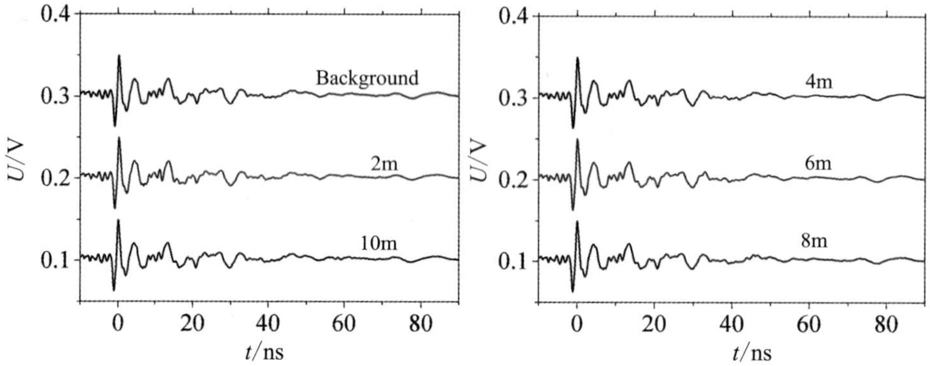

(a) 原始波形数据

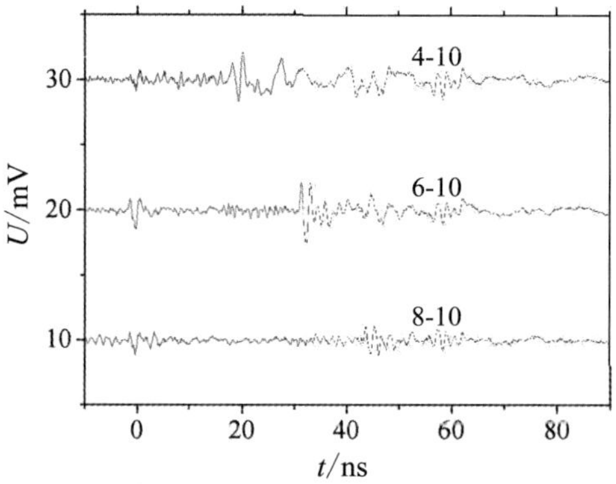

(b) 原始数据减 10 m 处数据后的结果

图 6.3-3　1 号源辐射处理的数据

由图 6.3-3(a)可以看出 1 号源激励下，目标距接收天线不同距离处，天线接收到的波形。从整体来看各波形基本相同，尤其直达波的位置一样，说明冲激信号源的时间抖动小。各波形局部位置有微小的区别，对应目标反射信号。但由于目标反射信号比较弱，不容易直接由图 6.3-3(a)判断出目标位置。对接收天线接收信号进行简单的处理，即每组数据都减去目标距天线 10 m 处的数据，得到的结果如图 6.3-3(b)所示，可以清晰地分辨出各个目标信号，经计算目标所在位置与实际位置一致。

由图 6.3-4(a)可以看出 2 号源时间抖动也比较小，目标距天线不同位置的波形差异体现了目标信息。经简单数据处理后的波形如图 6.3-4(b)所示，除了距天线 2 m 处的目标无法分辨外，其他位置的波形都可以清楚地被分辨出来；这可能因为 2 号源幅度比 1 号源幅度稍低，接收天线距目标比较近，反射影响比较大，后面的其他反射波尤其是地杂波也比较多。

② 2 号源

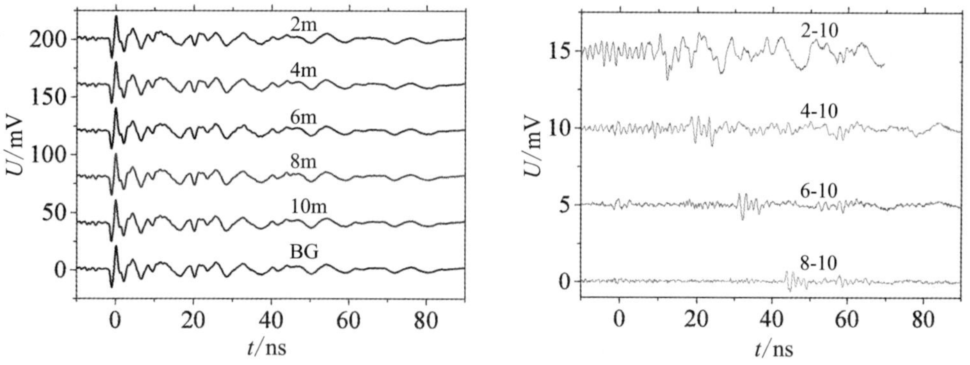

(a) 所有的原始数据全图　　(b) 全部减 10 m 后的数据

图 6.3-4　2 号源辐射处理的数据

图 6.3-5(a)给出的 3 号源的结果与前面 2 个源类似，各个源本身辐射峰值电压不同，直接影响接收天线接收到的直达波信号的大小。比较明显的区别在于图 6.3-5(b)中，2 m 处的目标信号采用相同的数据处理方式，和前面两个源的结果相比，可以清楚地被分辨出目标。在其他两个源激励情况下，虽然也可以看到目标信号，但由于目标信号自身幅度小，噪声系数比较低。

对比 3 种信号源激励下的目标反射信号测试，可以得出以下结论：第一，冲激信号源的幅度高有利于分辨目标；第二，脉宽窄的信号更容易辨别目标信号；第三，脉宽宽的信号测量近距离目标时干扰更大；第四，目标反射信号函数原型与辐射信号的原型有关。

③ 3 号源

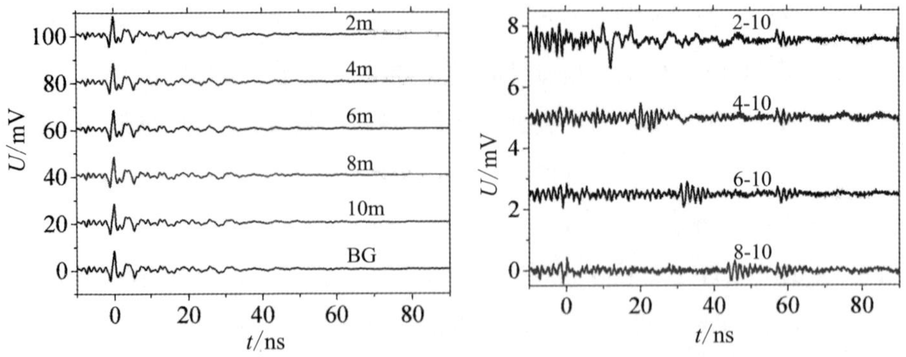

(a) 所有的原始数据全图　　(b) 全部减 10 m 后的数据

图 6.3-5　3 号源辐射处理的数据

2. 冲激信号源的目标反射信号的频谱分析

测试 3 号源的目标反射信号时，将衰减器移去，接收天线接收信号直接接入示波器。将示波器的实时采样模式调成平均模式，每个数据点为测试 256 次测量的平均值。采用和图 6.3-5(b)相同方法，减去目标在 10 m 处的数据，提取到目标反射信号时域波形如图 6.3-6(a)所示，将每个目标反射信号进行傅里叶分析得到图 6.3-6(b)。

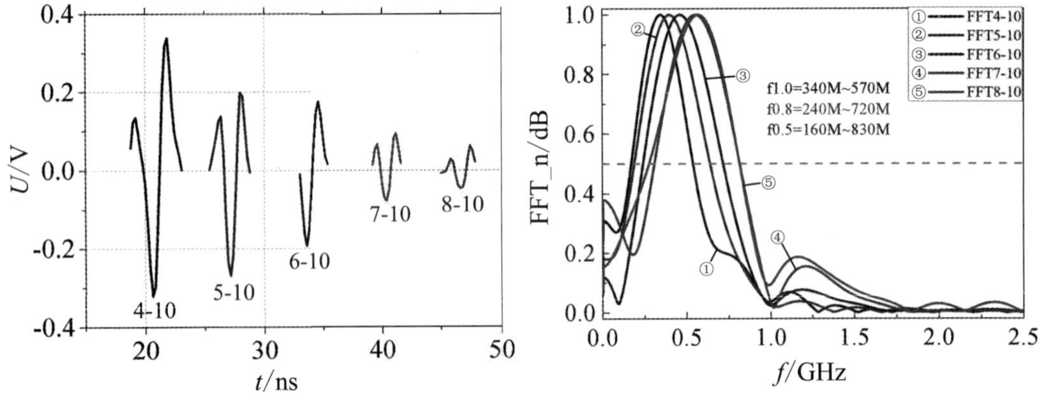

(a) 目标反射信号时域波形　　(b) 目标反射信号频谱图

图 6.3-6　3 号源对目标的反射信号频谱分析图

对图 6.3-6 进行分析可以发现：第一，零阶高斯信号的脉冲源接收到的目标反射信号是二阶高斯信号，这与仿真结果一致；第二，靠近目标的时候脉宽稍微宽，目标移至 7 m 以后脉宽不再变窄；第三，反射信号的中心频率为 340～570 MHz，半峰值能量谱为 160～830 MHz；第四，对于目标成像问题带外信号的滤除可以提高信噪比。

6.3.2　时域雷达成像算法研究

本节根据实验经验总结，采用时变放大、中值滤波器降低随机噪声同时消除背景信号，用傅里叶滤波和相关函数对目标的提取相结合的数据算法，对楼层的穿墙实验测试、地质裂缝的探测测试进行成像研究，均取得良好的实验效果。

6.3.2.1　时变放大

目标的回波信号的电场强度在地质结构中传播有介质损耗 $e^{-2\alpha r}$ 的衰减，随距离平方的反比例衰减。和 6.2.2.1 节的时变放大方法类似，可以通过逆放大的数据处理算法将目标回波信号的衰减量进行抵消，使各个距离点的目标反射信号幅度相等。按照电磁理论，距离雷达系统 r 的目标反射信号电磁强度用式（6.3-1）表示

$$E(r)=\frac{E(r_0)r_0^2\mathrm{e}^{-2\alpha r}}{r^2} \tag{6.3-1}$$

对于一个雷达的接收机可以根据时间窗中的信号选取一个点信号作为计时起点，时变放大的公式可以表示为

$$E(r)=\frac{E(r_0)r_0^2\mathrm{e}^{-2\alpha r}}{r^2}\left[\frac{c(t-t_0)}{2}+r_0\right]^2\exp\left[c(t-t_0)+2r_0\right] \tag{6.3-2}$$

式中，t 表示回波信号对应的时间采集点，r_0 表示参考信号与雷达之间的距离。根据这个公式可以将采集的信号进行数据处理得到图 6.3-7。

对图 6.3-7(a)和(b)进行对比可以发现，经时变放大后的信号[见图 6.3-7(b)]，目标反射信号之前的杂波信号都得到了很好的抑制，但目标信号之后的杂波信号却被放大，这将对多目标分辨造成其他干扰。因此，对于冲激体制雷达的成像需要其他数据处理方法进行辅助，实现对目标信号的分离。

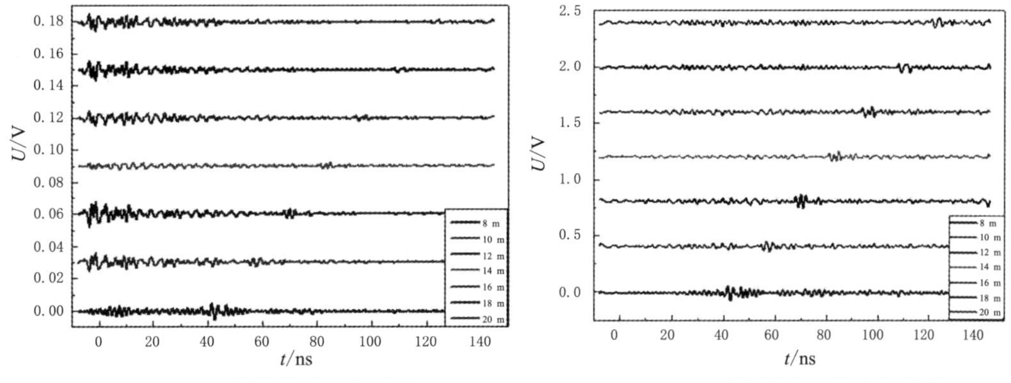

(a) 去掉背景的目标信号　　(b) 时变放大后的目标信号

图 6.3-7　目标反射信号时变放大效果图

6.3.2.2 数字滤波

1. 中值滤波

在前面的实验测试中可以看出，当调整示波器采样的平均次数的时候可以得到非常清楚的目标反射信号。这是因为噪声信号都是随机函数，而目标信号在此时间点上是固定的；当平均次数叠加到一定程度时，随机的噪声信号可以相互抵消，而目标信号却更加稳定。这种算法非常有益于对随机噪声的抑制，平均次数叠加过多会影响移动目标或者移动雷达的成像。对此将这种方法改进为平均次数是固定在一个值，把平均的数据随着时间的移动进行更新。可以表示为

$$D_{\text{av}}(i)=\frac{D(i-n+1)+D(i-n+2)+\cdots+D(i)}{n} \tag{6.3-3}$$

当雷达系统移动的时候，已经不能单纯地减去某个时间点的波形，因为雷达系统移动整个环境信号都发生很大的改变。借鉴前面分析可知，当平均次数很多的时候，移动很快的目标是被淹没在里面。所以雷达系统测试的背景信号也是采用这个中值滤波，只是这个 n 取值远大于数据滤波的 n 值。

2. 傅里叶滤波

在冲激信号源的目标反射分析中可知，目标反射的信号频谱能量主要集中在160～830 MHz，所以对于带外很多能量都是其他杂波和噪声。可以用快速傅里叶变换与带通滤波器相结合进行数字滤波。根据快速傅里叶变换公式和逆变换

$$\begin{cases} X_k=\sum\limits_{n=0}^{N-1}x_n\cdot\exp(-i2\pi kn/N)\ \ (\text{DFT}) \\ x_n=\dfrac{1}{N}\sum\limits_{k=0}^{N-1}X_k\exp(i2\pi kn/N)\ \ (\text{IDFT}) \end{cases} \tag{6.3-4}$$

将快速傅里叶变换和带通滤波器结合，则式（6.3-4）可以变成

$$\begin{cases} D_k=X_k\cdot[\varepsilon(k-f_1)-\varepsilon(k-f_h)] \\ d_n=\dfrac{1}{N}\sum\limits_{k=0}^{N-1}D_k\exp(i2\pi kn/N) \end{cases} \tag{6.3-5}$$

其中，函数$\varepsilon(k)$是阶跃函数。根据这个算法处理出来的数据如图 6.3-8 所示，图中 4-bj 线表示用雷达系统在 4 m 处测试到波形减去没有放进目标的背景信号，这根线可以看出波形杂乱很难分辨目标大致位置。根据前述分析将信号进行 FFT 滤波，图中 LP_160M 线表示将 4-bj 线 160 MHz 低通滤波，此线可以看出低频成分，大致包括目标信号，但依然无法证实哪个是目标信号；这条线也证明脉宽宽的冲激信号源在测试近目标的时候附近干扰信号大。HP_830M 是用 830 MHz 的高通滤波器进行滤波，这条曲线比较平坦，说明高频成

分包含目标的反射信号成分很少。BP_160-830 M 表示用 160～803 MHz 的带通滤波器，这根线与 4-bj 进行对比后发现，两个信号的成分比较一致，尤其是 25 ns 以后基本一样；但把低频的大信号轮廓去除，目标信号会清楚一些。BP_240-725 M 表示用 240～725 MHz 的带通滤波器，对比 4-bj 与 BP_160-830 M 可以清楚凸显目标信号，同时其他杂波比较小，25 ns 以后的杂波基本被抑制。BP_340-570 M 表示用 240～570 MHz 的带通滤波器，此时虽然可以把目标信号分辨出，但把目标信号能量滤除太多，以至于目标信号反而减小。

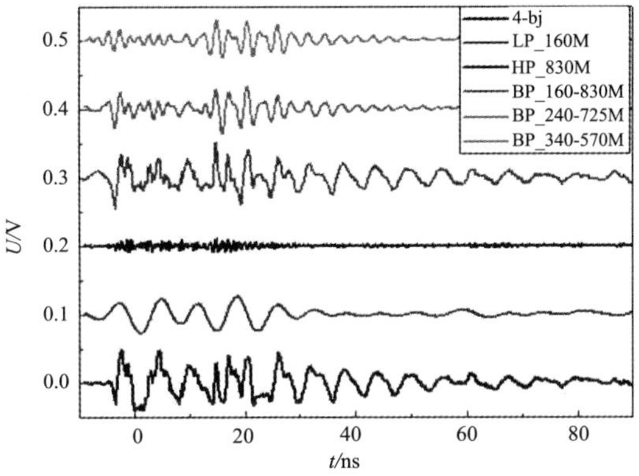

图 6.3-8　傅里叶滤波处理目标信号

小结：（1）用傅里叶滤波能有效地将在杂波中的目标信号提取出来；（2）当杂波信号中的频谱能量刚好与目标信号的频谱能量接近时没有办法除去；（3）滤波的作用在接近目标信号附近不仅会产生谐波信号，而且这个信号的频率与目标信号比较接近，波形也与目标信号接近。

6.3.2.3　相关函数提取法

前面分析可知傅里叶滤波虽然可以在杂波中有效分辨目标信号，但不能分辨类似的杂波信号没法滤除，而且还产生谐波。对此应用离散相关函数将目标信号进行放大，对其他杂波进行抑制。目标反射信号与标准目标信号的互相关函数和目标反射信号的自相关函数如下式表示

$$\begin{cases} R_{xy}(n) = \dfrac{1}{N}\sum\limits_{m=0}^{N-1} x(m)y(n-m) \\ R_{xx}(n) = \dfrac{1}{N}\sum\limits_{m=0}^{N-1} x(m)x(n-m) \end{cases} \tag{6.3-6}$$

根据相关函数的算法，将前测 5-10 的数据（目标在 5 m 处的数据减去目标在 10 m 处的数据）和提取出来的目标反射信号如图 6.3-9(a)所示，对 5-10 进行自相关和 5-10 与目标信号进行互相关处理结果如图 6.3-9 所示。

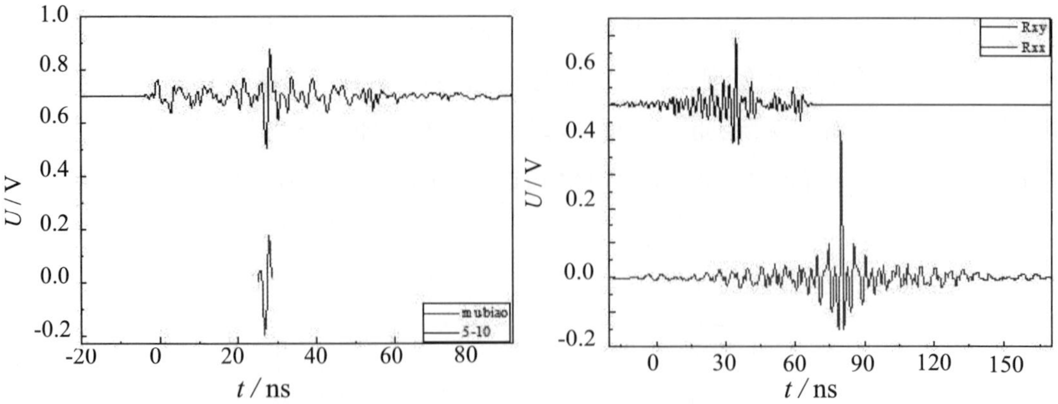

(a) 原信号　　(b) 相关函数处理的效果图

图 6.3-9　相关函数处理目标信号

从图 6.3-9 可以看出，对比原信号，采用相关函数进行数据处理可以提高信噪比。自相关函数比互相关对噪声的抑制更强，同时也产生更多的分量。所以应该用多种方式相结合，以上数据算法只是作者简单的摸索，对于时域雷达的目标成像还有很多工作可以做。

6.3.3　目标成像实验

运用 6.3.2 节的数据算法编写成上位机成像软件，用这个雷达系统进行穿墙实验和悬崖边裂缝测试实验。

1. 穿墙目标成像实验

将整个地质探测雷达系统对阳台角落进行穿墙目标成像实验，对着墙后楼梯上移动 1 m× 2 m 铁板进行探测。穿墙目标成像具体实验的现场照片如图 6.3-10 所示。

(a) 现场雷达照片　　(b) 移动目标现场照片

图 6.3-10　穿墙目标成像实验现场照片

当目标从靠近雷达位置开始往远处移动，然后再往近处移动得到成像效果如图 6.3-11 所示。图中可以清楚看出这个目标移动的轨迹，说明以上的数据算法可以将目标清楚进行成像。

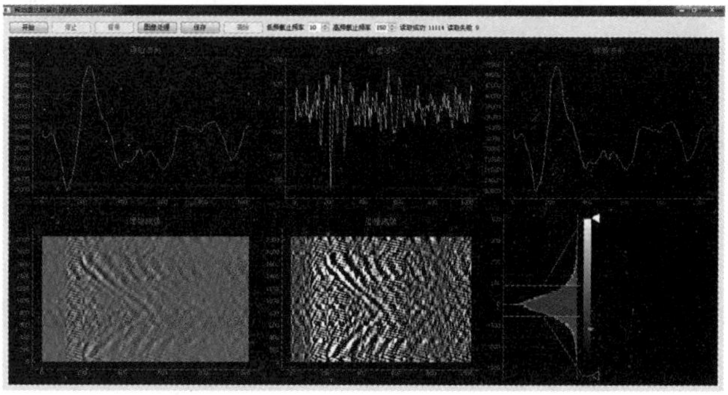

图 6.3-11 穿墙目标成像图形

2. 地层裂缝成像实验

用地质雷达探测系统在都江堰采石场的悬崖对裂缝进行探测，现场照片如图 6.3-12 所示。

图 6.3-12 地层裂缝测试成像实验现场照片

由于原系统的时间窗设计的问题，最多只能显示 64 ns 的数据。对于远的目标只能调整时间窗的位置，然后进行测试。本次测试是在离悬崖边 15 m，纵深 80 m 的井中进行测试，分别在时间窗调整 20～80 ns、60～120 ns、100～160 ns；在 6～20 m、20～34 m 共测 6 组数据进行拼接。地层裂缝成像实验测得的数据如图 6.3-13 所示。

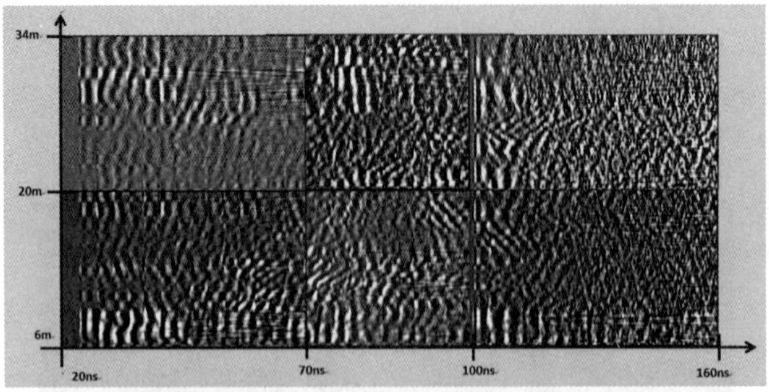

图 6.3-13　地层裂缝测试成像实验现场照片

从图 6.3-13 可以看出 6 张图可以无缝拼接，说明目标真实存在。整个目标成像清楚，目标轨迹连贯，整个成像符合现场情况。

从冲激信号源对整个成像影响研究中，得出冲激信号源幅度高，脉宽窄更有利于对目标的成像。在目标反射实验中得出，反射目标的信号频谱主要的能量集中在 300～800 MHz。

6.4　本章小结

本章介绍了时域冲激雷达一些特有的信号处理算法，并通过冲激体制的穿墙雷达、阵列雷达和钻孔测井雷达 3 个项目实例，展示了这些算法在实际工程中的应用和最终的效果。从这些实例可以看到，时域冲激雷达的信号处理算法与频域雷达有着明显的不同，除了应用频域雷达中的滤波、数字增益等算法外，时域雷达还需要在时域中利用波形相关、均值滤波和滑动滤波等算法对回波信号进行处理，以达到更高的信噪比和更好的探测效果。

○ 参考文献

[1]　栗毅. 探地雷达理论与应用[M]. 北京：科学出版社, 2006: 46-62.

[2]　L.Y.Astanin. Ultrawideband Radar Measurements analysis and processing[J]. London: The Institution of Electrical Engineers, 1997.

[3]　H.M.Jol. Ground penetrating radar: theory and applications[J]. Amsterdam: Elsevier Science, 2009.

[4]　D.J.Daniels. Ground penetrating radar[C]. London: The Institution of Electrical Engineers, 2004.

[5]　R.Persico. Introduction to ground penetrating radar inverse scattering and data processing[M]. New Jersey: John Wiley & Sons, 2014.